ABSTRACT ALGEBRA

抽象代数

张贤科◎著

清华大学出版社
北京

内容简介

本书是“抽象代数”(也称“近世代数”)课程的教材.前部分最基本,力求浅易具体.后部分内容渐丰.包含群、环、域的标准内容和一些深入内容:群作用于集合,西罗定理,唯一析因整环和主理想整环,伽罗瓦理论和应用,有限域及其上多项式等.还介绍了模与正合序列、半直积,戴德金环和诺特环等可选读参考.有较多例题,习题,有解答和提示,还加上3个附录.

本书可作为本科生和研究生的教材,适用于数学、自动化与人工智能、信息通信、编码和密码学、计算机网络电子等专业学生、学者、科技人员学习或参考.本科生初学可略去带 * 号等后部分内容.

图书在版编目(CIP)数据

抽象代数/张贤科著.—北京:清华大学出版社,2022.6(2024.8重印)
ISBN 978-7-302-60882-0

Ⅰ.①抽… Ⅱ.①张… Ⅲ.①抽象代数-高等学校-教材 Ⅳ.①O153

中国版本图书馆CIP数据核字(2022)第083197号

责任编辑:刘 颖
封面设计:傅瑞学
责任校对:王淑云
责任印制:宋 林

出版发行:清华大学出版社

网 址:https://www.tup.com.cn,https://www.wqxuetang.com
地 址:北京清华大学学研大厦A座 **邮 编**:100084
社 总 机:010-83470000 **邮 购**:010-62786544
投稿与读者服务:010-62776969,c-service@tup.tsinghua.edu.cn
质量反馈:010-62772015,zhiliang@tup.tsinghua.edu.cn

印 装 者:三河市龙大印装有限公司
经 销:全国新华书店
开 本:185mm×230mm **印 张**:17.5 **字 数**:359千字
版 次:2022年6月第1版 **印 次**:2024年8月第3次印刷
定 价:49.80元

产品编号:090485-01

前 言

本书是“抽象代数”(也称“近世代数”)课程的教材，前半部分力求浅易具体、清楚易懂，详细讲解最基本的标准内容，引导读者进入抽象殿堂. 后半部分内容渐进丰厚、涵盖较广、视角较新.

内容包含群、环、域的完整讲解，同态、同构、商群、商环、理想、多项式、域的扩张和嵌入等，也包含群作用于集合、西罗定理、唯一析因整环、主理想整环、伽罗瓦理论和应用(方程根式解和尺规作图等)、有限域及其上多项式等较深入的内容. 后部分还介绍了模与正合序列、代数整数环、坐标环和诺特环、群的半直积等，可作选读参考. 配有较多例题、习题，附有解答和提示，还加上 3 个附录. 本科生或初学者可略去带 * 号等后部分内容.

作者长期在清华大学、中国科学技术大学、南方科技大学作代数方面的教学和研究工作. 在清华尖子生“学堂班(基础科学班)”“钱学森班”和数学系长期主讲“抽象代数”课程.

此教材是基于长期科研和教学实践，反复完善授课讲稿，参阅文献，多年积累写成，融入了不少心得感悟. 讲解力求清楚明白，具有透视性，科学准确并采用较新视角，避免不必要的过分形式化和臃肿、烦琐. 旨在引导读者较快掌握本课的实质.

本书可作为本科生和研究生的教材，适用于数学、理工科、自动化与人工智能、信息通信、编码和密码学、计算机网络等领域的学生、学者、科技人员学习或参考. 第 1、2、4 章为基本内容，其余内容可根据教学需求和学时情况取舍调整.

抽象代数是最重要的数学分支之一. 按照布尔巴基(N. Bourbaki)学派的结构主义，全部数学是基于代数、顺序、拓扑这三种母结构，三者分化组合生发出来的. 代数学衍生融合出众多现代数学分支，许多是菲尔兹等大奖的最重要获奖领域，例如代数数论、代数几何、交换代数、表示论、同调代数、代数拓扑、模形式、李群、李代数、范畴论，等等，都蓬勃兴旺. 随着数字化时代的到来，信息处理、信息安全加密、代数编码、人工智能发展迅猛，代数学在其中起到理论核心作用，是创新的灵魂，应用日益深入广泛.

抽象代数的突出特点是“抽象”，它讨论的是“代数结构”(algebraical structures)，而不是数字或具体器物. “今天的数学主要关心的是结构以及结构之间的关系，而不是数之间的关系. 这种情况最初发生在 1800 年左右，首次的突破是抽象群概念的引入. 目前它在数学领域中已经无所不在. ”(塞尔伯格(A. Selberg)语). 在抽象代数的产生和发展中，问题和实例起到重要作用. 寻求五次以上一元多项式方程的求解公式的惊心历程,导致发现"群"以描述方程根的对称性(伽罗瓦的思想困惑了数学界,在1830年代). 对二次型、高次互反律、费马大定理的研究,产生了"环"和"理想"的概念(库默尔的理想数震惊了巴黎,1847). 近世代数思潮的兴起,一扫两千年迷雾,古希腊的历史难题一时纷纷瓦解冰消.

发展到19—20世纪之交,抽象思潮引起数学巨变. 数学家不再满足于研究具体对象的性质,而是要建立一般理论. 各种数学结构和分类问题成为潮流. 这种潮流在整个数学领域出现,代数学是引领者. 通过基本运算和公理,形式地定义出许多代数结构,抽象的群论、环论、域论横空出世(施泰尼茨的域论,希尔伯特,阿廷,诺特的环论,斐波那契,舒尔的群表示论等). 1900年前后这半个世纪的辉煌建树,在1930—1931年被范德瓦尔登出版的《近世代数》两卷系统地总结,"代数"一词的含意从此永远改变,数学的含意也从此改变了. 此后,代数学及其融合的诸多学科都飞速发展. 当初的高次互反律期望落实为类域论的优美理论,300多年对费马大定理的不懈追求终成正果. 同时,又生发出郎兰兹猜想等新的梦想,也带给人类诸如椭圆曲线算法等强大的高科技能力.

历史缘由和现实经验告诉我们,代数的"理论抽象性"是必须学习的——这正是代数的"威力"和"精华"所在,正是代数的"独特性""优越性". 代数为有志青年提供了大好用武之地,发展之基. 既使是不打算做理论工作的同学,趁年轻多学习一些抽象理论也是最好的. 事实上,代数没有传说的那样难学,它只是初学不习惯而已,"回头看"多了就亲切了. 理论和实例交错,理解和记忆融合,反复多次,就能建立起直观认知,抽象就变得具体而且自然了. 进一步,最好选择一个代数相关专业踏实学下去,更能深入真切. 因为抽象代数现在是多个学科方向的共同基础课,内容难免庞杂,侧面较多,"绝知此事要躬行".

总之,教书和读书都要用心. 用心久了,岁月和实践会有回报. 在这一点上,教学和科研有些像农林业,种下桃树精心培养定会果实累累; 而不太像工业制造业,人工合成桃子很难而且无味. 校园里看到"香蕉开花一条心"很有感触,"志者心之所之也". 有《香蕉开花赞》一首赠给有心志的青年:

四月芭蕉捧赤心,
紫霞丹玉献青君.
流光结下黄金果,
蜡卷贝叶隐诗痕.

张贤科

2021年2月12日于清华园

目　录

第1章

群论基础

抽象代数(abstract algebra),也称近世代数(modern algebra),主要探讨群、环、域、模等.兴起于1800年左右,其思想一举扫清两千年古希腊难题和方程根式解等历史困惑,引起了数学近现代的巨变,衍生出众多数学分支和应用.

本章讨论“群”.先介绍数与映射、同余式等作为讨论基础.

1.1 数与映射

人类初始,先认识**自然数**,即1,2,3,….自然数全体记为$\mathbb{N}$(源自natural).

渐渐地,人类也承认$1-1=0$,$2-3=0-1$等为“数”,即零和负自然数.正负自然数以及零合称为**整数**(integers),整数集合记为$\mathbb{Z}$(源自德文zahlen).整数集合$\mathbb{Z}$对加、减、乘三种运算**封闭**(即任意两个整数相加、减、乘,结果仍为整数).

后来,$2\div 3=2/3$,$1\div 3=1/3$等也被承认为“数”,即分数.整数与分数合称为**有理数**(rational numbers,或rationals,原意为比例数),有理数集合记为$\mathbb{Q}$(源自quotient).有理数集合$\mathbb{Q}$对加、减、乘、除这四则运算都**封闭**(即任意两个有理数相加、减、乘、除之后的结果仍为有理数.约定0不做除数).注意,文献中常有不同记法书写分数(除法或分式),意义是一样的:

$$\frac{1}{a}=1/a=a^{-1},\quad \frac{b}{a}=b/a=ba^{-1}.$$

再后来(在古希腊时代),人们发现,有的线段的长度不能用有理数表达,例如边长为1的正方形的对角线长为$\sqrt{2}$,它不是有理数.这引导人们承认无限不循环小数也是数,称为**无理数**.例如$\sqrt{2}=1.4142135623\cdots$,圆周率$\pi=3.1415926535\cdots$等都是无理数.有理数与无理数合称为**实数**(real numbers,或reals),实数集合记为$\mathbb{R}$(源自real).实数集合$\mathbb{R}$对加、减、乘、除运算封闭(0不做除数).实数和实数轴上的点一一对应;这也意味着:(数轴上)任意线段的长度总可用实数表示.

到16世纪中叶,意大利人在解三次一元多项式方程时,用到负数开平方,例如$\sqrt{-1}$,

$\sqrt{-5}$等. 这些后来也被承认为数,于是人类就逐渐发展出复数. 每个**复数**(complex numbers)可写为 $a+b\mathrm{i}$,其中 a,b 为实数,i 称为虚单位,满足 $\mathrm{i}^2=-1$; 有时也将 i 写为 $\sqrt{-1}$. a,b 分别称为此复数的实部、虚部. 当虚部非零,即 $b\neq0$ 时,$a+b\mathrm{i}$ 称为**虚数**. 所以复数是实数与虚数的合称. 复数全体记为$\mathbb{C}$(源于 complex). 复数可以像实数一样做加、减、乘、除运算,只要注意 $\mathrm{i}^2=-1$ 即可. 复数运算规则如下(对 $a,b,c,d\in\mathbb{R}$):

$$(a+b\mathrm{i})+(c+d\mathrm{i})=(a+c)+(b+d)\mathrm{i},$$
$$(a+b\mathrm{i})-(c+d\mathrm{i})=(a-c)+(b-d)\mathrm{i},$$
$$(a+b\mathrm{i})(c+d\mathrm{i})=(ac-bd)+(ad+bc)\mathrm{i},$$
$$\frac{a+b\mathrm{i}}{c+d\mathrm{i}}=\frac{(a+b\mathrm{i})(c-d\mathrm{i})}{(c+d\mathrm{i})(c-d\mathrm{i})}=\frac{ac+bd}{c^2+d^2}+\frac{bc-ad}{c^2+d^2}\mathrm{i},$$

故复数集合$\mathbb{C}$对加、减、乘、除运算封闭(约定 0 不做除数).

复数集合最重要的性质是“代数封闭性”,即如下重要定理.

古典代数学基本定理 任意 n 次方程 $x^n+a_1x^{n-1}+\cdots+a_{n-1}x+a_n=0$ 一定有复数解(这里 $a_1,\cdots,a_n$ 为任意复数,整数 $n\geqslant1$).

由此定理可推导出:任意 n 次方程一定有 n 个复数解. 后面会证明.

从自然数,到整数、有理数、实数,再到复数,“数”的体系随着人类的发展在“进化”(如图 1.1 所示). 新的“数”不断被“承认”. 后来“数的体系”也还有其他发展.

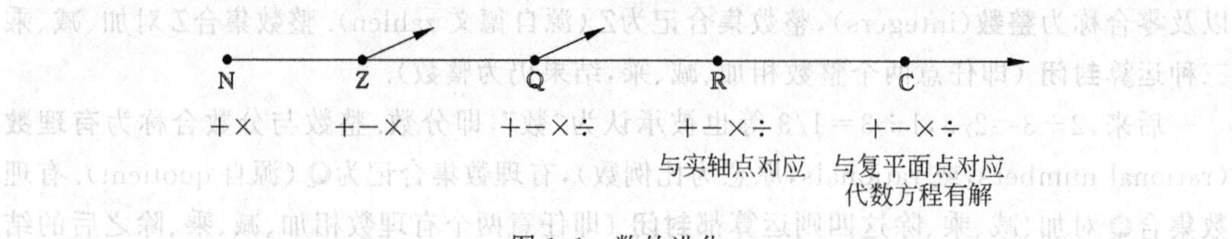

图 1.1 数的进化

复数还可以用几何方法表示. 取定一张平面,则复数可与此平面上的点一一对应:在平面上取定(右手直角)坐标系 Oxy,于是复数 $z=a+b\mathrm{i}$ 与平面上的点 $P=(a,b)$是一一对应的. 通常将复数 z 与点 P 等同,或者与向量(即有向线段) $\overrightarrow{OP}$ 等同. 此时 x,y 轴分别称为实数轴和虚数轴,此平面称为复平面(complex plane). 于是,任一复数 z 可以写为

$$z=a+b\mathrm{i}=\rho(\cos\theta+\mathrm{i}\sin\theta)=\rho\mathrm{e}^{\mathrm{i}\theta},$$

其中

$$\mathrm{e}^{\mathrm{i}\theta}=\exp(\mathrm{i}\theta)=\cos\theta+\mathrm{i}\sin\theta$$

是规定的记号(源自 Euler),$\rho=\sqrt{a^2+b^2}$ 称为 z 的**绝对值**、长度或模(absolute value, magnitude, modulus,即线段 OP 的长度),θ 称为 z 的辐角(argument,即 $\overrightarrow{OP}$ 与实轴的夹角,$-180°<\theta\leqslant180°$)(如图 1.2 所示).

设复数 $z_1=\rho_1 e^{i\theta_1}=\overrightarrow{OP_1}$，$z_2=\rho_2 e^{i\theta_2}=\overrightarrow{OP_2}$. 两复数的和 z_1+z_2 就是以 $\overrightarrow{OP_1}$ 和 $\overrightarrow{OP_2}$ 为邻边的平行四边形的对角线 $\overrightarrow{OQ}$. 两复数的积

$$z_1 z_2=\rho_1\rho_2 e^{i(\theta_1+\theta_2)}.$$

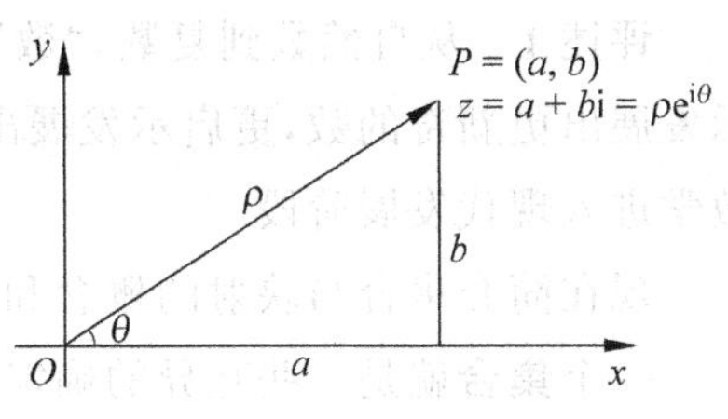

图 1.2 复数的几何表示

故积的长度等于长度之积，积的辐角等于因子的辐角之和. 换一角度说，以 $z_1=\rho_1 e^{i\theta_1}$ 去乘任一复数 $z=\rho e^{i\theta}$，就是将 z 增长 ρ_1 倍并且逆时针旋转 θ_1 角度. 由此可知，z 的 k 次幂为

$$z^k=(\rho e^{i\theta})^k=\rho^k e^{ik\theta}=\rho^k(\cos k\theta+i\sin k\theta).$$

这些公式显示了欧拉(Euler)记号的优越之处——都易验证.

顺便指出，这些公式利于记忆三角公式. 例如，因

$$(\cos\theta+i\sin\theta)^2=\cos^2\theta-\sin^2\theta+i2\sin\theta\cos\theta,$$

故由上述公式($k=2$)分写实、虚部即得 $\cos 2\theta=\cos^2\theta-\sin^2\theta$，$\sin 2\theta=2\sin\theta\cos\theta$. 类似地可得到两角和差的公式和三倍角公式等.

设复数 $z=a+bi=\rho e^{i\theta}$，则 $\bar{z}=a-bi=\rho e^{-i\theta}$ 称为 z 的(复)共轭(conjugate). 二者在复平面上相对于实轴对称.

例 1 考虑方程 $x^n-1=0$，或 $x^n=1$ $(n\geqslant 2)$. 记

$$\zeta=\zeta_n=e^{2\pi i/n}=\cos(2\pi/n)+i\sin(2\pi/n)$$

(即辐角为 $2\pi/n$ 而长为 1 的复数). 则显然 $\zeta^n=1$，且 $\zeta^k\neq 1$ (对 $k=1,2,\cdots,n$). 从而知 $x^n=1$ 恰有 n 个复数解：

$$1,\zeta,\zeta^2,\cdots,\zeta^{n-1}$$

(称为 n 次复单位根，共 n 个). 故有因式分解

$$x^n-1=(x-1)(x-\zeta)(x-\zeta^2)\cdots(x-\zeta^{n-1}).$$

这 n 个 n 次复单位根 $1,\zeta,\zeta^2,\cdots,\zeta^{n-1}$，恰好将复平面上单位圆 n 等分(如图 1.3 所示).

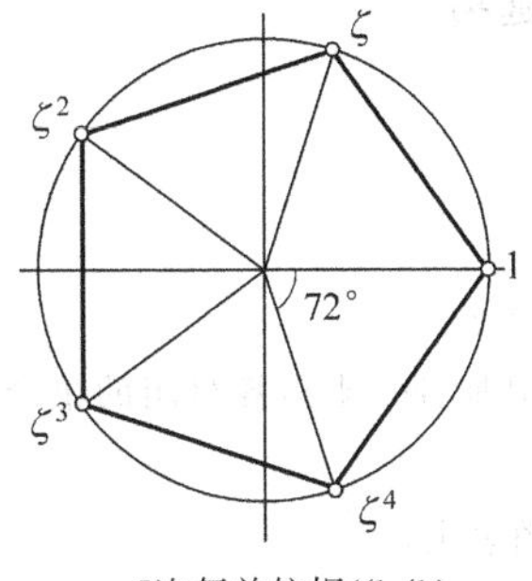

5次复单位根(ζ=ζ₅)

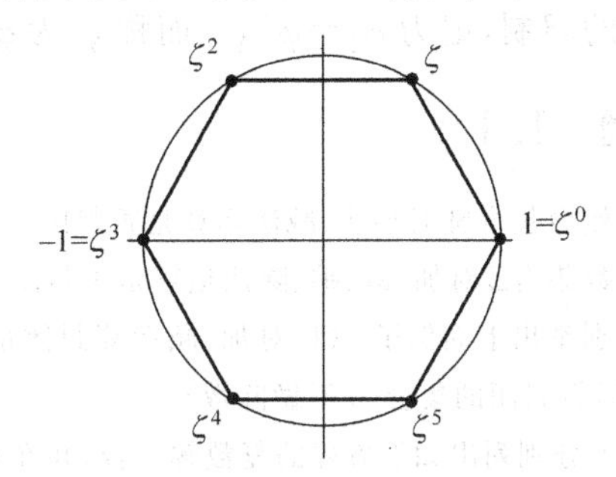

6次复单位根(ζ=ζ₆)

图 1.3 复单位根等分单位圆

评述1 从自然数到复数,"数"在"进化".这一进化过程给了人类重要启示,不但启示发展出更新奇的数,更启示发展出各种新"结构"(即满足一些运算性质的集合).从而使数学进入现代发展阶段.

现在简介集合与映射的概念和符号(稍详见附录A),这在代数中尤其重要.

一个**集合**就是一些互异的确定的对象全体,其中每个对象称为一个成员或元素,简称为元,有时也称为点.集合也简称为集.若集合 S 的元素都是集合 T 的元素,则称 S 是 T 的**子集合**(subset),T 是 S 的**扩集合**(extension),记为 $S\subset T$ 或 $T\supset S$ (也记为 $S\subseteq T$, $T\supseteq S$).本书在 $S\neq T$ 时都明确说明. $S\backslash T=S-T=\{a\mid a\in S$ 且 $a\notin T\}$ 称为 T 在 S 中的**补集**,或称**差集**. $S\times T=\{(s,t)\mid s\in S,t\in T\}$ 称为集合 S 与 T 的**笛卡儿**(Descartes)**积**.

从集合 A 到集合 B 的一个映射(也称为函数,mapping,map,function)φ,就是从 A 到 B 的一个对应规则,使得**每个** $a\in A$ 对应于**唯一**的一个 $b\in B$(记为 $\varphi(a)=b$).此映射记为 $\varphi:A\to B,a\mapsto b$ (或 $A\xrightarrow{\varphi}B,\varphi(a)=b$). A,B,φ 是**映射的三要素**(即定义域,靶域(上域,值域),对应规则).若 $\varphi(a)=b$,则称 b 是 a 的**像**,a 是 b 的一个**原像**.映射 φ 的**像**为 $\mathrm{Im}(\varphi)=\varphi(A)=\{\varphi(a)\mid a\in A\}$(也称为 A 的像). B 的子集 C 的**原像**为

$$\varphi^{-1}(C)=\{a\in A\mid\varphi(a)\in C\}.$$

若 $\mathrm{Im}\varphi=B$,则称 φ 为**满射**(此时每个 $b\in B$ 都是某 $a\in A$ 的像).若"对任意 $a_1\neq a_2$ 必有 $\varphi(a_1)\neq\varphi(a_2)$",则称 φ 为**单射**.若 φ 既是单射又是满射,则称 φ 为**双射**,或一一对应.

若有两映射 $\varphi:A\to B,\psi:B\to C$,则定义它们的**复合映射**为 $\psi\circ\varphi:A\to C$,

$$(\psi\circ\varphi)(a)=\psi(\varphi(a))\quad(\text{对任意 } a\in A).$$

也记 $\psi\circ\varphi$ 为 $\psi\varphi$,称为映射 ψ 与 φ 的**乘积**.特别当 φ,ψ 都是 A 到自身的映射时,可定义 $\psi\circ\varphi$.

设有映射 $\varphi:A\to B$,而 $A_1\subset A$,则可定义新映射 $\varphi_1:A_1\to B,\varphi_1(a)=\varphi(a)$.称 φ_1 为 φ 到 A_1 的**限制**,记为 $\varphi_1=\varphi|_{A_1}$,而称 φ 为 φ_1 到 A 的**延拓**.

习 题 1.1

1. 自然数集合$\mathbb{N}$对加法、减法运算是否封闭?

2. 整数集合$\mathbb{Z}$对加、减、乘、除法运算是否封闭(0不做除数)?

3. 分别举出下面例子:(1)对加、减运算封闭的集合;(2)对加、减、乘运算封闭的集合;(3)对加、减、乘、除运算封闭的集合(0不做除数).

4. (1) 分别列出如下方程的复数解集合,并在复平面上画图表出:

$$x^3-1=0,\quad x^6-1=0,\quad x^4-1=0,\quad x^5-1=0,\quad x^8-1=0.$$

(2) 分别列出方程 $x^n=1$ 的解集合 W_n 的乘法表($n=3,6,4,5,8$).

5. $W_n=\{1,\zeta,\zeta^2,\cdots,\zeta^{n-1}\}(\zeta=\zeta_n=e^{2\pi i/n})$ 对乘、除运算是否封闭？为什么？

6. 考虑映射 $\varphi:\mathbb{Z}\to\mathbb{Z},k\mapsto k^2$.(1) 求 φ 的像 $\mathrm{Im}(\varphi)$，及 $\varphi^{-1}(1),\varphi^{-1}(0).\varphi^{-1}(-1)$.

(2) 将 φ 限制到正整数集 $\mathbb{Z}_+$ 为 φ_1，则 φ_1 是否为单射，满射？求 $\varphi_1^{-1}(1),\varphi_1^{-1}(0)$.

7. 证明：映射的复合(乘积)运算满足"结合律"，即 $\sigma\circ(\psi\circ\varphi)=(\sigma\circ\psi)\circ\varphi$.

8. 设 $\varphi:A\to B$ 为非空集间映射. 证明：(1) φ 有左逆当且仅当其为单射；(2) φ 有右逆当且仅当其为满射.

1.2 整数分解

整数集合 $\mathbb{Z}$ 是代数的重要基地，其最重要的性质是"**带余除法**". 即对任意整数 m,n 且 $m\neq 0$，必存在唯一的整数 q,r 使得

$$n=mq+r\quad(0\leqslant r<|m|);$$

称 q 为(不完全)商(quotient)，称 r 为余数(remainder).

如果余数 $r=0$，即

$$n=mq,$$

则称 m **整除**(divides) n，记为 $m\mid n$，称 m 是 n 的**因子**(factor, divisor)，n 是 m 的**倍**(multiple). 显然 n 总有因子 $\pm1,\pm n$，这些称为 n 的平凡因子. 非平凡因子称为真因子. 如果整数 $p(\neq0,\pm1)$ 没有真因子，则称 p 为**素数**(prime number). 也就是说，p 为素数意味着：若 $p=mq$ 则必有 $m=\pm1$ 或 $q=\pm1$. 例如，$\pm2,\pm3$ 都是 6 的真因子，7 和 -7 都是素数.

如果 d 是整数 a,b 的公因子(即 $d\mid a,d\mid b$)，而且是 a,b 的任一公因子的倍，则称 d 是 a,b 的**最大公因子**. a,b 的最大公因子 d 是唯一的(不计正负号)，因为若 d' 也是 a,b 的最大公因子，则按定义知 $d\mid d'$ 且 $d'\mid d$，即 $d'=dq,d=d'q'$，故 $d'=dq=(d'q')q$，故 $q'q=\pm1,d'=\pm d$.

以 (a,b) 或 $\gcd(a,b)$ 记 a,b 的正的最大公因子. 例如 $(-6,-4)=2$. 如果 $(a,b)=1$，则称 a 与 b **互素**(relatively prime, coprime).

引理 1　若 $a=bq+r$，其中 a,b,r 为整数(不全为 0)，则

$$(a,b)=(r,b).$$

证明　只需证明左、右互相整除. 首先，(a,b) 整除 a 和 b，从而也整除 $r=a-bq$，故 (a,b) 是 b 和 r 的公因子，所以 (a,b) 整除 (r,b). 同样方法可证明 (r,b) 整除 (a,b). ■

引理 1 的公式 $(a,b)=(r,b)$ 说明：余数 r 可作为原数 a 的"替身"去参与求最大公因子. 进而，我们又可用 b 的替身 r_1 代替 b，等等. 如此继续，就引出著名的"**辗转相除法**"(Euclidean algorithm)：

$$\begin{aligned}
a &= bq_0 + r_1, & 0 < r_1 < |b|, \\
b &= r_1 q_1 + r_2, & 0 < r_2 < r_1, \\
r_1 &= r_2 q_2 + r_3, & 0 < r_3 < r_2, \\
&\vdots & \vdots \\
r_{s-2} &= r_{s-1} q_{s-1} + r_s, & 0 < r_s < r_{s-1}, \\
r_{s-1} &= r_s q_s & (r_{s+1} = 0).
\end{aligned}$$

因为非负余数 $r_0, r_1, r_2, \cdots$ 逐步减小,终会为零,故可设 $r_{s+1}=0$,即 $r_s \mid r_{s-1}$. 从前向后看,不断用余数代替原数去求最大公因子,最终即得最大公因子:

$$d=(a,b)=(r_1,b)=(r_1,r_2)=(r_3,r_2)=\cdots=(r_{s-1},r_s)=r_s.$$

定理1 任意两个整数 $a,b(b\neq 0)$ 的正最大公因子 $d=(a,b)$ 是唯一存在的,即 $d=r_s$(就是 a 与 b 辗转相除的最后非零余数),而且存在整数 u,v 使

$$ua+vb=d \quad (\textbf{贝祖等式}, \text{Bézout's identity}).$$

证明 只需再证明贝祖等式,即 d 是 a,b 的整数倍之和. 辗转相除的最后两式为

$$r_{s-1}=r_{s-3}-r_{s-2}q_{s-2}, \quad r_s=r_{s-2}-r_{s-1}q_{s-1}.$$

以前式的 r_{s-1} 代入后式,可得 r_s 是"r_{s-2} 和 r_{s-3} 的整数倍之和". 再前推一式,以 r_{s-2} 代入,可得 r_s 是"r_{s-3} 和 r_{s-4} 的整数倍之和". 由此不断上推,最终可得 r_s 是"a 与 b 的整数倍之和",即得贝祖等式. ■

系1 两个整数 a,b 互素当且仅当存在整数 u,v 使

$$ua+vb=1 \quad (\text{贝祖等式}).$$

证明 若 a,b 互素,即 $(a,b)=1$,则由定理1知有 $ua+vb=1$. 反之,设 $ua+vb=1$ 成立,则因 (a,b) 整除 a 与 b,故 (a,b) 整除 $ua+vb=1$,故知 $(a,b)=1$. ■

对多个整数 $a_1,a_2,\cdots,a_s$,其最大公因子 d 定义为:

(1) $d \mid a_i (i=1,2,\cdots,s)$;(2) 若 $\delta \mid a_i (i=1,2,\cdots,s)$,则 $\delta \mid d$.

正的 d 记为 $(a_1,a_2,\cdots,a_s)$ 或 $\gcd(a_1,a_2,\cdots,a_s)$;若其为1,则称 $a_1,a_2,\cdots,a_s$ 互素.

系2 任意 s 个非零整数 $a_1,a_2,\cdots,a_s$ 的正最大公因子 $d=(a_1,a_2,\cdots,a_s)$ 存在且唯一,且

$$(a_1,a_2,\cdots,a_{s-1},a_s)=((a_1,a_2,\cdots,a_{s-1}),a_s).$$

而且存在整数 $u_1,u_2,\cdots,u_s$ 使得

$$u_1a_1+u_2a_2+\cdots+u_sa_s=d \quad (\text{贝祖等式}).$$

证明 $(a_1,a_2,\cdots,a_s)$ 整除 $a_i (i=1,2,\cdots,s)$,从而整除 $(a_1,a_2,\cdots,a_{s-1})$ 与 a_s,从而整除 $((a_1,a_2,\cdots,a_{s-1}),a_s)$. 同理可知 $((a_1,a_2,\cdots,a_{s-1}),a_s)$ 整除 $(a_1,a_2,\cdots,a_s)$. 二者均正,故相等. 由此可归纳地得出:任意 s 个整数 $a_1,a_2,\cdots,a_s$ 的最大公因子 d 是存

在的.假设 $u_1a_1+u_2a_2+\cdots+u_{s-1}a_{s-1}=(a_1,a_2,\cdots a_{s-1})$,则应存在整数 u,v 使得

$$d=(a_1,\cdots,a_{s-1},a_s)=((a_1,\cdots,a_{s-1}),a_s)=u(a_1,\cdots,a_{s-1})+va_s$$
$$=u(u_1a_1+\cdots+u_{s-1}a_{s-1})+va_s=uu_1a_1+\cdots+uu_{s-1}a_{s-1}+va_s. \blacksquare$$

系 3 符号如系 2,则

$$\{k_1a_1+k_2a_2+\cdots+k_sa_s \mid k_1,k_2,\cdots,k_s\in\mathbb{Z}\}=\{kd\mid k\in\mathbb{Z}\}.$$

证明 左边元素都是 d 的倍,故左$\subset$右.再由贝祖等式知,$kd=ku_1a_1+ku_2a_2+\cdots+ku_sa_s\in$左,故右$\subset$左. $\blacksquare$

说明 系 3 中等式的左边,称为 $a_1,a_2,\cdots,a_s$ 的"整组合集",记为$\mathbb{Z}a_1+\mathbb{Z}a_2+\cdots+\mathbb{Z}a_s$.右边记为$\mathbb{Z}d$ 或 $d\mathbb{Z}$.故系 3 可简述为:若干整数的"整组合集"等于它们最大公因子的"整倍集".例如 $4\mathbb{Z}+6\mathbb{Z}=2\mathbb{Z}$.

定理 2(算术基本定理(fundamental theorem of arithmetic),整数唯一析因定理) 任一整数 $n(\neq 0,\pm 1)$ 可写为有限个素数之积,且写法是唯一的(不计素数次序和正负号).也就是说,n 可写为

$$n=p_1p_2\cdots p_t, \tag{1.2.1}$$

其中 $p_1,p_2,\cdots,p_t$ 为素数(这称为 n 的唯一因子分解,或唯一析因).

定理 2 中的分解式有不同的写法.将相同的素数因子乘在一起,正负号提到前面,则得

$$n=(-1)^{\varepsilon}p_1^{v_1}p_2^{v_2}\cdots p_r^{v_r}. \tag{1.2.2}$$

这里的 $p_1,p_2,\cdots,p_r$ 为互异正素数,v_i 是正整数,$\varepsilon=0$ 或 1.也可写为

$$n=(-1)^{\varepsilon}\prod_p p^{v_p}, \tag{1.2.3}$$

其中 p 遍历正素数,v_p 是非负整数且只对有限多个 p 取值非零(约定 $p^0=1$).v_p 也写为 $v_p(n)$,是使得 $p^r\mid n$ 的最大整数 r,称为 n 在 p 的**指数**(exponent).此时记为

$$p^{v_p}\parallel n.$$

符号 $\parallel$ 读为**"恰整除"**.

用这种符号可知:$n\mid m$ 当且仅当 $v_p(n)\leqslant v_p(m)$(对任意正素数 p).

引理 2 设 p 为素数,a,b 为整数.(1) 若 $p\nmid a$,则 $(p,a)=1$.

(2) 若 $p\mid ab$,则 $p\mid a$ 或 $p\mid b$.

证明 (1) 因$(p,a)\mid p$,故$(p,a)=p$ 或 1.前者意味着 $p\mid a$,不合条件,故$(p,a)=1$.

(2) 若 $p\nmid a$,则$(p,a)=1$,有整数 u,v 使 $up+va=1$,$upb+vab=b$,而 $p\mid(upb+vab)$,故 $p\mid b$.

定理 2 的证明 (1) 先证因子分解的存在性.只需对自然数 n 证明.用数学归纳法.首先,$n=2$ 时定理显然成立.对任意固定的自然数 $n(>2)$,假设定理对小于 n 的自然数均成立(此句话称为归纳法假设);现需要证明定理对 n 成立.(1)若 n 是素数,则已是一

个素数之积,定理对 n 成立.(2)若 n 不是素数,则可写为 $n=n_1n_2$,其中 n_1,n_2 为小于 n 的自然数,由上述归纳法假设可知,n_1,n_2 均为有限个素数之积,可写为 $n_1=p_1\cdots p_s$,$n_2=p_{s+1}\cdots p_t$,故 $n=n_1n_2=p_1\cdots p_sp_{s+1}\cdots p_t$,为有限个素数之积,故定理对 n 成立.

(2) 现证因子分解的唯一性.若有两种分解 $p_1p_2\cdots p_t=n=q_1q_2\cdots q_s$,则

$$p_t \mid q_1q_2\cdots q_s=(q_1q_2\cdots q_{s-1})q_s,$$

由引理1(2)知,$p_t|q_s$ 或 $p_t|q_1q_2\cdots q_{s-1}$.若为后一情况,则 $p_t|q_{s-1}$ 或 $p_t|q_1\cdots q_{s-2}$.如此继续讨论可知,必对某 i 成立 $p_t|q_i$,不妨设为 $p_t|q_s$(可重排 $q_1,\cdots,q_s$ 的下标顺序).而因 q_s 为素数,只有平凡因子,故知 $p_t=\pm q_s$.从上述两种分解的等式中消去 $p_t=\pm q_s$,得

$$p_1p_2\cdots p_{t-1}=\pm q_1q_2\cdots q_{s-1}.$$

然后再如上继续讨论,不断消去素数因子,最后必会有一方化为 ±1,此时另一方也只能是 ±1,故 $t=s$,$p_i=q_i$($i=1,2,\cdots,t$.不计正负号和素数排列顺序).定理得证. ■

设 $a_1,a_2,\cdots,a_s$ 为非零整数,若整数 M 是所有 a_i 的倍数($i=1,2,\cdots,s$),则称 M 是 $a_1,a_2,\cdots,a_s$ 的公倍数.$a_1,a_2,\cdots,a_s$ 最小的正公倍数 M_0 称为最小公倍数,记为 $[a_1,a_2,\cdots,a_s]$.

多项式

多项式与整数非常类似,现在做类比讨论可事半功倍.

形如 X^3+2X^2+3X+4 的式子,称为一元多项式,这在中学时已知.

下面我们取定复数的一个子集合 F(称为域),通常取定 $F=\mathbb{Q}$ 为有理数集合(也可取 $F=\mathbb{R}$ 或 $\mathbb{C}$(实数或复数集合),或其他,只需 F 对加、减、乘、除运算封闭(0不做除数)).

如下形式的表达式,称为域 F 上的一元多项式(简称多项式):

$$a_nX^n+a_{n-1}X^{n-1}+\cdots+a_1X+a_0\quad(其中\ a_i\in F,\quad i=0,1,\cdots,n).$$

这里 X(也可写为 x)是一个符号,不是 F 中的元素,称为不定元.n 为非负整数.称各个 $a_i\in F$ 为**系数**,$a_n\neq0$ 为首项系数,非负整数 n 为**次数**(degree).并规定 $0\in F$ 也为多项式,次数为 $-\infty$,没有首项.例如 $\frac{2}{3}X^5+X$ 是 $\mathbb{Q}$ 上的多项式,而 $2X^{\frac{5}{6}}+X$ 不是.

对两个多项式 $f(X)=a_nX^n+\cdots+a_1X+a_0$ 和 $g(X)=b_mX^m+\cdots+b_1X+b_0$,规定 $f(X)=g(X)$ 当且仅当它们的次数相等,且 $a_i=b_i$(对 $i=0,1,\cdots,n$).特别可知,$f(X)=0$ 当且仅当 $f(X)$ 的所有系数都是0.

注记1　因为这个 $f(X)=g(X)$ 的规定,故这里的多项式也称为多项式形式.

设 $f(X),g(X)$ 如上,不妨设次数 $n\geqslant m$.对 $m<j\leqslant n$ 记 $b_j=0$,则定义多项式的和

与积为

$$f(X)+g(X)=\sum_{i=0}^{n}(a_i+b_i)X^i,$$

$$f(X)g(X)=\sum_{k=0}^{n+m}\Big(\sum_{i+j=k}a_ib_j\Big)X^k.$$

多项式 $f(X)$ 也简记为 f，其次数记为 $\deg f$.

域 F 上的多项式集合记为 $F[X]$，它与整数集合 $\mathbb{Z}$ 有类似性质. 特别是，多项式也可进行**带余除法**，即对任意 $f(X),g(X)\in F[X]$ 且 $g(X)\neq 0$，必存在 $q(X),r(X)\in F[X]$ 使得

$$f(X)=g(X)q(X)+r(X)\quad (r(X)=0\text{ 或 }\deg r(X)<\deg g(X)).$$

这由中学学过的多项式除法即可得到. 例如，对 $f(X)=2X^3+X^2+X+1$，$g(X)=3X^2-1$，有带余除法：

$$f(X)=g(X)\Big(\frac{2}{3}X+\frac{1}{3}\Big)+\Big(\frac{5}{3}X+\frac{4}{3}\Big).$$

如果 $f(X)=g(X)q(X)$ $(g(X)\neq 0)$，则称 $g(X)$ **整除** $f(X)$，记为 $g(X)\mid f(X)$，称 $g(X)$ 是 $f(X)$ 的**因子**，$f(X)$ 是 $g(X)$ 的倍.

若多项式 $f(X)$ 可以写为 $f(X)=g(X)q(X)$，而且 $q(X),g(X)\in F[X]$ 均不属于 F（不是常数），则称 $f(X)$ 是**可约的**，否则称 $f(X)$ 是**不可约的**（在 $F[X]$ 中或在 F 上）. 也就是说，$f(X)$ 不可约意味着：若 $f(X)=g(X)q(X)$，则必有 $q(X)$ 或 $g(X)$ 为常数（即属于 F）. 例如，X^2-2 在 $\mathbb{Q}[X]$ 中（或 $\mathbb{Q}$ 上）是不可约的. 但是 X^2-2 在 $\mathbb{R}[X]$ 中（或 $\mathbb{R}$ 上）是可约的，因为 $X^2-2=(X-\sqrt{2})(X+\sqrt{2})$.

多项式 $d(X)$ 称为 $f(X),g(X)$ 的**最大公因子**是指：(1) $d(X)$ 是 $f(X)$ 和 $g(X)$ 的公因子；(2) $d(X)$ 是 $f(X),g(X)$ 的任一公因子的倍. 易知，若 $d(X)$ 是 $f(X),g(X)$ 的最大公因子，则 $cd(X)$ 也是（这里 $c\in F$ 非零，称为非零常数）. 常用 $(f(X),g(X))$ 记 $f(X),g(X)$ 的首项系数是 1 的最大公因子.

由于多项式可作带余除法，故多项式 $f(X),g(X)$ 可作**辗转相除**. 于是，完全与整数情形类似，我们有如下定理.

定理 3 域 F 上的任意两个多项式 $f(X),g(X)$ $(g(X)\neq 0)$ 的最大公因子 $d(X)$ 是唯一存在的，即 $d(X)=r_s(X)$（就是 $f(X)$ 与 $g(X)$ 辗转相除的最后非零余式. 这里的唯一性不计非零常数倍），而且存在 F 上的多项式 $u(X),v(X)$ 使

$$u(X)f(X)+v(X)g(X)=d(X)\quad\text{(贝祖等式)}.$$

回忆讨论整数时候的逻辑链：

带余除法 → 辗转相除 → 贝祖等式 → 唯一析因定理.

现在同样的逻辑链适用于多项式，则由多项式的“带余除法”易推知“多项式的唯一析因

定理”.

定理 4 域 F 上任一多项式 $f(X)$（不是 F 中常数）均可唯一写为不可约多项式之积.（唯一性不计非零常数倍和乘积次序）

评述 整数(和多项式)的唯一析因定理,使数学的认知深入了一层.从此我们视每个整数为若干素数之积.例如,视 12 为 $2\times2\times3$,或者 $2^2\times3$（而通常不再视为 $11+1$）.如此,处理整除因子倍数等问题,都了如指掌.进一步想,每个正整数 n,由其在素数$\{2,3,5,\cdots,p_i,\cdots\}$的指数序列$(v_2,v_3,v_5,\cdots,v_{p_i},\cdots)$ 所唯一决定.这将进一步大放异彩.

习 题 1.2

1. 设非零整数 m,n 的唯一素因子分解分别为

$$m=(-1)^e\prod_p p^{u_p},\quad n=(-1)^\varepsilon\prod_p p^{v_p},$$

其中 p 取遍正素数,u_p,v_p 为非负整数且均只对有限个 p 取值非零.证明:

$$d=(m,n)=\prod_p p^{d_p},\quad M=[m,n]=\prod_p p^{M_p},\quad dM=mn,$$

其中 $d_p=\min\{u_p,v_p\}$,$M_p=\max\{u_p,v_p\}$.特别知,m,n 的公倍数恰为$[m,n]$的倍数.

2. 证明:(1) 任意公倍数 M 必是最小公倍数 M_0 的倍数.

(2) $[a_1,\cdots,a_{s-1},a_s]=[[a_1,\cdots,a_{s-1}],a_s]$.

3. 设 a,b 为整数,$(a,b)=d$,证明

$$\{am+bn\mid m,n\in\mathbf{Z}\}=\{dk\mid k\in\mathbf{Z}\}.$$

4. (秦九韶:大衍求一术) 求解方程 $65x+83y=1$.

5. 求证:$(ak,bk)=(a,b)k$;$(a/\delta,b/\delta)=(a,b)/\delta$;记 $d=(a,b)$,则$(a/d,b/d)=1$.(这里 k 为任一正整数,δ 是 a 和 b 的任一正公因子,a,b 是不全零的整数).

6. 证明:(1) 若 $a\mid bc$,$(a,b)=1$,则 $a\mid c$.(2) 若 $a\mid c$,$b\mid c$,$(a,b)=1$,则 $ab\mid c$.

7. 证明:$[a_1,a_2,\cdots,a_s]=a_1a_2\cdots a_s$ 当且仅当$a_1,a_2,\cdots,a_s$两两互素.

8. 对任意整数 $a_1,a_2,\cdots,a_s$,证明

$$a_1\mathbf{Z}\cap a_2\mathbf{Z}\cdots\cap a_s\mathbf{Z}=[a_1,a_2,\cdots,a_s]\mathbf{Z},$$

其中 $a\mathbf{Z}=\{ak\mid k\in\mathbf{Z}\}$.

9. 证明:当且仅当整数 $d\mid n$ 时,$(X^d-1)\mid(X^n-1)$.

10. 将定理 1 前的辗转相除式改写如下(也将 q_i 改记为 a_i):

$$\frac{a}{b}=a_0+\frac{r_1}{b},\quad \frac{b}{r_1}=a_1+\frac{r_2}{r_1},\quad \cdots,\quad \frac{r_{s-1}}{r_s}=a_s.$$

即取 $r=a/b$ 的整数部分 a_0,再取其分数部分的倒数的整数部分 a_1,然后用同样方法得到 a_2,等等.记为 $r=[a_0,a_1,a_2,\cdots,a_s]$,称为 $r=a/b$ 的连分数(展开).

(1) 试求 $r=17/10$ 的连分数.(2)试求 $r=\sqrt{7}$的连分数到第 6 步(提示:按上述“取整数部分,再取分数部分倒数的整数部分”方法,可得实数的连分数展开,可能无限步).(3)求 $\pi_0=3.14159$ 的连分数到第 3 步.(4)记连分数的前 n 部分为 $r_n=[a_0,a_1,\cdots,a_n]=p_n/q_n$,称为部分分数.求 $r=\sqrt{7}$的部分分数

$(n=3,4,5)$. 求 $\pi_0=3.14159$ 的部分分数 $(n=0,1,2,3)$.

1.3 同余与同余类

同余,我国古代早有研究.高斯(Gauss)在其21岁所写的名著《算术研究》(1800年)的开篇,就详细论述过.

定义1 固定一个正整数 m 称为模(modulus).若整数 a 与 b 除以 m 的余数相同,则称 a 与 b 对模 m **同余**(congruent modulo m),记为

$$a\equiv b(\bmod m).$$

由定义可知,a 与 b 对模 m 同余恰相当于 $m\mid(a-b)$,或 $a=b+mk$(对某 $k\in\mathbb{Z}$),或者说"不计 m 的倍数时 a 与 b 相等".

例如:$8\equiv1(\bmod 7)$, $14\equiv0(\bmod 7)$, $1+1\equiv0(\bmod 2)$

符号"≡"称为同余号,读作"同余于",上述表达式称为同余式(congruence).同余式的运算称为"模算术"(modular arithmetic),是近代数学入门之必须."modulo m"相当于"measured (metered) with m",即以(m 为标准尺度作测量)(只计零头).

"同余"与"相等"有不少性质类似.

引理1 同余式有如下性质(对任意 $a,b,c,d\in\mathbb{Z}$):

(1)(传递性,transitive) 若 $a\equiv b(\bmod m)$,$b\equiv c(\bmod m)$,则 $a\equiv c(\bmod m)$.

(2)(对称性,symmetric) 若 $a\equiv b(\bmod m)$,则 $b\equiv a(\bmod m)$.

(3)(自反性,reflexive) 总有 $a\equiv a(\bmod m)$.

(4)(同余式相加) 若 $a\equiv b(\bmod m)$,$c\equiv d(\bmod m)$,则 $a+c\equiv b+d(\bmod m)$.

(5)(同余式相乘) 若 $a\equiv b(\bmod m)$,$c\equiv d(\bmod m)$,则 $ac\equiv bd(\bmod m)$.

(6)(同余式约化) ①若 $a\equiv b(\bmod m)$,且 $d\mid a$,$d\mid b$,d 与 m 互素,则

$$\frac{a}{d}\equiv\frac{b}{d}(\bmod m).$$

② 若 $a\equiv b(\bmod m)$,且 d 为 a,b,m 的公因子,则

$$\frac{a}{d}\equiv\frac{b}{d}\left(\bmod \frac{m}{d}\right).$$

证明都很简单,例如对(6)之①,记 $a=b+mk$,由 $d\mid a$,$d\mid b$ 知 $d\mid km$.再因 d 与 m 互素,故 $d\mid k$.所以 $a/d=b/d+m(k/d)$,即得 $a/d\equiv b/d(\bmod m)$. ■

例1 求 3^{2049} 除以13的余数 r.

解 因 $3^3=27\equiv1(\bmod 13)$,故 $3^{2049}=3^{3k}\equiv1^k=1(\bmod 13)$,故 $r=1$.

例2 对任意整数 a,b,以下成立:

$$a\equiv b(\bmod 6)\quad \text{当且仅当}\quad \begin{cases}a\equiv b(\bmod 2),\\ a\equiv b(\bmod 3).\end{cases}$$

证明　若 $a\equiv b(\bmod 6)$，则 $6|(a-b)$，故 $2|(a-b)$ 且 $3|(a-b)$，即 $a\equiv b(\bmod 2)$ 且 $a\equiv b(\bmod 3)$.

反之，若 $a\equiv b(\bmod 2)$ 且 $a\equiv b(\bmod 3)$，则 $2|(a-b)$ 且 $3|(a-b)$，故 $6|(a-b)$（这是因为：记 $a-b=p_1\cdots p_s$ 为其素因子分解，由 $2|(a-b)$ 且 $3|(a-b)$ 知可设 $p_1=2$，$p_2=3$，从而 $a-b=p_1p_2p_3\cdots p_s=2\cdot 3\cdot p_3\cdots p_s$），从而 $a\equiv b(\bmod 6)$. ■

例2可推广，读者不难自证：若 m_1,m_2 互素，则

$$a\equiv b(\bmod m_1m_2)\quad 当且仅当\quad a\equiv b(\bmod m_1)\ 且\ a\equiv b(\bmod m_2).$$

数学(和生活)中，有各种关系、例如相等关系、同余关系、同龄关系、师生关系，等等.上述已知，同余关系满足传递性、对称性、自反性.满足这三种性质的关系称为**等价关系**.例如，同龄关系是等价关系.

我们可以按等价关系将对象分为等价类，例如按“同龄关系”可以将学校的学生分类，有18岁类、19岁类、20岁类等.可按“同奇偶关系”将整数分为偶数类、奇数类.可按“同性别关系”将班上同学分为男生、女生两类.

现在，固定正整数 m，按“模 m 同余的关系”将整数集$\mathbb{Z}$分类：相互同余者分在同一类，称为一个**同余类**(congruence class).整数 a 所在的**同余类**记为 $\bar{a}$ 或 $a+m\mathbb{Z}$，即

$$\bar{a}=a+m\mathbb{Z}=\{a+mk\mid k\in\mathbb{Z}\},$$

称 a 为此同余类的**代表**(representative).于是$\mathbb{Z}$被分为 m 个同余类：同余于0的类，同余于1的类，……，同余于 $m-1$ 的类；即整数集$\mathbb{Z}$被划分为 m 个同余类的无交之并：

$$\mathbb{Z}=(m\mathbb{Z})\cup(1+m\mathbb{Z})\cup(2+m\mathbb{Z})\cup\cdots\cup(m-1+m\mathbb{Z}).$$

例如，当 $m=7$ 时，整数集$\mathbb{Z}$被划分为7个同余类：

$$\{0,7,14,-7,\cdots\}=7\mathbb{Z}=\bar{0},$$
$$\{1,8,15,-6,\cdots\}=1+7\mathbb{Z}=\bar{1},$$
$$\vdots$$
$$\{6,13,20,-1,\cdots\}=6+7\mathbb{Z}=\bar{6}.$$

（这好像是：将日历上的所有星期日归为一类记为 $\bar{0}$，将所有的星期1归为一类记为 $\bar{1}$，等等.共得到“星期0，星期1，…，星期6”，即“$\bar{0},\bar{1},\bar{2},\cdots,\bar{6}$”，这7个类）.

按定义，同余者同类，即

$$a\equiv a'(\bmod m)\Leftrightarrow\bar{a}=\overline{a'}.$$

故一个同余类可有不同写法，即代表元可以不同.例如模 $m=7$ 时，$\bar{1}=\bar{8}=\overline{15}=\overline{-6}$，等等.事实上，此同余类中任一成员均可作为代表元.

在每个同余类中任意取定一个代表元，这些代表元构成的集合称为一个“**代表元集**”，或一个“**剩余系**”.例如，模7的剩余系可取为0，1，…，6；当然也可取为0，1，2，3，-3，-2，-1.前者称为最小正剩余系，后者称为绝对(值)最小剩余系.

现在我们要更进一步，我们将“一个同余类”作为“一个元素”，于是 m 个同余类作为

m 个元素构成一个全新的集合：

$$\mathbb{Z}/m\mathbb{Z}=\{\overline{0},\overline{1},\overline{2},\cdots,\overline{m-1}\},$$

称为整数模 m 的**同余类集**，也记为$\mathbb{Z}/(m)$，它共有 m 个元素，每个元素是一个同余类.

定义 2 在同余类集 $\mathbb{Z}/m\mathbb{Z}=\{\overline{0},\overline{1},\overline{2},\cdots,\overline{m-1}\}$中定义**加法和乘法**运算如下：

$$\overline{a}+\overline{b}=\overline{a+b}\quad (\text{即}(a+m\mathbb{Z})+(b+m\mathbb{Z})=a+b+m\mathbb{Z});$$

$$\overline{a}\cdot\overline{b}=\overline{a\cdot b}\quad (\text{即}(a+m\mathbb{Z})\cdot(b+m\mathbb{Z})=a\cdot b+m\mathbb{Z}).$$

(可叙述为：同余类之和等于代表元之和所代表的同余类；同余类之积等于代表元之积所代表的同余类. 乘号“·”常可省略不写，即记 $\overline{a}\cdot\overline{b}$ 为 $\overline{a}\,\overline{b}$).

容易验证，这样定义的加法和乘法不受代表元选取的影响. 事实上，设 $\overline{a}=\overline{a'}$，$\overline{b}=\overline{b'}$，则 $a\equiv a'(\bmod m)$，$b\equiv b'(\bmod m)$，故 $a'=a+mk$，$b'=b+mj$，从而得

$$\overline{a'+b'}=\overline{(a+mk)+(b+mj)}=\overline{a+b+m(k+j)}=\overline{a+b}.$$

对乘法也类似.

$\mathbb{Z}/m\mathbb{Z}$ 内的加法、乘法运算，性质很好，与整数运算类似. 例如(对任意 $a,b,c\in\mathbb{Z}$)：

$$\overline{a}+\overline{b}=\overline{b}+\overline{a},\quad (\overline{a}+\overline{b})+\overline{c}=\overline{a}+(\overline{b}+\overline{c}),\quad \overline{0}+\overline{a}=\overline{a},\quad \overline{a}+(\overline{-a})=\overline{0},$$

$$\overline{a}\cdot\overline{b}=\overline{b}\cdot\overline{a},\quad (\overline{a}\cdot\overline{b})\cdot\overline{c}=\overline{a}\cdot(\overline{b}\cdot\overline{c}),\quad \overline{1}\cdot\overline{a}=\overline{a}.$$

特别地，因 $\overline{0}+\overline{a}=\overline{a}$，故称 $\overline{0}$为 $\mathbb{Z}/m\mathbb{Z}$ 的**加法单位元**(或**零元**). 因 $\overline{1}\cdot\overline{a}=\overline{a}$，故称 $\overline{1}$ 为**乘法单位元**(或**幺元**). 它们与整数运算中的 0 和 1 角色类似.

由 $\overline{a}+(\overline{-a})=\overline{0}$，可称$(\overline{-a})$为负 $\overline{a}$，即 $(\overline{-a})=-\overline{a}$. 从而可定义$\mathbb{Z}/m\mathbb{Z}$ 中的减法：

$$\overline{b}-\overline{a}=\overline{b}+(-\overline{a})=\overline{b}+\overline{(-a)}=\overline{b-a}.$$

同余类集$\mathbb{Z}/m\mathbb{Z}$ 对上述加法、减法、乘法三种运算是封闭的. 常简记 $\overline{a}+\cdots+\overline{a}$($k$ 个)为 $k\overline{a}$ 或 $k\cdot\overline{a}$，记 $\overline{a}\,\overline{a}\cdots\overline{a}$($k$ 个)为 $\overline{a}^k$.

例 3 $\mathbb{Z}/7\mathbb{Z}=\{\overline{0},\overline{1},\overline{2},\cdots,\overline{6}\}$，$\overline{4}+\overline{5}=\overline{4+5}=\overline{2}$，$\overline{4}-\overline{5}=\overline{4-5}=\overline{6}$， $\overline{3}\cdot\overline{5}=\overline{3\cdot 5}=\overline{1}$.

例 4 $\mathbb{Z}/2\mathbb{Z}=\{\overline{0},\overline{1}\}$，其中 $\overline{0}=2\mathbb{Z}=\{2k\mid k\in\mathbb{Z}\}$即偶数集，$\overline{1}=1+2\mathbb{Z}=\{1+2k\mid k\in\mathbb{Z}\}$就是奇数集. $\overline{1}+\overline{1}=\overline{0}$ 即“奇数加奇数为偶数”. 最重要的运算性质是 $\overline{1}+\overline{1}=\overline{0}$，除此之外，$\mathbb{Z}/2\mathbb{Z}$ 中的加法和乘法都与整数相同.

例 5 $\mathbb{Z}/3\mathbb{Z}=\{\overline{0},\overline{1},\overline{2}\}$，其中 $\overline{0}=3\mathbb{Z}=\{3k\mid k\in\mathbb{Z}\}$，$\overline{1}=1+3\mathbb{Z}=\{1+3k\mid k\in\mathbb{Z}\}$，$\overline{2}=2+3\mathbb{Z}=\{2+3k\mid k\in\mathbb{Z}\}$. 最重要的性质是 $\overline{1}+\overline{1}+\overline{1}=\overline{2}+\overline{1}=\overline{0}$，除此之外，加法和乘法都与整数相同.

在$\mathbb{Z}/m\mathbb{Z}$ 中能否做除法呢？首先看 $\overline{1}$ 除以 $\overline{a}$ 可行吗？即 $\overline{1}/\overline{a}$ 有意义吗？(若有意义则称 $\overline{a}$ 可逆). 事实上，有时是不可行的. 例如，$\mathbb{Z}/8\mathbb{Z}$ 中，$\overline{2}$ 不可逆 (即 $\overline{1}/\overline{2}$ 无意义). 否则，由 $\overline{2}\cdot\overline{4}=\overline{0}$，两边都乘以 $\overline{1}/\overline{2}$，得 $\overline{4}=\overline{0}$，即 $8\mid 4$，矛盾.

定义 3 (1) 称 $\overline{a}\in\mathbb{Z}/m\mathbb{Z}$ 是**可逆的**，是指存在 $\overline{x}\in\mathbb{Z}/m\mathbb{Z}$ 使

$$\bar{a}\cdot\bar{x}=\bar{1}\quad(\text{即 } ax\equiv 1(\bmod m)).$$

此时,称 $\bar{x}$ 为 $\bar{a}$ 的(乘法)**逆元**,记为 $\bar{a}^{-1}$(或 $\overline{1/a}$).

(2) $\mathbb{Z}/m\mathbb{Z}$中的可逆元集合记为$(\mathbb{Z}/m\mathbb{Z})^*$. $(\mathbb{Z}/m\mathbb{Z})^*$中的每个同余类各取一个代表元,这些代表元的集合称为模 m 的一个**既约剩余系**.

例 6　$\mathbb{Z}/8\mathbb{Z}$中,$\bar{2},\bar{4},\bar{6}$不可逆,$(\mathbb{Z}/8\mathbb{Z})^*=\{\bar{1},\bar{3},\bar{5},\bar{7}\}$,且$\bar{3}^{-1}=\bar{3},\bar{5}^{-1}=\bar{5},\bar{7}^{-1}=\bar{7}$.故$\{1,3,5,7\}$是一个既约剩余系.

例 7　$(\mathbb{Z}/4\mathbb{Z})^*=\{\bar{1},\bar{3}\}$.而$\bar{3}^{-1}=\bar{3}$.$\{1,3\}$或$\{5,-1\}$都是既约剩余系.

例 8　$\mathbb{Z}/7\mathbb{Z}$中的$\bar{3}$是可逆的,因为$\bar{3}\cdot\bar{5}=\overline{15}=\bar{1}$,故$\bar{3}^{-1}=\bar{5}$.又显然$\bar{2}^{-1}=\bar{4},\bar{6}^{-1}=\bar{6}$.故$\mathbb{Z}/7\mathbb{Z}$中元素除$\bar{0}$之外都是可逆的.即$(\mathbb{Z}/7\mathbb{Z})^*=\{\bar{1},\bar{2},\cdots,\bar{6}\}$.

定理 1　*(1) 设 a 为整数,则 $\bar{a}$ 在$\mathbb{Z}/m\mathbb{Z}$中是(乘法)可逆的当且仅当 a 与 m 互素.故$\mathbb{Z}/m\mathbb{Z}$中的可逆元集合恰为*

$$(\mathbb{Z}/m\mathbb{Z})^*=\{\bar{a}\mid(a,m)=1,1\leqslant a<m\},$$

即"小于 m 且与 m 互素的正整数"所代表的同余类集.

(2) 若 $m=p$ 为素数,则$\mathbb{Z}/p\mathbb{Z}$中非$\bar{0}$元素均可逆.

(3) 若 m 不是素数,则$\mathbb{Z}/m\mathbb{Z}$中存在着非$\bar{0}$不可逆元素.

证明　(1) 若$(a,m)=1$,则由辗转相除可得贝祖等式

$$ua+vm=1.$$

模 m 看同余类,得$\overline{ua+vm}=\bar{1}$,即$\bar{u}\bar{a}+\bar{v}\bar{m}=\bar{1}$,故$\bar{u}\bar{a}=\bar{1}$.故$\bar{a}$可逆,且逆为$\bar{u}$.

反之,若$(a,m)=d>1$,则$a(m/d)=(a/d)m\equiv 0(\bmod m)$,即

$$\bar{a}\cdot\overline{(m/d)}=\bar{0}.$$

此时若$\bar{a}$有逆$\bar{x}$,上式两边都乘以$\bar{x}$得$\overline{(m/d)}=\bar{0}$,此不可能,因$0<m/d<m$.

(2) 因 $m=p$ 为素数,故$1,2,\cdots,p-1$均与 p 互素,从而$\bar{1},\bar{2},\cdots,\overline{p-1}$均可逆.

(3) 若 m 不是素数,必有因子 b 且$1<b<m$,由(1)知$\bar{b}$不可逆.　■

以Φ_m记"小于 m 且与 m 互素的正整数"集合,称为**最小既约剩余系**.以$\varphi(m)$记Φ_m中元素个数,即$\mathbb{Z}/m\mathbb{Z}$中可逆元个数.称φ为**欧拉(Euler)函数**.

例如,$\varphi(1)=1$(规定),$\varphi(2)=1,\varphi(3)=2,\varphi(4)=2,\varphi(6)=2$.

定理 2　*欧拉函数$\varphi(m)$的取值由以下等式决定:*

(1) $\varphi(p^e)=p^e-p^{e-1}=p^{e-1}(p-1)$　(当 p 为素数);

(2) $\varphi(mn)=\varphi(m)\varphi(n)$　(当 m,n 为互素正整数);

(3) 设有因子分解$m=p_1^{e_1}\cdots p_s^{e_s}$(其中$p_1,\cdots,p_s$为互异素数),则

$$\varphi(m)=(p_1^{e_1}-p_1^{e_1-1})\cdots(p_s^{e_s}-p_s^{e_s-1}).$$

证明　(1)"与p^e不互素"(即含因子 p)的正整数有$p,2p,3p,\cdots,p^{e-1}\cdot p$,共计$p^{e-1}$个.故"与$p^e$互素而小于$p^e$"的正整数个数为$p^e-p^{e-1}$,即$\varphi(p^e)$.

(3)是(2)的推论. 为证明(2),先证明如下定理.

定理 3　设 m,n 为互素的正整数. 记 Φ_m 为模 m 最小既约剩余系. 当 x 遍历 Φ_n, y 遍历 Φ_m 时,则 $mx+ny$ 遍历 Φ_{mn}(在模 mn 意义下). 特别知

$$\varphi(mn)=\varphi(m)\varphi(n).$$

(此定理形式上可记为 $m\Phi_n+n\Phi_m\equiv\Phi_{mn}$)

证明　(1) $(mx+ny,m)=(ny,m)=1$. 同理知 $mx+ny$ 与 n 互素,故与 mn 互素,故属于 Φ_{mn}.

(2) $\{mx+ny\}$互不同余$(\mathrm{mod}\ mn)$,因为它们模 m 和模 n 相互都不同余.

(3) 任取 $a\in\Phi_{mn}$,则 a 与 m 互素,故 a 同余于$n\Phi_m$ 中某元$(\mathrm{mod}\ m)$(因 $n\Phi_m$ 也是模 m 的一个既约剩余系),故可设 $a\equiv ny\ (\mathrm{mod}\ m)$, $y\in\Phi_m$. 同理得 $a\equiv mx\ (\mathrm{mod}\ n)$, $x\in\Phi_n$. 故 $a\equiv mx+ny$ 对模 m 和模 n 都成立. 即知 $a\equiv mx+ny\ (\mathrm{mod}\ mn)$. ■

系 1　$\sum_{d|m}\varphi(d)=m$.　(求和遍历 m 的正因子 d)

证明　考虑 m 个分数: $1/m,2/m,\cdots,(m-1)/m,m/m$. 将它们皆约化为既约分数. 约化后分母均为 m 的因子. 考虑其中分母为固定 d 的分数 $*/d$ 全体,其分子取遍与 d 互素而不超过 d 的正整数(每个这样的分数 k/d 是由 $k\delta/d\delta$ 约化而来,其中 $d\delta=m$),这样的分数共 $\varphi(d)$个. 对各个 $d|m$ 将 $\varphi(d)$求和,则得 m. ■

例如, $m=12$ 时,系 1 的等式为

$$\varphi(1)+\varphi(2)+\varphi(3)+\varphi(4)+\varphi(6)+\varphi(12)=1+1+2+2+2+4=12.$$

证明中的 m 个分数 $1/m,2/m,\cdots,m/m$ 即是

$$\frac{1}{12},\frac{1}{6},\frac{1}{4},\frac{1}{3},\frac{5}{12},\frac{1}{2},\frac{7}{12},\frac{2}{3},\frac{3}{4},\frac{5}{6},\frac{11}{12},\frac{1}{1}.$$

其中分母为 12 的是 $\varphi(12)=4$ 个,分母为 6 的是 $\varphi(6)=2$ 个,等等.

同余的概念,可推广到多项式集 $F[X]$,例如$\mathbb{Q}[X]$. 固定非零多项式 $m(X)\in F[X]$,对任意 $f(X),g(X)\in F[X]$,如果 $m(X)|(f(X)-g(X))$,则称 $f(X)$与 $g(X)$对于模 $m(X)$同余,记为

$$f(X)\equiv g(X)\quad(\mathrm{mod}\ m(X)).$$

这相当于 $f(X)=g(X)+m(X)q(X)$(对某 $q(X)$). 例如 $X^3-X^2-1\equiv-X(\mathrm{mod}\ (X^2+1))$.

与 $f(X)$同余的多项式都归为一类,记为 $\overline{f(X)}$,称为一个同余类. 所有的同余类构成一个新集合(同余类集),记为

$$F[X]/(m(X))=\{\overline{f(X)}\mid f(X)\in F[X]\}.$$

其中元素的加法、乘法定义为: $\bar{f}+\bar{g}=\overline{f+g}$, $\bar{f}\cdot\bar{g}=\overline{f\cdot g}$.

由带余除法,可将同余类集写得更明确简洁:

$$f(X)=m(X)q(X)+r(X),\quad \deg r(X)<\deg m(X)=n$$
$$\overline{f(X)}=\overline{m(X)}\,\overline{q(X)}+\overline{r(X)}=\overline{r(X)}.$$

故同余类集由余式的同余类组成：

$$F[X]/(m(X))=\{\overline{f(X)}\}=\{\overline{r(X)}\}.$$

这类似于 $\mathbb{Z}/(7)=\{\bar{a}\}=\{\bar{r}\}=\{\bar{0},\bar{1},\bar{2},\cdots,\bar{6}\}$.

$\mathbb{Z}/m\mathbb{Z}$ 的许多性质都可平移到 $F[X]/(m(X))$ 来讨论、推广.

习　题　1.3

1. 详细证明同余式的各项性质.

2. 讨论：(1)$n^2\equiv?\ (\mathrm{mod}\ 4)$；(2) $n^2\equiv?\ (\mathrm{mod}\ 8)$；(3) $n^2\equiv?\ (\mathrm{mod}\ 16)$.

3. 由整数 n 的十进制表示如何判断：(1)9 整除 n，(2)11 整除 n.

4. 如何判断：(1)13 整除 n，(2)7 整除 n.

5. 在$\mathbb{Z}/7\mathbb{Z}$中，求出$\{2^k\},\{3^k\}(k\in\mathbb{Z})$.

6. 在$\mathbb{Z}/8\mathbb{Z}$中，求出$\{2^k\},\{6^k\},\{3^k\},\{5^k\},\{7^k\}(k\in\mathbb{Z})$.

7. (1) 在$\mathbb{Z}/12\mathbb{Z}$中，哪些元素是可逆的？求它们的逆.

(2) 在$\mathbb{Z}/105\mathbb{Z}$中，有多少元素可逆？求 $\overline{23}$ 的逆.

(3) 在$\mathbb{Z}/360\mathbb{Z}$中，有多少元素可逆？求 $\overline{77}$ 的逆.

8. 证明：若 $a\equiv b(\mathrm{mod}\ m)$，且 $d\mid a,d\mid b$，则

$$\frac{a}{d}\equiv\frac{b}{d}\left(\mathrm{mod}\ \frac{m}{(d,m)}\right).$$

9. 求方程 $167x+23y=1$ 的整数解.

10. 试证明 $x^2+5y^2=3z^2$ 没有非零整数解.

1.4 群与例

群，是最基本的，也是最神奇的代数概念.起源于一元多项式方程的研究.天才少年伽罗瓦(Galois)在19世纪30年代看透实质，引入方程根的对称群，震惊了当时的权威.到现在，群已经“无所不在”.

设 $\mathrm{i}=\sqrt{-1}$，考虑集合

$$G=\{1,\mathrm{i},-1,-\mathrm{i}\}.$$

此集合内的元素之间可进行乘法，而且满足：(1)乘积仍在 G 中(封闭性)；(2)$a(bc)=(ab)c$ 对任意 $a,b,c\in G$ 成立 (结合律)；(3)G 中含有1，它乘任何元素都不变；(4)G 中的元素都有倒数(称为逆)仍在 G 中.以上4条性质将可用一句话概括：$G=\{1,\mathrm{i},-1,-\mathrm{i}\}$对乘法是一个群(group).

再考虑非零实数全体 $\mathbb{R}^*=\mathbb{R}\setminus\{0\}$，其中元素可进行乘法，也满足：(1)封闭性(即非零实数之积仍为非零实数)；(2)结合律；(3)$\mathbb{R}^*$ 含有1；(4)$\mathbb{R}^*$ 中元素都有倒数(逆)仍在$\mathbb{R}^*$中.故也可用一句话概括为：$\mathbb{R}^*$对乘法是一个群.详言之，群的定义如下.

定义 1 一个群 (**group**) 就是一个非空集合 G,且其元素之间有一种运算,此运算将 G 中任意元素 a,b (可以相等) 对应于 G 中的一个元素(记为 $a\cdot b$ 或 ab),而且满足如下 4 个条件 (称为**群的公理**,group axioms):

(G1)(封闭性,closure) ab 仍然在 G 中 (对任意 $a,b\in G$);

(G2)(结合律,associativity) $a(bc)=(ab)c$ (对任意 $a,b,c\in G$);

(G3)(存在单位元,identity) 存在元素 $e\in G$ 使 $ea=ae=a$ (对任意 $a\in G$);

(G4)(可逆性,invertibility) 对每个元素 $a\in G$,存在 $a'\in G$ 使 $a'a=aa'=e$.

此定义中的群记为$(G,\cdot)$或 G. 因为 a,b 的运算结果写为 $a\cdot b$(或 ab),故此运算也称为乘法运算,也称$(G,\cdot)$为**乘法群**.(此运算是两个元素参与的,故也称为二元运算).

条件(G3)中的 e 称为**单位元**,或**幺元**、恒元,有时也记 e 为 1 (注意,虽然有时候记 e 为 1,但它一般不是整数 1,以下有例子说明).

条件(G4)常被概括为"每个元素 $a\in G$ 都可逆",其中的 a' 常记为 a^{-1}或 $1/a$ 或 $\dfrac{1}{a}$,称为 a 的**逆元** (inverse).

对 $a\in G$,常记 $aa=a^2,aaa=a^3,a^{-1}a^{-1}=a^{-2}$ 等,记 $a^0=e=1$. 于是 $a^m a^n=a^{m+n}$ (对任意整数 m,n).

如果群$(G,\cdot)$在上述 4 个条件之外,还满足第 5 个条件:

(G5)(交换律,commutative law) $ab=ba$ (对任意 $a,b\in G$);

则称$(G,\cdot)$为**交换群**,或**阿贝尔群**(Abel 群,abelian group).

群$(G,\cdot)$中的元素个数称为群的**阶**(order),记为$|G|$ 或 $\# G$.

例 1 $\{1\}$是 1 阶群 (对整数乘法).

例 2 $\{1,-1\}$是 2 阶群 (对整数乘法).

例 3 $\{1,\omega,\omega^2\}$ 是 3 阶群(对复数乘法),其中 $\omega=\mathrm{e}^{2\pi\mathrm{i}/3}=-1/2+\mathrm{i}\sqrt{3}/2,\mathrm{i}=\sqrt{-1}$. 注意 $\omega^3=1,\omega^2=\overline{\omega}=\omega^{-1}$.

例 4 $\{1,\mathrm{i},-1,-\mathrm{i}\}$是 4 阶群,其中 $\mathrm{i}=\sqrt{-1}$. 注意 $\mathrm{i}^2=-1,\mathrm{i}^3=-\mathrm{i},\mathrm{i}^4=1$.

例 5 设 $W_n=\{1,\zeta,\zeta^2,\cdots,\zeta^{n-1}\}$为 n 次复单位根集,其中

$$\zeta=\zeta_n=\mathrm{e}^{2\pi\mathrm{i}/n}=\cos(2\pi/n)+\mathrm{i}\sin(2\pi/n).$$

则 W_n 是 n 阶乘法群. 注意 $\zeta^n=1$,且 $\zeta^k\neq 1$(对 $1\leqslant k<n$). 例 1~例 4 是此群的特例.

例 6 令 $G=\{(1,1),(1,-1),(-1,1),(-1,-1)\}$,定义$(a,b)(a',b')=(aa',bb')$,则 G 是 4 阶群. 单位元是 $e=(1,1)$ (此例说明: 单位元可以不是整数 1). 每个元素的平方都等于单位元,所以每个元素的逆也都是自身. G 称为克莱因(Klein)四元群.

例 7 非零实数全体$\mathbb{R}^*=\mathbb{R}\setminus\{0\}$,是乘法群,是无限(阶)群. 同理可知,非零有理数全体$\mathbb{Q}^*=\mathbb{Q}\setminus\{0\}$,非零复数全体$\mathbb{C}^*=\mathbb{C}\setminus\{0\}$,都是无限乘法群.

例 8　令 $G=\{z\in\mathbb{C}:|z|=1\}$,即长度为 1 的复数集合.此集合在复平面上形成单位圆.则 G 为乘法群.

例 9　$\mathbb{Z}/m\mathbb{Z}$ 中的可逆元全体 $(\mathbb{Z}/m\mathbb{Z})^*$ 是乘法群,$\varphi(m)$ 阶.乘法单位元为 $e=\bar{1}$.例如,$(\mathbb{Z}/4\mathbb{Z})^*=\{\bar{1},\bar{3}\}$ 为二阶群.而 $(\mathbb{Z}/8\mathbb{Z})^*=\{\bar{1},\bar{3},\bar{5},\bar{7}\}$ 为 4 阶群.

定义 2　设 $(G,\cdot)$ 为(乘法)群,H 是群 G 的子集合,且 $(H,\cdot)$ 是群,则称 H 为 G 的**子群**(subgroup).记为 $H<G$(也有文献记为 $H\leqslant G$).

注意子群 H 中的运算就是 G 中原来的运算(在 H 上的限制).

要验证 $(H,\cdot)$ 为子群,只需验证 H 对**乘法和求逆封闭**(即只需验证群公理的 G1 和 G4 两条),因为结合律显然成立,而由求逆封闭知道单位元 $e=aa^{-1}$ 在 H 中.以后会看到,当 H 为有限集合时,只需验证乘法封闭即可(因为逆可由幂表示).

例如,$\{1,-1\}$ 是 $\{1,\mathrm{i},-1,-\mathrm{i}\}$ 的子群(参见例 2、4).W_3 是 W_6 的子群.

群 G 本身和 $\{1\}$,显然是 G 的子群,称为平凡子群.常记子群 $\{1\}$ 为 1.

我们可以说,ba^{-1} 是 b 右除以 a,而 $a^{-1}b$ 是 b 左除以 a.对于阿贝尔群二者一致.所以可以认为,群是对乘除法封闭的集合.

加法群

对于阿贝尔群(即交换群)G,有时候将运算符号记为加号"+",从而称 G 为加法群.这时候,单位元 e 常记为 0,称为零元;a 的逆元记为 $-a$,称为负元.用这种加法的符号和语言,上述定义 1 可改述为如下(加法群的定义).

定义 1′　一个**加法群**(additive group)就是一个集合 G,且其元素之间有一种运算(称为加法),此运算将 G 中任意元素 a,b(可以相等)对应于 G 中的一个元素(记为 $a+b$),且满足如下 5 个条件:

(A1)(封闭性,closure)　$a+b$ 仍然在 G 中(对任意 $a,b\in G$);

(A2)(结合律,associativity)　$a+(b+c)=(a+b)+c$(对任意 $a,b,c\in G$);

(A3)(存在单位元,identity)　存在 $e\in G$ 使 $e+a=a+e=a$(对任意 $a\in G$);

(A4)(可逆性,invertibility)　对任意 $a\in G$ 总存在 $a'\in G$ 使 $a'+a=a+a'=e$.

(A5)(交换律,commutative law)　$a+b=b+a$(对任意 $a,b\in G$ 成立).

此定义中的群记为 $(G,+)$ 或 G.条件(A3)中的**加法单位元** e 也称为**零元**,常记为 0(注意此 0 不一定是整数 0,不一定属于整数集 $\mathbb{Z}$).条件 A4 中的 a' 常记为 $-a$,称为 a 的**负元**.

对 $a\in G$,常记 $a+a=2a$,$a+a+a=3a$,$-a-a=2(-a)=-2a$ 等,记 $0a=0$.于是 $(m+n)a=ma+na$(对任意整数 m,n).

一些加法群的例子如下.

例 10 $\{0\}$ 是 1 阶加法群（对整数加法）.

例 11 整数集$\mathbb{Z}$是加法群（对整数加法）. 偶数集 $2\mathbb{Z}=\{2k \mid k\in\mathbb{Z}\}$是加法群. 对固定的整数 m，集合 $m\mathbb{Z}=\{mk \mid k\in\mathbb{Z}\}$是加法群，是$\mathbb{Z}$的子群.

例 12 实数集$\mathbb{R}$是加法群. 同理，有理数集$\mathbb{Q}$、复数集$\mathbb{C}$，都是加法群.

例 13 对固定的非零整数 m，模 m 的同余类集合

$$\mathbb{Z}/m\mathbb{Z}=\{\bar{0},\bar{1},\bar{2},\cdots,\overline{m-1}\}$$

是加法群，是 m 阶群. 于是我们有了 2,3,4,…阶加法群：

$$\mathbb{Z}/2\mathbb{Z}=\{\bar{0},\bar{1}\},\quad \mathbb{Z}/3\mathbb{Z}=\{\bar{0},\bar{1},\bar{2}\},\quad \mathbb{Z}/4\mathbb{Z}=\{\bar{0},\bar{1},\bar{2},\bar{3}\},\text{等等}.$$

例 14 已知$\mathbb{Z}/2\mathbb{Z}=\{\bar{0},\bar{1}\}$是加法群. 令 $G=\{(\bar{0},\bar{0}),(\bar{0},\bar{1}),(\bar{1},\bar{0}),(\bar{1},\bar{1})\}$，定义运算$(a,b)+(a',b')=(a+a',b+b')$，则 G 是加法群. 零元是$(\bar{0},\bar{0})$.

在加法群 G 中可以定义减法：$a-b=a+(-b)$. 故加法群是对加减法封闭的集合.

设 G 为加法群，H 是其子集合. 若 H 对加法和求负元素封闭，则称 H 为 G 的(加法)子群. G 和$\{0\}$称为平凡子群. 常记子群$\{0\}$为 0.

评述 "群"降临世间的标志事件，是少年伽罗瓦在 1830 年用群彻底解决 5 次以上一元多项式方程根式解这一历史难题，创立神奇的伽罗瓦理论，令权威失措. 新风一扫古希腊以来困扰人类千年的难题迷阵. 1882 年，群的抽象形式确立，仅以 4 条公理衍出五彩缤纷的体系. 带动了环、域、模等系统的创立，推动数学不断向前.

习题 1.4

1. 求乘法群$\{1,\mathrm{i},-1,-\mathrm{i}\}$的所有子群.

2. 求例 6 中群 G 的所有子群.

3. 求加法群$\mathbb{Z}$的所有子群.

4. 加法群$\mathbb{Z}/4\mathbb{Z}$中有哪些子群？$\mathbb{Z}/6\mathbb{Z}$呢？

5. 设 G 是群，$a,b\in G$，求如下元素的逆：$ab,a^{-1},e,a^{-3},aba^{-1}b^{-1}$.

6. 求例 6 中群 G 的所有元素的逆.

7. 设 G 是一个集合，且其元素之间有一种运算，满足群的定义 1 中的前 3 个条件，则称 G 为**半群**(monoid)或含幺半群. 试举出半群而非群的两个例子.

8. 设 G 为群，S 为非空集合，$M(S,G)$为 S 到 G 的映射全体. 对 $f,g\in M(S,G)$，定义 $fg\in M(S,G)$如下：

$$(fg)(x)=f(x)g(x)\quad(\forall x\in S).$$

试证明 $M(S,G)$是一个群，求单位元 e 和 f^{-1}. 且证明：若 G 为阿贝尔群，则 $M(S,G)$也是阿贝尔群. 若 G 为加法群，$M(S,G)$也为加法群.

9. 设$(G,\cdot)$为乘法群，H 是群 G 的子集合，则 H 为 G 的子群当且仅当 H 对除法封闭(即 $ab^{-1}\in H$ 对任意 $a,b\in H$ 成立).

*10. 求乘法群 W_n 的所有子群.

1.5 非阿贝尔群例

1.5.1 置换群

定义 1(置换群) 集合 $N=\{1,2,\cdots,n\}$ 到自身的一个**双射**

$$\sigma:\{1,2,\cdots,n\}\longrightarrow\{1,2,\cdots,n\}$$

称为一个 n 级**置换** (permutation). 此置换 σ 常记为

$$\sigma=\begin{pmatrix}1 & 2 & \cdots & n\\ \sigma(1) & \sigma(2) & \cdots & \sigma(n)\end{pmatrix},$$

意思是 σ 将 1 映射为 $\sigma(1)$,将 2 映射为 $\sigma(2)$,等等. 显然,n 级置换共有 $n!$ 个,其集合记为 S_n(或 S_N). 例如,当 $n=3$ 时,共有 $3!=6$ 个置换如下:

$$\sigma_1=\begin{pmatrix}1&2&3\\1&2&3\end{pmatrix},\quad \sigma_2=\begin{pmatrix}1&2&3\\2&1&3\end{pmatrix},\quad \sigma_3=\begin{pmatrix}1&2&3\\3&2&1\end{pmatrix},$$

$$\sigma_4=\begin{pmatrix}1&2&3\\1&3&2\end{pmatrix},\quad \sigma_5=\begin{pmatrix}1&2&3\\2&3&1\end{pmatrix},\quad \sigma_6=\begin{pmatrix}1&2&3\\3&1&2\end{pmatrix}.$$

从这记号易知,排列与置换之间一一对应,即置换 σ 与排列 $\sigma(1)\sigma(2)\cdots\sigma(n)$ 对应. 例如上述 σ_5 对应于排列 231.

置换的另一种记法为**循环记法**,例如,上述 σ_5 可记为 $\sigma_5=(123)$,意思是 σ_5 映 1 为 2,映 2 为 3,映 3 为 1. 同样知 $\sigma_6=(132)$. 而记上述 $\sigma_2=(12)$,意思是 1 与 2 对换,而 3 不变. 用循环记法,可知 3 级置换集合为

$$S_3=\{(1),(123),(321),(12),(13),(23)\}.$$

将两个数字互换(而其余数字)不变的置换,称为**对换**. 例如,(12)是一个对换,(23)也是.

两个 n 级置换 $\sigma,\tau\in S_n$ 的**乘积** $\tau\sigma$ 由下式定义,仍为 S_n 中的置换:

$$(\tau\sigma)(k)=\tau(\sigma(k))\quad(1\leqslant k\leqslant n)$$

(也记 $\tau\sigma=\tau\circ\sigma$,称为映射的复合(composition)).

例如,S_3 中 $\lambda=(12)$ 和 $\rho=(123)$ 的乘积 $\rho\lambda$,作用到 1 上效果是:

$$((123)(12))1=(123)((12)1)=(123)2=3,$$

即 $(\rho\lambda)1=3$. 同样可知 $(\rho\lambda)2=2$,$(\rho\lambda)3=1$. 综上得 $\rho\lambda=(13)$.

引理 1 n 级置换全体 S_n 对上述乘法运算为群. 当 $n\geqslant 3$ 时,S_n 不是阿贝尔群.(称 S_n 为**对称群** (symmetric group) 或**全置换群**. 恒等映射(1)=1 是乘法单位元).

证明 乘法封闭性和结合律均显然. 因为任意 $\sigma\in S_n$ 是双射,故有逆,即逆映射. 故

S_n 是群. 当 $n \geqslant 3$ 时, S_n 中含 $\rho=(123)$ 和 $\lambda=(12)$, 而

$$\rho\lambda=(123)(12)=(13), \quad \lambda\rho=(12)(123)=(23),$$

知 $\rho\lambda \neq \lambda\rho$, 故 S_n 不是阿贝尔群. 特别可知, S_3 是 6 阶非阿贝尔群. ■

我们可以列出 S_3 的"乘法表"(如表 1.5.1 所示), 其中"以 σ_i 为首的行"与"以 σ_j 为首的列"的交叉位置填写 $\sigma_i\sigma_j$.

表 1.5.1 S_3 的乘法表

	1	(123)	(321)	(12)	(13)	(23)
1	1	(123)	(321)	(12)	(13)	(23)
(123)	(123)	(321)	1	(13)	(23)	(12)
(321)	(321)	1	(123)	(23)	(12)	(13)
(12)	(12)	(23)	(13)	1	(321)	(123)
(13)	(13)	(12)	(23)	(123)	1	(321)
(23)	(23)	(13)	(12)	(321)	(123)	1

记 $\lambda=(12)$, $\rho=(123)$. 易知 $\lambda^2=1$, $\rho^3=1$. 故 $\lambda^{-1}=\lambda$, $\rho^{-1}=\rho^2=(132)$. 而且由 $(12)(123)(12)=(132)$, 可知 $\lambda\rho\lambda=\rho^2$, 即

$$\lambda\rho=\rho^2\lambda.$$

此式说明, ρ, λ 不可交换, 但 ρ 可"穿过" λ 而变为 ρ^2. 基于此式, ρ, λ 的任何次序的乘积都可表示为 $\rho^i\lambda^j$ $(i=0,1,2;\ j=0,1)$. 所以 S_3 中的元素可写为

$$S_3=\{1,\rho,\rho^2,\lambda,\rho\lambda,\rho^2\lambda\}.$$

由此, S_3 的乘法表可列成如表 1.5.2.

表 1.5.2 S_3 的乘法表——符号写法 ($\rho=(123)$, $\lambda=(12)$)

	1	ρ	ρ^2	λ	$\rho\lambda$	$\rho^2\lambda$
1	1	ρ	ρ^2	λ	$\rho\lambda$	$\rho^2\lambda$
ρ	ρ	ρ^2	1	$\rho\lambda$	$\rho^2\lambda$	λ
ρ^2	ρ^2	1	ρ	$\rho^2\lambda$	λ	$\rho\lambda$
λ	λ	$\rho^2\lambda$	$\rho\lambda$	1	ρ^2	ρ
$\rho\lambda$	$\rho\lambda$	λ	$\rho^2\lambda$	ρ	1	ρ^2
$\rho^2\lambda$	$\rho^2\lambda$	$\rho\lambda$	λ	ρ^2	ρ	1

再如, S_4 是 24 阶群, 不可交换.

1.5.2　可逆方阵群

如下表达式称为一个2阶实方阵(也简称方阵,或矩阵):

$$\begin{pmatrix} a & b \\ c & d \end{pmatrix}$$

(其中 a,b,c,d 为实数,称为此方阵的系数或分量).2阶实方阵的集合记为 $M_2(\mathbb{R})$.两个方阵的乘积定义为

$$\begin{pmatrix} a & b \\ c & d \end{pmatrix}\begin{pmatrix} x & y \\ z & w \end{pmatrix}=\begin{pmatrix} ax+bz & ay+bw \\ cx+dz & cy+dw \end{pmatrix}.$$

容易验证,这种乘法满足结合律,但是不满足交换律,例如:

$$\begin{pmatrix} 1 & 0 \\ 1 & 0 \end{pmatrix}\begin{pmatrix} 0 & 0 \\ 1 & 1 \end{pmatrix}=\begin{pmatrix} 0 & 0 \\ 0 & 0 \end{pmatrix}\ \text{不等于}\ \begin{pmatrix} 0 & 0 \\ 1 & 1 \end{pmatrix}\begin{pmatrix} 1 & 0 \\ 1 & 0 \end{pmatrix}=\begin{pmatrix} 0 & 0 \\ 2 & 0 \end{pmatrix}.$$

方阵 $\boldsymbol{I}=\begin{pmatrix} 1 & 0 \\ 0 & 1 \end{pmatrix}$ 称为**单位方阵**,有性质:$\boldsymbol{IA}=\boldsymbol{AI}=\boldsymbol{A}$(对任意 $\boldsymbol{A}\in M_2(\mathbb{R})$).

对任意 $\boldsymbol{A}\in M_2(\mathbb{R})$,如果存在 $\boldsymbol{B}\in M_2(\mathbb{R})$ 使得

$$\boldsymbol{AB}=\boldsymbol{BA}=\boldsymbol{I},$$

则称 $\boldsymbol{A}$ 为**可逆**方阵.称 $\boldsymbol{B}$ 为 $\boldsymbol{A}$ 的逆,记为 $\boldsymbol{B}=\boldsymbol{A}^{-1}$.

对方阵 $\boldsymbol{A}=\begin{pmatrix} a & b \\ c & d \end{pmatrix}$,记 $|\boldsymbol{A}|=ad-bc$,称为 $\boldsymbol{A}$ 的**行列式**(也记为 $\det\boldsymbol{A}$).对两个2阶方阵 $\boldsymbol{A},\boldsymbol{B}$,容易验证 $|\boldsymbol{AB}|=|\boldsymbol{A}||\boldsymbol{B}|$.

易知:当且仅当行列式 $|\boldsymbol{A}|$ 非零时 $\boldsymbol{A}$ 可逆.事实上,若 $|\boldsymbol{A}|$ 非零,则可构作方阵

$$\boldsymbol{A}'=\begin{pmatrix} d/|\boldsymbol{A}| & -b/|\boldsymbol{A}| \\ -c/|\boldsymbol{A}| & a/|\boldsymbol{A}| \end{pmatrix}.$$

直接计算可验证 $\boldsymbol{AA}'=\boldsymbol{A}'\boldsymbol{A}=\boldsymbol{I}$,故 $\boldsymbol{A}$ 可逆,且 $\boldsymbol{A}'$ 就是逆.反之,若 $\boldsymbol{A}$ 可逆,设 $\boldsymbol{AB}=\boldsymbol{BA}=\boldsymbol{I}$,则 $|\boldsymbol{A}||\boldsymbol{B}|=|\boldsymbol{AB}|=|\boldsymbol{I}|=1$,故 $|\boldsymbol{A}|\neq 0$.

于是知道,可逆方阵之积仍为可逆方阵.故可逆方阵全体构成一个群.

引理2　记 $G_2(\mathbb{R})$ 为可逆的2阶实方阵集,则 $G_2(\mathbb{R})$ 对矩阵乘法是群,不是阿贝尔群.

现在考虑系数属于 $\mathbb{Z}/2\mathbb{Z}$ 的2阶方阵集合 $M_2(\mathbb{Z}/2\mathbb{Z})$(为符号简便,我们记 $\mathbb{Z}/2\mathbb{Z}=\{0,1\}$.即省去横线而记 $\overline{0},\overline{1}$ 为0,1.此时注意,1不是整数,$1+1=0$).此时,方阵的每个系数取值为0或1,故共有 $2^4=16$ 个可能的方阵.行列式 $ad-bc\neq 0$ 相当于 $ad\neq bc$,故有两种情形:(1)$ad=1$ 而 $bc=0$;(2)$ad=0$ 而 $bc=1$.注意 $ad=1$ 恰当 $a=d=1$,故在此情形下,可逆方阵全体如下,是6阶乘法群:

$$G_2(\mathbb{Z}/2\mathbb{Z})=\left\{\begin{pmatrix}1&0\\0&1\end{pmatrix},\begin{pmatrix}1&1\\0&1\end{pmatrix},\begin{pmatrix}1&0\\1&1\end{pmatrix},\begin{pmatrix}0&1\\1&0\end{pmatrix},\begin{pmatrix}1&1\\1&0\end{pmatrix},\begin{pmatrix}0&1\\1&1\end{pmatrix}\right\}.$$

引理 3 系数属于$\mathbb{Z}/2\mathbb{Z}$的 2 阶可逆方阵集合 $G_2(\mathbb{Z}/2\mathbb{Z})$是 6 阶群，不可交换.

更一般地，可讨论 n 阶方阵. 学过线性代数的读者知道，实系数 n 阶可逆方阵全体是一个群，记为 $GL_n(\mathbb{R})$，称为一般线性群. 其中行列式为 1 的 n 阶方阵集记为$SL_n(\mathbb{R})$，称为特殊线性群. n 阶正交方阵集称为正交群. 它们是线性代数的主要研究对象.

习 题 1.5

1. S_3 有几个 2 阶子群？几个 3 阶子群？列出它们. S_3 有没有 4 阶或 5 阶子群？
2. 在 S_4 中计算：(123)(1234)，(1234)(123)，(12)(23)(34).
3. 试求含(1234)的 S_4 的最小子群 H_1. 求含(12)(34)的 S_4 的最小子群 H_2.
4. 试证明：任一置换 σ 可写为有限个对换的乘积.
5. 定义方阵的加法为

$$\begin{pmatrix}a&b\\c&d\end{pmatrix}+\begin{pmatrix}x&y\\z&w\end{pmatrix}=\begin{pmatrix}a+x&b+y\\c+z&d+w\end{pmatrix},$$

$M_n(\mathbb{R})$对此加法是否为加法群？$M_n(\mathbb{Z}/2\mathbb{Z})$呢？

6. 列出 $G_2(\mathbb{Z}/2\mathbb{Z})$的乘法表.
7. 对两个 2 阶方阵 $\boldsymbol{A},\boldsymbol{B}$，验证行列式等式：$|\boldsymbol{AB}|=|\boldsymbol{A}|\cdot|\boldsymbol{B}|$.
8. 验证本节引理 2 前的等式 $\boldsymbol{AA}'=\boldsymbol{A}'\boldsymbol{A}=\boldsymbol{I}$.

1.6 群的简单性质

引理 1 设$(G,\cdot)$为群，则：

(1) G 的单位元 e 是唯一的.

(2) 任一元素 $a\in G$ 的逆 a^{-1} 是唯一的. 不同元素的逆是不同的.

(3) $(a^{-1})^{-1}=a$，$(ab)^{-1}=b^{-1}a^{-1}$(对任意 $a,b\in G$).

(4) 群的定义(1.4 节定义 1)中，(G3)和(G4)可改为如下：

(G3)′(存在单位元) 存在元素 $e\in G$ 使 $ea=a$(对任意 $a\in G$)；

(G4)′(可逆性) 对每个元素 $a\in G$，存在 $a'\in G$ 使 $a'a=e$；

则新定义与原定义等价. 也就是说，由(G1)，(G2)，(G3)′，(G4)′可推导出：(G3)′，(G4)′中的 e 和 a'分别满足 $ea=ae=a$(对任意 $a\in G$)，$a'a=aa'=e$.

证明 (1) 若 e,e'均为单位元，则 $e'e=e'$且 $e'e=e$(各因 e,e'是单位元). 故 $e'=e$.

(2) 假设 a'和 a''均为 a 的逆，则 $a'=a'e=a'(aa'')=(a'a)a''=ea''=a''$.

若 $a^{-1}=b^{-1}$，两边左乘以 a 得 $1=ab^{-1}$，再右乘以 b，则得 $b=a$.

(3) 因 a^{-1} 是 a 的逆，故 $a^{-1}a=aa^{-1}=e$. 此式也说明 a 是 a^{-1} 的逆，即$(a^{-1})^{-1}=a$.

又由结合律得$(ab)(b^{-1}a^{-1})=a(bb^{-1})a^{-1}=aea^{-1}=aa^{-1}=e$,同理$(b^{-1}a^{-1})(ab)=e$.

(4) 由结合律和(G4)′及(G3)′,得

$$a'(aa')=(a'a)a'=ea'=a',$$

两边都左乘以a'的逆a'^{-1},得$a'^{-1}a'(aa')=a'^{-1}a'$,由(G4)′得$e(aa')=e$,由(G3)′得$aa'=e$.即得到(G4).由此和(G3)′即得(G3):

$$ae=a(a'a)=(aa')a=ea=a.$$

此引理的(2)和(3)也说明,G的元素之逆全体等于G. ■

引理2　设$(G,\cdot)$为群,$a,b,c\in G$,则:

(1) $ax=b$有唯一解$x=a^{-1}b\in G$. $ya=b$有唯一解$y=ba^{-1}\in G$.

(2) 若$ac=bc$则$a=b$.若$ca=cb$,则$a=b$.

(这称为**左、右消去律**(cancellation laws)在群中成立)

证明　(1)显然$x=a^{-1}b$满足$ax=a(a^{-1}b)=eb=b$.反之,若$ax=b$,则$a^{-1}ax=a^{-1}b$,得$x=a^{-1}b$.(2)由$ac=bc$,知$acc^{-1}=bcc^{-1}$,即$a=b$.其余类似可得. ■

定理1　设$G=\{a_1,a_2,\cdots,a_n\}$为有限阿贝尔群,阶为n.对任意$a\in G$,记$aG=\{aa_1,aa_2,\cdots,aa_n\}$.则

$$G=aG,\quad a^n=1.$$

证明　由乘法封闭性知$aG\subseteq G$.若$aa_i=aa_j$,则$a_i=a_j$.故知$G=aG$.两边各自求元素之积得

$$a_1a_2\cdots a_n=(aa_1)(aa_2)\cdots(aa_n)=a^n\cdot a_1a_2\cdots a_n,$$

消去$a_1a_2\cdots a_n$,即得$a^n=1$. ■

注记1　定理1对非阿贝尔群也成立,证明要用陪集分解,以后给出.

例1　$\mathbb{Z}/8\mathbb{Z}$的可逆元集合为$(\mathbb{Z}/8\mathbb{Z})^*=\{\bar{1},\bar{3},\bar{5},\bar{7}\}$,是4阶乘法群.故其中任意元素$a$满足$a^4=1$.其实,其任意元素$a$满足$a^2=1$.

例2　$\mathbb{Z}/m\mathbb{Z}$中可逆元集$(\mathbb{Z}/m\mathbb{Z})^*=\{a\mid(a,m)=1;\ 1\leqslant a<m\}$是$\varphi(m)$阶乘法群.故对任一整数$a$,$(a,m)=1$,由定理1知有

$$\bar{a}^{\varphi(m)}=\bar{1},\quad 即\ a^{\varphi(m)}\equiv 1\ (\mathrm{mod}\ m).$$

此即著名的**欧拉定理**.当$m=p$为素数时,$\varphi(p)=p-1$,定理化为:$p\nmid a$时有

$$a^{p-1}\equiv 1\ (\mathrm{mod}\ p),$$

这就是著名的**费马(Fermat)小定理**.

定义1　设$(G,\cdot)$为群,$a\in G$.使$a^d=1$的最小正整数d称为元素a的**阶**(order),记为$\mathrm{ord}(a)=d$.若此d不存在,则称a的阶为无限大.阶也称为周期(period).

引理3　设$(G,\cdot)$为群,$a\in G$,$\mathrm{ord}(a)=d$.则

$$a^k=1\Leftrightarrow d\mid k.$$

证明　若$a^k=1$,做带余除法$k=dq+r$,$0\leqslant r<d$(q,r为整数),则

$$1=a^k=a^{dq+r}=(a^d)^q\cdot a^r=a^r,$$

于是 $a^r=1$，故 $r=0$(因 d 是使 $a^d=1$ 的最小正整数). 故知 $d\mid k$. 反之，若 $d\mid k$，则 $k=dq$，$a^k=a^{dq}=(a^d)^q=1$. ■

按欧拉定理，$\bar{a}^{\varphi(m)}=\bar{1}$，故 $\bar{a}$ 的阶是 $\varphi(m)$ 的因子(不一定等于 $\varphi(m)$). 可以证明，当 $m=p^s$ 为奇素数的幂时，存在整数 g 使 $\bar{g}$ 的阶等于 $\varphi(m)$，也就是说 $(\mathbb{Z}/m\mathbb{Z})^*=\{\bar{1},\bar{g},\bar{g}^2,\cdots,\bar{g}^{\varphi(m)-1}\}$(称为循环群). 此时称 g 为模 p^s 的原根.

系 1 设 $(G,\cdot)$ 为 n 阶群，则任意 $a\in G$ 的阶 $\mathrm{ord}(a)$ 是 n 的因子.

证明 由定理 1 知 $a^n=1$，故由引理 3 知 $\mathrm{ord}(a)\mid n$. ■

例如，10 阶群的元素的阶只能为 1,2,5,或 10. 而 4 阶群的元素的阶只能为 1,2,4. 注意 $(\mathbb{Z}/8\mathbb{Z})^*=\{\bar{1},\bar{3},\bar{5},\bar{7}\}$ 是 4 阶群，却没有 4 阶元素. a 的阶为 1 意味着 $a^1=1$，即 $a=1$.

若 G 是 n 阶加法群，则定理 1 化为 $G=a+G$，$na=0$. $a\in G$ 的阶定义为使 $da=0$ 的最小正整数 d. 引理 3 化为 $ka=0\Leftrightarrow d\mid k$. 系 1 不变.

设 S 是乘法群 G 的一个非空子集，S **生成的子群**定义为

$$\langle S\rangle=\{s_1s_2\cdots s_k \mid s_i \text{ 或 } s_i^{-1} \text{ 属于 } S, k \text{ 遍历非负整数}\},$$

即 S 中元素或其逆的有限乘积全体. 我们称 S 为此子群的一个**生成元集**. 当 $S=\{s_1,s_2,\cdots,s_r\}$ 时，也记 $\langle S\rangle=\langle s_1,s_2,\cdots,s_r\rangle$.

当 G 为有限乘法群时，$S\subset G$ 生成的子群 $\langle S\rangle$ 为 S 中元素的有限乘积集合. 事实上，设 $|G|=n$，则任意 $a\in G$ 满足 $a^n=1$，故 $a^{-1}=a^{n-1}$. 例如，复数 i 生成 $\langle \mathrm{i}\rangle=\{1,\mathrm{i},-1,-\mathrm{i}\}=W_4$.

对加法群，$\langle S\rangle$ 为 S 中元素的有限和或差全体. 例如，加法群 $\mathbb{Z}=\langle 1\rangle=\langle -1\rangle$. 而

$$\langle 4,6\rangle=\{4k+6\ell \mid k,\ell\in\mathbb{Z}\}=2\mathbb{Z}.$$

加法群 $\mathbb{Z}/m\mathbb{Z}=\langle\bar{1}\rangle$.

由一个元素 a 生成的子群，称为**循环子群**，记为 $\langle a\rangle$. 如果群 $G=\langle a\rangle$，则 G 称为**循环群**(cyclic group). 故乘法群的循环子群 $\langle a\rangle=\{a \text{ 与 } a^{-1} \text{ 的有限积全体}\}$，即

$$\langle a\rangle=\{\cdots,a^{-3},a^{-2},a^{-1},1,a,a^2,a^3,\cdots\}$$

其中 $1=a^0$ 为单位元. 但是，这些元素 a^i 是否互异呢？显然有两种情形：

情形 1 对任意正整数 n 均有 $a^n\neq 1$，即 a 的阶无限. 于是 $a^i(i\in\mathbb{Z})$ 是互异的(因为 $a^i=a^j$ 导致 $a^{i-j}=1$). 故此时 $\langle a\rangle$ 为**无限循环群**：

$$\langle a\rangle=\{\cdots,a^{-2},a^{-1},1,a,a^2,\cdots\}=a^{\mathbb{Z}}.$$

情形 2 对某正整数 n 有 $a^n=1$. 此时不妨设 n 为使 $a^n=1$ 的最小正整数，即 n 为 a 的阶. 于是知，$\langle a\rangle$ 为 n 阶**有限循环群**：

$$\langle a\rangle=\{1,a,a^2,\cdots,a^{n-1}\}.$$

例如，考虑 n 次本原复单位根 $\zeta=\mathrm{e}^{2\pi\mathrm{i}/n}$，因为 $\zeta^n=1$ 而且 $\zeta^k\neq 1$(对 $1\leqslant k<n$)，故 ζ 生成 n 阶乘法循环群

$$\langle\zeta\rangle=\{1,\zeta,\zeta^2,\cdots,\zeta^{n-1}\}.$$

而对于加法群，由元素 a 生成的(加法)无限循环群为

$$\langle a\rangle=\{\cdots,-2a,-a,0,a,2a,3a,\cdots\}.$$

而由元素 b 生成的(加法) n 阶循环群为 $\langle b\rangle=\{0,b,2b,\cdots,(n-1)b\}$. 例如，$\mathbb{Z}$ 是加法无限循环群，1 或 -1 都可作为生成元. 而 $\mathbb{Z}/n\mathbb{Z}=\langle\overline{1}\rangle$ 是 n 阶加法循环群，$\overline{1}$ 为其一个生成元：

$$\mathbb{Z}/n\mathbb{Z}=\langle\overline{1}\rangle=\{0\cdot\overline{1},1\cdot\overline{1},2\cdot\overline{1},\cdots,(n-1)\cdot\overline{1}\}=\{\overline{0},\overline{1},\overline{2},\cdots,\overline{(n-1)}\}.$$

例如加法群 $\mathbb{Z}/10\mathbb{Z}$ 中，$\overline{1},\overline{3},\overline{7},\overline{9}$ 皆可作为生成元，而 $\overline{2}$ 生成 5 阶子群，$\overline{6}$ 也生成 5 阶子群.

引理 4 考虑加法群 $\mathbb{Z}/n\mathbb{Z}$. 对整数 k，$\overline{k}$ 生成的加法子群为 $\langle\overline{k}\rangle=\langle\overline{d}\rangle$，阶为 n/d，其中 $d=(k,n)$，特别知，当且仅当 $(k,n)=1$ 时，$\overline{k}$ 为 $\mathbb{Z}/n\mathbb{Z}$ 的生成元.

证明 记 $k=dh$，$\overline{k}=\overline{d}h\in\langle\overline{d}\rangle$，故 $\langle\overline{k}\rangle\subset\langle\overline{d}\rangle$. 又由贝祖等式 $uk+vn=d$，得 $\overline{d}=u\overline{k}\in\langle\overline{k}\rangle$，故 $\langle\overline{d}\rangle\subset\langle\overline{k}\rangle$. 故 $\langle\overline{k}\rangle=\langle\overline{d}\rangle$，阶显然为 n/d，仅当 $d=1$ 时阶为 n. ■

设有两个群 $(G_1,\cdot)$ 和 $(G_2,*)$. G_1 与 G_2(作为集合)的笛卡儿积为

$$G_1\times G_2=\{(a_1,a_2)\mid a_1\in G_1,a_2\in G\}.$$

在集合 $G_1\times G_2$ 中定义元素乘法：

$$(a_1,a_2)(b_1,b_2)=(a_1\cdot b_1,a_2*b_2),$$

则 $G_1\times G_2$ 为群，称为 G_1 与 G_2 的(外)**直积**(external direct product). 其单位元为 $e=(e_1,e_2)$(也记为(1,1)，其中 e_i 为 G_i 的单位元(也记为 1)). $(a_1,a_2)^{-1}=(a_1^{-1},a_2^{-1})$.

对加法群 $(G_1,+)$ 和 $(G_2,+)$，(外)直积 $G_1\times G_2$ 也记为 $G_1\oplus G_2$，称为(外)**直和**(external direct sum).

例如，1.4 节的例 6，$G=\{(1,1),(1,-1),(-1,1),(-1,-1)\}$ 是 $\{1,-1\}\times\{1,-1\}$. 例 14 中群是 $\mathbb{Z}/2\mathbb{Z}\oplus\mathbb{Z}/2\mathbb{Z}$. 而 $\mathbb{Z}\oplus\mathbb{Z}=\{(a_1,a_2)\mid a_1,a_2\in\mathbb{Z}\}$ 为无限加法群.

习 题 1.6

1. 证明：群 G 中 x 与 $a^{-1}xa$ 的阶相同，由此得 ab 与 ba 的阶相同.

2. 证明：群中 a,b 可交换当且仅当 $b^{-1}ab=a$，又当且仅当 $a^{-1}b^{-1}ab=1$.

3. 设 G 为群. 若 $a^2=1$ 对任意 $a\in G$ 成立，则 G 为阿贝尔群.

4. 证明：偶数阶群一定含二阶元.

5. 证明：$G_1\times G_2$ 中 $(a,1)$ 和 $(1,b)$ 可交换，故 (a,b) 的阶是 a,b 阶的最小公倍数.

6. 设 a 的阶为 st，则 a^s 的阶为 t.

7. 设 $F=\{a+b\sqrt{5}\mid a,b\in\mathbb{Q}\}$. 试证明 F 是加法群；$F^*=F\backslash\{0\}$ 是乘法群.

8. 证明：设群 G 的元素 x 的阶为奇数 n，则 $x=(x^2)^k$(k 为某整数).

9. 证明：群直积 $G_1\times G_2$ 是阿贝尔群当且仅当 G_1,G_2 皆为阿贝尔群.

10. 设 $G=\{1,a,b,c\}$ 为乘法群，1 是单位元. (1)若 G 没有 4 阶元，试列出此群的乘法表，并证明之. (2)若 G 有 4 阶元，又当如何？

11. 设 G 为群,$(ab)^2=a^2b^2$ 对任意 $a,b\in G$ 成立,则 G 为阿贝尔群.

***12.** 设 G 为群,$(ab)^3=a^3b^3$ 对任意 $a,b\in G$ 成立,且 G 无三阶元,则 G 为阿贝尔群.

13. 由 10 是模 7 原根证明,在 1/7 化为循环小数时,循环周期长为 6.

14. 证明:将 $1/p$ 化为循环小数时,循环周期达到最大值 $p-1$ 当且仅当 10 是模 p 原根.

15. 证明:将 $1/p$ 化为循环小数时,循环周期长等于 10(模 p)的阶.

1.7 二面体群,四元数群

二面体群(dihedral groups) 就是一个正多边形的对称群. 考虑一个正 n 边形 D(不妨设各顶点到中心的距离均为 1),称 D 为二面体(这样称呼是强调它的刚性:不可压缩、扭曲、拆解、折叠).

二面体 D 的一个**对称变换**(也称为自同构)σ 就是一个动作:将此 D 的一个副本在三维空间中作刚体运动(旋转、翻转),之后再与 D 重合放置. 为了确切表述,将 D 的顶点顺序编号为 $1,2,\cdots,n$. 每个对称变换 σ 在保持二面体刚性的前提下,将顶点 i 变换到顶点 $j=\sigma(i)$(的原来位置)$(i=1,2,\cdots,n)$. D 的对称变换集合记为 D_{2n},是对称群 S_n 的子集合,两个变换的乘积 $\sigma\tau$ 定义为 $(\sigma\tau)(i)=\sigma(\tau(i))$. 易知 D_{2n} 是群,因为 D 的对称变换的乘积(复合)仍是 D 的对称变换. 记 D 的相邻顶点到中心的连线的夹角为 $\theta=2\pi/n$.

例如,正三边形的对称变换共 6 个:旋转角度 $0,\theta$,或 $2\theta(\theta=2\pi/3)$;以三条垂线为对称轴的翻转(即反射). D_6 元素为(1),(123),(132);(12),(23),(13). 如图 1.4(a)所示.

再如,正四边形的对称变换共 8 个:旋转角度 $0,\theta,2\theta,3\theta(\theta=\pi/2)$;相对于 4 条对称轴的 4 个翻转(反射). D_8 元素为(1),(1234),(13)(24);(1432),(12)(34),(14)(23),(13),(24). 如图 1.4(b)所示. 可以看作是,将一个正方形纸卡片按不同方式摆放,共 8 种方式.

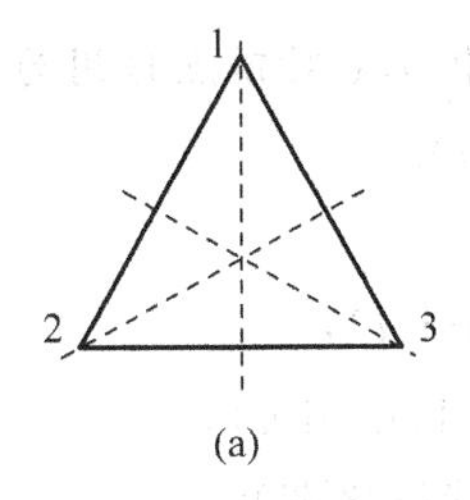

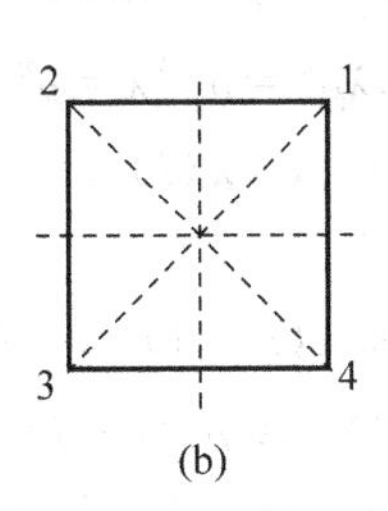

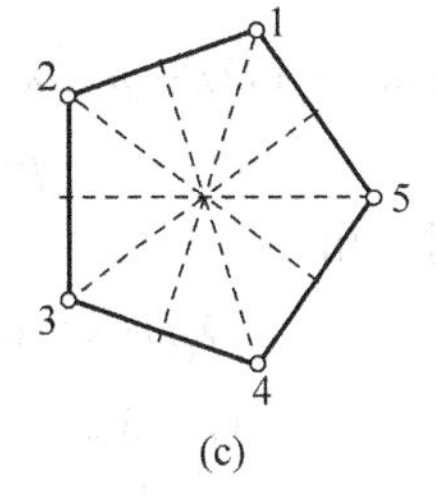

图 1.4 二面体群

现在对一般的 n,看 D_{2n} 中的元素. 首先易知,D_{2n} 中含有如下 $2n$ 个变换:

(1) n 个旋转(rotation)变换 ρ_k:将 D 旋转 $k\theta$ 弧度角$(k=0,1,\cdots,n-1)$,即将第 i 个顶点旋转到第 $i+k$ 顶点(顶点编号按模 n 计算),写为 $\rho_k(i)\equiv i+k \pmod n$.

(2) n 个反射(reflection)变换 λ_h ($h=0,\cdots,n-1$)，即分别以 n 条对称轴将 D 反射(即翻转). 这 n 个对称轴是：①当 n 为奇数时，各顶点与对边中点的连线；②当 n 为偶数时，各相对顶点连线以及各对边中点连线. 参见图 1.4.

显然，(1)、(2)两类变换是不同的，因为反射将顶点次序由逆时针变为顺时针次序.

反之，易知 $|D_{2n}|\leqslant 2n$. 首先，顶点 1 的像只有 n 个可能，即 $\sigma(1)=k$ ($k=1,2,\cdots,n$). 因顶点 2 与 1 毗邻，故 $\sigma(2)$ 与 $\sigma(1)$ 毗邻(因是刚体运动)，即 $\sigma(2)=\sigma(1)\pm 1(\bmod n)$. 故 $(\sigma(1),\sigma(2))$ 最多有 $2n$ 个可能. 而一旦 $(\sigma(1),\sigma(2))$ 确定了，整个 D 的新位置也就确定了(因是刚体). 故知 σ 的可能个数 $|D_{2n}|\leqslant 2n$. 总之即得 $|D_{2n}|=2n$. 故可记

$$D_{2n}=\{\rho_0,\cdots,\rho_{n-1},\lambda_0,\cdots,\lambda_{n-1}\}.$$

记 $\rho=\rho_1$(旋转 $\theta=2\pi/n$ 角)，即 $\rho(i)\equiv i+1(\bmod n)$. 显然 $\rho^n=1$，而 $1,\rho,\cdots,\rho^{n-1}$ 互异，它们就是旋转变换 $\rho_0,\cdots,\rho_{n-1}$. 再记 λ 是相对于"过顶点 $n(\equiv 0)$ 的对称轴"的反射，对顶点的置换作用为 $\lambda(i)\equiv -i(\bmod n)$. 显然 $\lambda^2=1$，且 $\lambda,\rho\lambda,\cdots,\rho^{n-1}\lambda$ 互异(因 $\rho^i\lambda=\rho^j\lambda$ 将导致 $\rho^i=\rho^j$). 我们得到如下的定理.

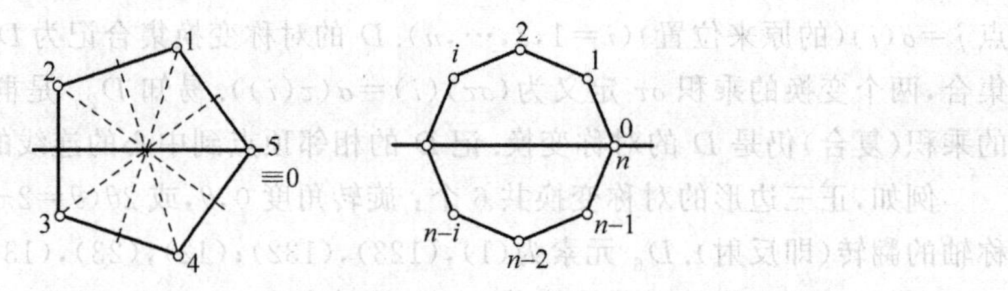

图 1.5　二面体的旋转与反射

定理 1　记 D_{2n} 为一个正 n 边形的对称变换(自同构)全体，则 D_{2n} 是 $2n$ 阶群(称为二面体群)，即

$$D_{2n}=\{1,\rho,\cdots,\rho^{n-1},\lambda,\rho\lambda,\cdots,\rho^{n-1}\lambda\},$$

且 $\rho^n=1,\lambda^2=1,\lambda\rho=\rho^{-1}\lambda=\rho^{n-1}\lambda,\lambda\rho^k=\rho^{-k}\lambda=\rho^{n-k}\lambda$，其中 ρ,λ 对顶点作用为

$$\rho(i)\equiv i+1,\quad \lambda(i)\equiv -i(\bmod n).$$

证明　由

$$(\lambda\rho)i\equiv\lambda(\rho(i))\equiv\lambda(i+1)\equiv -i-1(\bmod n),$$

$$(\rho^{-1}\lambda)i\equiv\rho^{-1}(\lambda(i))\equiv\rho^{-1}(-i)\equiv -i-1(\bmod n),$$

即得 $\lambda\rho=\rho^{-1}\lambda=\rho^{n-1}\lambda$. 故 $\lambda\rho^2=\rho^{-1}\lambda\rho=\rho^{-1}\rho^{-1}\lambda=\rho^{-2}\lambda$，续行之即知

$$\lambda\rho^k=\rho^{-k}\lambda=\rho^{n-k}\lambda.$$

■

由 $\lambda\rho=\rho^{-1}\lambda$ 可知，ρ,λ 不能交换，但 ρ 可"穿过"λ 之后变为 ρ^{-1}. 因有此性质，故 D_{2n} 的元素皆可表示为 $\rho^i\lambda^j$ ($i=1,\cdots,n-1,j=0,1$). 当然，D_{2n} 的元素也皆可表示为 $\lambda^j\rho^i$ 的形式.

例 1 $D_{2\times 3}=D_6=\{1,\rho,\rho^2,\lambda,\rho\lambda,\rho^2\lambda\}=S_3$，即三级对称群.

$$\rho=(123),\quad \rho^2=(321),\quad \lambda=(12),\quad \rho\lambda=(13),\quad \rho^2\lambda=(23).$$

例 2 $D_{2\times 4}=D_8=\{1,\rho,\rho^2,\rho^3,\lambda,\rho\lambda,\rho^2\lambda,\rho^3\lambda\}$. $\rho=(1234)$，$\rho^2=(13)(24)$，$\rho^3=(4321)$，$\lambda=(13)$，$\rho\lambda=(14)(23)$，$\rho^2\lambda=(24)$，$\rho^3\lambda=(12)(34)$.

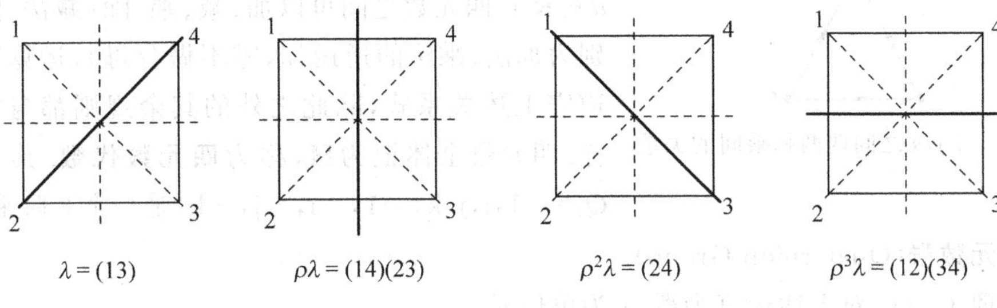

图 1.6 D_8 对应的图

ρ 是 4 阶元，ρ^2 是二阶元. $\lambda,\rho\lambda,\rho^2\lambda,\rho^3\lambda$ 都是二阶元，故恰为 4 个反射(如图 1.6 所示). 事实上

$$\rho^k\lambda\cdot\rho^k\lambda=\rho^k\rho^{-k}\lambda\cdot\lambda=1.$$

定理 1 中用 ρ 和 λ"生成"了 D_{2n}，而 ρ 和 λ 只需遵从关系 $\rho^n=1,\lambda^2=1,\rho\lambda=\lambda\rho^{-1}$，这些关系可推导出其余的性质(可以判断 ρ,λ 相互的任意乘积是否相等). 这启发我们用"生成元与关系式"的方法简洁地刻画群.

若 S 是群 G 的生成元集，且 S 的元素之间有若干关系(式)$R_1,\cdots,R_r$(也称为约束)，这些关系足以推导出 S 的元素之间的任意关系，那么称这些生成元和关系是群 G 的一个**表现**(presentation)，记为

$$G=\langle S\mid R_1,\cdots,R_r\rangle.$$

(若 S 的元素之间没有关系(约束)，则称 G 为自由群(free group)).

例如，我们熟知的一些群的表现方法：

$S_3=\langle\rho,\lambda\mid\rho^3=1,\lambda^2=1,\lambda\rho=\rho^2\lambda\rangle$ (3 级对称群)，

$D_{2n}=\langle\rho,\lambda\mid\rho^n=1,\lambda^2=1,\lambda\rho=\rho^{n-1}\lambda\rangle$ (二面体群)，

$W_n=\{1,\zeta,\cdots,\zeta^{n-1}\}=\langle\zeta\mid\zeta^n=1\rangle$ (n 次复单位根群)，

$(\mathbb{Z}/m\mathbb{Z},+)=\langle\bar{1}\mid n\cdot\bar{1}=\bar{0}\rangle$ (加法循环群)，

$(\mathbb{Z},+)=\langle 1\rangle$ (加法自由群).

哈密顿(W. R. Hamilton) 在 1843 年将复数推广到四元数. 复数的成功在于引入虚数单位 i，它是一个满足 $\mathrm{i}^2=-1$ 的符号. 受此启发，哈密顿引入了符号 i，j，k，并规定它们满足关系

$$\mathrm{i}^2=\mathrm{j}^2=\mathrm{k}^2=-1,\quad \mathrm{ij}=\mathrm{k},\quad \mathrm{jk}=\mathrm{i},\quad \mathrm{ki}=\mathrm{j}$$
$$\mathrm{ji}=-\mathrm{k},\quad \mathrm{kj}=-\mathrm{i},\quad \mathrm{ik}=-\mathrm{j}.$$

i,j,k 之间的两两相乘间的关系可用图 1.7 表示.

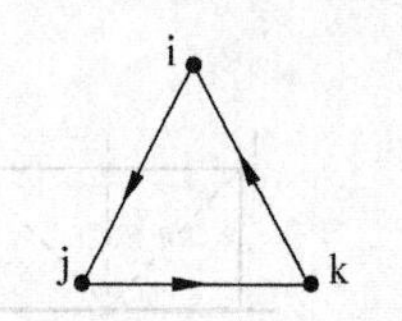

图 1.7 i,j,k 之间两两相乘间的关系

于是称 $a+b\mathrm{i}+c\mathrm{j}+d\mathrm{k}$ 为一个**四元数**($a,b,c,d\in\mathbb{R}$). 四元数之间可以加、减、乘、除(减法、除法分别为加法、乘法的逆运算,零不做分母),运算规则要遵守上述关系式,除此之外的其余规则都与复数一样. 四元数全体记为$\mathbb{H}$,称为**四元数代数**. 其子集合 $Q_8=\{1,\mathrm{i},\mathrm{j},\mathrm{k},-1,-\mathrm{i},-\mathrm{j},-\mathrm{k}\}$是一个 8 阶乘法群,称为**四元数群**(Quaternion Group).

引理 1 Q_8 对上述运算为群,1 为单位元.

习 题 1.7

1. 计算 D_8 中每个元素的阶,列出 D_8 的乘法表.

2. 证明:对 D_{2n} 中非 ρ 幂的任意元素 x 有 $\rho^k x=x\rho^{-k}$.

3. 证明:D_{2n} 中非 ρ 幂的任意元素 x 为二阶元.

4. 证明 D_{2n} 由 $\varphi,\varphi\rho$ 生成.(注意 $\varphi,\varphi\rho$ 都是二阶元)

5. 设 $n=2m\geqslant 4$ 为偶数,则 $z=\rho^m$ 是 D_{2n} 的二阶元,与 D_{2n} 中任意元素可交换,且 z 和 1 是仅有的与 D_{2n} 中任意元素可交换的元素.

6. 设 $n\geqslant 3$ 为奇数,则单位元 1 是仅有的与 D_{2n} 中任意元素可交换的元素.

7. 计算四元数群 Q_8 中各元素的阶,列出其乘法表,求 Q_8 的 4 阶子群.

8. 证明:$Q_8=\{-1,\mathrm{i},\mathrm{j},\mathrm{k}\mid(-1)^2=1,\mathrm{i}^2=\mathrm{j}^2=\mathrm{k}^2=\mathrm{ijk}=-1\}$.

*9. 试求一个正四面体 T 的刚体自同构全体所成群 G_T 的元素(将 T 在三维空间中作刚体运动(此处即为旋转)后仍与自身原形重合,这种运动称为 T 的刚体自同构).

1.8 同态与同构

定义 1 设$(G,\cdot)$和$(G',*)$为群,$\varphi:G\to G'$为映射.

(1) 若 φ 满足如下性质,则称 φ 为一个**同态**(homomorphism)(映射):

$$\varphi(x\cdot y)=\varphi(x)*\varphi(y)\quad(\text{对任意 } x,y\in G).$$

(此性质被称为“保持群的运算”. 当运算符号省略时,可记为 $\varphi(xy)=\varphi(x)\varphi(y)$).

(2) 若 φ 是同态而且是双射(即一一对应),则称 φ 为一个**同构**(isomomorphism)(映射),且称 G 与G'同构,记为 $G\cong G'$.

同态有性质:$\varphi(e)=e'$,$\varphi(a^{-1})=\varphi(a)^{-1}$,$\varphi(a^k)=\varphi(a)^k$(即将 G 的单位元 e 映为

G'的单位元 e'，将逆映为逆，将幂映为幂）. 这是因为

$$\varphi(e)=\varphi(e\cdot e)=\varphi(e)*\varphi(e),\quad e'=\varphi(e).$$

$$\varphi(a^{-1})*\varphi(a)=\varphi(a^{-1}\cdot a)=\varphi(e)=e'.\quad \varphi(a^2)=\varphi(a)\varphi(a)=\varphi(a)^2.$$

例 1 映射 $\varphi:\{1,\mathrm{i},-1,-\mathrm{i}\}\to\{1,-1\}, x\mapsto x^2$ 是（乘法）群同态（这里 $\mathrm{i}=\sqrt{-1}$）.

例 2 映射 $\varphi:\mathbb{C}^*\to\mathbb{R}^*, a+b\mathrm{i}\mapsto a^2+b^2$（复数取范）是（乘法）群同态.

例 3 映射 $\varphi:\mathbb{Z}\to\mathbb{Z}/m\mathbb{Z}, a\mapsto\bar{a}$（整数到同余类）是（加法）群同态.

例 4 考虑乘法群 $W_n=\{1,\zeta,\zeta^2,\cdots,\zeta^{n-1}\}$（$n$ 次复单位根集，$\zeta=\zeta_n=\mathrm{e}^{2\pi\mathrm{i}/n}$），以及加法群$\mathbb{Z}/n\mathbb{Z}=\{\bar{0},\bar{1},\bar{2},\cdots,\overline{n-1}\}$. 则映射

$$\varphi:W_n\longrightarrow\mathbb{Z}/n\mathbb{Z},\quad \zeta^k\mapsto\bar{k}$$

是同构. 显然 φ 是满射. 若 $\bar{k}=\bar{j}$，则 $k=j+sn$，$\zeta^k=\zeta^j$，故 φ 是单射. 保运算是因为

$$\varphi(\zeta^k\zeta^j)=\varphi(\zeta^{k+j})=\overline{k+j}=\bar{k}+\bar{j}.$$

也就是说，复单位根之间的乘法体现为它们指数的加法，"复单位根的 n 次方等于 1"体现为"指数模 n（即 n 实为 0）""n 次复单位根乘法群"同构于"整数模 n 加法群".

例 5 $\varphi:\mathbb{Z}\longrightarrow 2\mathbb{Z}, k\mapsto 2k$ 是加法群同构.

例 6 克莱因四元群 $G=\{(1,1),(1,-1),(-1,1),(-1,-1)\}$（1.3 节例 6）与乘法群$(\mathbb{Z}/8\mathbb{Z})^*=\{\bar{1},\bar{3},\bar{5},\bar{7}\}$同构，

$$\varphi:(\mathbb{Z}/8\mathbb{Z})^*\to G,\quad \varphi(\bar{3})=(1,-1),\quad \varphi(\bar{5})=(-1,1),\quad \varphi(\bar{7})=(-1,-1).$$

例 7 $W_4=\{1,\mathrm{i},-1,-\mathrm{i}\}$与$(\mathbb{Z}/8\mathbb{Z})^*=\{\bar{1},\bar{3},\bar{5},\bar{7}\}$不可能同构（这里 $\mathrm{i}=\sqrt{-1}$）. 事实上，假若有同构 $\varphi:W_4\to(\mathbb{Z}/8\mathbb{Z})^*$. 我们看 $\mathrm{i}\in W_4$，它是 4 阶元，满足 $\mathrm{i}^4=1$，$\mathrm{i}^2=-1$. 但它的像 $\varphi(\mathrm{i})\in(\mathbb{Z}/8\mathbb{Z})^*$，故是二阶元，$\varphi(\mathrm{i})^2=1$（因$(\mathbb{Z}/8\mathbb{Z})^*$ 中的元素 x 都满足 $x^2=1$）. 矛盾（因 φ 为双射，而 $\varphi(\mathrm{i}^2)=\varphi(\mathrm{i})^2=1=\varphi(1)$，导致 $\mathrm{i}^2=1$，与 $\mathrm{i}^2=-1$ 矛盾）.

若两个群 G,G'同构，则二者的元素是一一对应的，$x\leftrightarrow x'=\varphi(x)$，元素间的运算关系也是对应的，$x\cdot y=z\leftrightarrow x'*y'=z'$，故单位元是对应的，对应元素的逆、幂、阶等性质都是对应的. 这种对应，犹如原始人用"数手指"代替"数猎物"，二者在加法计算上本质是一样的. 所以，同构的群，实质上是用不同符号表示的同一个群，是同一个抽象群的不同表现形式.

引理 1 设 $\varphi:G\to G'$为（乘法）群的同态. 则

（1）$\mathrm{ord}(\varphi(a))\mid\mathrm{ord}(a)$，即像的阶是原像阶的因子（对 $a\in G$）；

（2）$K=\ker\varphi=\{a\in G\mid\varphi(a)=1\}$是 G 的子群，称为 φ 的**核**（kernel）；

（3）$\mathrm{Im}\,\varphi=\{\varphi(a)\mid a\in G\}$是 G'的子群，称为 φ 的**像**（Image）；

（4）设 $\varphi(a_1)=b$，则 $\varphi^{-1}(b)=a_1K$，即 b 的原像集恰为 $a_1K=\{a_1k\mid k\in K\}$. 也就是

说，$\varphi(x)=b$ 当且仅当 $x=a_1k(k\in K)$. 特别可知，$\#\varphi^{-1}(b)=\# K$(如图1.8所示).

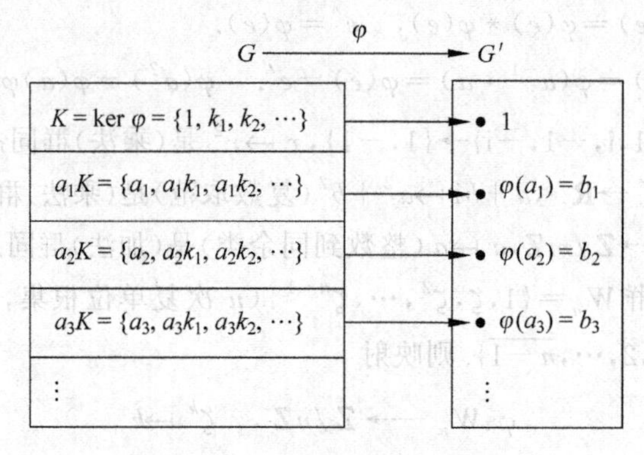

图1.8　乘法群的同态映射

(5) 任意子群 $H'<G'$ 的原像集 $\varphi^{-1}(H')$ 仍为子群. H' 的原像集定义为

$$\varphi^{-1}(H')=\{x\in G\mid \varphi(x)\in H'\}$$

(6) φ 为单射同态当且仅当 $\ker\varphi=\{1\}$(此时称 φ 为嵌入).

证明　(1) 设 $\mathrm{ord}(a)=m$，则 $a^m=1,\varphi(a^m)=\varphi(1)$，得 $\varphi(a)^m=1$，故 $\mathrm{ord}(\varphi(a))\mid m$.

(2) 显然 $1\in\ker\varphi$. 若 $a,b\in\ker\varphi$，则 $\varphi(a)=1,\varphi(b)=1$，故 $\varphi(ab)=\varphi(a)\varphi(b)=1$，$ab\in\ker\varphi$，且 $\varphi(a^{-1})=\varphi(a)^{-1}=1$，故 $a^{-1}\in\ker\varphi$.

(3) 设 $x,y\in\mathrm{Im}\,\varphi,x=\varphi(a),y=\varphi(b)$，则 $xy=\varphi(a)\varphi(b)=\varphi(ab)\in\mathrm{Im}\,\varphi$，且 $x^{-1}=\varphi(a)^{-1}=\varphi(a^{-1})\in\mathrm{Im}\,\varphi$.

(4) 因 $k\in\ker\varphi$，故 $\varphi(a_1k)=\varphi(a_1)\varphi(k)=b\cdot 1$. 反之，若 $\varphi(x)=b$，则 $\varphi(a_1^{-1}x)=\varphi(a_1^{-1})\varphi(x)=b^{-1}b=1$，故 $k=a_1^{-1}x\in\ker\varphi,x=a_1k\in a_1\ker\varphi$.

(5) 若 $a,b\in\varphi^{-1}(H')$，则 $\varphi(a),\varphi(b)\in H',\varphi(ab)=\varphi(a)\varphi(b)\in H'$($H'$是子群)，故知 $ab\in\varphi^{-1}(H')$. $\varphi^{-1}(H')$含单位元1. 对任意 $x\in\varphi^{-1}(H'),\varphi(x)\in H'$，则 $\varphi(x^{-1})=\varphi(x)^{-1}\in H'$，故 $x^{-1}\in\varphi^{-1}(H')$.

(6) 由(4)，对任意 $b\in\mathrm{Im}\,\varphi,\varphi^{-1}(b)=a_1\ker\varphi$，故左边集合只含一个元素(即 φ 为单射)当且仅当右边只含一个元素，即 $\ker\varphi=\{1\}$. ■

若 $\varphi:G\to G$ 为群 G 到自身的同构，则称为**自同构**(Automorphism). 例如，对乘法群 $G=\{1,\mathrm{i},-1,-\mathrm{i}\}$，$\mathrm{i}\mapsto-\mathrm{i}$ 是自同构映射. G 的自同构全体 $\mathrm{Aut}(G)$是群，运算为映射的复合(乘积).

例8　$\varphi:x\mapsto x^{-1}$ 是阿贝尔乘法群 G 的自同构. 由乘法交换律可知 φ 保运算，即

$$\varphi(xy)=(xy)^{-1}=y^{-1}x^{-1}=\varphi(x)\varphi(y).$$

引理 2 加法群$\mathbb{Z}$的自同构群为

$$\mathrm{Aut}((\mathbb{Z},+))=\{\sigma_1,\sigma_{-1}\}\cong\{1,-1\},$$

其中 σ_1 是恒等映射,σ_{-1} 变 k 为$-k$.

证明 显然 σ_1 和 σ_{-1} 都是自同构.反之,任一自同构 σ 必使 $\sigma(1)=\pm 1$,这是因为 σ 要将生成元映为生成元($\mathbb{Z}$的生成元为 1,-1).而 $\sigma(1)$的值决定 $\sigma(k)$的值:

$$\sigma(k)=\sigma(1+\cdots+1)=\sigma(1)+\cdots+\sigma(1))=k\sigma(1)$$

(对任意整数 k).故 $\sigma(1)=1$ 或-1 分别决定了 σ 为 σ_1 或 σ_{-1}. ■

由引理 2 可知,无限循环群 $G=\langle g\rangle$的自同构群为 $\mathrm{Aut}(G)=\{1,\sigma\}$,$\sigma(g^k)=g^{-k}$.

引理 3 加法群$\mathbb{Z}/m\mathbb{Z}$的自同构群为

$$\mathrm{Aut}((\mathbb{Z}/m\mathbb{Z},+))=\{\sigma_{\bar{a}}\mid\bar{a}\in(\mathbb{Z}/m\mathbb{Z})^*\}\cong(\mathbb{Z}/m\mathbb{Z})^*,$$

其中 $\sigma_{\bar{a}}(\bar{x})=\bar{a}\bar{x}$.

证明 (1) 首先,对 $\bar{a}\in(\mathbb{Z}/m\mathbb{Z})^*$,验证 $\sigma_{\bar{a}}$ 是$\mathbb{Z}/m\mathbb{Z}$的自同构如下.保加法运算:$\sigma_{\bar{a}}(\bar{x}+\bar{y})=\bar{a}(\bar{x}+\bar{y})=\bar{a}\bar{x}+\bar{a}\bar{y}=\sigma_{\bar{a}}(\bar{x})+\sigma_{\bar{a}}(\bar{y})$.单射:若 $\sigma_{\bar{a}}(\bar{x})=\bar{a}\bar{x}=\bar{0}$,则 $\bar{x}=\bar{0}$(因 $\bar{a}$ 可逆).满射:对任意 $\bar{k}\in\mathbb{Z}/m\mathbb{Z}$,$\sigma_{\bar{a}}(\bar{x})=\bar{a}\bar{x}=\bar{k}$ 有解 $\bar{x}$(因 $\bar{a}$ 可逆)).

(2) 再验证,对 $\bar{a},\bar{b}\in(\mathbb{Z}/m\mathbb{Z})^*$,若 $\bar{a}\neq\bar{b}$,则 $\sigma_{\bar{a}}\neq\sigma_{\bar{b}}$(否则 $\bar{a}\bar{1}=\bar{b}\bar{1}$).

(3) 每个自同构 $\sigma\in\mathrm{Aut}(\mathbb{Z}/m\mathbb{Z})$必使 $\sigma(\bar{1})$也是$\mathbb{Z}/m\mathbb{Z}$的生成元,即属于$(\mathbb{Z}/m\mathbb{Z})^*$(1.6 节引理 4).故可设 $\sigma(\bar{1})=\bar{a}\in(\mathbb{Z}/m\mathbb{Z})^*$,而此式就决定了 $\sigma=\sigma_{\bar{a}}$:

$$\sigma(\bar{k})=\sigma(\bar{1}+\cdots+\bar{1})=\sigma(\bar{1})+\cdots+\sigma(\bar{1})=k\sigma(\bar{1})=\bar{a}\bar{k}=\sigma_{\bar{a}}(\bar{k}).$$

故知$(\mathbb{Z}/m\mathbb{Z})^*\to\mathrm{Aut}(\mathbb{Z}/m\mathbb{Z})$,$\bar{a}\mapsto\sigma_{\bar{a}}$,是一一对应.此对应保运算,故是同构:

$$\sigma_{\bar{a}\bar{b}}(\bar{x})=\bar{a}\bar{b}\bar{x}=\sigma_{\bar{a}}(\sigma_{\bar{b}}(\bar{x}))=(\sigma_{\bar{a}}\sigma_{\bar{b}})\bar{x},\quad 即\ \sigma_{\bar{a}\bar{b}}=\sigma_{\bar{a}}\sigma_{\bar{b}}.$$ ■

由引理 3 可知,m 阶(乘法)循环群 $G=\langle g\rangle$的自同构群为

$$\mathrm{Aut}(G)=\{\sigma_{\bar{a}}\mid\bar{a}\in(\mathbb{Z}/m\mathbb{Z})^*\}\cong(\mathbb{Z}/m\mathbb{Z})^*,\quad\sigma_{\bar{a}}(g)=g^a.$$

习题 1.8

1. 求$\mathbb{Z}$到$\mathbb{Z}/m\mathbb{Z}$的所有可能同态,共几个?其中满射同态有哪几个?
2. 求$\mathbb{Z}/m\mathbb{Z}$到$\mathbb{Z}$的所有可能同态,共几个?当 $m=2$ 时如何?
3. 求加法群的所有可能同态 $\varphi:\mathbb{Z}/4\mathbb{Z}\to\mathbb{Z}/2\mathbb{Z}$.
4. 求所有同态 $\varphi:\mathbb{Z}/2\mathbb{Z}\to\mathbb{Z}/4\mathbb{Z}$.
5. 给出如下各(加法)群同态的可能个数,并列出各同态:

(1) $\varphi:\mathbb{Z}\to\mathbb{Z}/6\mathbb{Z}$.

(2) $\psi:\mathbb{Z}/6\mathbb{Z}\to\mathbb{Z}$.

*6. 当 $m=p$ 为素数时,则有同构

$$\varphi:\mathrm{Aut}(\mathbb{Z}/p\mathbb{Z},+)\to(\mathbb{Z}/p\mathbb{Z})^*,\quad \sigma_{\bar{a}}\mapsto\bar{a}.$$

而 $(\mathbb{Z}/p\mathbb{Z})^*=\langle g\rangle=\{g^0,g^1,\cdots,g^{p-2}\}$ 是循环群(称 g 为模 p 的原根).

7. 证明:映射 $a\mapsto a^2$ 为群 G 的自同态当且仅当 G 为阿贝尔群.

8. 加法群 $\mathbb{Z}$ 与 $\mathbb{Q}$ 是否同构,为什么?

9. D_8 与 Q_8 是否同构,为什么?

10. 证明群的(外)直积 $G_1\times G_2$ 与 $G_2\times G_1$ 同构.

11. 定义加法群映射 $\pi:\mathbb{R}^2\to\mathbb{R},(x,y)\mapsto x$. 证明 π 为同态映射,求 $\ker\pi,\pi^{-1}(5)$.

12. 证明:群 G 中,元素到其逆的映射 $x\mapsto x^{-1}$ 是同态当且仅当 G 是阿贝尔群.

13. 证明:群 G 中,元素到其平方的映射 $x\mapsto x^2$ 是同态当且仅当 G 是阿贝尔群.

*14. 设有限群 G 具有"无固定点"自同构 φ(即 $\varphi(x)=x$ 仅当 $x=e$),且 $\varphi^2=1$(恒等映射). 证明 G 为阿贝尔群,$\varphi(a)=a^{-1}$.

*15. 证明:14 题中 G 为奇数阶.

16. 证明:任意两个无限循环群同构. 任意两个 n 阶循环群同构. 当 $m\neq n$ 时,m 阶和 n 阶循环群不同构.

17. 设 $\varphi:G\to G'$ 为群的同态,$K=\ker\varphi$. 则对任意 $H\subset G$ 有 $\varphi^{-1}(\varphi(H))=HK$.

1.9 直 和

设 A 为加法群(additive group),当然是阿贝尔群. A 的两个子群 B,C 的"并" $B\cup C$ 不一定是子群,加法不一定封闭. 因此引入子群的"和" $B+C=\langle B\cup C\rangle$ 的概念.

定义 1 设 A 是加法群,B,C 是其子群. B,C 的**和**(sum)定义为

$$B+C=\{b+c\mid b\in B,c\in C\}.$$

显然,$B+C$ 是子群,因为 $(b+c)+(b'+c')=(b+b')+(c+c')$. $B+C$ 是由 $B\cup C$ 的元素生成的子群,即 $B+C=\langle B\cup C\rangle$,这是因为 B,C 元素的有限和可写为

$$b_1+c_1+b_2+\cdots+b_s+c_t=(b_1+\cdots+b_s)+(c_1+\cdots+c_t)=b+c$$

(其中 $b_i,b\in B,c_i,c\in C$). 故 $B+C$ 是包含 $B\cup C$ 的最小子群.

定义 2 设 A 是加法群,其子群 B,C 的和为 $B+C$. 如果任意 $x\in A$ 表示为 $x=b+c$ $(b\in B,c\in C)$ 的方法是唯一的(即若还有 $x=b'+c'(b'\in B,c'\in C)$,则 $b=b',c=c'$),则称和 $B+C$ 为(内)**直和**(internal direct sum),记为 $B\oplus_{\text{in}}C$ 或 $B\oplus C$.

以下引理说明,(内)直和就是"同构于外直和的和".

定理 1 设 A 是加法群,B,C 是其子群,则以下各条件等价:

(1) $B+C=B\oplus C$ 为直和(即任意 $x=b+c$ 的表示是唯一的).

(2) $0=0+0$ 的表示唯一(即若还有 $0=b'+c'$ 则 $b'=c'=0$).

(3) $B\cap C=\{0\}$.

(4) $B+C\cong B\oplus_{\mathrm{ex}}C$(外直和).

其中 $b,b'\in B,c,c'\in C$.

证明 (1)⇒(2)：显然.

(2)⇒(3)：用反证法.若有 $0\neq x\in B\cap C$,则 $0=0+0=x+(-x)$ 的表示不唯一.

(3)⇒(4)：考虑映射

$$\varphi: B\oplus_{\mathrm{ex}}C\to B+C,\quad \varphi(b,c)=b+c.$$

则：① φ 为单射：若 $\varphi(b,c)=b+c=0$,则 $b=-c\in B\cap C$,由(3)知 $b=c=0$.

② φ 为满射：$B+C$ 中任意元素为 $b+c(b\in B,c\in C)$,是 (b,c) 的像.

③ φ 保加法：对任意 $b,b'\in B,c,c'\in C$,有

$$\begin{aligned}\varphi((b,c)+(b',c'))&=\varphi(b+b',c+c')=(b+b')+(c+c')\\&=(b+c)+(b'+c')=\varphi(b,c)+\varphi(b',c').\end{aligned}$$

总之,知 φ 为同构,得到(4).

(4)⇒(1)：若有 $x=b+c=b'+c'$(其中 $b,b'\in B,c,c'\in C$),则 $0=b-b'+c-c'$. $B+C$ 中的这个元素经由(4)中的同构对应于 $(0,0)=(b-b',c-c')\in B\oplus_{\mathrm{ex}}C$.按外直积定义知 $b-b'=0,c-c'=0$.故任意 x 表示为 $x=b+c$ 的方法唯一,故(1)成立. ■

例 1 设 $A=\mathbb{Z}/6\mathbb{Z}$. $B=\langle\bar{3}\rangle=\{\bar{0},\bar{3}\}$ 为 2 阶子群,$C=\langle\bar{2}\rangle=\{\bar{0},\bar{2},\bar{4}\}$ 为 3 阶循环子群,二者的和为

$$\langle\bar{3}\rangle+\langle\bar{2}\rangle=\{\bar{0}+\bar{0},\bar{0}+\bar{2},\bar{0}+\bar{4},\bar{3}+\bar{0},\bar{3}+\bar{2},\bar{3}+\bar{4}\}=\{\bar{0},\bar{2},\bar{4},\bar{3},\bar{5},\bar{1}\}.$$

可见 $\mathbb{Z}/6\mathbb{Z}=\langle\bar{3}\rangle+\langle\bar{2}\rangle$. $\langle\bar{3}\rangle+\langle\bar{2}\rangle$ 实为内直和,它同构于外直和

$$\langle\bar{3}\rangle\oplus_{\mathrm{ex}}\langle\bar{2}\rangle=\{(\bar{0},\bar{0}),(\bar{0},\bar{2}),(\bar{0},\bar{4}),(\bar{3},\bar{0}),(\bar{3},\bar{2}),(\bar{3},\bar{4})\}.$$

故

$$\mathbb{Z}/6\mathbb{Z}=\langle\bar{3}\rangle\oplus_{\mathrm{in}}\langle\bar{2}\rangle\cong\langle\bar{3}\rangle\oplus_{\mathrm{ex}}\langle\bar{2}\rangle,\quad x=b+c\mapsto(b,c).$$

例如

$$\bar{1}=\bar{3}+\bar{4}\mapsto(\bar{3},\bar{4}),\quad \bar{5}=\bar{3}+\bar{2}\mapsto(\bar{3},\bar{2}).$$

例 2 考虑整数加法群 $\mathbb{Z}$ 的子群 $a\mathbb{Z},b\mathbb{Z}$,设整数 a,b 的最大公因子 $(a,b)=d$,则

$$a\mathbb{Z}+b\mathbb{Z}=d\mathbb{Z}.$$

事实上,左边元素 $ak+b\ell$ 是 d 的倍数,故属于右边.而由贝祖等式 $ua+vb=d$,右边元素 $kd=kua+kvb$,属于左边.又记 $M=\mathrm{lcm}(a,b)$ 为最小公倍数,则

$$a\mathbb{Z}\cap b\mathbb{Z}=M\mathbb{Z}.$$

因若 $x\in a\mathbb{Z}\cap b\mathbb{Z}$,则 $a\mid x$ 且 $b\mid x$,故 $M\mid x,x\in M\mathbb{Z}$.而若 $x\in M\mathbb{Z},M\mid x$,则 $a\mid x$ 且 $b\mid x$,得 $x\in a\mathbb{Z}\cap b\mathbb{Z}$.特别地,当 a,b 互素时,我们得到：$a\mathbb{Z}+b\mathbb{Z}=\mathbb{Z}$(常言：$a,b$ 可组合出 $\mathbb{Z}$),$a\mathbb{Z}\cap b\mathbb{Z}=ab\mathbb{Z}$.

习 题 1.9

1. 设 A 是加法群，B,C,D 是其子群.（1）给出和 $B+C+D$ 的定义和性质.

（2）给出直和 $B\oplus C\oplus D$ 的定义.

（3）给出直和 $B\oplus C\oplus D$ 的 3 个等价条件，并证明之.

2. 对例 1，$A=\mathbf{Z}/6\mathbf{Z}$，证明 $\langle\bar{3}\rangle\cong\mathbf{Z}/2\mathbf{Z}$，$\langle\bar{2}\rangle\cong\mathbf{Z}/3\mathbf{Z}$，从而得到

$$\mathbf{Z}/6\mathbf{Z}=\langle\bar{3}\rangle\oplus_{\text{in}}\langle\bar{2}\rangle\cong\mathbf{Z}/2\mathbf{Z}\oplus_{\text{ex}}\mathbf{Z}/3\mathbf{Z}.$$

具体给出 $\mathbf{Z}/6\mathbf{Z}$ 中 6 个元素的对应分解.

***3.** 证明 $\mathbf{Z}/105\mathbf{Z}=\langle\overline{70}\rangle\oplus_{\text{in}}\langle\overline{21}\rangle\oplus_{\text{in}}\langle\overline{15}\rangle\cong\mathbf{Z}/3\mathbf{Z}\oplus_{\text{ex}}\mathbf{Z}/5\mathbf{Z}\oplus_{\text{ex}}\mathbf{Z}/7\mathbf{Z}$，并给出 $\overline{23}$ 的相应分解.

***4.** 设 $m=p_1^{a_1}p_2^{a_2}\cdots p_s^{a_s}$ 为因子分解，$p_i(i=1,2,\cdots,s)$ 为互异素数，证明

$$\mathbf{Z}/m\mathbf{Z}=\langle\overline{e_1}\rangle\oplus_{\text{in}}\cdots\oplus_{\text{in}}\langle\overline{e_s}\rangle\cong\mathbf{Z}/p_1^{a_1}\mathbf{Z}\oplus_{\text{ex}}\cdots\oplus_{\text{ex}}\mathbf{Z}/p_s^{a_s}\mathbf{Z}.$$

5. 立体空间中取定坐标系 $Oxyz$ 后，几何向量 $\overrightarrow{OP}$（即有向线段，起点为原点）与点 P 的坐标 (x,y,z) 是一一对应的. (x,y,z) 称为 3-数组，其全体记为 $\mathbb{R}^3$. 3-数组的加法 $(x,y,z)+(a,b,c)=(x+a,y+b,z+c)$ 与几何向量加法（由平行四边形法则决定）对应一致. 故常将几何向量集（空间）与 $\mathbb{R}^3$ 等同，是加法群. 则 xy-平面（上的向量集）是子群，记为 W_1；yz-平面是子群，记为 W_2；z-轴（上的向量集）是子群，记为 W_3. 证明：$\mathbb{R}^3=W_1+W_2$，$\mathbb{R}^3=W_1+W_3$，后者是直和.

1.10 平移与共轭

平移，即将群 G 中的任意元素 x 都变为 ax（a 固定. 对于加法群即为：x 都变为 $x+a$. 故称为平移）. 共轭，即将群 G 中 x 都变为 axa^{-1}（a 固定）. 这是群论中两类最重要的方法.

1. 平移（translation）. 设 G 为（乘法）群，取定 $a\in G$. 我们用 a 去（左）乘 G（的所有元素），即 $aG=\{ax\mid x\in G\}$，称为（左）平移 a. 前面已知 $aG=G$，故"用 a 乘 G"的效果是"置换 G 的元素". 就是说，平移 a 是一个置换，记为 T_a，即

$$T_a:G\to G,\quad x\mapsto ax.$$

注意 T_a 是置换，不是同态，不保单位元. "G 的元素的一个置换"就是"G 到自身的一个双射"，其全体记为 S_G 或 $\mathrm{Perm}(G)$，称为全置换群或对称群（1.5 节）.

例如，群 $W_4=\{1,\mathrm{i},-1,-\mathrm{i}\}$，用 i 乘之平移，得 $\mathrm{i}W_4=\{\mathrm{i},-1,-\mathrm{i},1\}$.

引理 1 每个 $a\in G$ 对应于一个平移（置换）$T_a\in S_G$，从而引起 G 到置换群的**嵌入**（单射同态）

$$T:G\longrightarrow S_G,\quad T(a)=T_a\quad（即\ T(a)x=ax，对\ x\in G）.$$

证明 为证 T 为同态，需证 $T(ab)=T(a)T(b)$. 由 $T(ab)x=abx$，而 $(T(a)T(b))x=T(a)(T(b)x)=T_a(bx)=abx$，即得所欲证. 为证 T 为单射，需证 $a\neq b$ 时 $T(a)\neq$

$T(b)$，即存在 $x\in G$ 使 $T(a)x\neq T(b)x$，即 $ax\neq bx$，此为显然. ■

特别地，引理 1 将任一群 G 表示成了置换群.

除了乘，$a\in G$ 还有其他方法"作用于"G，例如变 x 为 axa^{-1}（即共轭）.

2. 共轭(conjugation). 任意取定 $a\in G$，"用 a 对 G 的元素作共轭变换"（即变 x 为 axa^{-1}），即得 G 的一个自同构（映射）：

$$C_a:G\xrightarrow{\cong} aGa^{-1}=G,\quad x\mapsto axa^{-1}.$$

称 C_a 为**内自同构**(internal automorphism).

C_a 是自同构的证明如下. 保运算：$xy\mapsto axya^{-1}=axa^{-1}\cdot aya^{-1}$. 单射：若 $axa^{-1}=aya^{-1}$，则 $x=y$. 满射：对任一 $z\in G$，要证有 x 使 $axa^{-1}=z$，显然.

前述平移变换不过是置换. 现在共轭变换性质更好，不光是置换，更是自同构.

引理 2 每个 $a\in G$ 对应于一个（共轭）内自同构 $C_a\in\mathrm{Aut}(G)$. 从而引起群同态

$$C:G\longrightarrow \mathrm{Aut}(G),\quad C(a)=C_a\quad (\text{即 } C(a)x=axa^{-1}, \text{对 } x\in G).$$

（此 C 不一定是单射，例如当 G 为阿贝尔群时，$C_a=1(\forall a\in G)$）.

C 是同态的证明：需证明 $C(ab)=C(a)C(b)$.

$$C(ab)(x)=abxb^{-1}a^{-1},\quad C(a)C(b)(x)=C(a)(bxb^{-1})=abxb^{-1}a^{-1}.$$

我们引入"群 G 对集合 S 的作用"的一般性定义.

定义 1 设 G 为（乘法）群，Ω 为任一集合. G 对 Ω 的一个作用(operation or action)即为 G 到 Ω 的置换群的一个同态

$$\pi:G\to S_\Omega.$$

常记 $\pi(a)=\pi_a$（于是由 π 为同态知 $\pi_{ab}=\pi_a\pi_b$，$\pi_1=1$ 为恒等映射）. 若 $\ker\pi=1$，则称 π 为忠实(faithful)作用. 若 $\mathrm{Im}\,\pi=1$，则称 π 为平凡(trivial)作用.

由此可知，平移和共轭变换，都是 G 对自身 $G=\Omega$ 的作用.

习题 1.10

1. 求平移作用 $T:G\longrightarrow S_G$ 的核、像.

2. 求共轭作用 $C:G\longrightarrow \mathrm{Aut}(G)$ 的核、像.

3. 设 G 为群，S 为一集合. 定义 $as=s$（对任意 $a\in G, s\in S$），证明这是 G 对 S 的一个作用（称为平凡作用）. 求作用的核.

4. 设 V 是实数域$\mathbb{R}$上的线性空间，则乘法群$\mathbb{R}^*$（非零实数集）通过数乘作用于 V. 此作用是否忠实？

5. 设群 G 作用于 S，固定 $s\in S$. 令 $G_s=\{g\in G\mid \pi_g s=s\}$（称为 s 的稳定子(stabilizer)），证明 G_s 为子群.

6. 求平移作用时 s 的稳定子 G_s.

7. 求共轭作用时 s 的稳定子 G_s.

第2章 商群与同构

2.1 子群

设$(G,\cdot)$为群,H为G的非空子集合.若$(H,\cdot)$为群,则称H为G的子群,记为$H<G$(或$H\leqslant G$).注意,子群H中的运算就是G中的运算(的限制),H的单位元就是G的单位元.有时称G为H的扩群(即当H为G的正规子群时.后面会介绍).

引理1 设H为(乘法)群G的非空子集合,若如下条件之一满足,则H为G的子群.

(1) H对乘法、求逆封闭(即对任意$a,b\in H$,有$ab\in H,a^{-1}\in H$).

(2) H对除法封闭(即对任意$a,b\in H$,有$ab^{-1}\in H$).

(3) H为有限子集且对乘法封闭.

证明 (1) 对任意$a\in H$,则$a^{-1}\in H$,故$1=aa^{-1}\in H$.结合律显然满足.

(2) 对任意$a,b\in H$,有$1=aa^{-1}\in H,b^{-1}=1\cdot b^{-1}\in H,ab=a(b^{-1})^{-1}\in H$.

(3) 设$a\in H$.因H对乘法封闭,故$a^k\in H$(任意整数k).因H有限故必存在d使$a^d=1$.于是$a^{-1}=a^{d-1}\in H$.由(1)即得. ■

显然,$\{1\}$为子群,也记为1.G本身是G的子群.此二子群称为平凡子群.

最常见到的子群,是一个子集合S生成的子群$\langle S\rangle$(见1.6节).而尤其重要的,是由一个元素$a\in G$生成的子群$\langle a\rangle$,称为循环子群.而$\#\langle a\rangle=\mathrm{ord}(a)$,即循环子群的阶等于生成元$a$的阶.关于元素的阶参见1.3节.此处进一步说明.

引理2 设G为任一(乘法)群.$a\in G$,阶为$\mathrm{ord}(a)=n$.

(1) 若$a^s=1,a^t=1$,则$n\mid(s,t)$.

(2) $\mathrm{ord}(a^k)=\dfrac{n}{(k,n)}$.特别地,若$k\mid n$,则$\mathrm{ord}(a^k)=\dfrac{n}{k}$.

证明 (1) 由$a^s=1,a^t=1$,知$n\mid s,n\mid t$,故$n\mid(s,t)$.

(2) 记$d=(k,n),k=k_1d,n=n_1d$.首先有

$$(a^k)^{n_1}=a^{k_1dn_1}=a^{nk_1}=1.$$

另一方面,若$1=(a^k)^m=a^{k_1dm}$,则$n\mid k_1dm$(见1.6节引理3).因$(n,k_1)=1$,故$n\mid dm$,

$n_1 | m$. 这证明了 $\operatorname{ord}(a^k)=n_1$. 此引理与 1.6 节引理 4 一致. ■

定义 1 设 G 为群,G 的**中心**(center of G)定义为 G 中"与任意元素可交换"的元素集合,即

$$Z(G)=\{z \in G \mid gz=zg, \forall g \in G\}.$$

显然,中心 $Z(G)$ 是子群,而且是阿贝尔子群. 阿贝尔群的中心是群自身. 注意 $gz=zg$ 相当于 $gzg^{-1}=z$,故中心是"任意共轭皆不变"的元素集合.

例如,由 1.5 节的乘法表可知,S_3 的中心为 $\{1\}$. 四元数群 Q_8 的中心为 $\{1,-1\}$.

定义 2 设 G 为群,固定 $a\in G$. 与 a 可交换的 $x\in G$ 全体,即

$$\operatorname{Centr}(a)=\{x \in G \mid ax=xa\}$$

称为 a 的**中心化子**(centralizer).

显然,$\operatorname{Centr}(a)$ 是 G 的子群. 群的中心是所有元素的中心化子之交:

$$Z(G)=\bigcap_{a\in G} \operatorname{Centr}(a).$$

现在看循环群的子群情况. 先看最熟悉的 $\mathbb{Z}$ 和 $\mathbb{Z}/n\mathbb{Z}$ 的子群.

定理 1 整数集 $\mathbb{Z}=\langle 1\rangle$ 是无限循环群(加法),其子群都是循环群,即

$$m\mathbb{Z}=\{mk \mid k \in \mathbb{Z}\} \quad (\text{对非负整数 } m).$$

证明 显然,$m\mathbb{Z}<\mathbb{Z}$. 反之,设 $H<\mathbb{Z}$. 若 $H=\{0\}$,则 $H=0\mathbb{Z}$. 若 $H\neq\{0\}$,则 H 中必含正整数(因若 $a\in H$,则 $-a\in H$),设 m 是 H 中的最小正整数. 断言:$H=m\mathbb{Z}$.

首先,$mk=m+\cdots+m\in H$,故 $m\mathbb{Z}\subset H$. 其次,对任意 $h\in H$,做带余除法 $h=mq+r$,$0\leqslant r<m$ $(q,r\in\mathbb{Z})$,则 $r=h-mq\in H$(因 $h,mq\in H$),故 $r=0$(因 m 是 H 中的最小正整数);故 $h=mq\in m\mathbb{Z}$,从而 $H\subset m\mathbb{Z}$. 总之知 $H=m\mathbb{Z}$.

定理 2 设整数 $n\geqslant 2$,则 $\mathbb{Z}/n\mathbb{Z}=\langle\bar{1}\rangle$ 为 n 阶加法循环群,其子群都是循环群,即

$$\langle\bar{d}\rangle=\bar{d}\mathbb{Z}=\{\bar{d}k \mid k=0,1,\cdots,(n/d)-1\} \quad (\text{对正整数 } d \mid n).$$

也就是说,n 的每个正因子 d 对应一个子群,由 $\bar{d}$ 生成,是 n/d 阶子群.

例 1 $n=10$ 时,$\mathbb{Z}/10\mathbb{Z}$ 的子群为 $\langle\bar{1}\rangle,\langle\bar{2}\rangle,\langle\bar{5}\rangle,\langle\overline{10}\rangle=\langle\bar{0}\rangle$,阶分别为 10,5,2,1. 注意 $\langle\bar{2}\rangle=\langle\bar{4}\rangle=\langle\bar{6}\rangle=\langle\bar{8}\rangle$,生成元 g 不唯一,可为 $\bar{2},\bar{4},\bar{6},\bar{8}$(只需 $(g,10)=2$. 见 1.6 节引理 4:当 $(a,n)=d$ 时,$\langle\bar{a}\rangle=\langle\bar{d}\rangle$). 例如 $\langle\bar{6}\rangle=\{\bar{6}k\}=\{\bar{0},\bar{6},\bar{2},\bar{8},\bar{4}\}=\langle\bar{2}\rangle$.

定理 2 的证明 证法 1 当 $d|n$ 时,显然 $\langle\bar{d}\rangle<\mathbb{Z}/n\mathbb{Z}$. 反之,设 $H'<\mathbb{Z}/n\mathbb{Z}$. 考虑模 n 正则同态

$$\varphi:\mathbb{Z}\to\mathbb{Z}/n\mathbb{Z}, \quad a\mapsto\bar{a}.$$

H' 的原像为

$$H=\{h\in\mathbb{Z} \mid \bar{h}\in H'\}.$$

此 H 是 $\mathbb{Z}$ 的子群(因若 $h_1,h_2\in H$,则 $\bar{h}_1,\bar{h}_2\in H'$,故 $\overline{h_1-h_2}=\bar{h}_1-\bar{h}_2\in H'$,知 h_1-

$h_2 \in H$). 于是由定理1知 $H = m\mathbb{Z}$(对某正整数 m),故 $H' = \overline{H} = \overline{m}\,\overline{\mathbb{Z}} = \{\overline{mk} \mid k \in \mathbb{Z}\}$. 记 $d = (n, m)$,则由1.6节引理4知 $H' = \{\overline{mk} \mid k \in \mathbb{Z}\} = \{\overline{dk} \mid k \in \mathbb{Z}\} = \langle \overline{d} \rangle$.

证法2　设 $\{0\} \neq H' < \mathbb{Z}/n\mathbb{Z}$. 可设 $H' = \langle \overline{a}_1, \cdots, \overline{a}_s \rangle$,设 $\gcd(a_1, \cdots, a_s) = D$,断言 $H' = \langle \overline{D} \rangle$. 事实上,由贝祖等式 $u_1 a_1 + \cdots + u_s a_s = D$,$\overline{D} = u_1 \overline{a}_1 + \cdots + u_s \overline{a}_s \in H'$,故 $\langle \overline{D} \rangle \subset H'$. 又 $D \mid a_i$,$a_i = Dc_i$,$\overline{a}_i = D\overline{c}_i \in \langle \overline{D} \rangle$,故 $H' \subset \langle \overline{D} \rangle$,总之 $H' = \langle \overline{D} \rangle$. 又由1.6节引理4,记 $d = (D, n)$,则 $\langle \overline{D} \rangle = \langle \overline{d} \rangle$. ■

例2　$\mathbb{Z}/12\mathbb{Z}$ 的子群可如图2.1所示(称为子群格图),其中 Z_d 表示 d 阶循环群.

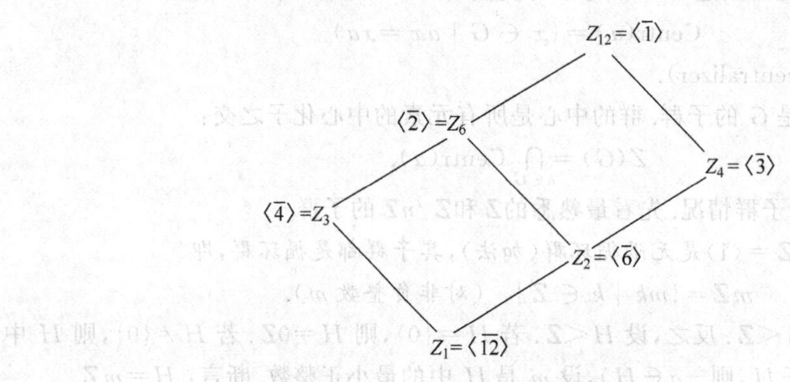

图2.1　子群格图

系1　设 $G = \langle g \rangle$ 是无限循环群(乘法),则其子群皆为无限循环群. 事实上,

$$G = \{g^k \mid k \in \mathbb{Z}\} = g^{\mathbb{Z}} \cong \mathbb{Z}, \quad g^k \leftrightarrow k;$$

G 的子群只能是 $g^{m\mathbb{Z}} = \{g^{mk} \mid k \in \mathbb{Z}\}$($m$ 为非负整数).

证明　考虑映射

$$\sigma: \mathbb{Z} = \langle 1 \rangle \to G = \langle g \rangle, \quad 1 \mapsto g, \quad k = k \cdot 1 \mapsto g^k.$$

(1) σ 是同态: $\sigma(k+j) = g^{k+j} = g^k g^j = \sigma(k)\sigma(j)$. (2) σ 是单射: 若 $\sigma(k) = g^k = 1$,则 $k = 0$(因为 g 的阶无限). (3) σ 是满射: 任意 g^k 是 k 的像. 故 σ 是同构映射. $\mathbb{Z}$ 的子群 $m\mathbb{Z}$ 经对应 $k \mapsto g^k$ 得出 G 的子群. 由定理1即得系1.

系2　设 $G = \langle g \rangle$ 是 n 阶循环群(乘法),则

$$G = \{g^k \mid k = 0, 1, \cdots, n-1\} \cong \mathbb{Z}/n\mathbb{Z}, \quad g^k \leftrightarrow \overline{k};$$

$G = \langle g \rangle$ 的子群只能为如下循环群:

$$\langle g^d \rangle = g^{d\mathbb{Z}} = \{g^{dk} \mid k = 0, 1, \cdots, (n/d) - 1\} \cong \langle \overline{d} \rangle \quad (其中\ d \mid n).$$

也就是说,n 的每个正因子 d 对应一个子群,由 g^d 生成,n/d 阶.

证明　考虑映射 $\sigma: \mathbb{Z}/n\mathbb{Z} = \langle \overline{1} \rangle \to G = \langle g \rangle$,$\overline{1} \mapsto g$,$\overline{k} \mapsto g^k$.

(1) σ 是同态: $\sigma(\overline{k} + \overline{j}) = \sigma(\overline{k+j}) = g^{k+j} = g^k g^j = \sigma(\overline{k})\sigma(\overline{j})$.

(2) σ 是单射：若 $\sigma(\bar{k})=g^k=1$，则 $n|k$（因 g 的阶为 n），故 $\bar{k}=\bar{0}$.

(3) σ 是满射：任意 g^k 是 $\bar{k}$ 的像.

故 σ 是同构映射. G 的子群由 $\mathbb{Z}$ 的子群经对应 $\bar{k}\mapsto g^k$ 得出. 由定理 2 即得系 2. ■

例如，10 次复单位根群 $W_{10}=\langle\zeta\rangle$（其中 $\zeta=\mathrm{e}^{2\pi i/10}$），其子群为 $\langle\zeta\rangle,\langle\zeta^2\rangle,\langle\zeta^5\rangle,\langle\zeta^{10}\rangle=\langle 1\rangle$，阶分别为 10,5,2,1.

习 题 2.1

1. 求加法群 $\mathbb{Z}/18\mathbb{Z}$ 的所有子群（生成元和阶），并图示（如例 2）.

2. 设 $W_n=\langle\zeta_n\rangle,\zeta=\zeta_n=\mathrm{e}^{2\pi i/n}$ 是 n 次本原复单位根. 对 $n=1,2,\cdots,12$ 各情形，求 W_n 的所有子群. 图示 $n=12$ 的情形.

3. 求出乘法群 $(\mathbb{Z}/8\mathbb{Z})^*$ 的所有子群，并图示.

4. n 阶循环群 $G=\langle g\rangle$ 的生成元有几个？列出它们.（提示：生成元即 n 阶元）

5. 设 G,G' 为 m,n 阶循环群，$(m,n)=1$. 证明 $G\times G'$ 为 mn 阶循环群.

6. 设 G 为 n 阶（乘法）循环群，a 为 G 的所有元素之积，证明 $a^2=1$. 何时 $a=1$？

7. 设群 G 的元素 a,b 可交换，阶分别为 m,n，证明 $\mathrm{Ord}(ab)|M$（其中 $M=[m,n]$ 为 m,n 的最小公倍数），并举例说明可能 $\mathrm{Ord}(ab)\neq M$.

8. 设群 G 的元素 a,b 可交换，且阶 m,n 互素，证明 $\mathrm{Ord}(ab)=mn$.

9. 证明 D_8 的中心为 $\{1,\rho^2\}$. 并证明：D_{2n} 的中心为 1 或 $\{1,r\}$（依 n 为奇数或偶数），其中 r 为多边形的 180°旋转.

10. 证明 Q_8 的中心为 $\{1,-1\}$.

11. 证明 S_n 的中心为 1（当 $n\geqslant 3$）.

12. 求 $(12)\in S_3$ 的中心化子.

13. 设 G 是加法群. 对正整数 k，记 $\ker k=\{x\in G|kx=0\}$. 试证明：

(1) 若 $k|\ell$，则 $\ker k\subset\ker\ell$.

(2) 若 $d=(k,\ell)$（最大公因子），则 $\ker d=\ker k\cap\ker\ell$.

(3) 若 $M=[k,\ell]$（最小公倍数），则 $\ker M=\ker k+\ker\ell$.

(4) 若 k,ℓ 互素，则 $\ker k\ell=\ker k\oplus\ker\ell$.

(5) 对 $G=\mathbb{Z}/12\mathbb{Z}$，应用上述结果可得何结论？

14. 设 a,b,c 为群 G 的元素，则 abc,bca,cab 的阶相同. 如何推广？

15. 举出一个无限群的例子，其每个真子群都是有限群.

2.2 陪　集

设 G 为（乘法）群，S,S' 为其子集合. **子集合的积** SS' 定义为

$$SS'=\{ss' \mid s\in S,s'\in S'\};$$

即元素的积全体.特别地,记$\{a\}S'=aS'$,$S\{b\}=Sb$.显然有性质:

$$(S_1S_2)S_3=S_1(S_2S_3),\quad S_1(S_2\cup S_3)=S_1S_2\cup S_1S_3.$$

定义1(陪集)　设G为(乘法)群,$H<G$为子群,$a\in G$为任一元素,则

$$aH=\{ah\mid h\in H\}$$

称为H在G的一个(左)陪集(coset),a称为此陪集的一个代表元(representative).类似地,Ha称为右陪集.以下,陪集均指左陪集,除非特别说明.

注意左、右陪集(aH与Ha)不一定相等.加法群时,陪集写为$a+H$.例如,加法群$G=\mathbb{Z}$,子群$H=7\mathbb{Z}$,其陪集有:$1+7\mathbb{Z},2+7\mathbb{Z},\cdots,6+7\mathbb{Z}$,共7个.

引理1　子群H的陪集有如下性质:

(1) 若$h\in H$,则$hH=H$.特别有$HH=H$.

(2) 若$a'\in aH$,则$a'H=aH$.(陪集内元素皆可作为代表元)

(3) 若$b\notin aH$或$aH\neq bH$,则$aH\cap bH=\varnothing$.(不同的陪集无交)

(4) $\#(H)=\#(aH)$.(各陪集的元素个数相等,陪集等长)

证明　(1) 若$h_1\neq h_2$,则$hh_1\neq hh_2$,故$hH=H$.(此即H的平移,1.10节)

(2) 设$a'=ah$,则$a'H=(ah)H=a(hH)=aH$.

(3) 假设$aH\cap bH$非空,则至少含有一个元素$ah=bh_1$(某$h,h_1\in H$).于是$ahH=bh_1H$,即$aH=bH$,$b\in bH=aH$,矛盾.

(4) 映射$T_a:H\to aH,h\mapsto ah$,是单射:若$h\neq h'$,则$ah\neq ah'$,也是满射.　■

因为G的每个元素都属于一个陪集,不同的陪集之间没有交,故群G分解为H的陪集的无交之并:

$$G=H\cup a_1H\cup a_2H\cup a_3H\cdots$$

这称为群的**陪集分解**(coset decomposition).$\{1,a_1,a_2,a_3,\cdots\}$称为一个"代表元系".代表元系不是唯一的,只要从每个陪集中选取一个元素即可.

两个元素$a,a'\in G$在同一个陪集,即$a'\in aH$,相当于$a^{-1}a'\in H$,这时称a,a'是模H**同余**的,记为

$$a\equiv a'(\mathrm{mod}\ H).$$

这相当于$a'=ah$(对某$h\in H$)(可表述为:在不计H的元素倍的意义下a,a'相等).同余是等价关系,按同余关系分类,每个陪集是一个同余类.

也记(左)陪集aH为$\bar{a}$.所有陪集构成的集合,记为

$$G/H=\{H,a_1H,a_2H,\cdots\}=\{\bar{1},\overline{a_1},\overline{a_2},\cdots\}.$$

这是一个全新的集合,它以每个陪集为一个元素,是以陪集为元素的集合(如图2.2所示).

例1　加法群$\mathbb{Z}$,子群$7\mathbb{Z}$,陪集的集合$\mathbb{Z}/7\mathbb{Z}=\{\bar{0},\bar{1},\bar{2},\bar{3},\bar{4},\bar{5},\bar{6}\}$,$\bar{a}=a+7\mathbb{Z}$.这就是我们熟悉的整数模7的同余类集合.注意加法群的陪集写法.

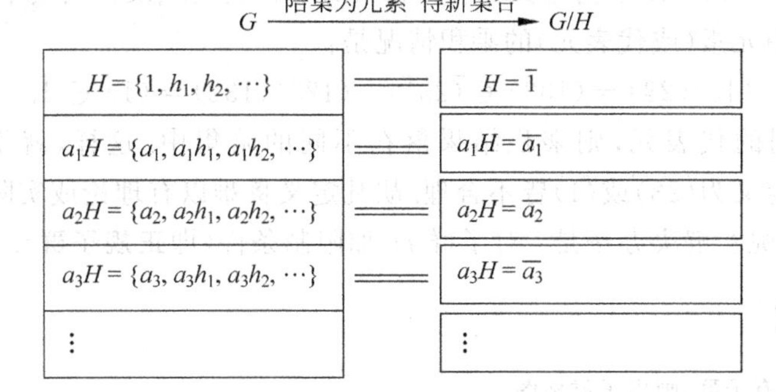

图 2.2　乘法群陪集分解图示

例 2　乘法群 $W_4=\{1,\mathrm{i},-1,-\mathrm{i}\}$，子群 $H=\{1,-1\}=\langle -1\rangle$. W_4 分为两个陪集：$H=\{1,-1\}=\overline{1}$，$\mathrm{i}H=\{\mathrm{i},-\mathrm{i}\}=\overline{\mathrm{i}}$. 陪集的集合 $W_4/H=\{\overline{1},\overline{\mathrm{i}}\}$.

陪集分解已经产生了一些有意义的成果，总结如下.

定理 1(拉格朗日(Lagrange)定理)　设 G 为有限群，H 为子群，则 G 分解为 H 的左陪集无交之并，各陪集元素个数均为 $|H|$. 以 G/H 记陪集的集合，陪集的个数记为 $|G/H|=(G:H)$，称为 H 的**指数**(index). 从而得到：

(1) $|G|=|H|\cdot|G/H|$，$|G/H|=(G:H)=|G|/|H|$.

即知子群 H 的阶是群 G 阶的因子，阶的比值即是指数.

(2) 任一元素 $a\in G$ 的阶是群 G 阶的因子，即有 $\mathrm{ord}(a)\mid|G|$.

(3) 若 $G>H>K$，则指数满足链性公式

$$(G:K)=(G:H)(H:K).$$

(4) 阶为素数的群 G 必为循环群.

证明　(1) 由引理 1 得到陪集分解则得.

(2) 记 $\mathrm{ord}(a)=d$，则 a 生成 d 阶子群 $\langle a\rangle=H_a$，故 $d\mid|G|$.

(3) $(G:K)=\dfrac{|G|}{|K|}=\dfrac{|G|}{|H|}\cdot\dfrac{|H|}{|K|}=(G:H)\cdot(H:K)$.

(4) 取 $1\neq a\in G$，因 $\mathrm{ord}(a)\mid|G|=p$. 因 p 为素数，故 $\mathrm{ord}(a)=1$ 或 p，前者意味着 $a=1$(矛盾)，后者意味着 $\langle a\rangle$的阶为 p，即$\langle a\rangle=G$ 为循环群. ■

下一步的发展，应当是看看陪集的集合 G/H 能否是一个群. 不平凡的是：**陪集的集合 G/H 不一定能"自然"成为群**——陪集间的乘法有时难以定义. 见下例.

例 3　考虑对称群 $G=S_3$，子群 $H=\{(1),(12)\}$. S_3 分解为 3 个陪集：

$$H=\{(1),(12)\}=\overline{1},$$
$$(13)H=\{(13),(123)\}=\overline{(13)},$$
$$(23)H=\{(23),(132)\}=\overline{(23)}.$$

陪集的乘积 $\overline{(13)}\cdot\overline{(23)}$该如何定义呢？有意义的定义应当顾及到陪集中元素的乘积.

现在，陪集中元素（或代表元）的乘积情况是：

$$(13)(23)=(132)\in\overline{(23)},\quad (123)(132)=(1)\in\overline{1}.$$

即陪集中取不同的代表元，则乘积结果落在不同的陪集中. 这样，就不能合理地定义 $\overline{(13)}\cdot\overline{(23)}$，即定义为$\overline{(23)}$或$\overline{(1)}$皆不合理. 胡乱定义将难以有理论或实际意义.

那出路何在呢？解决办法是：对子群 H 加限制条件（即**正规子群**）. 下节讲述.

习 题 2.2

1. 求 D_8 的所有子群，画出子群格图.

2. 求 Q_8 的所有子群，画出子群格图.

3. 求 S_3 的所有子群，画出其子群格图，并对每个子群做陪集分解.

4. 设 H,K 是群 G 的子群. 若 H 的一个左陪集包含于 K 的一个左陪集，则 H 包含于 K.

5. 设 H 是 G 的子群，G/H 是陪集集合，$g\in G$. 用 g 乘一个陪集则得到另一陪集：$g(xH)=(gx)H$，从而用 g 乘引起集合 G/H 的一个置换. 证明 $g(xH)=xH$ 当且仅当 $g\in xHx^{-1}$.

6. 设群 G 的阶为素数 p，则 G 为循环群.

7. （陪集的交是交的陪集）设 H,K 是群 G 的子群. 若陪集的交 $(aH)\cap(bK)$ 非空，则是 $H\cap K$ 的陪集. 能否推广到多个子群的情形？

***8.** 视对称群 S_{n-1} 为 S_n 的子群，做陪集分解（这里设 $n>1$）.

9. 设 $\varphi:G\to G'$ 为群同态，$H=\ker\varphi$. 证明：φ 的任一条纤维是 H 的左陪集 aH（对某 a），且等于右陪集 Ha（任一 $b\in\operatorname{Im}\varphi$ 的原像集合 $\varphi^{-1}(b)$ 称为一条纤维）.

10. 设 G 为 p^n 阶群，p 为素数，则 G 含有 p 阶元素.

11. 设 G 为奇数阶群，则由 $f(x)=x^2$ 定义的 G 到自身的映射 f 是单射. 进而，当 G 为阿贝尔群时，f 是 G 的自同构. 当 G 为偶数阶群时成立吗？

12. 设 G 为 n 阶群，$(m,n)=1$，则由 $f(x)=x^m$ 定义的 G 到自身的映射 f 是单射.

2.3 正规子群与商群

设 G 为群，H 为其子群. 在 2.2 节例 3 看到，陪集集合 G/H 不一定自然为群. 为克服此障碍，现在考虑性质“较好”的一种子群：正规子群. 这是一类最重要的子群. 将证明 H 为正规子群的多个等价条件，最重要的是四条：

(1) H 的左右陪集相等；(2) H 共轭不变；(3) G/H 合理成群；(4) H 是核.

定理 1（正规子群，normal subgroups） *设 G 为群，H 为其子群，则以下条件均等价（条件之一满足时，称 H 为正规子群，记为 $H\lhd G$）：*

(1) *$xH=Hx\ (\forall x\in G)$ （H 的左右陪集相等；H 整体对 G 元可交换）.*

(1b) *$xH\subset Hx\ (\forall x\in G)$ （H 的左陪集含于右陪集）.*

(1c) $\forall x\in G,\forall h\in H$，有 $xh=h_1x$ 和 $hx=xh_2$ 对某 $h_1,h_2\in H$ 成立.（H 元穿过 G 元变身）

(2) $xHx^{-1}=H(\forall x\in G)$ （H 对共轭不变）.

(2b) $xHx^{-1}\subset H(\forall x\in G)$ （H 对共轭封闭）.

(2c) $\forall x\in G,\forall h\in H$，有 $xhx^{-1}=h_1$（对某 $h_1\in H$） （H 元共轭变身）.

(3) 陪集乘法可合理地定义为

$$(aH)(bH)=(ab)H(\forall a,b\in G)\quad (G/H \text{ 合理成群}).$$

(4) H 是某群同态 $\varphi:G\to G'$ 的核 （H 是核）.

证明 (1)$\Leftrightarrow$(1b)：设(1b)成立，$\forall x\in G$，记 $x'=x^{-1}$，则 $x'H\subset Hx'$，即 $x^{-1}H\subset Hx^{-1}$，$Hx\subset xH$，即得(1).

(1)$\Leftrightarrow$(1c)：显然.

(1)$\Leftrightarrow$(2)：$xH=Hx\Leftrightarrow xHx^{-1}=H$.

(1b)$\Leftrightarrow$(2b)：$xH\subset Hx\Leftrightarrow xHx^{-1}\subset H$.

(1c)$\Leftrightarrow$(2c)：$xh=h_1x\Leftrightarrow xhx^{-1}=h_1$.

(1) $\Rightarrow$(3)：**证法 1** 由(1)，有 $(aH)(bH)=a(Hb)H=a(bH)H=(ab)H$，得(3).

证法 2 设(1)成立，任取 $a'\in aH,b'\in bH$，有 $a'=ah_1,b'=bh_2$，由(1c)知

$$a'b'=ah_1bh_2=abh_3h_2\in abH,$$

故知 $(aH)(bH)\subset(ab)H$；而对 $(ab)H$ 中任一元素 abh，有 $abh\in(a1)(bH)\subset(aH)(bH)$，故 $(ab)\subset H(aH)(bH)$. 即得(3). 也证明了陪集的乘法不依赖于代表元的选取.

(3)$\Rightarrow$(1)：若 $(aH)(bH)=(ab)H(\forall a,b\in G)$，则 $(1H)(b1)\subset(1b)H$，即 $Hb\subset bH$，得(1b)，得(1).

(4)$\Rightarrow$(1)：设 H 是群同态 $\varphi:G\to G'$ 的核 $\ker\varphi$. 任取 $h\in H=\ker\varphi$，则

$$\varphi(xhx^{-1})=\varphi(x)\varphi(h)\varphi(x^{-1})=\varphi(x)e'\varphi(x)^{-1}=\varphi(x)\varphi(x)^{-1}=e',$$

所以 $xhx^{-1}\in\ker\varphi=H$，得 $xHx^{-1}\subset H$，得(2b)，得(1).

(1)$\Rightarrow$(4)：若 H 为正规子群，则 G/H 为群(见(3)，已证明). 此时，模 H 引起同态映射(称为**正则同态**，canonical homomorphism)：

$$\varphi:G\to G/H,\quad x\mapsto\bar{x}=xH.$$

此映射的核 $\ker\varphi=H$（因 $\bar{x}=\bar{1}\Leftrightarrow x\in H$），得(4). ■

由定理 1 中的(3)可知，若 H 为 G 的正规子群，即满足定理 1 中任意一项条件，则 H 的陪集之间可以合理地定义乘法

$$(aH)(bH)=(ab)H\quad(\forall a,b\in G).$$

从而陪集的集合 G/H 成为群，称为 G(模 H)的**商群**(quotient group).

在(1)$\Leftrightarrow$(3)的证明中，等式 $a'b'=ah_1bh_2=abh_3h_2\in(ab)H$ 从细节上说明了："H 作为整体对群元素可交换"(等于说，H 的元素可"变身穿过"群元素）这个性质，等价于

陪集乘法可合理定义，等价于有商群.

也常记(左)陪集 aH 为 $\bar{a}$，或 $a(\mathrm{mod}\ H)$. 因此商群常写为

$$G/H=\{\bar{a},\bar{b},\bar{c},\cdots \mid a,b,c,\cdots \in G\}.$$

$H=\bar{1}$ 为商群的单位元. 商群中的乘法运算 $(aH)(bH)=(ab)H$ 也可记为

$$\bar{a}\bar{b}=\overline{ab}.$$

特别地，对于阿贝尔群 G，任意子群 H 均为正规子群，可构作商群 G/H. 对阿贝尔加法群，a 代表的陪集写为 $\bar{a}=a+H$，运算写为

$$(a+H)+(b+H)=(a+b)+H, \quad 或 \quad \bar{a}+\bar{b}=\overline{a+b}.$$

这与我们熟悉的 $\mathbb{Z}/m\mathbb{Z}$ 中的道理和记号是一样的.

注记1 由群 G 模正规子群 H 构作出商群 G/H 的过程，就是将 G 的元素分类(称为同余类或陪集)，每个同余类视为一个元素，同余类的集合是群，称为商群. 这里要注意，"同余类集"与"代表元系"(有时称为剩余系)的关系和区别. 例如对于加法群 $\mathbb{Z}$，子群 $7\mathbb{Z}$ 当然是正规的，$\{0,1,2,\cdots,6\}$ 是一个代表元系，$\mathbb{Z}/7\mathbb{Z}=\{\bar{0},\bar{1},\bar{2},\bar{3},\bar{4},\bar{5},\bar{6}\}$，$\bar{a}=a+7\mathbb{Z}$.

例1 S_3 中，偶置换集 $A_3=\{(1),(123),(321)\}$ 是子群，指数为 2，S_3 的左、右陪集分解为 $S_3=A_3\cup(12)A_3=A_3\cup A_3(12)$，故必有 $(12)A_3=A_3(12)$，A_3 是正规子群. 得商群为 $S_3/A_3=\{\overline{(1)},\overline{(12)}\}$.

例2 设 $Z(G)$ 是群 G 的中心. 若商群 $G/Z(G)$ 是循环群，则 G 是阿贝尔群.

证明 显然 $Z(G)$ 是正规子群. 记商群

$$G/Z(G)=\langle\bar{a}\rangle=\{\bar{1},\bar{a},\cdots,\bar{a}^m\}.$$

对任一 $x\in G$，必有 $\bar{x}=\bar{a}^k=\overline{a^k}$(某整数 k)，从而 $x=a^kz\,(z\in Z(G))$. 同理，任意 $x'\in G$ 可写为 $x'=a^tz'$. 因 $z,z'\in Z(G)$ 与任意元素可交换，故 $x=a^kz$ 与 $x'=a^tz'$ 可交换：

$$(a^kz)(a^tz')=a^{k+t}zz'=(a^tz')(a^kz).$$

当 G 的子群 K 不正规时，会有使 $xK\neq Kx$ 的 $x\in G$ 存在. 我们记

$$N_G(K)=\{y\in G \mid yK=Ky\},$$

称为 K(在 G 中的)**正规化子**(normalizer). 于是 $K\lhd N_G(K)$，而且 $N_G(K)$ 是含 K 且为正规子群的最大子群. K 正规当且仅当 $N_G(K)=G$.

注记2 群 G 的正规子群和商群，反映出群的"结构". 在某种意义上，群 G 是由其正规子群及其商群"搭建"而成(通过直积、半直积(或和)等手段，后面再讨论).

如果群 $G\neq\{1\}$ 没有正规真子群，则称 G 为**单群**(simple group). 单群没有商群. 某种意义上说，群都是由单群"搭建"而成. 所以确定所有的单群及其性质是群论的重要任务. 所有有限单群的分类在 2004 年宣布完成，这是历经半个世纪的由 100 多位数学家共同完成的历史性成就.

习题 2.3

1. 证明：指数为 2 的子群一定是正规子群.

2. 设 G 为群，H 是其正规子群，K 是任一子群，则 $HK=KH$ 且是子群. 举例说明去掉 H 是正规的条件则不可.

3. 求加法群 $\mathbf{Z}$ 的所有子群和商群，子群和商群是否循环？

4. 设 $G=\langle g\rangle$ 为循环群，子群 $H=\langle g^d\rangle$，则商群 $G/H=\langle\bar{g}\rangle$ 为 d 阶循环群.

5. 考虑二面体群 D_8 及子群 $H=\langle\rho^2\rangle$（见 1.7 节）. D_8/H 是几阶群？是否为循环群？

6. 证明 $\langle\varphi\rangle\lhd\langle\varphi,\rho^2\rangle\lhd D_8$，但 $\langle\varphi\rangle$ 不是 D_8 的正规子群.（这说明正规性无传递性）

7. 证明：阿贝尔单群只有素数阶循环群.

8. 设 G 为有限群，N 为其正规子群，$|N|=n$ 与 $|G/N|=m$ 互素. 试证明

$$N=\{a\in G\mid a^n=1\}.$$

9. 设如第 7 题. 试证明 $N=\{x^m\mid x\in G|\}$.

10. 证明：群 G 的子群 H 是正规的当且仅当 H 是共轭类（相互共轭的元素的子集）的并.

11. 设 $G=(\mathbf{Z}/16\mathbf{Z})^*$ 为 $\mathbf{Z}/16\mathbf{Z}$ 的单位群（可逆元集），子群 $H=\langle\bar{9}\rangle$. 列出各陪集，求各陪集在商群 G/H 中的阶.

12. 设 $G=(\mathbf{Z}/16\mathbf{Z})^*$，子群 $K=\langle\bar{7}\rangle$. 列出各陪集，求各陪集在商群 G/H 中的阶.

2.4 同构定理

设 $\varphi:G\to G'$ 是群的同态映射，核 $H=\ker\varphi$ 是正规子群，故 G 分割为 H 的陪集的无交之并. 每个陪集 $\bar{a}=aH$ 中的元素都映射为同一个元素 $\varphi(a)$，不同陪集的元素则映为不同的元素，因为

$$\varphi(a)=\varphi(a')\Leftrightarrow 1=\varphi(a)^{-1}\varphi(a')=\varphi(a^{-1}a')\Leftrightarrow a^{-1}a'\in H\Leftrightarrow a'\in aH,$$

故商群 $G/\ker\varphi$ 与像集 $\mathrm{Im}\,\varphi$ 的元素一一对应，实为同构（如图 2.3 所示）. 即得如下定理.

定理 1（第一同构定理，同态基本定理） *设 $\varphi:G\to G'$ 是群同态，则有群的同构*

$$\bar{\varphi}:G/\ker\varphi\xrightarrow{\cong}\mathrm{Im}\,\varphi,\quad \bar{\varphi}(\bar{a})=\varphi(a).$$

特别可知

$$|G|=|\ker\varphi|\cdot|\mathrm{Im}\,\varphi|.$$

证明 (1) 保运算：$\bar{\varphi}(\bar{x}\bar{y})=\bar{\varphi}(\overline{xy})=\varphi(xy)=\varphi(x)\varphi(y)=\bar{\varphi}(\bar{x})\bar{\varphi}(\bar{y})$；

(2) 单射：若 $\bar{\varphi}(\bar{x})=1$，则 $\varphi(x)=1$，$x\in\ker\varphi$，$\bar{x}=\bar{1}$.

(3) 满射：$\forall b\in\mathrm{Im}\,\varphi$，$\exists x$ 使 $\varphi(x)=b$，则得 $\bar{\varphi}(\bar{x})=b$. ■

注记 1 2.3 节的正则同态与此定理，从两方面说清楚了商群与同态的关系：商群诱导出正则同态，同态诱导出商群. 二者实际上都是模 $H=\ker\varphi$，即将 H 的元素映射为（视为）单位元（俗称：抹去 H 的元素不计）.

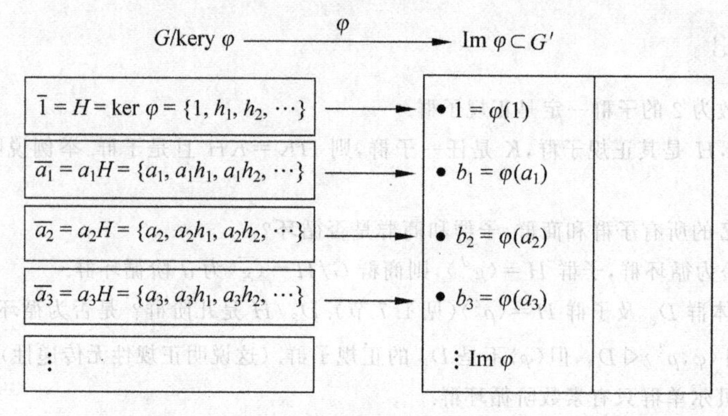

图 2.3　同态基本定理

例 1　设 G 为乘法循环群，g 为生成元. 定义映射 $\varphi:\mathbb{Z}\to G, k\mapsto g^k$，是满同态. 若 g 的阶为 m，即 $g^m=1$，则 $\ker\varphi=m\mathbb{Z}$，由第一同构定理得 $\mathbb{Z}/\ker\varphi=\mathbb{Z}/m\mathbb{Z}\cong G$. 若 g 的阶为无限，则 $\ker\varphi=\{0\}$，得 $\mathbb{Z}/\ker\varphi=\mathbb{Z}\cong G$. 故循环群必同构于 $\mathbb{Z}$ 或 $\mathbb{Z}/m\mathbb{Z}$，两循环群同构当且仅当其阶相等.

定理 2（第二同构定理，钻石定理）　设 $H<G, N\lhd G$（或 $H\subset N_G(N)$，即任意 $h\in H$ 满足 $hNh^{-1}\in N$）. 则 $HN=\{hk\mid h\in H, k\in N\}$ 是群，$HN\rhd N$，且

$$(HN)/N\cong H/(H\cap N),\quad \overline{hn}=\bar{h}\leftrightarrow\bar{h}.$$

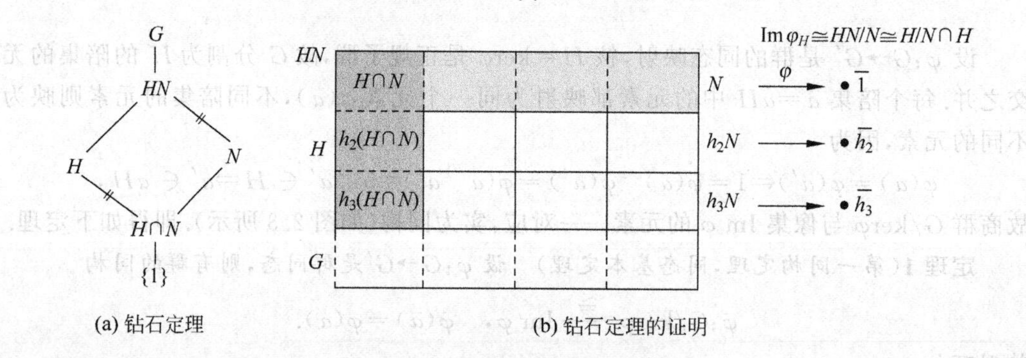

(a) 钻石定理　　(b) 钻石定理的证明

图 2.4　钻石定理及其证明

证明　先证 HN 是群. 对任意 $h,h_1\in H, k,k_1\in N$，因 $H\subset N_G(N)$，故 $Nh_1=h_1N$，知 $k\cdot h_1=h_1\cdot k'$（某 $k'\in N$），得 $hk\cdot h_1k_1=hh_1\cdot k'k_1\in HN$，$HN$ 对乘法封闭；同理知，hk 的逆 $k^{-1}h^{-1}=h^{-1}k''\in HN$（某 $k''\in N$），故 HN 对求逆封闭. 故 HN 是群. 因 $H\subset N_G(N)$，故对 $hk\in HN$ 有 $(hk)N(hk)^{-1}\in hNh^{-1}\in N$，故 $N\lhd HN$，定理中的公式有意义.

考虑正则同态 $\varphi:G\to G/N, x\mapsto\bar{x}=xN$，$\ker\varphi=N$. φ 在 H 上的限制为

$$\varphi_H: H\to G/N, h\mapsto\bar{h}.$$

显然核 $\ker\varphi_H=H\cap N$. 而像 $\mathrm{Im}\ \varphi_H=HN/N$,这是因为

$$\mathrm{Im}\ \varphi_H=\overline{H}=\{\bar{h}\mid h\in H\},\quad \varphi^{-1}(\bar{h})=hN,\quad \varphi^{-1}(\overline{H})=\bigcup_{h\in H}hN=HN,$$

故 $\overline{H}=\varphi(HN)$. 将 φ 限制到子群 HN,核仍为 N,用同态基本定理即得像 $\varphi(HN)\cong(HN)/N$. 再对 φ_H 用同态基本定理,$H/\ker\varphi_H\cong\mathrm{Im}\ \varphi_H$,即 $H/(H\cap N)\cong(HN)/N$. (见图 2.4). ■

对于加法群,第二同构定理的形式为

$$\frac{H+N}{N}\cong\frac{H}{H\cap N}.$$

以模 N 即是"抹去 N"的看法(注记 1),第二同构定理很直观: HN 抹去 N 剩下 H,还要继续抹去 H 中含 N 的部分 $H\cap N$,就得到"H 模 $H\cap N$".

例 2 考虑加法群$\mathbb{Z}$的子群 $a\mathbb{Z},b\mathbb{Z}$,由定理 2 给出

$$\frac{a\mathbb{Z}+b\mathbb{Z}}{b\mathbb{Z}}=\frac{a\mathbb{Z}}{a\mathbb{Z}\cap b\mathbb{Z}}.$$

易知 $a\mathbb{Z}+b\mathbb{Z}=\gcd(a,b)\mathbb{Z}$,$a\mathbb{Z}\cap b\mathbb{Z}=\mathrm{lcm}(a,b)\mathbb{Z}$,故由上式考虑群的阶,则得到

$$\gcd(a,b)\cdot\mathrm{lcm}(a,b)=ab.$$

定理 3(第三同构定理,正规子群塔定理) 设 $K\lhd H\lhd G,K\lhd G$,则 $H/K\lhd G/K$,且

$$\frac{G/K}{H/K}\cong\frac{G}{H},\quad \overline{xK}\mapsto\bar{x}\quad(\text{对 }x\in G).$$

证明 考虑满正则同态 $\sigma:G/K\to G/H,xK\mapsto xH$. σ 的核为 H/K: $hK\mapsto hH=H=\bar{1}$; 反之,若 $xK\mapsto xH=H$,则 $x\in H$. 由定理 1 即得. ■

例 3 考虑 $4\mathbb{Z}\lhd 2\mathbb{Z}\lhd\mathbb{Z}$,定理 3 断言 $\dfrac{\mathbb{Z}/4\mathbb{Z}}{2\mathbb{Z}/4\mathbb{Z}}\cong\dfrac{\mathbb{Z}}{2\mathbb{Z}},\overline{k+4\mathbb{Z}}\mapsto\bar{k}$.

事实上,$\overline{G}=\mathbb{Z}/4\mathbb{Z}=\{4\mathbb{Z},1+4\mathbb{Z},2+4\mathbb{Z},3+4\mathbb{Z}\}$,$\overline{H}=2\mathbb{Z}/4\mathbb{Z}=\{4\mathbb{Z},2+4\mathbb{Z}\}$. 故 $\overline{G}/\overline{H}=\{H,1+H\}$,同构于 $G/H=\mathbb{Z}/2\mathbb{Z}$. 同理可知,对任意整数 m,n 有

$$\frac{\mathbb{Z}/mn\mathbb{Z}}{m\mathbb{Z}/mn\mathbb{Z}}\cong\frac{\mathbb{Z}}{m\mathbb{Z}}.$$

一个群 G 的子群全体,构成一个格(lattice),即按照子群的包含(半序)关系,任意两个子群 H_1,H_2 有唯一的"最小上界"$\langle H_1\cup H_2\rangle$(并集生成的子群),和唯一的"最大下界"$H_1\cap H_2$.

设有群的满同态 $\varphi:G\to G'$(例如 $G'=G/N,\varphi(a)=\bar{a}$),核为 $N=\ker\varphi$. 若 H 是G 的包含 N 的子群,则 $\varphi(H)=H'$是G'的子群. 故 φ 诱导出G 的含 N 子群集$\{H\}$到 G'的子群集$\{H'\}$的映射,可记为 $\hat{\varphi}$,$\hat{\varphi}(H)=\varphi(H)=H'$. 此映射是双射,逆映射就是求全原像 $H=\varphi^{-1}(H')$; 而且保(preserves)子群的包含顺序、正规性、指数等,是子群格(和正规子群子格)的同构; 即有如下定理.

定理4(第四同构定理,子群格同构定理)　设 $\varphi:G\to G'$ 是群的满同态,核为 $N=\ker\varphi$,则 φ 诱导出 G 的含 N 的子群集合 $\{H\}$ 到 G' 的子群集合 $\{H\}$ 的双射映射

$$\hat{\varphi}:\{H\}\to\{H'\},\quad \hat{\varphi}(H)=\varphi(H)=H'.$$

其逆映射由 $H=\varphi^{-1}(H')$(全原像)给出. $\hat{\varphi}$ 还满足:

(1) $H_1\subset H_2$ 当且仅当 $H_1'\subset H_2'$,且此时 $(H_2:H_1)=(H_2':H_1')$;

(2) $\varphi\langle H_1\cup H_2\rangle=\langle H_1'\cup H_2'\rangle$;(3) $\varphi\langle H_1\cap H_2\rangle=\langle H_1'\cap H_2'\rangle$;

(4) $H\lhd G$ 当且仅当 $H'\lhd G'$,且此时

$$G/H\cong G'/H',\quad \bar{x}\mapsto\overline{\varphi(x)}.$$

证明　若 $\varphi(H_1)=\varphi(H_2)=H'$ 而 $H_1\neq H_2$,则 $\varphi(H_1\cup H_2)=H'$,故 H' 的全原像包含 $H_1\cup H_2$,从而 H_1 或 H_2 不是 H' 的全原像,矛盾. 故知 $\hat{\varphi}$ 是单射,又显然是满射.

再证保正规性:设 $H'\lhd G'$,对 $x\in G,h\in H$,有 $\varphi(xhx^{-1})=\varphi(x)\varphi(h)\varphi(x)^{-1}\in\varphi(x)H'\varphi(x)^{-1}=H'$(正规子群共轭不变);故 $xhx^{-1}\in H$;$H\lhd G$. 此时,由满同态 $\sigma:G\to G'/H',x\mapsto\overline{\varphi(x)}$,核为 H,由定理1即得 $G/H\cong G'/H'$. 定理其余部分都易验证,留作习题. 参见图2.5,其中双箭头符号表示满射. ■

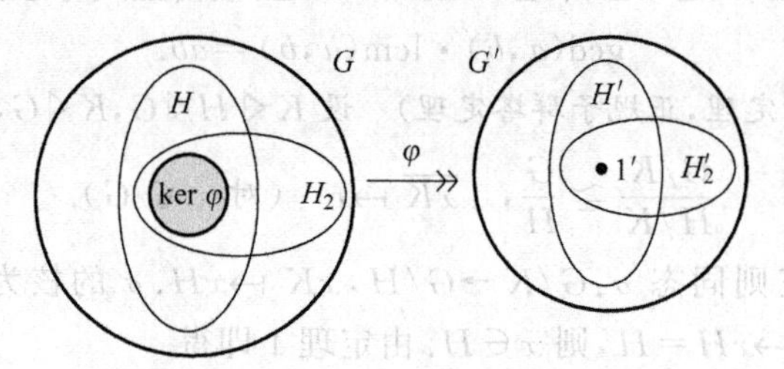

图2.5　子群格同构定理

系1　设 G 是群,N 为其正规子群,则有正则满同态

$$\varphi:G\to\bar{G}=G/N,\quad x\mapsto\bar{x}.$$

于是,G 的含 N 的子群集 $\{H\}$ 与 $\bar{G}$ 的子群集 $\{\bar{H}\}$ 之间一一对应:

$$H\mapsto\bar{H}=H/N;\quad \bar{H}\mapsto H=\varphi^{-1}(\bar{H}).$$

此对应还满足:(1) $H_1\subset H_2\Leftrightarrow\overline{H_1}\subset\overline{H_2}$,此时 $(H_2:H_1)=(\overline{H_2}:\overline{H_1})$;

(2) $\overline{\langle H_1\cup H_2\rangle}=\langle\overline{H_1}\cup\overline{H_2}\rangle$;(3) $\overline{\langle H_1\cap H_2\rangle}=\langle\overline{H_1}\cap\overline{H_2}\rangle$;

(4) $H\lhd G$ 当且仅当 $\bar{H}\lhd\bar{G}$,且此时 $G/H\cong\bar{G}/\bar{H},\bar{x}\mapsto\overline{\varphi(x)}$.

例4　设 $G=\mathrm{GL}_2(\mathbb{R})$ 是二阶可逆实系数方阵集,是乘法群. 取行列式是满同态 $\det:G\to\mathbb{R}^*$,核 $N=\mathrm{SL}_2(\mathbb{R})$ 是行列式为1的方阵集. 第一同构定理给出

$$G/N=\mathrm{GL}_2(\mathbb{R})/\mathrm{SL}_2(\mathbb{R})\cong\mathbb{R}^*,\quad \boldsymbol{A}\mapsto\det\boldsymbol{A}.$$

因为 $\bar{G}=\mathbb{R}^*$ 是阿贝尔群,子群皆正规,故由第四同构定理知:$\mathrm{GL}_2(\mathbb{R})$ 的含 N 的任意子

群 H 都是正规的，且 H 由 $\det \mathbf{A} \in \overline{H}$ 的方阵 $\mathbf{A}$ 构成(某 $\overline{H} < \mathbb{R}^*$)；$H/N \cong \overline{H}$.

注记 群的四个同构定理有非常广泛的应用和发展. 例如，线性空间是加法群，故也有四大同构定理. 在其他许多数学系统中，例如环中、模中，都会有类似的同构定理. 理解了群的同构定理，会有举一反三的功效.

习 题 2.4

1. 求 $H=\langle(12)\rangle$ 在 $G=S_3$ 中的正规化子 $N_G(H)$. H 是否为 G 的正规子群？

2. 设 $G=Q_8$，则 $K=\langle -1\rangle$ 为正规子群. 求 G/K 的所有子群(构成的格).

3. 给出 D_8 的子群格和 $D_8/\langle\rho^2\rangle$ 的子群格.

4. D_8 的二阶子群 5 个：$\langle\varphi\rangle, \langle\rho^2\varphi\rangle, \langle\rho^2\rangle, \langle\rho\varphi\rangle, \langle\rho^3\varphi\rangle$. 4 阶子群 3 个：前 3 合成 $\langle\varphi, \rho^2\rangle$，后 3 合成 $\langle\rho\varphi, \rho^2\rangle$，以及 $\langle\rho\rangle$.

5. 设 $\mathbb{C}^*$ 为非零复数集，是乘法群. 考虑映射 $f: \mathbb{C}^* \to \mathbb{C}^*$，$f(x)=x^2$. 用第一同构定理能得到什么结论？证明之. 若换为 $f(x)=x^n$(n 为正整数)当如何？若换 $\mathbb{C}^*$ 为 $\mathbb{R}^*$ 又当如何？

6. 若 $K \lhd G$ 且 $(G:K)=p$ 为素数，则 G 的任意子群 H 满足如下之一：(1) $H<K$；(2) $G=KH$ 且 $(H:H\cap K)=p$.

7. 设 H, K 为 G 的正规子群且 $G=HK$，证明 $G/(H\cap K) \cong (G/H)\times_{\text{ex}}(G/K)$.

8. 设 H, K 为 G 的正规子群，举例说明 $G/H \cong G/K$ 但是 $H \ncong K$.

9. 设 H, K 为 G 的正规子群，举例说明 $H\cong K$ 但是 $G/H \ncong G/K$.

10. 设 $G=S_3$，$N=\{(1),(12)\}$，$H=\{(1),(12)\}$，由第二同构定理得 $HN/N \cong H/H\cap N$. 结论和前提是否正确？为什么？

11. 群 G 的子群 H 称为特征子群是指：群 G 的每一个自同构都不改变 H，即对任意 $\varphi \in \mathrm{Aut}(G)$ 有 $\varphi(H) \subset H$. 试证明：(1) 特征子群是正规子群；(2) 循环群的子群都是特征子群；(3) 中心是特征子群；(4) A_3 是 S_3 的特征子群.

2.5 子群与乘积

设 G 为群. 易知，“指数为 2”的子群 H 一定是正规子群. 事实上，做左、右陪集分解得 $G=H\cup aH=H\cup Ha$，故 $aH=G\backslash H=Ha$. 那么，指数大于 2 呢？仍有优美的定理：“指数为 $|G|$ 的最小素因子”的子群 H 一定正规. 其证明预示着一类重要方法.

引理 1 设群 G 有子群 H，指数 $(G:H)=p$ 为 $|G|$ 的最小素因子，则 H 正规.

证明 记 $\overline{G}=G/H$ 为陪集的集合. 让 G 平移作用于 $\overline{G}$，即对任一 $a\in G$，定义 $T_a(\bar{x})=\overline{ax}$(对 $\bar{x}\in\overline{G}$)，则 T_a 是 $\overline{G}$ 的一个置换(T_a 的定义不依赖 $\bar{x}$ 的代表元选取：若 $\bar{x}=\overline{x'}$，则 $x'=xh\,(h\in H)$，$\overline{ax'}=\overline{axh}=\overline{ax}$. 而 $\overline{ax}=\overline{ay}$ 相当于 $ax=ayh\,(h\in H)$，即 $x=yh$，$\bar{x}=\bar{y}$. 故 T_a 是置换). 这引起 G 到 $S_{\overline{G}}$($\overline{G}$ 上的全置换群)的同态映射

$$T: G \to S_{\overline{G}}, \quad a \mapsto T_a.$$

设 $K=\ker T\lhd G$，只需再证明 $H=K$ 即知 H 正规．由2.4节同态基本定理知

$$G/K\cong \mathrm{Im}T < S_{\bar{G}},\quad (G:K)\mid \# S_{\bar{G}}.$$

因 $(G:K)=(G:H)(H:K)=p(H:K)$，$\# S_{\bar{G}}=p!$，得 $p(H:K)\mid p!$，即

$$(H:K)\mid (p-1)!.$$

此式说明，$(H:K)$ 若有素因子 q，则 $q<p$；此 q 既是 $(H:K)$ 的因子也必是 $|G|$ 的因子，这与 p 是 $|G|$ 的最小素因子矛盾．故只能 $(H:K)=1$，$H=K$，故 H 正规．■

拉格朗日定理的逆一般不成立．也就是说，存在着群 G，$d\mid \# G$ 但 G 无 d 阶子群（见习题3）．但是，对于有限循环群 G，当 $d\mid \# G$ 时有唯一的 d 阶子群（2.1节系1）．也可证明，对于有限阿贝尔群 G，当 $d\mid \# G$ 时，存在 d 阶子群，但一般不唯一．

以后还会证明，若素数幂 $p^s \| \# G$（即 s 是使 $p^s\mid \# G$ 的最大整数），则群 G 含 p^s 阶子群（罗西(Sylow)定理）．若素数 $p\mid \# G$，则群 G 含 p 阶子群（柯西(Cauchy)定理）．

按照2.2节开始处的定义，群 G 的子群 H,K 的积（集合）定义为

$$HK=\{hk\mid h\in H,k\in K\}.$$

注意 HK 不一定是子群（见习题4）．

引理2　设 G 为群，H,K 为其子群．HK 中每个元素 hk（其中 $h\in H,k\in K$）恰有 $|H\cap K|$ 种不同写法：$hk=(hj)\cdot(j^{-1}k)$（对 $j\in H\cap K$）．故

$$|HK|=\frac{|H|\cdot|K|}{|H\cap K|};$$

特别地，当 $H\cap K=1$ 时，$|HK|=|H|\cdot|K|$．

证明　设 $h,h'\in H,k,k'\in K$，则

$$hk=h'k'\Leftrightarrow kk'^{-1}=h^{-1}h'=j\in H\cap K\Leftrightarrow h'=hj,\quad k'=j^{-1}k.$$

故 hk 的不同写法恰为 $hk=(hj)\cdot(j^{-1}k)$，每个 $j\in H\cap K$ 对应一种写法，j 有 $|H\cap K|$ 种取法，对应着 $|H\cap K|$ 种写法．换种说法，H 与 K 相乘得到的 $|H|\cdot|K|$ 个元素中，每 $|H\cap K|$ 个元素相等，即 $\{(hj)\cdot(j^{-1}k)\}(j\in H\cap K)$．■

定理1　设 H,K 为 G 的子群，则 HK 是 G 的子群的充分必要条件为

$$HK=KH.$$

（说明．$HK=KH$ 意味着 $HK\subset KH$ 而且 $HK\supset KH$．这相当于：每个乘积 hk（$h\in H$，$k\in K$）可写为 $k'h'$（对某 $h'\in H,k'\in K$）；而且每个乘积 kh（$h\in H,k\in K$）可写为 $h'k'$（对某 $h'\in H,k'\in K$）．

证明　先证充分性，设 $HK=KH$．

(1) 验证乘法封闭：对任意 $h,h_1\in H,k,k_1\in K$，有

$$hk\cdot h_1k_1=h(kh_1)k_1=h(h'k')k_1=hh'\cdot k'k_1\in HK$$

（对某 $h'\in H,k'\in K$）．

(2) 验证元素皆可逆：对任意 $h\in H,k\in K$，有

$$(hk)^{-1}=k^{-1}h^{-1}=h'k'\in HK\quad(对某 h'\in H, k'\in K).$$

再证必要性. 设 HK 是子群. 对任意 $h\in H, k\in K$, 有

$$(hk)^{-1}=k^{-1}h^{-1}\in HK\cap KH$$

($(hk)^{-1}\in HK$ 是因为 HK 是群, 对求逆封闭). 因为 HK 是群, 故其元素的逆 $(hk)^{-1}$ 全体等于 HK, 即上式左边全体就是 HK; 因左边属于右边, 得 $HK\subset HK\cap KH$. 又左边的 $k^{-1}h^{-1}$ 全体就是 KH, 因左边属于右边, 得 $KH\subset HK\cap KH$. 总之得 $HK=KH$. ■

定理 2 设 H, K 为群 G 的子群.

(1) 若 $K\subset N_G(H)$, 则 $HK=KH$ 是 G 的子群.

(这里 $N_G(H)=\{g\in G\mid gH=Hg\}$ 是 H 的正规化子).

(2) 若 H 为正规子群, 则 $HK=KH$ 是 G 的子群.

证明 (1) 由 $kH=Hk$ (当 $k\in K$), 可知 $KH=HK$, 由定理 1 即得.

(2) H 正规意味着 $N_G(H)=G$, 由(1)即得. ■

注记 1 此定理 2 给出 HK 为群的两个充分条件, 而非必要条件(见习题 5).

注记 2 由此定理 2 可知, 2.4 节钻石同构定理的条件可弱化, 即 $N\triangleleft G$ 代之以 $H\subset N_G(N)$, 仍可得出 $HN=NH$ 是 G 的子群, $HN/N\cong H/(H\cap N)$.

设 H, K 为群, 我们已知它们的**(外)直积**(external direct product) 定义为

$$H\times K=\{(h,k)\mid h\in H, k\in K\},$$

有时记 $H\times K$ 为 $H\times_{\mathrm{ex}}K$, 以强调是外直积, 其中的运算定义为

$$(h,k)(h_1,k_1)=(hh_1,kk_1).$$

外直积的单位元为(1,1), 也记为 1. 注意, 当 H 或 K 不是阿贝尔群时, $H\times K$ 不是阿贝尔群.

外直积 $H\times K$ 有两个特别子群: $(H,1)$ 和 $(1,K)$, 分别同构于 H 和 K (这种同构很自然, 有时候视为等同). $(H,1)$ 和 $(1,K)$ 的交平凡: $(H,1)\cap(1,K)=\{(1,1)\}=\{1\}$, 二者的元素相乘的时候可交换:

$$(h,1)(1,k)=(h,k)=(1,k)(h,1).$$

从而 $(h,k)(H,1)=(hH,k)=(Hh,k)=(H,1)(h,k)$. 故 $(H,1)$ 与 $(1,K)$ 满足三个条件: 都是 $H\times K$ 的正规子群; 交平凡; 元素相乘可交换. 下是在反方向上的考虑.

定理 3 设 H, K 为群 G 的两个正规子群, $H\cap K=\{1\}$, 则 H, K 的元素相乘可交换, 且有群同构

$$H\times_{\mathrm{ex}}K\cong HK,\quad (h,k)\mapsto hk.$$

此时称 HK 为子群的**内直积**(internal direct product), 记为 $HK=H\times_{\mathrm{in}}K$.

证明 因 H, K 均正规, 故 HK 为群. 对 $h\in H, k\in K$ 有

$$(khk^{-1})h^{-1}=khk^{-1}h^{-1}=k(hk^{-1}h^{-1})\in H\cap K=\{1\},$$

故 $hkh^{-1}k^{-1}=1$, $hk=kh$. 即 H 与 K 的元素相乘时可交换. 于是映射

$$\sigma: H\times_{\mathrm{ex}}K \to HK, \quad (h,k)\mapsto hk$$

是同构.事实上,σ 是同态:$(h,k)(h_1,k_1)=(hh_1,kk_1)\mapsto hh_1kk_1=(hk)(h_1k_1)$;$\sigma$ 是单射:因 $H\cap K=\{1\}$ 故每个 hk 写法唯一.σ 显然是满射. ■

对阿贝尔加法群,直积即是直和(见1.9节).

由定理3可知,内、外直积是同构的,但适用情势和考察角度不同.内直积揭示了群的内部特定结构,外直积是用小群依特定方式构建起大群.但是,"直积"这种构建方式还是太特殊了,不具有普遍性.以下所言的"半直积"要普遍得多.

设 H,K 为群 G 的子群,二者之一是正规的,且 $H\cap K=\{1\}$,此时积 HK 是群,称为**(内)半直积**.例如 S_3 是 $H=\langle(123)\rangle$ 与 $\langle(12)\rangle$ 的半直积(而非直积).由内半直积反向思维,可以定义外半直积.从而可以明晰众多群的结构(详见附录B).

习 题 2.5

1. 证明:偶置换全体 A_n(交错群)是 S_n 的正规子群.

2. 证明:35阶群的7阶子群一定正规.63阶群的21阶子群,一定正规.

3. 证明:一个正四面体 T 的刚体自同构(旋转)构成的群 G_T,阶为12,而不可能有6阶子群.

4. 验证子群的积 HK 不是群的例子:S_3 的子群 $H=\{(1),(12)\}$ 与 $K=\{(1),(23)\}$.

5. S_4 有子群 $H=\langle(123)\rangle$ 和 D_8(正四边形顶点标以1,2,3,4,从而 $D_8<S_4$),证明 $HD_8=D_8H=S_4$,而 H 和 D_8 互不在对方正规化子内.

6. 证明 S_3 是其两个子群的半直积,而非直积.

7. 设 H 为群 G 的子群.固定 $a\in G$,证明 aHa^{-1} 是 G 的子群,且阶与 H 相同.

8. 设 G 的 d 阶子群只有 H 一个,则 H 为正规子群.

9. 若子群 H,K 的阶互素,则 $H\cap K=\{1\}$.

10. 举一个例子:无限群 G 具有有限真子群.

11. 举一个例子:无限群 G 的所有真子群都是有限群.

12. 设 H 是 G 的正规子群,$(G:H)=p$ 为素数,$K<G$,则 $K\subset H$ 或者 $G=KH$,$(K:K\cap H)=p$.

13. 设群 G 的子群 H,K 的指数 $(G:H)=m$,$(G:K)=n$ 皆有限.证明最小公倍数 $[m,n]\leqslant(G:H\cap K)\leqslant mn$.进而,若 m,n 互素,则 $(G:H\cap K)=(G:H)\cdot(G:K)$.

14. 设 H 是群 G 的子群,由 $aH\neq bH$(某 $a,b\in G$)可得 $Ha\neq Hb$.证明 H 正规.

15. 证明:两正规子群之交、之积都是正规子群.

2.6 置换群与不可解

我们回忆,$J_n=\{1,2,\cdots,n\}$ 到自身的双射 σ 称为(n 级)置换(permutation).n 级置换全体 S_n 称为对称群(或全置换群),其元素乘积为"映射的复合",即 $\sigma\tau=\sigma\circ\tau$ 定义为

$$(\sigma\tau)x=\sigma(\tau x) \quad (\forall\, x\in J_n).$$

也可考虑任一集合 $\Omega=\{X_1,X_2,\cdots,X_n\}$ 到自身的双射,每个双射是一个置换.将元素

X_i 对应于其标号 i，与上述同样定义全置换群 S_n（或记为 S_Ω）.

定义置换 $\sigma=(i_1 i_2 \cdots i_k)$ 如下：

$$\sigma(i_1)=i_2, \sigma(i_2)=i_3, \cdots, \sigma(i_k)=i_1, \text{保持其余 } x \in J_n \text{ 不变.}$$

此 σ 称为一个 k-循环置换(k-cycle). 易知其逆为 $(i_k \cdots i_2 i_1)$.

容易证明，任意置换 $\sigma \in S_n$ 可表示为若干个循环置换的乘积，而且出现在各个循环中的数字都是互异的. 例如 $\sigma=(13)(247)(56)$.（最好的证明用轨道概念，见 3.1 节例 1.）

每一个置换 σ 对应于一个排列 $\sigma(1)\sigma(2)\cdots\sigma(n)$. 此排列的逆序总数若为奇数（或偶数），则称此排列为奇排列（或偶排列），称 σ 为奇置换（或偶置换）. 排列中的一个逆序，就是排列中的一对数，前大后小. 例如置换 $\sigma=(132) \in S_4$ 对应的排列为 $\sigma(1)\sigma(2)\sigma(3)\sigma(4)=3124$，这个排列中的逆序有 $(3,1)$，$(3,2)$，共 2 个，故逆序总数为偶数，故 (132) 为偶置换.

若一个置换 τ 交换 J_n 中的两个元素，其余元素不动，则此置换 τ 称为对换 (transposition). 显然，对换 τ 可表示为 2-循环 $(i\ j)(i, j \in J_n)$.

引理 1 任一排列经过一次对换后，就改变奇偶性. 故对换为奇置换.

证明 设将排列 $i_1 \cdots i_p i_{p+1} \cdots i_{p+s} \cdots i_n$ 中的 i_p, i_{p+s} 对换，则改变逆序性的数对只有：数对 (i_p, i_{p+s})，以及 i_p, i_{p+s} 之间各数与 i_p 和 i_{p+s} 组成的数对，共 $2(s-1)+1$ 对（其余在 i_p 左侧或 i_{p+s} 右侧的数所组成的数对，都不会因此对换而改变逆序性）. 故有奇数个数对改变逆序性，逆序总数改变奇偶性.

故对换将自然排列 $12\cdots n$（偶排列）变为奇排列，从而对换是奇置换. ■

引理 2 任一置换 $\sigma \in S_n$ 可以表示为若干个对换之积：$\sigma=\tau_1 \cdots \tau_s$，且对换的个数 s 的奇偶性(parity)与 σ 的奇偶性相同. 记 $\varepsilon(\sigma)=(-1)^s$，称为 σ 的**符号**(sign)，则

$$\varepsilon(\sigma_1\sigma_2)=\varepsilon(\sigma_1)\varepsilon(\sigma_2).$$

证明 用归纳法，假设引理对 $n-1$ 级置换成立. 对任一 $\sigma \in S_n$，设 $\sigma(n)=k$，记对换 $(kn)=\tau$（将 k 与 n 对换），则 $(\tau\sigma)(n)=\tau(\sigma(n))=\tau(k)=n$，故 $\tau\sigma \in S_{n-1}$. 由归纳法假设，可设 $\tau\sigma=\tau_1 \cdots \tau_{s-1}$ 为对换之积，故 $\sigma=\tau^{-1}\tau_1 \cdots \tau_{s-1}=\tau_1 \cdots \tau_s$ 也为对换之积. 将 $\sigma=\tau_1 \cdots \tau_s$ 作用于自然（偶）排列 $12\cdots n$（中的每个数），按顺序 $\tau_s, \tau_{s-1}, \cdots, \tau_1$，每次对换都改变排列的奇偶性，故共改变 s 次. 若 s 为奇数，则最终排列为奇排列，σ 为奇置换；s 为偶数的情形类似. ■

例如，$(123)=(12)(23)$ 是偶置换. $(1234)=(12)(23)(34)$ 为奇置换. 一般有

$$(i_1 i_2 \cdots i_k)=(i_1 i_2)(i_2 i_3)\cdots(i_{k-1} i_k),$$

故 k-循环与 $k-1$ 同奇偶.

偶置换全体记为 A_n，是 S_n 的指数为 2 的正规子群，称为**交错群**(alternating group).

$$(S_n : A_n)=2; \quad S_n=A_n \cup \tau A_n$$

(对任一奇置换 τ).

定义 1 设置换 $\sigma\in S_n$，f 为 n 个变元 $x_1,x_2,\cdots,x_n$ 的函数，定义 σf 如下：

$$(\sigma f)(x_1,x_2,\cdots,x_n)=f(x_{\sigma(1)},x_{\sigma(2)},\cdots,x_{\sigma(n)}).$$

即 σ 对 f 的作用，实为对变元的置换(即对变元足标的置换). 则易知

$$(\sigma\tau)f=\sigma(\tau f).\quad \sigma(f+g)=\sigma f+\sigma g,\quad \sigma(fg)=(\sigma f)(\sigma g).$$

例如：对 $f(x_1,x_2,x_3)=(x_1-x_2)^2+x_3^3$，$\sigma=(23)$，则

$$(\sigma f)(x_1,x_2,x_3)=(x_1-x_3)^2+x_2^3.$$

引理 3 定义差积函数 Δ 如下：

$$\Delta(x_1,x_2,\cdots,x_n)=\prod_{1\leqslant i<j\leqslant n}(x_j-x_i).$$

则对任意对换 τ，有 $\tau\Delta=-\Delta$. 故对任意置换 $\sigma=\tau_1\cdots\tau_s$(其中 τ_i 为对换)，有

$$\sigma\Delta=(-1)^s\Delta=\varepsilon(\sigma)\Delta.$$

(故 $\sigma\Delta=\Delta$ 或 $-\Delta$ 分别表明 σ 是偶或奇置换)

定义 2 设 G 为群，$x,y\in G$，记

$$[x,y]=xyx^{-1}y^{-1},$$

称为一个换位子(commutator). G 的换位子集合生成的子群称为**换位子子群或导出群**(commutator subgroup, derived group)，常记为 G^c 或 $[G,G]$.

注意，G^c 中元素不一定都是换位子. 易知 G^c 为正规子群(习题 7). 有趣的是，

$$xy=(xyx^{-1}y^{-1})yx=[x,y]yx,$$

这说明，换位子是交换的"障碍". 当且仅当换位子 $[x,y]=1$ 的时候 x,y 可交换. 阿贝尔群的换位子群为 1.

定理 1 商群 G/H 为阿贝尔群 $\Leftrightarrow H\supset G^c$.

证明 对任意 $x,y\in G$，则

$$\overline{x}\overline{y}=\overline{y}\overline{x}\Leftrightarrow \overline{x}\overline{y}\overline{x}^{-1}\overline{y}^{-1}=\overline{1}\Leftrightarrow \overline{xyx^{-1}y^{-1}}=\overline{1}\Leftrightarrow xyx^{-1}y^{-1}\in H.$$

历史上，群论首先是因为一举解决了五次多项式方程的可解性问题而引起震撼. 我们现在简介其中关键之处.

人类很早就知道，复系数二次方程 $ax^2+bx+c=0$ 的解为

$$x=(-b\pm\sqrt{b^2-4ac})/2.$$

此解是由方程的系数域元素经过"加减乘除和开方"得到的，这样的解称为"**根式解**".

对于三次方程，1545 年卡尔达诺(Cardano)出版《大术》(*Ars Magna*)发表了其根式解公式(1530 年前后由塔尔塔利亚(Tartaglia)，费罗(Ferro)和卡尔达诺等做出). 复系数三次方程总可化为

$$x^3+px+q=0,$$

有三个根式解，公式为

$$x_k=\omega^k\sqrt[3]{-\frac{q}{2}+\sqrt{\Delta}}+\bar{\omega}^k\sqrt[3]{-\frac{q}{2}-\sqrt{\Delta}}\quad(k=0,1,2),$$

其中 $\Delta=(q/2)^2+(p/3)^3$ 称为方程的判别式，而 $\omega=(-1+\sqrt{-3})/2$.

卡尔达诺的书也发表了四次方程的根式解求法(费拉里(Ferrari) 1540 得到).

于是人类的目标转向五次及更高次方程的根式求解问题. 历史上人类在这里碰到了 300 年的难题. 拉格朗日、阿贝尔等都做出了贡献. 直到 1830 年，伽罗瓦(Galois)才彻底解决了此问题. 可归结为两点：(1)五次以上的"一般方程"(即文字系数的方程)不可能有根式解公式；(2)五次以上的具体方程是否有根式解，可用群论方法判断.

伽罗瓦定理 每个多项式方程 $f(x)=0$ 决定一个群 G_f，称为其伽罗瓦群. 方程 $f(x)=0$ 有根式解的充分必要条件是群 G_f 为可解群.

伽罗瓦群 G_f 由方程复数根的某些置换构成，是对称群 S_n 的子群($n=\deg f$. 本书将在域论中详述). 可解群的定义如下.

定义 3 群 G 称为**可解群**(solvable)是指存在子群**阿贝尔序列(塔)**，即存在子群有限序列

$$G=H_0\triangleright H_1\triangleright H_2\triangleright\cdots\triangleright H_m=\{e\},$$

其相邻子群的商群 H_i/H_{i+1} 均为阿贝尔群($i=0,1,\cdots,m-1$).

引理 4 有限群 G 为可解群当且仅当它有子群**循环序列(塔)**，即有子群有限序列

$$G=H_0\triangleright H_1\triangleright H_2\triangleright\cdots\triangleright H_m=\{e\},$$

其相邻子群的商群 H_i/H_{i+1} 均为循环群($i=0,1,\cdots,m-1$).

证明 只需证必要性. 对群的阶归纳. 设 G 可解，取 $e\neq a\in G$，则 $G'=G/\langle a\rangle$ 可解，有循环序列(由归纳法假设)，其原像构成 G 的循环序列，尾项是 $\langle a\rangle$. 接为 $\langle a\rangle\triangleright\{e\}$ 即可. ■

我们首先关心的是"一般方程"，即系数是字母的方程：

$$a_nx^n+\cdots+a_1x+a_0=0,$$

比如 $ax^2+bx+c=0$，它们的解具有一般性(称为求解公式). 容易猜测出：一般方程的伽罗瓦群为 $G_f=S_n$(因为它最"一般"，包含所有可能情况). 那么 S_n 是不是可解群呢？答案是不可解，即如下定理 2.

定理 2 若 $n\geqslant5$，则 S_n 不可解.

证明 (用 3-循环递降法)(1)我们断言："设 S_n 的子群 $H_1\triangleright H_2$ 且 H_1/H_2 为阿贝尔群. 如果 H_1 包含所有 3-循环置换，则 H_2 也包含所有 3-循环置换".

断言的证明：对 $\{1,2,\cdots,n\}$ 中任意互异数 $i_1,i_2,\cdots,i_5$(因 $n\geqslant5$，这样的数是存在的)，H_1 应包含 3-循环置换 $\sigma=(i_1i_2i_3)$ 和 $\tau=(i_3i_4i_5)$. 因 H_1/H_2 为阿贝尔群，故由定理 1 知，H_2 包含 H_1 元素的所有换位子，故 $\sigma\tau\sigma^{-1}\tau^{-1}\in H_2$. 于是知

$$\sigma\tau\sigma^{-1}\tau^{-1}=(i_4i_3i_1)\in H_2.$$

因上式对任意 $i_1,i_3,i_4\in\{1,2,\cdots,n\}$ 成立，即知 H_2 包含所有的3-循环置换. 断言证毕.

(2) 现用反证法证明定理2. 假若 S_n 可解，则应有阿贝尔序列

$$S_n=H_0\rhd H_1\rhd H_2\rhd\cdots\rhd H_m=\{e\}.$$

因 $S_n=H_0$ 包含所有3-循环置换，由(1)中断言可知，H_1 应包含所有3-循环置换. 由此，再一次用(1)中断言，可知 H_2 也包含所有3-循环. 如此续行，可知 $H_m=\{e\}$ 也包含所有3-循环置换. 显然矛盾. 定理得证. ■

定理2导致五次以及五次以上的"一般方程"没有根式解. 也就是说，五次以上的字母系数的方程不可能有求根公式！这称为鲁菲尼—阿贝尔(Ruffini-Abel)定理.

引理5　若群 G 的正规子群 K 和商群 G/K 均为可解群，则 G 是可解群.

证明　因 $\bar{G}=G/K$ 可解，故有阿贝尔序列

$$\bar{G}=\bar{H}_0\rhd\bar{H}_1\rhd\cdots\rhd\bar{H}_m=\{\bar{e}\}.$$

考虑正则同态 $\varphi:G\to\bar{G}$，由2.4节定理4(第四同构定理)，记 $H_i=\varphi^{-1}(\bar{H}_i)$，则得序列

$$G=H_0\rhd H_1\rhd\cdots\rhd H_m=K,$$

且 $H_{i-1}\rhd H_i$，　$H_{i-1}/H_i\cong\bar{H}_{i-1}/\bar{H}_i$(阿贝尔群). 又因 K 正规，有阿贝尔序列

$$K=K_0\rhd K_1\rhd\cdots\rhd K_s=\{e\}.$$

结合之，则得到 G 的阿贝尔序列

$$G=H_0\rhd H_1\rhd\cdots\rhd H_m=K\rhd K_1\rhd\cdots\rhd K_s=\{e\}.$$ ■

由此定理可知，可解群 G_1,G_2 的直积 $G_1\times G_2$ 是可解群.

习　题　2.6

1. 若 $n\geqslant5$，　则 A_n 不可解.

2. 证明：$(\sigma\tau)f=\sigma(\tau f),\sigma(f+g)=\sigma f+\sigma g,\sigma(fg)=(\sigma f)(\sigma g)$.

3. 证明：$\varepsilon(\sigma^{-1})=\varepsilon(\sigma)$.

4. 证明 $\varepsilon:S_n\to\{1,-1\},\sigma\mapsto\varepsilon(\sigma)$ 是群同态，$\ker\varepsilon=A_n$，从而 $\tau A_n=A_n\tau$.

5. 证明：S_2,S_3,S_4 均可解.

6. 证明：四元数群 Q_8 的换位子子群为 $Q_8^c=\{1,-1\}$.

7. 证明：S_3 的换位子子群为 A_3.

8. 证明：换位子子群是正规子群.

9. 证明：交错群 A_n 由3-循环生成.

10. 证明：S_n 中两置换 σ,ρ 共轭(即 $\rho=\tau\sigma\tau^{-1}$) 当且仅当 σ,ρ 的循环结构相同.(例如 $\sigma=(12)(345),\rho=(23)(145)$)

11. 证明：S_n 的换位子子群是 $A_n(n\geqslant3)$.

12. 设群 G 的阶为 $2k$，k 为奇数，$a\in G$ 为二阶元. 考虑映射(平移) $T_a:G\to G,x\mapsto ax$. 证明 T_a 为奇置换.

13. 设群 G 的阶为 $2k$，k 为奇数. 证明 G 有 k 阶正规子群.

2.7 孙子定理

孙子定理,在国际上被称为中国剩余定理,最初是关于整数的,后来发展到多种代数系统中,在理论和技术上(例如信息科技)都十分重要.

定理1(孙子定理) 设 $m=m_1m_2\cdots m_s$,而 $m_1,m_2,\cdots,m_s$ 是两两互素的正整数,则对任意整数 $b_1,b_2,\cdots,b_s$,同余式(方程)组

$$\begin{cases} x\equiv b_1(\bmod m_1), \\ x\equiv b_2(\bmod m_2), \\ \vdots \\ x\equiv b_s(\bmod m_s) \end{cases}$$

有唯一解 $x\equiv b(\bmod m)$.

证明 令 $q_i=m/m_i(i=1,2,\cdots,s)$,则 $q_1,q_2,\cdots,q_s$ 互素,故由辗转相除法可得贝祖等式

$$u_1q_1+u_2q_2+\cdots+u_sq_s=1 \quad (u_i\in\mathbb{Z}).$$

记 $e_i=u_iq_i(i=1,2,\cdots,s)$.上式两边模 m_1 可得 $e_1=u_1q_1\equiv1(\bmod m_1)$(因 $m_1|q_2,\cdots,m_1|q_s$);而且 $e_1=u_1q_1\equiv0$(模 $m_2,\cdots,m_s$),即 $e_1\equiv\{1,0,\cdots,0\}$(分别模 $m_1,m_2,\cdots,m_s$).同理可知 $e_2\equiv\{0,1,0,\cdots,0\},\cdots,e_s\equiv\{0,\cdots,0,1\}$(分别模 $m_1,m_2,\cdots,m_s$).由此即知

$$b=b_1e_1+b_2e_2+\cdots+b_se_s\equiv b_i(\bmod m_i) \quad (i=1,2,\cdots,s).$$

这说明 $x=b=b_1e_1+b_2e_2+\cdots+b_se_s$ 是原同余式组的解.另一方面,若原同余式组有两解 x,x',则 $x\equiv b_i\equiv x'(\bmod m_i)$,即 $m_i|(x-x')(i=1,2,\cdots,s)$,故 $m|(x-x')$(因为 $m_1,m_2,\cdots,m_s$ 两两互素),即知 $x\equiv x'(\bmod m)$,故 x 在模解 m 意义下是唯一的.证毕. ■

孙子定理出自我国《孙子算经》(南北朝,5世纪)卷下第二十六问:

"今有物不知其数,三三数之剩二,五五数之剩三,七七数之剩二.问物几何?答曰:二十三.术曰:三三数之剩二,置一百四十;五五数之剩三,置六十三;七七数之剩二,置三十.并之,得二百三十三,以二百一十减之,即得.凡三三数之剩一则置七十;五五数之剩一则置二十一;七七数之剩一则置十五.一百(零)六以上,以一百(零)五减之,即得."

用符号表示,设物数为 x,则问题是要求解同余式组

$$\begin{cases} x\equiv 2(\bmod 3), \\ x\equiv 3(\bmod 5), \\ x\equiv 2(\bmod 7). \end{cases}$$

书中给出了解法和答案:

$$x=2\times70+3\times21+2\times15=233\equiv23(\bmod 105).$$

而且书中“凡”以下一段，指出此法也适用于更一般的情形

$$\begin{cases} x \equiv b_1 (\bmod 3), \\ x \equiv b_2 (\bmod 5), \\ x \equiv b_3 (\bmod 7). \end{cases}$$

其解为 $x = 70b_1 + 21b_2 + 15b_3 (\bmod 105)$.

明代数学家程大位在1593年《算法统宗》中，对于这种解法给出了四句歌诀，名曰《孙子歌》：

三人同行七十稀，
五树梅花廿一枝，
七子团圆正半月，
除百零五便得知.

此歌诀强调了 $e_1 = 70, e_2 = 21, e_3 = 15$ 的重要性.

孙子定理，古人认为很神奇，给出许多名称：隔墙算，鬼谷算，剪管术，大衍求一术，神奇妙算，秦王暗点兵，韩信暗点兵等. 西方直到千年后的1800年左右才由大数学家欧拉和高斯获得. 1876年马蒂厄(Mathiesen)指出高斯的解法与古代《孙子算经》一致，引起欧洲数学家的惊异和高度评价. 孙子定理至今被世界称为中国剩余定理，是中国对世界科学的光辉贡献. 到现代有各种理论发展和应用.

孙子定理(以“物不知其数”问题为例)的实质为

$$x \equiv 23 (\bmod 105) \Leftrightarrow \begin{cases} x \equiv 23 \quad (\bmod 3), \\ x \equiv 23 \quad (\bmod 5), \\ x \equiv 23 \quad (\bmod 7). \end{cases}$$

从右向左看上式，是解一次同余式组，是孙子定理. 从左向右看，则自然成立，是一个同余式可拆为模互素的多个同余式. 这可用于解更一般的同余式组(模不互素情形).

例 1 $\begin{cases} x \equiv 7 (\bmod 12) \\ x \equiv 1 (\bmod 10) \end{cases}$，等价于 $\begin{cases} x \equiv 7 \equiv 1 (\bmod 3), \\ x \equiv 7 \equiv 3 (\bmod 4), \\ x \equiv 1 (\bmod 2), \\ x \equiv 1 (\bmod 5). \end{cases}$

注意第2式蕴涵第3式，故略去后者. 则化为定理1情形. 得解 $x \equiv 31 (\bmod 60)$.

更高视角看孙子定理，是群(和环等)的分解问题. 按照孙子定理，任一整数 $x (\bmod m)$ 可写为 $x = b_1 e_1 + \cdots + b_s e_s$ (而且在限定 $0 \leqslant b_i < m_i$ 时，这种表示是唯一的，即 b_i 是 b 模 m_i 的最小非负剩余). 这也就是说，任一 $\bar{x} \in \mathbb{Z}/m\mathbb{Z}$，可唯一表示为

$$\bar{x} = b_1 \bar{e}_1 + \cdots + b_s \bar{e}_s$$

(其中 $\bar{a} = a + m\mathbb{Z}$ 是 a 的模 m 同余类). 按照2.5节定理4中加法群的内直和的定义，这

等于说我们有如下加法群内直和：

$$\mathbb{Z}/m\mathbb{Z}=\mathbb{Z}\overline{e_1}\oplus\cdots\oplus\mathbb{Z}\overline{e_s}.$$

在“物不知其数”问题中，就是内直和

$$\mathbb{Z}/105\mathbb{Z}=\mathbb{Z}\,\overline{70}\oplus\mathbb{Z}\,\overline{21}\oplus\mathbb{Z}\,\overline{15}.$$

注意，$\mathbb{Z}\,\overline{70}=\{\overline{0},\overline{70},\overline{35}\}$只有 3 个元素，同构于$\mathbb{Z}/3\mathbb{Z}$. 一般地，我们有如下断言：

断言 $\mathbb{Z}\overline{e_i}\cong\mathbb{Z}/m_i\mathbb{Z}$ 是 m_i 阶循环群($i=1,\cdots,s$).

这也就是说，$\overline{e}_i\in\mathbb{Z}/m\mathbb{Z}$ 的(加法)阶为 m_i. 证明如下.

(1) $m_i\overline{e_i}=\overline{m_ie_i}=\overline{m_iq_iu_i}=\overline{mu_i}=\overline{0}$. 这也说明了，当 $i\neq j$ 时 $q_j\overline{e_i}=\overline{0}$(因 $m_i\mid q_j$).

(2) 若 $\overline{ae_i}=\overline{0}$，则对任意 x，因 $\overline{x}=b_1\overline{e_1}+\cdots+b_s\overline{e_s}$，由(1)知

$$aq_i\cdot\overline{x}=b_1a(q_i\overline{e_1})+\cdots+b_iq_i(\overline{ae_i})+\cdots+b_sa(q_i\overline{e_s})=\overline{0},$$

这说明 $m\mid aq_i$. 因 $q_i=m/m_i$，故 $m_i\mid a$.

这就证明了 $\overline{e}_i$ 的阶为 m_i，$\mathbb{Z}\overline{e_i}\cong\mathbb{Z}/m_i\mathbb{Z}$，$b\overline{e_i}\mapsto\overline{b}$ $(i=1,\cdots,s)$

(这里，最后的 $\overline{b}$ 是模 m_i 同余类，即 $\overline{b}=b+m_i\mathbb{Z}$). 这就得到如下定理.

定理 2(孙子分解定理) (1) 设 $m=m_1\cdots m_s$，而 $m_1,\cdots,m_s$ 是两两互素的正整数. 则

$$\mathbb{Z}/m\mathbb{Z}=\mathbb{Z}\overline{e_1}\oplus\cdots\oplus\mathbb{Z}\overline{e_s}\cong\mathbb{Z}/m_1\mathbb{Z}\oplus\cdots\oplus\mathbb{Z}/m_s\mathbb{Z},$$

$$\overline{x}=b_1\overline{e_1}+\cdots+b_s\overline{e_s}\mapsto(\overline{b}_1,\cdots,\overline{b}_s).$$

(2) 设 $m=p_1^{n_1}\cdots p_s^{n_s}$ 为其因子分解，$p_1,\cdots,p_s$ 是互异素数. 则

$$\mathbb{Z}/m\mathbb{Z}=\mathbb{Z}\overline{e_1}\oplus\cdots\oplus\mathbb{Z}\overline{e_s}\cong\mathbb{Z}/p_1^{n_1}\mathbb{Z}\oplus\cdots\oplus\mathbb{Z}/p_s^{n_s}\mathbb{Z},$$

$$\overline{x}=b_1\overline{e_1}+\cdots+b_s\overline{e_s}\mapsto(\overline{b}_1,\cdots,\overline{b}_s).$$

例如，上述《孙子算经》中的“物不知其数”问题即相当于分解

$$\mathbb{Z}/105\mathbb{Z}=\overline{70}\mathbb{Z}\oplus\overline{21}\mathbb{Z}\oplus\overline{15}\mathbb{Z}\cong\mathbb{Z}/3\mathbb{Z}\oplus\mathbb{Z}/5\mathbb{Z}\oplus\mathbb{Z}/7\mathbb{Z},$$

$$\overline{23}=2\times\overline{70}+3\times\overline{21}+2\times\overline{15}\mapsto(\overline{2},\overline{3},\overline{2}).$$

注意最后的$(\overline{2},\overline{3},\overline{2})$分别是模 3，模 5，模 7 的，故等于$(\overline{23},\overline{23},\overline{23})$.

上述同构对应不但保加法，而且还是保乘法的(是环的同构). 即若 $\overline{b}\mapsto(\overline{b}_1,\overline{b}_2,\overline{b}_3)$，$\overline{b'}\mapsto(\overline{b'}_1,\overline{b'}_2,\overline{b'}_3)$(即 $b\equiv b_1\pmod 3$，$b'\equiv b'_1\pmod 3$ 等)，则

$$\overline{b}+\overline{b'}\mapsto(\overline{b}_1+\overline{b'_1},\overline{b}_2+\overline{b'_2},\overline{b}_3+\overline{b'_3}),$$

$$\overline{bb'}\mapsto(\overline{b}_1\overline{b'_1},\overline{b}_2\overline{b'_2},\overline{b}_3\overline{b'_3}).$$

这是因为 $\overline{b}\overline{b'}=\overline{bb'}\mapsto(\overline{b_1b'_1},\overline{b_2b'_2},\overline{b_3b'_3})=(\overline{b}_1\overline{b'_1},\overline{b}_2\overline{b'_2},\overline{b}_3\overline{b'_3})$. 易知 $\overline{b}\mapsto(\overline{b}_1,\overline{b}_2,\overline{b}_3)$可逆当且仅当 $\overline{b}_i\in\mathbb{Z}/m_i\mathbb{Z}$ 可逆($i=1,2,3$)，且 $\overline{b}^{-1}\mapsto(\overline{b}_1^{-1},\overline{b}_2^{-1},\overline{b}_3^{-1})$(习题). 例如，$\overline{23}\in\mathbb{Z}/105\mathbb{Z}$ 可逆，$\overline{23}^{-1}\mapsto(\overline{2}^{-1},\overline{3}^{-1},\overline{2}^{-1})=(\overline{2},\overline{2},\overline{4})$，故 $\overline{23}^{-1}=\overline{32}$.

孙子定理不但对整数成立,也适用于多项式.事实上,只要可以进行带余除法的对象(欧几里得环,甚至主理想环),都适用于孙子定理.

本节中$\mathbb{Z}/m\mathbb{Z}$的孙子分解,是下节准素分解的特例,但有其特别的意义.

习　题　2.7

1. (秦王暗点兵)秦兵列队,每列百人则余一人,九十九人则余二人,百零一人则不足二人.问秦兵几何?

2. 颐和园向北的水渠上,设每11里有一凉亭,每7里一大桥,5里一小桥.一游人出一凉亭,北行一里见一大桥,再北行一里,见前面一里有小桥.问游人现在何处?

3. 某数被3除余2,被4除余1,被5除余3,求此数.

4. 求$f(x)$使其被$(x-1)^2$除余x,被$(x+1)^2$除余$x-1$.

5. 求解$\begin{cases}x\equiv -1(\bmod 12),\\ x\equiv -3(\bmod 10).\end{cases}$

6. 求解$\begin{cases}x\equiv 7(\bmod 12),\\ x\equiv 2(\bmod 10).\end{cases}$

7. 求解$\begin{cases}5x\equiv 1(\bmod 7),\\ 6x\equiv 10(\bmod 8).\end{cases}$

8. 求$\overline{59}\in\mathbb{Z}/105\mathbb{Z}$的逆.

9. 记$\mathbb{Z}/m\mathbb{Z}$中可逆元集合为$(\mathbb{Z}/m\mathbb{Z})^*$,证明$(\mathbb{Z}/m\mathbb{Z})^*$为乘法群(称为$\mathbb{Z}/m\mathbb{Z}$的单位群).求$(\mathbb{Z}/9\mathbb{Z})^*$和$(\mathbb{Z}/10\mathbb{Z})^*$中各元素的阶.

10. 利用定理2中的孙子分解$\mathbb{Z}/m\mathbb{Z}\cong\mathbb{Z}/p_1^{n_1}\mathbb{Z}\oplus\cdots\oplus\mathbb{Z}/p_s^{n_s}\mathbb{Z}$证明:

$$(\mathbb{Z}/m\mathbb{Z})^*\cong(\mathbb{Z}/p_1^{n_1}\mathbb{Z})^*\times\cdots\times(\mathbb{Z}/p_s^{n_s}\mathbb{Z})^*(\text{外直积}).$$

11. 记$\varphi(m)=\#(\mathbb{Z}/m\mathbb{Z})^*$,称$\varphi$为欧拉函数.利用上题证明:

$$\varphi(m)=\varphi(p_1^{n_1})\cdots\varphi(p_s^{n_s})(\text{欧拉函数的积性}).$$

12. 求$\varphi(9),\varphi(3^{10}),\varphi(p^n)$($p$为素数).

13. 求解(高次)同余式:$x^4+12x^3+13x+4\equiv 0(\bmod 15)$.

2.8　阿贝尔群的分解

本节考虑阿贝尔群,写为加法群A.如下是一些例子:

$K_4=\mathbb{Z}/2\mathbb{Z}\oplus\mathbb{Z}/2\mathbb{Z}=\{(\overline{0},\overline{0}),(\overline{0},\overline{1}),(\overline{1},\overline{0}),(\overline{1},\overline{1})\}$,称为克莱因四元群;

$$\mathbb{Z}/105\mathbb{Z}=\overline{70}\mathbb{Z}\oplus\overline{21}\mathbb{Z}\oplus\overline{15}\mathbb{Z}\cong\mathbb{Z}/3\mathbb{Z}\oplus\mathbb{Z}/5\mathbb{Z}\oplus\mathbb{Z}/7\mathbb{Z};$$

$$A_c=\mathbb{Z}/2^2\mathbb{Z}\oplus\mathbb{Z}/2\mathbb{Z}\oplus\mathbb{Z}/3\mathbb{Z}\oplus\mathbb{Z}/3\mathbb{Z}\oplus\mathbb{Z}\oplus\mathbb{Z}.$$

阿贝尔群中有限阶的元素称为扭元素(torsion element).也就是说,加法群A中元素a称为扭元素是指$ma=0$(对某正整数m).全体扭元素成子群(称为群的扭部分).

上述例中，A_c 的扭部分为 $\mathbb{Z}/2^2\mathbb{Z}\oplus\mathbb{Z}/2\mathbb{Z}\oplus\mathbb{Z}/3\mathbb{Z}\oplus\mathbb{Z}/3\mathbb{Z}$.

设 p 为一素数.若群 A 中每个元素的阶都是 p 的幂，则称 A 为 p-群.有限 p-群就是 p^n 阶群（n 为某正整数）.如果存在正整数 m 使群 A 中任意元素 a 都满足 $ma=0$，则称 m 为群 A 的一个指数（exponent）.例如，$\mathbb{Z}/3^5\mathbb{Z}\oplus\mathbb{Z}/3^4\mathbb{Z}$ 是 3^9 阶群，是 3-群，最小指数为 3^5.再如 $\mathbb{Z}/105\mathbb{Z}$，则 105 和 210 都是指数.

定理 1（准素分解） 设 A 为加法阿贝尔群，有指数 n.

(1) 若 $n=mm'$，$(m,m')=1$，则有直和分解

$$A=\ker m\oplus\ker m',$$

其中 $A_m=\ker m=\{x\in A\mid mx=0\}$，$A_{m'}=\ker(m')=\{y\in A\mid m'y=0\}$.

(2) 若 $n=p_1^{e_1}\cdots p_s^{e_s}$（素数 $p_1,\cdots,p_s$ 互异），则

$$A=\ker p_1^{e_1}\oplus\cdots\oplus\ker p_s^{e_s},$$

其中 $\ker p_i^{e_i}=\{x\in A\mid p_i^{e_i}x=0\}=A(p_i)$ 是有限 p_i-群，即阶为 p_i 的幂的元素集（称为 A 的 p_i 部分）.

证 (1) 由辗转相除法可得贝祖等式 $um+vm'=1$，故

$$umx+vm'x=x\quad(\forall x\in A),$$

$umx\in\ker m'$ （因 $m'\cdot umx=unx=0$），同理 $vm'x\in\ker m$.故

$$A=\ker m+\ker m'.$$

此和是直和：若 $x\in\ker m\cap\ker m'$，则 $mx=0$，$m'x=0$，故 $x=umx+vm'x=0$.

(2) 由(1)，进一步分解 m,m'，归纳之则得. ■

由定理 1，可将有限（或指数有限的）阿贝尔群分解为 p-群的直和.2.7 节对 $\mathbb{Z}/m\mathbb{Z}$ 的孙子分解只是其特例.若要进一步分解，只需再考虑对 p-群的分解.

定理 2（循环分解） 每个加法有限 p-群 A 可分解为循环群的直和：

$$A=\langle a_1\rangle\oplus\cdots\oplus\langle a_s\rangle\cong\mathbb{Z}/p^{r_1}\mathbb{Z}\oplus\cdots\oplus\mathbb{Z}/p^{r_s}\mathbb{Z},$$

其中循环群 $\langle a_i\rangle$ 是 p^{r_i} 阶的，且 $r_1\geqslant r_2\geqslant\cdots\geqslant r_s\geqslant1$ 是唯一的.

（称定理中的 A 为 $(p^{r_1},\cdots,p^{r_s})$ 型群（to be of type））.

例如，$\mathbb{Z}/2^2\mathbb{Z}\oplus\mathbb{Z}/2\mathbb{Z}\oplus\mathbb{Z}/2\mathbb{Z}$ 是 $(2^2,2,2)$ 型群.

证 取 a_1 为 A 的最大阶元素，记其阶为 p^{r_1}，记 $A_1=\langle a_1\rangle=\{ka_1\mid k\in\mathbb{Z}\}$.做商群 $\bar{A}=A/A_1$.由归纳法（对群的阶），可设 $\bar{A}=A/A_1$ 满足定理，有循环分解：

$$\bar{A}=A/A_1=\bar{A}_2\oplus\cdots\oplus\bar{A}_s=\langle\bar{a}_2\rangle\oplus\cdots\oplus\langle\bar{a}_s\rangle,$$

其中 $\bar{A}_i=\langle\bar{a}_i\rangle$ 为 p^{r_i} 阶循环群，$\bar{a}_i\in\bar{A}$，$r_2\geqslant\cdots\geqslant r_s$.以下要证明，能够适当地选取 $\bar{a}_i\in\bar{A}$ 的代表元 $a_i\in A$ 使得 $\langle a_i\rangle\cong\langle\bar{a}_i\rangle(i=2,\cdots,s)$.（注意一般是 $\#\langle a_i\rangle\geqslant\#\langle\bar{a}_i\rangle$）

引理1　设 A, a_1 如上. 设 $\bar{b} \in \bar{A} = A/\langle a_1 \rangle$ 的阶为 p^r，则可选取阶也为 p^r 的 $a \in A$ 使得 $\bar{a} = \bar{b}$，从而 $\langle a \rangle \cong \langle \bar{a} \rangle = \langle \bar{b} \rangle$ 为 p^r 阶循环群(这里 $\bar{a} = \bar{b}$ 意味着 $a \in \bar{b} = b + A_1$，即 $a = b + ka_1, k \in \mathbb{Z}$).

引理1证明　注意阶 $\operatorname{ord}(a) \geqslant \operatorname{ord}(\bar{a}) = \operatorname{ord}(\bar{b}) = p^r$，故只需要求 $\operatorname{ord}(a) \leqslant \operatorname{ord}(\bar{a}) = p^r$，即要求 $a \in A$ 使

$$a \equiv b (\bmod \langle a_1 \rangle) \quad 且\ p^r a = 0.$$

若 $p^r b = 0$，取 $a = b$ 即可.

若 $p^r b \neq 0$，即 $\operatorname{ord}(b) > p^r$，上两式相当于有 $m \in \mathbb{Z}$ 使

$$a = b - ma_1, \quad p^r (b - ma_1) = 0.$$

故欲证引理，只需能求出 $m \in \mathbb{Z}$ 使

$$p^r b = p^r m a_1. \tag{2.8.1}$$

事实上，我们已知 $p^r \bar{b} = \bar{0}$，即 $\overline{p^r b} = \bar{0}$，故得

$$p^r b = n a_1 = p^k t a_1, \quad (t, p) = 1 (n, t \in \mathbb{Z}). \tag{2.8.2}$$

看两边的阶得

$$p^{-r} \cdot \operatorname{ord}(b)) = p^{-k} \cdot \operatorname{ord}(t a_1) = p^{-k} \cdot \operatorname{ord}(a_1), \tag{2.8.3}$$

(其中 $\operatorname{ord}(ta_1) = \operatorname{ord}(a_1)$ 是因 t, p 互素，$ut + vp^{r_1} = 1, a_1 = uta_1 + vp^{r_1} a_1 = uta_1$，故 $a_1 \in \langle ta_1 \rangle, \langle a_1 \rangle = \langle ta_1 \rangle$). 因 $\operatorname{ord}(b) \leqslant \operatorname{ord}(a_1)$(开始选取 a_1 时即选其阶最大)，故由(2.8.3)式得 $r \leqslant k$. 故可令 $m = p^{k-r} t$，为正整数. 于是由(2.8.2)式即得(2.8.1)式. 引理证毕. ■

继续证明定理2. 由引理1，可取 $\bar{a}_i$ 的代表元 $a_i \in A$，使 $\operatorname{ord}(a_i) = \operatorname{ord}(\bar{a}_i) = p^{r_i}$ $(i = 2, \cdots, s)$，从而

$$A_i = \langle a_i \rangle \cong \langle \bar{a}_i \rangle = \bar{A}_i.$$

我们断言：

$$A = A_1 \oplus A_2 \oplus \cdots \oplus A_s.$$

(1) 往证 $A = A_1 + \cdots + A_s$：$\forall x \in A$，由 $\bar{A}$ 的分解知 $\bar{x} = \bar{x}_2 + \cdots + \bar{x}_s, \bar{x}_i \in \bar{A}_i$，故 $x - x_2 - \cdots - x_s \in A_1$，设为 x_1，则 $x = x_1 + x_2 + \cdots + x_s$.

(2) 往证 $A = A_1 + \cdots + A_s$ 是直和：若 $0 = x_1 + x_2 + \cdots + x_s$，则模 A_1 得

$$\bar{0} = \bar{0} + \bar{x}_2 + \cdots + \bar{x}_s,$$

由 $\bar{A}$ 的直和分解知 $\bar{x}_2 = \cdots = \bar{x}_s = 0$，因 $A_i \cong \bar{A}_i$，故 $x_2 = \cdots = x_s = 0$，故 $x_1 = 0$.

(3) 往证 $r_1 \geqslant r_2 \geqslant \cdots \geqslant r_s \geqslant 1$ 的唯一性：若 A 另有分解为$(p^{m_1}, \cdots, p^{m_k})$型，则 pA 的型同时为

$$(p^{r_1 - 1}, \cdots, p^{r_s - 1}) 和 (p^{m_1 - 1}, \cdots, p^{m_k - 1}).$$

(因为,若$A=\langle a\rangle$为p^r阶,则$pA=\langle pa\rangle$为p^{r-1}阶循环群) 先设无$r_i=1$的项$(1\leqslant i\leqslant s)$. 由归纳法(对群的阶)假设可知

$$(p^{r_1-1},\cdots,p^{r_s-1})=(p^{m_1-1},\cdots,p^{m_k-1}),$$

故

$$(p^{r_1},\cdots,p^{r_s})=(p^{m_1},\cdots,p^{m_k}),$$

唯一性得证. 再考虑有$r_i=1$的项(即A_i为p阶循环群),因为两种分解的$r_i\geqslant 2$的项部分是相同的(由上述已证),故$r_i=1$的项也必相同,因为整个群的阶是相同的. ■

将定理1,定理2结合,即先做准素分解,再做循环分解,即得如下定理.

定理3(有限阿贝尔群的基本定理) 有限阿贝尔群A是素数幂阶循环群的直和,即

$$A=\langle a_1\rangle\oplus\cdots\oplus\langle a_w\rangle\cong\mathbb{Z}/p_1^{r_1}\mathbb{Z}\oplus\cdots\oplus\mathbb{Z}/p_w^{r_w}\mathbb{Z},$$

其中$p_1,\cdots,p_w$为素数(可以有相同的). 这种分解是唯一的. $\{p_1^{r_1},\cdots,p_w^{r_w}\}$称为$A$的**初等因子组**(elementary divisors).

例1 考虑加法阿贝尔群

$$A=(\mathbb{Z}/2^2\mathbb{Z}\oplus\mathbb{Z}/2\mathbb{Z}\oplus\mathbb{Z}/2\mathbb{Z})\oplus(\mathbb{Z}/3^2\mathbb{Z}\oplus\mathbb{Z}/3\mathbb{Z}),$$

初等因子组为$\{2^2,2,2,3^2,3\}$. 而A是16阶和27阶群的直和,$\{2^4,3^3\}$称为准素因子组(primary divisors),对应于准素分解. A可循环分解为

$$\begin{aligned}A&=(\mathbb{Z}/2^2\mathbb{Z}\oplus\mathbb{Z}/3^2\mathbb{Z})\oplus(\mathbb{Z}/2\mathbb{Z}\oplus\mathbb{Z}/3\mathbb{Z})\oplus\mathbb{Z}/2\mathbb{Z}\\&\cong\mathbb{Z}/36\mathbb{Z}\oplus\mathbb{Z}/6\mathbb{Z}\oplus\mathbb{Z}/2\mathbb{Z},\end{aligned}$$

$\{m_1,m_2,m_3\}=\{36,6,2\}$称为不变因子组(invariant divisors),也是唯一的. 我们看到,m_1是初等因子中各个素数最高次幂之积,m_2是次高次幂之积,等等. 因此定理3有如下推论.

系1 有限阿贝尔加法群A可循环分解为

$$A=Z_{m_1}\oplus Z_{m_2}\oplus\cdots\oplus Z_{m_s},$$

其中Z_k为k阶循环群,$m_{i+1}\mid m_i(1\leqslant i<s)$.

阿贝尔群的这些分解和线性空间的准素分解、循环分解、若尔当(Jordan)分解很相似.

定理4(有限生成阿贝尔群的基本定理) 具有有限个生成元的阿贝尔群A可分解为素数幂阶循环群与无限循环群的直和,即

$$\begin{aligned}A&=\langle b_1\rangle\oplus\cdots\oplus\langle b_t\rangle\oplus\langle c_t\rangle\oplus\cdots\oplus\langle c_r\rangle\\&\cong\mathbb{Z}/p_1^{r_1}\mathbb{Z}\oplus\cdots\oplus\mathbb{Z}/p_t^{r_t}\mathbb{Z}\oplus\mathbb{Z}\oplus\cdots\oplus\mathbb{Z},\end{aligned}$$

其中$p_1,\cdots,p_t$为素数,可以有相同的. A的扭部分A_{tors}为

$$A_{\text{tors}}=\langle b_1\rangle\oplus\cdots\oplus\langle b_t\rangle\cong\mathbb{Z}/p_1^{r_1}\mathbb{Z}\oplus\cdots\oplus\mathbb{Z}/p_t^{r_t}\mathbb{Z}.$$

而 $A_{\text{free}}=\langle c_t\rangle\oplus\cdots\oplus\langle c_r\rangle$ 称为 A 的自由部分，r 称为 A 的自由秩(rank).

此定理将在 3.7 节严格证明.

附注 熟悉线性代数的读者，可看出本节与空间分解和方阵若尔当相似标准形很类似. 以下简述. 设 V 是带一个线性变换 σ 的$\mathbb{R}$上的 n 维线性空间，λ 是不定元(变元). 定义多项式 $g(\lambda)$与向量 α 的"乘积"为

$$g(\lambda)\alpha=g(\sigma)\alpha.$$

例如$(3\lambda^2+2)\alpha=(3\sigma^2+2)\alpha$. 这类似于整数乘加法群的元素. 每个向量 α 有最小零化多项式 $m_\alpha(\lambda)$. 整个 V 有最小零化多项式 $m(\lambda)$. 取定空间的基之后，σ 有方阵表示 $\boldsymbol{M}$，特征多项式为

$$f_\sigma(\lambda)=\det(\lambda\boldsymbol{I}-\boldsymbol{M})=p_1(\lambda)^{d_1}\cdots p_s(\lambda)^{d_s},$$

特征多项式是 V 的零化多项式，即 $m(\lambda)\mid f_\sigma(\lambda)$. 于是 V 有准素分解

$$V=\ker p_1(\lambda)^{d_1}\oplus\cdots\oplus\ker p_s(\lambda)^{d_s},$$

有循环分解

$$V=\langle\alpha_1\rangle\oplus\cdots\oplus\langle\alpha_t\rangle\quad(\text{其中}\ \langle\alpha\rangle=\mathbb{R}[\lambda]\alpha).$$

二者结合可得初等分解(若尔当分解，对应于方阵的若尔当标准形)

$$V=\langle\alpha_1\rangle\oplus\cdots\oplus\langle\alpha_N\rangle\quad(\text{其中}\ m_{\alpha_i}(\lambda)=p_i(\lambda)^{k_{ij}}).$$

有限加法群与有限维线性空间分解类比表

有限加法群 A	带变换 σ 的线性空间 V	说明
加法群	加法群	
整数乘群元素 ka	多项式乘向量 $g(\lambda)\alpha$	$\mathbf{Z}\leftrightarrow\mathbb{R}[\lambda]$
元素的阶 $\text{ord}(a)$	向量的极小式 $m_\alpha(\lambda)$	
群的指数	空间的零化多项式	
群的阶 $\lvert A\rvert$	特征式 $f_\sigma(\lambda)=\det(\lambda\boldsymbol{I}-\boldsymbol{M})$	零化，自然
准素分解	准素分解	
循环分解	循环分解	
初等分解	若尔当分解	

事实上，二者都是"主理想环上扭模"分解的特殊情形.

习 题 2.8

1. (1) 设 A 为有限阿贝尔群，B 为其子群，$C=A/B$. 若 B 与 C 的阶互素，则 A 有子群 $C'\cong C$ 使得 $A=B\oplus C'$.

(2) 设 $A=\mathbf{Z}/4\mathbf{Z}\oplus\mathbf{Z}/2\mathbf{Z}\oplus\mathbf{Z}/9\mathbf{Z}$,满足(1)的 B(和 C)有哪些?

(3) 举例说明,若 B 与 C 的阶不互素,则(1)的结论不成立.

2. (1) 证明阿贝尔群 A 为循环群的充分必要条件是:对任一素数 $p\mid\#A$ 有且只有一个 p 阶子群.

(2) $A=\mathbf{Z}/4\mathbf{Z}\oplus\mathbf{Z}/2\mathbf{Z}\oplus\mathbf{Z}/9\mathbf{Z}$ 有几个 2 阶子群? $A=\mathbf{Z}/4\mathbf{Z}\oplus\mathbf{Z}/9\mathbf{Z}$ 是否为循环群?

3. 设阿贝尔群 A 不是循环群,则 A 有 (p,p) 型子群(p 为某素数). $A=\mathbf{Z}/4\mathbf{Z}\oplus\mathbf{Z}/2\mathbf{Z}\oplus\mathbf{Z}/9\mathbf{Z}$ 有何 (p,p) 型子群?

4. 设群 G 中 5 阶元素有 28 个,试问 G 的 5 阶子群有多少个?

5. 对 $A=\mathbf{Z}/4\mathbf{Z},\mathbf{Z}/6\mathbf{Z}$,或 $\mathbf{Z}/15\mathbf{Z}$,求 $\mathrm{Aut}(A)$.

6. 固定奇素数 p 和整数 $m\geqslant 2$,记 $U=(\mathbf{Z}/p^m\mathbf{Z})^*$, $U_k=1+p^k\mathbf{Z}\pmod{p^m}$ 为 U 的子集合($1\leqslant k\leqslant m-1$ 为正整数). (1) 证明 U_k 是 U 的子群,从而有子群序列

$$U_1\supset U_2\supset\cdots\supset U_m=1.$$

(2) 证明如下映射是同构:

$$\mathbf{Z}/p\mathbf{Z}\to U_k/U_{k+1},\quad a\pmod{p}\mapsto 1+p^k a\pmod{p^{k+1}}.$$

(3) 证明 $|U_1|=p^{m-1}$.

(4) 证明 U_1 是循环群, $1+p\pmod{p^m}$ 是其生成元.

(5) 证明 $(\mathbf{Z}/p^m\mathbf{Z})^*\cong U_1\times(\mathbf{Z}/p\mathbf{Z})^*$.

7. 证明定理 1(2)中, $\ker(p_i^{e_i})=\{x\in A\mid p_i^k x=0,1\leqslant k\in\mathbf{Z}\}$.

8. 设 G 为群, N 为其正规子群. 设 $n=\#N$ 与 $m=(G:N)$ 互素. 证明:

(1) $N=\{g\in G\mid g^n=1\}$. (2) $N=\{x^m\mid x\in G\}$.

第3章 群作用于集合

3.1 群对集合的作用

初学者也可先学后面环论，然后再学本章.因为环论基本内容更具体易读.

群论中最重要的方法，是"让群作用于某个集合".人类最初认识的群是置换群，就是作用于集合的.群作用于集合，最能暴露出群的本质.

定义1 设 G 为(乘法)群，S 是一个非空集合，$\mathrm{Perm}(S)$为 S 的置换群(即 S 到自身的双射全体).如果有群的同态映射

$$\pi: G \to \mathrm{Perm}(S), \quad g \mapsto \pi_g,$$

则称群 G **作用于集合** S(operate, act on S).

故 G 作用于 S 意味着：对于 $g \in G, s \in S$，有 $\pi_g(s)$属于 S.而且，π_g 是置换意味着 $\pi_g(s_1) \neq \pi_g(s_2)$(若 $s_1 \neq s_2$)；π 是同态意味着 $\pi_{ab} = \pi_a \pi_b$，$\pi_e = 1$ (这里 e 为 G 的单位元，1为恒等置换，$a, b \in G$).$\pi_g(s)$也记为 $\pi_g s$.

注记1 由定义1后的说明知，"G 作用于 S"也可表示为两个变元的映射

$$\tilde{\pi}: G \times S \to S, \quad \tilde{\pi}(g, s) = \pi_g(s).$$

反过来，假设有了某个两变元的映射 $\tilde{\pi}: G \times S \to S$，我们可引入记号

$$\tilde{\pi}(g, s) = \pi_g(s) \in S \quad (\text{也就是说，记 } \tilde{\pi}(g, \_) = \pi_g).$$

若 π_g 满足两个条件 $\pi_{ab} = \pi_a \pi_b$，$\pi_e = 1$ $(a, b \in G)$，则映射 $\pi: G \to \mathrm{Perm}(S)$，$g \mapsto \pi_g$，是群同态，即 G 作用于 S.为证此，先证 $\pi_g \in \mathrm{Perm}(S)$，即 π_g 是双射.这只要验证 $\pi_{g^{-1}}$ 是其左右逆：$\pi_{g^{-1}} \pi_g = \pi_{g^{-1}g} = \pi_e = 1$.再由已给的 π_g 满足的两个条件知 $\pi: g \mapsto \pi_g$ 保运算，是同态.有的文献就是用本注记所述方法来定义"群对集合的作用".

集合 S 中的元素常称为点.对 $g \in G, s \in S$，常将 $\pi_g(s)$记为 $\pi_g s$，有时简记为 gs (此记号直观简洁，但只能在不至混淆时才使用，要与可能潜在的乘法相区别).用此简记符号，则上述 π 的两个性质即为：$(ab)s = a(bs)$，$es = s$ (对 $s \in S$).

最经典的例子是，$G = S_n$ 对集合 $J_n = \{1, 2, \cdots, n\}$的作用，$\pi_\sigma(j) = \sigma(j)$ (对 $\sigma \in S_n$，$j \in J_n$).再如群 G 对自身 $S = G$ 的"平移"作用，$\pi_g(x) = gx$(对 $g \in G, x \in G$.这里 gx 确实是群中乘积).还如 G 对自身 $S = G$ 的"共轭"作用，$\pi_g(x) = gxg^{-1}$(记为 x^g)(对 $g \in$

$G, x \in G$).

定义 2(轨道) 设群 G 作用于集合 S, $s \in S$. s 被 G 作用的结果全体,即

$$G(s) = \{\pi_g s \mid g \in G\},$$

也记为 $\pi_G s$,称为一个轨道(orbit),s 称为此轨道的代表元.

引理 1 设群 G 作用于集合 S,则轨道有如下性质:

(1) 若 $t \in G(s)$,则 $G(s) = G(t)$ (即轨道内任一元可作代表元).

(2) 两不同轨道之间无交.

(3) 集合 S 分解为轨道的无交之并:

$$S = G(s_1) \cup G(s_2) \cup \cdots \cup G(s_r) \quad (\text{也可能 } r = \infty).$$

特别可知

$$\# S = \# G(s_1) + \# G(s_2) + \cdots + \# G(s_r).$$

(4) 若 S 中两点 s, t 在同一轨道,则记为 $s \sim t$. 这种"同轨道关系"是等价关系 (即 $s \sim s$; 若 $s \sim t$,则 $t \sim s$; 若 $s \sim t$ 且 $t \sim u$,则 $s \sim u$). 因而可将 S 的元素按"同轨道关系"分类,同轨道者同类. 即得到(3)中的轨道分解(见图 3.1).

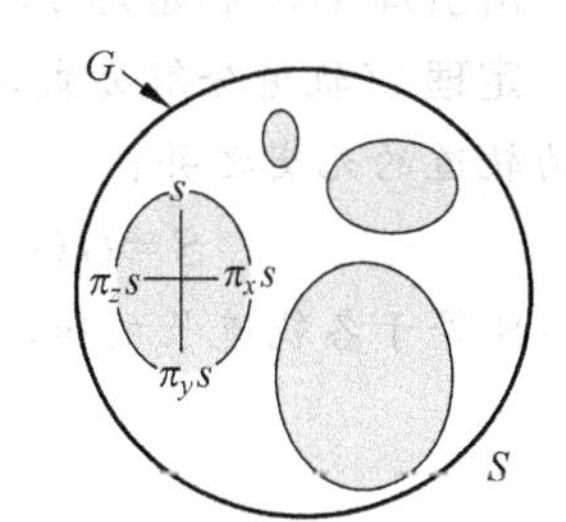

图 3.1 集合 S 分解为轨道的无交之并(各轨道长可不同,是迷向子群指数)

证明 (1) 设 $t = \pi_x s$,则 $\pi_G(t) = \pi_G(\pi_x s) = (\pi_{Gx}) s = \pi_G s$.

(2) 若 $G(s_1) \neq G(s_2)$ 而 $t \in G(s_1) \cap G(s_2)$,则由(1)知 $G(s_1) = G(t) = G(s_2)$,矛盾.

(3)和(4) 综合上述即得. ■

所以,G 在每个轨道上的作用是可迁的(即对任意 $s_1, s_2 \in G(s)$,存在 $g \in G$ 使得 $\pi_g s_1 = s_2$. 事实上,设 $s_1 = \pi_x s$, $s_2 = \pi_y s$,则 $\pi_{yx^{-1}} s_1 = s_2$). 而当且仅当只有一个轨道时,G 在 S 上是可迁的.

定义 3 设群 G 作用于集合 S, $s \in S$. s 的**迷向子群**(isotropy),或称为 s 的**固定子群**(stabilizer)定义为

$$G_s = \{g \in G \mid \pi_g s = s\}.$$

引理 2 (1) 恰是迷向子群 G_s 中元素固定 s 不变 (即当且仅当 $g \in G_s$ 时 $\pi_g s = s$).

(2) 设 $t = \pi_a s$ ($a \in G$),则将 s 置换为 t 的元素集恰是陪集 aG_s (即当且仅当 $ag \in aG_s$ 时 $\pi_{ag} s = \pi_a s$).

证 (1) 即是 G_s 定义. (2)若 $y \in aG_s$,则 $y = ag$, $g \in G_s$,故 $\pi_y s = \pi_a \pi_g s = \pi_a s = t$. 反之,若 $\pi_y s = \pi_a s$,则 $\pi_{a^{-1}y} s = s$,故 $a^{-1} y \in G_s$, $y \in aG_s$. ■

定理 1 设群 G 作用于集合 S, $s \in S$,则迷向子群 G_s 的每个陪集 $\bar{g}$ 对应于轨道 $G(s)$ 中一点 $\pi_g s$,从而得到一一对应:

$$\bar{\varphi}: G/G_s \to G(s), \quad \bar{g} = gG_s \mapsto \pi_g s.$$

特别可知,轨道长度等于陪集个数,即迷向子群的指数:$\# G(s) = \# (G/G_s)$.

证明 (1) 映射 $\bar{\varphi}$ 的定义是合理的:若 $\bar{g} = \bar{g}'$,则 $g' = gh, h \in G_s$,故

$$\pi_{g'} s = \pi_{gh} s = \pi_g \pi_h s = \pi_g s.$$

(2) $\bar{\varphi}$ 是单射:若 $\pi_g s = \pi_{g'} s$,则 $s = \pi_{g^{-1}g'} s$, $g^{-1}g' \in G_s$, $\bar{g} = \bar{g}'$.

(3) $\bar{\varphi}$ 是满射,很显然. ■

由引理1(3)和定理1,立得如下基本定理.

定理2(轨道分解公式,orbit decomposition formula) 设群 G 作用于集合 S,则 S 分解为轨道的无交之并:

$$S = G(s_1) \cup G(s_2) \cup \cdots \cup G(s_r) \quad (\text{也可能 } r = \infty).$$

而 $\# S$ 等于各轨道长之和,也等于各迷向子群指数之和:

$$\# S = \sum_{i=1}^{r} (G : G_{s_i})$$

(其中 s_i 遍历各轨道代表,G_{s_i} 是 s_i 的迷向子群,$i = 1, \cdots, r$).

系1 任一置换 $\sigma \in S_n$ 可写为循环置换之积,且其中各循环置换的元素互异.

证明 以群 $G = \langle \sigma \rangle$ 自然地作用于 $J_n = \{1, 2, \cdots, n\}$,则 J_n 分解为轨道的无交之并:

$$J_n = G(i_1) \cup G(i_2) \cup \cdots \cup G(i_r).$$

任取 $i \in J_n$,迷向子群为 G_i,则 G/G_i 与轨道 $G(i)$ 之间有双射:$\bar{\sigma} \mapsto \sigma(i)$. 因 $G = \langle \sigma \rangle$,可设 $G/G_i = \{\bar{1}, \bar{\sigma}, \cdots, \bar{\sigma}^{d_i - 1}\}$,由双射 $\bar{\sigma} \mapsto \sigma(i)$ 可知轨道 $G(i)$ 为

$$G(i) = \{i, \sigma(i), \cdots, \sigma^{d_i - 1}(i)\}.$$

注意 $\sigma(\sigma^k i) = \sigma^{k+1}(i)$,故 σ 到轨道 $G(i)$ 的限制为 $\sigma_i = (i(\sigma i) \cdots (\sigma^{d_i - 1} i))$,是一个循环置换. 因轨道之间没有交,故 $\sigma \in S_n$ 可写为元素互异的循环置换之积:

$$\sigma = \sigma_1 \cdots \sigma_r = (i_1(\sigma i_1) \cdots (\sigma^{d_1 - 1} i_1)) \cdots (i_r(\sigma i_r) \cdots (\sigma^{d_r - 1} i_r)).$$ ■

习 题 3.1

1. 说明在注记1的定义方式中,条件 $\pi_e = 1$ 不可少(否则可能 $\pi_g \notin \mathrm{Perm}(S)$).

2. 设 $G = \mathbb{R}^*$ 为非零实数构成的乘法群. $S = \mathbb{R}^3$ 是三维列向量空间. 试证明通过数乘可得到群 $\mathbb{R}^*$ 对 $\mathbb{R}^3$ 的作用,即 $\pi_r(\boldsymbol{x}) = r\boldsymbol{x}$ $(r \in \mathbb{R}^*, \boldsymbol{x} \in \mathbb{R}^3)$.

3. 设 G 为 n 阶可逆实方阵集合,是乘法群. $S = \mathbb{R}^n$ 是 n 维列向量空间. 对 $\boldsymbol{A} \in G, \boldsymbol{x} \in \mathbb{R}^n$,定义 $\pi_{\boldsymbol{A}}(\boldsymbol{x}) = \boldsymbol{A}\boldsymbol{x}$. 试证明这决定了 G 对 $\mathbb{R}^n$ 的作用,即 $\pi: G \to \mathrm{Perm}(S), \boldsymbol{A} \mapsto \pi_{\boldsymbol{A}}$ 是同态. 求 $\ker \pi$.

4. 设 $S = G/H$ 是子群 H 的左陪集集合,验证 G 作用于 S:$g(aH) = (ga)H$.

5. 在定义1中,若 $\ker \pi = e$,则称 π(或群对集合的作用)是忠实的,此时 G 中不同的元素 a, b 对应于(化作为)不同的置换 π_a, π_b.

6. 证明：在定义 1 中，$a, b \in G$ 对应的置换相等当且仅当 a, b 在模 $\ker\pi$ 的同一个陪集.

7. 设 G 平凡地作用于 S，即 $\pi_g s = s$（对任意 $g \in G, s \in S$）. 设 $s \in S$，求迷向子群 G_s 和轨道 $G(s)$. 此作用何时可迁？如何轨道分解？

8. $G = S_n$ 作用于 $J_n = \{1, 2, \cdots, n\}$ 如常. 对任意正整数 $k \leqslant n$，求迷向子群 G_k 及其指数.

9. 设 $G = \{(1), (12)\}$ 是 S_3 的子群，$S = \{1, 2, 3\}$，G（作为置换群）自然地作用于 S. 求所有的轨道，所有的迷向子群. 验证定理 1 和定理 2.

10. 设 $G = \{(1), (12)\}$ 是 S_4 的子群，$S = \{1, 2, 3, 4\}$，G（作为置换群）自然地作用于 S. 求所有的轨道，所有的迷向子群. 验证定理 1 和定理 2.

11. 设 $G = S_3$ 作用到自身 $S = S_3$，即验证如下为群同态：

$$\pi: G \to \mathrm{Perm}(S), \quad \pi(g)s = gs \ (S_3 \text{ 中乘法}).$$

求轨道分解和迷向子群，验证定理 2.

3.2 平移和共轭作用

群对集合的作用，首先是群对自身的作用（万变起于内）. 最重要的有两大类：平移，共轭. 已在 1.10 节有所介绍，我们先稍作回顾.

1. 平移作用（operation by translation）

设 G 为乘法群，$g \in G$. 用 g 平移就是用 g 去乘 G 的元素（加法群时是用 g 加）. 有以下几种.

(T1)（G 平移作用于自身元素）. 每个 $g \in G$ 对应于集合 $S = G$ 的一个置换 T_g，定义为 $T_g x = gx$ $(x \in G)$. 从而引起单射同态：

$$T: G \to \mathrm{Perm}(G), \quad g \mapsto T_g.$$

也就是说，T 是 G 的忠实置换表示，将 G 的不同元素表示为不同的置换.

例如，$G = (\mathbb{Z}/8\mathbb{Z})^* = \{\bar{1}, \bar{3}, \bar{5}, \bar{7}\}$，$T_{\bar{3}} G = \{\bar{3} \times \bar{1}, \bar{3} \times \bar{3}, \bar{3} \times \bar{5}, \bar{3} \times \bar{7}\} = \{\bar{3}, \bar{1}, \bar{7}, \bar{5}\}$ 是 G 元素的重新排列（置换）. 在 1.6 节定理 1 证明 $a^{|G|} = 1$ 时，曾用过此种方法.

(T2)（G 平移作用于 G 的子集全体）. 记 $S = \{B \mid B \subset G\}$. 每个 $g \in G$ 对应 S 的一个置换 T_g，定义为 $T_g B = gB = \{gb \mid b \in B\}$（对 $B \subset G$）. 显然若 $B \neq B'$，则 $gB \neq gB'$，故 T_g 是置换. 从而得到置换表示 $T: G \to \mathrm{Perm}(S)$，$\quad g \mapsto T_g$.

(T3)（G 平移作用于陪集集合）. 记 $S = G/H$ 为子群 H 的左陪集全体. 每个 $g \in G$ 决定一个 $T_g \in \mathrm{Perm}(S)$，定义为 $T_g \bar{x} = g\bar{x} = \overline{gx}$（即 $T_g(xH) = g(xH) = (gx)H$）. 从而有同态映射 $T: G \to \mathrm{Perm}(S)$，$\quad g \mapsto T_g$.

引理 1 设如(**T3**)（群 G 平移作用于 $S = G/H$），则

(1) $\bar{1} = H$ 的迷向子群为 $G_{\bar{1}} = \{H\}$.

(2) G 对 G/H 的作用是可迁的. 只有一个轨道.

(3) $\ker T=\bigcap_{x\in G} xHx^{-1}$. 而且 $\ker T$ 是含于 H 的 G 的最大正规子群.

证明 (1) 按平移定义知,$gH=H$ 相当于 $g\in H$.

(2) 对任意 xH,yH,令 $g=yx^{-1}$,则 $g(xH)=yx^{-1}xH=yH$. 或由 $\#G(\bar{1})=(G:G_{\bar{1}})=\#S$,也可得.

(3) $T_g=1$ 当且仅当 $gxH=xH(\forall x\in G)$,$g\in xHx^{-1}(\forall x\in G)$. 故 $\ker T$ 如引理所言. 由此可知 $\ker T\subset H$(因 $x=1$ 时 $xHx^{-1}=H$). 又 $\ker T$ 作为同态的核是 G 的正规子群,现若有 G 的正规子群 $N\subset H$,则 $N=xNx^{-1}\subset xHx^{-1}$,$N\subset\bigcap_{x} xHx^{-1}=\ker T$. ■

2. 共轭作用 (operation by conjugation)

用元素 g 共轭作用于 x,就是变 x 为 gxg^{-1}(也记为 x^g). 有以下几种.

(C1)(G 共轭作用于 G 的元素). 每个 $g\in G$ 对应于一个自同构 $C_g\in \mathrm{Aut}(G)$,定义为 $C_g x=gxg^{-1}=x^g(x\in G)$. 从而引起群同态

$$C:G\to \mathrm{Aut}(G),\quad g\mapsto C_g.$$

这里的 C_g 称为 G 的**内自同构**(inner automorphism). 元素 x 与 gxg^{-1} 称为互相共轭. 共轭的元素有许多相同性质,例如阶相同. 也易知,共轭的子群同构,即 $K\cong gKg^{-1}$.

此处的同态 C 不一定是单射(即共轭表示不一定忠实),

$$\begin{aligned}\ker C&=\{g\in G\mid gxg^{-1}=x,\forall x\in G\}\\&=\{g\in G\mid gx=xg,\forall x\in G\}\\&=Z(G),\end{aligned}$$

称为 G 的**中心**(center),恰为"与 G 的元素都可交换"的元素集合. 因此得到

$$G/Z(G)\cong \mathrm{Inn}(G)<\mathrm{Aut}(G),$$

其中 $\mathrm{Inn}(G)=\mathrm{Im}C$ 为 G 的**内自同构群**. 商群 $\mathrm{Aut}(G)/\mathrm{Inn}(G)$ 称为 G 的外自同构群.

引理 2 (1) $\mathrm{Inn}(G)$ 是 $\mathrm{Aut}(G)$ 的正规子群.

(2) 若群 G 的中心平凡,则 $\mathrm{Aut}(G)$ 的中心也平凡.

证明 (1) 设 $a\in G$,$C_a\in \mathrm{Inn}(G)$,$\varphi\in \mathrm{Aut}(G)$. 由

$$(\varphi C_a\varphi^{-1})x=\varphi(a\cdot\varphi^{-1}(x)\cdot a^{-1})=(\varphi a)\cdot x\cdot(\varphi a)^{-1})=C_{\varphi(a)}x,$$

知 $\varphi C_a\varphi^{-1}=C_{\varphi(a)}\in \mathrm{Inn}(G)$.

(2) 此时 $G\cong \mathrm{Inn}(G)$,$a\leftrightarrow C_a$. 由(1)知 $\varphi C_a\varphi^{-1}=C_{\varphi(a)}$,故若 $\varphi C_a=C_a\varphi$,则 $C_a=C_{\varphi(a)}$,即 $a^{-1}\varphi(a)\in Z(G)=\{1\}$,故 $\varphi(a)=a$(对任意 $a\in G$),$\varphi=1$. ■

当群 G 的中心平凡时,$G\cong \mathrm{Inn}(G)$. 一般情形下 $\mathrm{Aut}(G)$ 要"大于"$G\cong \mathrm{Inn}(G)$. 因此设想,从中心平凡的群 G 出发,构作群 $G_1=\mathrm{Aut}(G)$,再作 $G_2=\mathrm{Aut}(G_1)$,如此继续. 维兰特(Wielandt)证明了,此种构作止于有限步,即有限步之后必得一群 G_n 只有内自同构(即所有自同构都是内自同构,称为完全群).

为了考察共轭作用(C1)的轨道长,先看 $a\in S=G$ 的迷向子群 G_a. 显然

$$x\in G_a\Leftrightarrow xax^{-1}=a\Leftrightarrow xa=ax.$$

故迷向子群

$$G_a=\{x\in G\mid ax=xa\}=\mathrm{Centr}(a).$$

称 $\mathrm{Centr}(a)$ 为 a 的**中心化子**,即与 a 可交换的 $x\in G$ 全体.

在共轭作用之下,元素 $a\in S=G$ 所在的轨道为

$$a^G=\{a^g\mid\forall g\in G\}=\{gag^{-1}\mid\forall g\in G\},$$

称为一个**共轭类** (conjugacy class),由相互共轭的元素共同组成.

轨道(共轭类)a^G 的长度,即 a 的共轭元个数,为其迷向子群(中心化子)的指数:

$$\#a^G=(G:G_a)=(G:\mathrm{Centr}(a)).$$

由此可知,轨道 a^G 的长为 1 当且仅当 a 属于中心:

$$\begin{aligned}\#a^G=1&\Leftrightarrow\mathrm{Centr}(a)=G\\&\Leftrightarrow a\text{ 与任意 }g\in G\text{ 可交换}\\&\Leftrightarrow a\in Z(G).\end{aligned}$$

再由 3.1 节定理 2,就得到如下重要定理.

定理 1(共轭类公式,class formula) 设 G 为有限群,则

$$\#G=\#Z(G)+\sum_{\substack{i=1\\(G:G_{y_i})\geqslant 2}}^{m}(G:G_{y_i}),$$

其中 $Z(G)$ 是 G 的中心,$G_{y_i}=\mathrm{Centr}(y_i)$ 为 y_i 的中心化子,y_i 遍历"元素个数大于 1 的共轭类"的代表元(共轭类 y_i^G 中元素个数 $\#y_i^G=(G:G_{y_i})\geqslant 2$) $(i=1,\cdots,m)$.

(C2)(群 G 共轭作用于其一正规子群 H). 每个 $g\in G$ 对应于 H 的一个自同构 $C_g\in\mathrm{Aut}(H)$,定义为 $C_gh=ghg^{-1}=h^g\,(h\in H)$. 因 $H\lhd G$,故 $h^g\in H$,$C_g\in\mathrm{Aut}(H)$. 于是有同态映射

$$C:G\to\mathrm{Aut}(H),\quad g\mapsto C_g.$$

显然

$$\ker C=\{g\in G\mid ghg^{-1}=h,\forall h\in H\}=\mathrm{Centr}_G(H),$$

称为 H 在 G 的**中心化子**. 故对于 $H\lhd G$,我们得到群同构

$$G/\mathrm{Centr}_G(H)\cong\mathrm{Im}C\leqslant\mathrm{Aut}(H).$$

特别地,对 G 的任意子群 K,因 $K\lhd N_G(K)$(正规化子),故 $N_G(K)$ 可共轭作用于 K,而 $\mathrm{Centr}_{N_G(K)}(K)=\mathrm{Centr}_G(K)$,故由上式(以 K 代替 H,$N_G(K)$ 代替 G)得到:

$$N_G(K)/\mathrm{Centr}_G(K)\cong\mathrm{Im}C'<\mathrm{Aut}(K).$$

(C3)(群 G 共轭作用于 G 的子群全体). 记 $S=\{H\mid H<G\}$,每个 $g\in G$ 决定一个

$C_g \in \text{Perm}(S)$，定义为 $C_g H = gHg^{-1} = H^g < G$. 显然，迷向子群

$$\begin{aligned} G_H &= \{g \in G \mid gHg^{-1} = H\} \\ &= \{g \in G \mid gH = Hg\} \\ &= N_G(H). \end{aligned}$$

这称为 H 在 G 的正规化子，是含 H 为正规子群的 G 的最大子群. H 所在的轨道 H^G 也称为 H 的共轭类，其轨道长即 H 的共轭子群个数，为

$$\# H^G = (G : N_G(H)).$$

习 题 3.2

1. 证明：交错群 A_n 由 3-循环置换生成.

2. 若 $n \geqslant 5$，则所有 3-循环置换在 A_n 中共轭.

3. 若 $n \geqslant 5$，则 A_n 是单群（即无真正规子群）.

4. 设 $G = S_3$ 共轭作用到自身 $S = S_3$，求轨道分解和类公式.

5. 设群 G 作用于集合 S. 取 $s_1, s_2 \in S$，且 $g \in G$ 使 $\pi_g s_1 = gs_1 = s_2$. 证明迷向子群

$$gG_{s_1} g^{-1} = G_{s_2}.$$

6. 证明（凯莱(Cayley)定理）：任一 n 阶群同构于 S_n 的某子群.

7. 若 G 是阿贝尔群，则共轭类公式是平凡的.

8. 求四元数群 $Q_8 = \{1, \mathrm{i}, \mathrm{j}, \mathrm{k}, -1, -\mathrm{i}, -\mathrm{j}, -\mathrm{k}\}$ 共轭作用于自身的共轭类（轨道）分解和类公式.

9. 求二面体群 D_8 共轭作用于自身的共轭类（轨道）分解和类公式.

10. 设 H 是 G 的子群，若 G 的任意自同构都整体不改变 H（即 $\sigma H = H$，$\forall \sigma \in \text{Aut}(G)$），则称"$H$ 特征 G"（H char C），或 H 是 G 的特征子群. 证明：

(1) 每个特征子群都是正规的.（注意，正规子群是"内自同构都整体不变"的子群）

(2) 若 H 是给定阶的唯一子群，则 H 是特征子群.

(3) 若 K 特征 H，$H \lhd G$，则 $K \lhd G$.

3.3 p-群

本处 p-群都是有限阶的，即 p^n 阶群（p 为素数，$n \geqslant 1$）. p-群的结构很有特点. 以下结果显示，"p-群的中心 $Z \neq \{1\}$"，这是用归纳法讨论 p-群的基础.

引理 1 设 p-群 G 的中心为 Z，则 $\# Z \geqslant p$.（将知 Z 含 p 阶子群）

证明 G 共轭作用于自身，得类公式（3.2 节定理 1）：$\# G = \# Z + \sum (G : G_{y_i})$，即为

$$p^n = \# Z + \sum p^k \quad (k \geqslant 1)$$

（因 $(G : G_{y_i}) \geqslant 2$ 是 $\# G = p^n$ 的因子，必为 p 的幂）. 故 $p \mid \# Z$，而 Z 不空，即得. ■

引理 2 p-群为可解群.

证明 对 G 的阶用归纳法. 因 $\#Z \geqslant p$ (引理 1),故 G/Z 的阶小于 $\#G$,是 p-群. 由归纳假设知,G/Z 可解. 又 Z 可解(是阿贝尔群). 故由 2.6 节末引理 1 知 G 可解. ■

引理 3 p^2 阶群 G 只能是(p^2)或(p,p)型群,即 G 必同构于

$$Z_{p^2} \quad \text{或} \quad Z_p \times Z_p,$$

为阿贝尔群(这里 Z_n 表示 n 阶循环群).

证明 由引理 1 知 G 的中心 $Z \neq \{1\}$. 故 $\#Z = p^2$ 或 p. 前者意味着 $G=Z$,为阿贝尔群. 后者意味着 G/Z 是 p 阶群,故是循环群,由此也导致 G 为阿贝尔群: 设

$$G/Z = \langle \bar{a} \rangle = \{\bar{a}^k\},$$

则任一 $x \in G$ 满足 $\bar{x} = \bar{a}^k$,故 $x = a^k z$ $(z \in Z)$,故知 G 是阿贝尔群.

G 的非单位元的阶为 p^2 或 p. 若 G 有元素阶为 p^2,则 G 为循环群. 若 G 的非单位元的阶都为 p,取 $x,y \in G$ 而 $y \notin \langle x \rangle$,则 $\#\langle x,y \rangle > \#\langle x \rangle = p$,故 $G = \langle x,y \rangle$. 于是易验证有同构映射

$$\varphi: \langle x \rangle \times_{\mathrm{ex}} \langle y \rangle \to G, \quad (x^i, y^j) \mapsto x^i y^j$$

(φ 保乘法显然. φ 为单射: 若 $x^i y^j = 1$,则 $x^i = y^{-j} \in \langle x \rangle \cap \langle y \rangle = \{1\}$. 由单射可知也为满射),从而知 $G \cong \langle x \rangle \times_{\mathrm{ex}} \langle y \rangle$ 为(p,p)型阿贝尔群. ■

引理 4 (1) 设 G 为有限阿贝尔群. 若素数 $p \mid \#G$,则 G 必有 p 阶子群.

(2) p-群 G 的中心 Z 含 p 阶子群.

(3) p^3 阶非阿贝尔群 G 的中心 Z 为 p 阶子群,且 $Z = G^c$ (换位子子群).

证明 (1) 由阿贝尔群的准素分解(2.8 节定理 1),知有直积分解

$$G = G(p_1) \times G(p_2) \times \cdots \times G(p_s),$$

其中 $G(p_i)$是 G 的 p_i-部分,p_i 为互异素数,$p = p_1$. 任取 $e \neq a \in G(p)$,设 a 的阶为 p^k,则 $a^{p^{k-1}}$ 是 p 阶元素,生成 p 阶子群.

(2) 由引理 1 知,Z 是非平凡阿贝尔群,阶为 p 的幂. 由(1)知 Z 含 p 阶子群.

(3) 因 G 非阿贝尔群,故 $\#Z = p$ 或 p^2. 若 $\#Z = p^2$,则 G/Z 为 p 阶,必为循环群; 这导致 G 为阿贝尔群(见上述引理 3 证明),矛盾. 故 $\#Z = p$,G/Z 为 p^2 阶群,为阿贝尔群(引理 3),这说明 $Z \supset G^c$ (2.6 节定理 1),而 $\#Z = p$. 因 G 非阿贝尔群,故 $G^c \neq 1$,从而知 $Z = G^c$. ■

引理 5 p^n 阶群 G 有 p^k 阶正规子群 N_k $(k = 0,1,\cdots,n)$,且 $N_0 < N_1 < \cdots < N_n$.

证明 对 n 归纳. G 的中心 Z 含 p 阶子群 P(引理 4(2)),P 自然是正规子群(因 $P \subset Z$). 于是有商群 $\bar{G} = G/P$ 为 p^{n-1} 阶群. 由归纳假设,$\bar{G}$ 有正规子群序列 $\bar{H}_0 < \cdots < \bar{H}_{n-1}$,其中 $\#\bar{H}_j = p^j$. 由 2.4 节定理 4 知,$\bar{G}$ 的正规子群 $\bar{H}_j$ 的“模 P 正则同态”全原像 $H_j = \{h \in G \mid \bar{h} \in \bar{H}_j\}$是 G 的正规子群,阶为 p^{j+1}(因 $H_j/P \cong \bar{H}_j$,$|H_j|/|P| = |\bar{H}_j|$). 而由

$\overline{H}_k<\overline{H}_{k+1}$ 知 $H_k<H_{k+1}$，记 $H_j=N_{j+1}$，则得 $\{1\}<N_1<\cdots<N_n$. 证毕. ■

还可以证明，p^n 阶群 G 的阶为 p^k 的子群个数 $\equiv 1(\mathrm{mod}\ p)$（对任意 $0\leqslant k\leqslant n$）.

引理 6 p-群 G 的子群 $H(\neq G)$ 的正规化子 $N(H)$ 比 H 大，即

$$H\underset{\neq}{<}N(H).$$

证明 若 G 是阿贝尔群，则 $N(H)=G$，引理成立. 对 G 的阶 p^n 归纳. 若 $n=2$，则由引理 3 知成立. 现设定理对阶小于 p^n 的 p-群成立. 看阶为 p^n 情形，假若 G 有子群 $H(\neq G)$ 的正规化子为 $N(H)=H$，则 G 的中心 $Z<N(H)=H$. 可以排除 $Z=H$ 的情形，否则 $H=N(H)=G$. 我们由 G 的子群格过渡到 $\overline{G}=G/Z$ 的子群格，得到 $N(H)/Z=H/Z$，而左边是右边在 G/Z 的正规化子（由子群格同构定理），这与引理对 G/Z 成立矛盾. ■

引理 7 p-群 G 的任一正规子群 N 必与中心 Z 有非平凡交，即

$$N\cap Z\neq\{1\}.$$

证明 因 N 为正规子群，共轭下整体不变，故 G 可共轭作用于 N. 对 $x\in N$，轨道 $G(x)$ 长为 1 当且仅当 $gxg^{-1}=x\ (\forall g\in G)$，即 $x\in N\cap Z$. 故由轨道分解得

$$p^m=\#N=\#(N\cap Z)+\sum_{\substack{k\\(G:G_{y_k})\geqslant 2}}(G:G_{y_k})=\#(N\cap Z)+\sum_{\substack{k\\s_k\geqslant 1}}p^{s_k},$$

故得 $p\mid\#(N\cap Z)$. ■

对 p^3 阶非阿贝尔群 G，附录 A 中还有进一步结果. 例如：

(1) $\#Z=p$，$G/Z\cong Z_p\times Z_p$，$Z=G^c$（换位子群）.

(2) G 恰有 $p+1$ 个 p^2 阶中间子群 H：$Z<H<G$.

(3) $\sigma_p: G\to G,\quad x\mapsto x^p$ 是自同态. 且 G 有正规子群 $H\cong Z_p\times Z_p$.

(4) p^3 阶非阿贝尔群 G 恰有两个同构类.

习 题 3.3

1. p-群 G 的每个最小正规子群必是 G 的中心 Z 的 p 阶子群，故 G 的诸最小正规子群生成的子群（称为基础，socle），即是中心 Z 内诸 p 阶元生成的子群.

2. 设 G 为 p-群，Z 为其中心，则 G/Z 的中心在 G 中的原像 $Z^{(2)}$ 称为 G 的第二中心. 求 Q_8 和 D_8 的中心和第二中心，求其 2，4 阶正规子群.

3. 确定 4 阶群的同构类型.

4. 确定 9 阶群的同构类型.

5. 证明 n 阶循环群 G 的自同构群 $\mathrm{Aut}(G)\cong(\mathbf{Z}/n\mathbf{Z})^*$，是 $\varphi(n)$ 阶群.

6. 设 p 为奇素数. 证明 p^n 阶循环群 G 的自同构群 $\mathrm{Aut}(G)\cong Z_{\varphi(p^n)}$，其中 Z_k 表示 k 阶循环群，$\varphi(p^n)=p^{n-1}(p-1)$.

7. 设 $n\geqslant 3$. 证明 2^n 阶循环群 G 的自同构群 $\mathrm{Aut}(G)\cong Z_2\times Z_{2^{n-2}}$，其中 Z_k 表示 k 阶循环群.

8. 设 G 为 p^4 阶群，p 为素数. 证明换位子子群 G^c 是阿贝尔群.

*9. 设 G 是 p^n 阶群，子群 $H\neq G$. 则含 H 且 $(K:H)=p$ 的子群 K 个数 $\equiv 1(\bmod p)$.

3.4 西罗子群

西罗(Sylow)子群定理，是决定群结构的最根本定理.

定义 1 设群 G 的阶为 $\# G=p^n m$ (p 为素数，$p\nmid m, n\geqslant 1$). 则 G 的阶为 p^n 的子群均称为西罗 p-子群，或 p-西罗子群.

例如，S_3 的子群 A_3 是西罗 3-子群；而 $\langle(12)\rangle$，$\langle(13)\rangle$ 和 $\langle(23)\rangle$ 都是西罗 2-子群.

定理 1(西罗定理) 设群 G 的阶为 $m=p^n m$ (素数 $p\nmid m, n\geqslant 1$).

(1) (存在) G 必有西罗 p-子群 (从而 G 必有 $p^n, p^{n-1}, \cdots, p$ 阶子群).

(2) (最大) G 的任意 p-子群必含于某西罗 p-子群内.

(3) (共轭) G 的各个西罗 p-子群互相共轭，同构 (即对任两个西罗 p-子群 P, P_0，必存在 $g\in G$ 使 $P_0=gPg^{-1}$).

(4) (个数) G 的西罗 p-子群的个数 n_p 满足

$$n_p\equiv 1(\bmod p),\quad n_p\mid m.$$

例 1 设 G 为 6 阶群. 由定理 1 知，G 有西罗 3-子群，个数 $n_3\equiv 1(\bmod 3)$ 且 $n_3\mid 2$，故 $n_3=1$. G 也必有西罗 2-子群，个数 $n_2\equiv 1(\bmod 2)$ 且 $n_2\mid 3$，故 $n_3=1$ 或 3. 例如，循环群 W_6 有 1 个 2 阶子群；而 S_3 有 3 个 2 阶子群，相互共轭：$(123)(12)(123)^{-1}=(23)$，$(321)(12)(321)^{-1}=(13)$.

以下分项证明定理 1. 因所言皆为西罗 p-子群，故简称为西罗子群.

1. 证明西罗子群的存在性

对群的阶 $\# G=p^n m$ 归纳. 若 $\# G=p$，则 G 为西罗子群. 现在假设，对任意群 G_1，若 $\# G_1=p^{n_1}m_1<\# G$ ($n_1\geqslant 1$)，则 G_1 含有西罗 p-子群.

让 G 共轭作用于自身元素. 引起同态 $C: G\to \mathrm{Aut}(G)$，$a\mapsto C_a$，$C_a x=axa^{-1}$. 则有类公式(3.2 节定理 1)：

$$\# G=\# Z(G)+\sum_{(G:G_{y_i})\geqslant 2}(G:G_{y_i}).$$

(1) 若对某 i，有 $p\nmid(G:G_{y_i})=p^n m/\# G_{y_i}\geqslant 2$，则 $\# G_{y_i}=p^n k<\# G$. 由归纳法假设知 G_{y_i} 含西罗子群 H，p^n 阶，故此 H 也是 G 的西罗子群. 定理得证.

(2) 若对任意 i，有 $p\mid(G:G_{y_i})$，则由上述类公式知 $p\mid \# Z(G)$，故 $Z(G)$ 有 p 阶循环子群 $\langle a\rangle$ (3.3 节引理 3). $G/\langle a\rangle$ 的阶为 $p^{n-1}m<\# G$，故由归纳法假设知 $G/\langle a\rangle$ 有西罗子群 K'(是 p^{n-1} 阶). 则 K' 的“模 $\langle a\rangle$ 正则同态”的原像 K 就是 G 的西罗子群 (即

$K=\{g\in G\mid \bar{g}\in K'\}, K/\langle a\rangle=K', |K|=|K'|\cdot|\langle a\rangle|=p^n$).

2. 证明西罗子群的最大性

(1) 记 S 为 G 的西罗 p-子群集合. 以 G 共轭作用于 S(即对 $x\in G, P\in S$, 令 $P^x=xPx^{-1}$), 则 S 分解为轨道之并 (见图 3.2).

考虑任一轨道 $S_0=P^G, P\in S$, 显然 $P\subseteq G_P$(迷向子群. 因 $x\in P$ 时, $xPx^{-1}=P$), 故 $p^n\mid \# G_P$. 知 $\# S_0=(G:G_P)=p^n m/p^n k=m/k$, 得 $\# S_0\mid m$.

(**附记 1**　将证明西罗 p-子群相互共轭, 故 $S_0=S$, $\# S_0\mid m$ 实为 $n_p=\# S\mid m$).

(2) 任取 G 的 p-子群 H, 以 H 共轭作用于 $S_0=P^G$(即对 $h\in H, P\in S_0$, 令 $P^h=hPh^{-1}$), 则 S_0 分解为 H-轨道之并(见图 3.3). 故得类公式

$$\# S_0=\# Z+\sum_{(H:H_{P_i})\geqslant 2}(H:H_{P_i}),$$

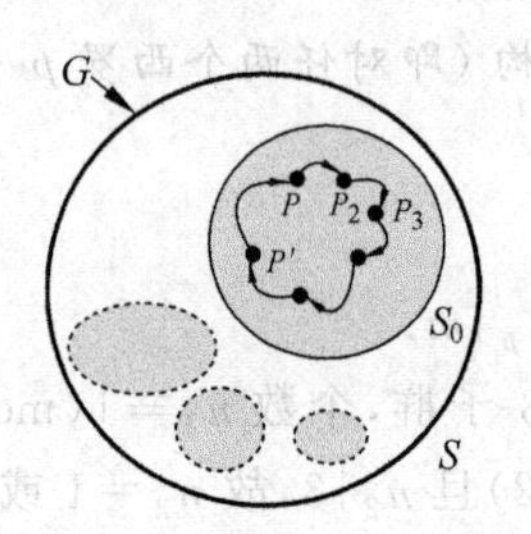

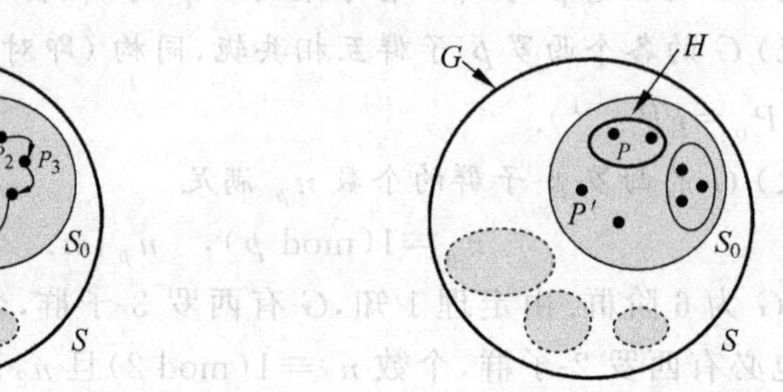

图 3.2　G 共轭作用于西罗子群集　　图 3.3　H 共轭作用于西罗子群集

其中 $\# S_0$ 与 p 互素 (因 $\# S_0\mid m$), 轨道长 $\# P_i^H=(H:H_{P_i})\geqslant 2$ 是 p 的幂. 故由此类公式知 $\# Z\neq 0$, 必有长为 1 的 H-轨道 P'^H, 即必有 $P'\in S_0$, 其 H-共轭不变:

$$P'^H=\{hP'h^{-1}\mid h\in H\}=P'.$$

这可表述为 $H\subset N_G(P')$(正规化子). 故知

$$P'\lhd HP'<G$$

(分别因: 对 $hx\in HP'$ 有 $hxP'(hx)^{-1}\subset hP'h^{-1}\subset P'$; $HP'=P'H$. 见 2.4 节定理 2). 故

$$HP'/P'\cong H/(H\cap P'),$$

阶为 $\# H$ 的因子, 是 p 的幂. 故 HP' 的阶为 p 的幂, $|P'|\leqslant|HP'|\leqslant p^n=|P'|$, 故知

$$H<HP'=P'.$$

总之得, 任给 H, P (G 的 p-子群和西罗 p-子群), 必存在西罗 p-子群 P' 共轭于 P 且 $H\subset N_G(P')$ (即 $P'^H=P'$), 从而 $H\subset P'$. 这说明 $H\subset P'\Leftrightarrow P'^H=P'$. (附记: 下面的 3 证明之后, "$P'$ 共轭于 P" 成为多余条件).

3. 证明西罗子群互相共轭

设 P_0, P 为 G 的任意两个西罗 p-子群. 当然 P_0 也是 p-子群，故由 2 之(2)知，存在 P' 共轭于 P 且 $P_0 \subset N_G(P')$，从而 $P_0 \subset P'$，因二者阶相等，故 $P_0 = P'$ 共轭于 P.

4. 证明西罗子群个数 $n_p \equiv 1 (\bmod p)$，$n_p | m$

由 3 知，所有的西罗 p-子群互相共轭，故 2 之(1)中轨道 $S_0 = P^G = S$，从而知 $n_p = \# S = \# S_0$，$n_p | m$.

以 G 的一个西罗 p-子群 P 共轭作用于 S(即 G 的西罗 p-子群集)，则 P 代表的轨道长为 1 (因 $P^P = P$). 而其余任一轨道 $\Gamma_i = P_i^P$ 的长度 $\# \Gamma_i > 1$ (否则，由 $P_i^P = P_i$ 会导致 $P \subseteq P_i$(见 2 之(2)证明最后的总结，这里的 P, P_i 相当于那里的 H, P')，从而 $P = P_i$，矛盾). 因 $\# \Gamma_i$ 是 $\# P = p^n$ 的因子，故 $\# \Gamma_i = p^{k_i}$(某 $k_i \geqslant 1$). 所以，由轨道分解给出

$$\# S = 1 + p^{k_1} + p^{k_2} + \cdots \equiv 1 (\bmod p),$$

即得 $n_p = \# S \equiv 1 (\bmod p)$. ■

系 1 固定素数 p，若 P 是群 G 的唯一的西罗 p-子群，则 P 是正规子群.

证明 任取 $x \in G$，则 xPx^{-1} 也是西罗 p-子群(因为 $|xPx^{-1}| = |P|$). 因 P 是唯一的西罗 p-子群，故 $xPx^{-1} = P$，故 P 是正规子群. ■

例 2 设 G 为 15 阶群. 由 $n_3 = 3k + 1 | 5$ 知有 1 个西罗 3-子群 H_3，是正规的循环子群. 由 $n_5 = 5k + 1 | 3$，知 G 有 1 个西罗 5-子群 H_5，也是正规的循环子群. 所以 15 阶群必然是 $G = H_3 \times H_5$，是循环群($G \cong \mathbb{Z}/3\mathbb{Z} \oplus \mathbb{Z}/5\mathbb{Z} \cong \mathbb{Z}/15\mathbb{Z}$，孙子分解定理).

由西罗定理可得出群的一些子群，有时候是正规子群(例如西罗 p-子群唯一时)，这对了解群的结构很重要，有时可以完全决定群的结构(即用子群的直积、半直积等构作出整个群). 以下将逐渐展开.

西罗((P. L. M. Sylow(1832—1918) 是挪威数学家，在 1862 年研究伽罗瓦理论时发现了西罗子群理论，1872 年发表. 这是群论中最辉煌的乐章，意义重大.

习 题 3.4

1. 证明：有限阿贝尔群 G 有唯一的西罗 p-子群 (当 $p | \# G$).
2. 证明：G 的西罗 p-子群 P 是唯一的当且仅当 P 是正规的.
3. 证明：G 的西罗 p-子群 P 是唯一的当且仅当 P 特征 G(见习题 3.2(10)).
4. 证明："G 的西罗 p-子群 P 是唯一"等价于如下事实：对任意子集 $X \subset G$，只要 X 中元素的阶都是 p 的幂，则 $\langle X \rangle$ 是 p-群.
5. S_3 的子集 $X = \{(12), (13)\}$ 中都是二阶元，求 $\langle X \rangle$，是否为 2-群，为什么？
6. 阶为 6,12,18,24,36,72 的群 G 的西罗子群有几种情形？
7. 阶为 15,21,33,35,39,55,105 的群 G 的西罗子群有几种情形？
8. 证明：A_4 的西罗 2-子群唯一：$\{(12)(34), (13)(24), (14)(23)\} \cong V$(克莱因四元群). 其西罗 3-

子群有4个：⟨(123)⟩,⟨(124)⟩,⟨(134)⟩,⟨(235)⟩.

9. 证明：对 S_4，$n_2=3$，$n_3=4$. S_4 含有一个子群同构于 D_8，故其西罗2-子群皆同构于 D_8.

*__10__. (弗罗贝尼乌斯(Frobenius)1895提出此问题) 设群 G 阶为 $p^n m$(素数 $p\nmid m$)，则 G 的 p^k 阶($0\leqslant k\leqslant n$)子群个数 $\mu_{p^k}\equiv 1 \pmod p$.

*__11__. 设 G 为 p^n 阶群(p 为素数)，则 G 的 p^k 阶($0\leqslant k\leqslant n$)正规子群个数 $N_{p^k}\equiv 1 \pmod p$.

3.5 群的结构

用西罗定理和群对集合(例如对正规子群)的作用，可对群的结构深入了解. 本节介绍一些简单的、典型的. 进一步的结果见附录A.

设 H,K 为群 G 的子群. 先回忆2.5节的结果.

引理1 (1) 定义积 $HK=\{hk\mid h\in H, k\in K\}$(不一定是子群，可能 $HK\neq KH$)，则

$$|HK|=\frac{|H|\cdot|K|}{|H\cap K|}.$$

(2) HK 是 G 的子群 $\Leftrightarrow HK=KH$.

(3) 若 H 为正规子群，则 $HK=KH$ 是 G 的子群.

(4) 若 H,K 皆为正规子群，且 $H\cap K=\{1\}$，则

$$H\times_{\mathrm{ex}}K\cong HK=KH=H\times K \text{ (直积)}.$$

此时若 H,K 皆为阿贝尔群，则 $H\times K$ 也为阿贝尔群.

系1 (1) 设 G 为 pq 阶群(其中 $p<q$ 为素数)，则其西罗 q-子群唯一且正规.

(2) pq 阶群 G 为可解群.

证明 设 Q 为西罗 q-子群，阶为素数 q，故为循环群. Q 为正规子群 (因为其指数 p 是 pq 的最小素因子. 或因西罗 q-子群唯一(个数 $n_q=1+kq$ 整除 p)). 于是商群 G/Q 的阶为素数 p，故为循环群. 故得阿贝尔序列

$$G\rhd Q\rhd 1.$$ ■

系2 任意35阶群 G 必为循环群.

证法1 设 G 为一个35阶群，其5阶和7阶西罗子群都唯一，记为 P 和 Q，都是正规子群，且交 $P\cap Q=\{1\}$ (因为 $P\cap Q$ 为子群，故 $\#(P\cap Q)$ 整除5与7). 故知，PQ 同构于外直积 $P\times_{\mathrm{ex}}Q$ (故 $PQ=P\times Q$ 是内直积)，故知

$$G=PQ=P\times Q$$

是阿贝尔群(因 P,Q 均为阿贝尔群)，且 G 同构于(加法群)$\mathbb{Z}/5\mathbb{Z}\oplus\mathbb{Z}/7\mathbb{Z}\cong\mathbb{Z}/35\mathbb{Z}$，是循环群(2.7节孙子定理，或由2.8节的阿贝尔群准素分解定理). ■

证法2(此证法适于更一般群) 设 G 为35阶群，P 和 Q 为其5阶和7阶西罗子群.

显然 7 阶西罗子群 Q 是唯一的，是正规子群，故 $PQ=QP$ 为 35 阶子群，即为 G. 因 Q 是正规子群，共轭下整体不变，故 P 可共轭作用于 Q，即有群同态

$$C:P\to \mathrm{Aut}(Q),x\mapsto C_x;\ C_x(y)=xyx^{-1}\quad (y\in Q).$$

于是由同态基本定理得

$$P/\ker C\cong \mathrm{Im}C<\mathrm{Aut}(Q).$$

注意 $\mathrm{Aut}(Q)\cong(\mathbb{Z}/7\mathbb{Z})^*$ 是 6 阶循环群(因 $Q=\langle a\rangle$ 是循环群，有 6 个生成元 $a^k(1\leqslant k\leqslant 6)$，每个对应 $a\mapsto a^k$ 决定 Q 的一个自同构. 见 1.8 节引理 3，习题 1.8(6)).

而 $\#(P/\ker C)$ 是 $\# P=5$ 的因子，要整除 $\#\mathrm{Aut}(Q)=6$，故得 $\#(P/\ker C)=1$，$\ker C=P$，即 C 是平凡的，故 $C_x=1$(对任意 $x\in P$). 即对任意 $y\in Q$ 有

$$C_xy=y,\text{即 } xyx^{-1}=y,\quad xy=yx.$$

从而知 $G=PQ$ 为阿贝尔群，故 $G=P\times Q\cong\mathbb{Z}/35\mathbb{Z}$. ■

系 3 任意 6 阶群 G 必同构于 $\mathbb{Z}/6\mathbb{Z}$ 或 S_3.

证明 $6=p\cdot q=2\times 3$. G 的三阶西罗子群唯一，故是正规的，记为 $Q=\langle y\rangle$. 任取一个二阶西罗子群 $P=\langle x\rangle$，让 P 共轭作用于 $Q=\langle y\rangle$(方法同系 2 证法 2)，则得同态

$$C:P=\{1,x\}\to\mathrm{Aut}(Q)=\{1,\sigma\}\quad (x\mapsto C_x,C_x(y)=xyx^{-1}).$$

注意 $Q=\{1,y,y^2\}$，$\mathrm{Aut}(Q)=\{1,\sigma\}$，其中 $\sigma_0=1$，而 $\sigma y=y^2$. 故同态 C 有两种可能：

(情形 1) $C_x=1$，由 $C_x(y)=xyx^{-1}$ 得 $y=xyx^{-1}$，$xy=yx$，即 Q,P 中元素可交换，G 是阿贝尔群，故 $G=P\times Q\cong\mathbb{Z}/6\mathbb{Z}$ 为循环群.

(情形 2) $C_x=\sigma$，由 $C_x(y)=xyx^{-1}$，得 $y^2=xyx^{-1}$，即得关系

$$xy=y^2x,\quad x^2=1,\quad y^3=1.$$

由此可知

$$G\cong PQ=\{1,x\}\{1,y,y^2\}=\{1,y,y^2,x,xy,xy^2\},$$

同构于

$$S_3=\{1,(123),(321),(12),(12)(123),(12)(321)\},$$

(见 1.5.1 节). ■

系 4 设 G 为 12 阶群且三阶子群不唯一，则 $G\cong A_4$(交错群)，且 4 阶子群唯一.

证明 $12=2^2\times 3$. 显然，G 的三阶(西罗)子群个数 $n_3=1$ 或 4. 依题意 $n_3=4$. 每个三阶子群含两个三阶元，各三阶子群交为$\{1\}$，故 G 共有 $2\times 4=8$ 个三阶元.

任取一个三阶子群 H. 以 G 共轭作用于 G 的子群集(如 3.2 节 C3)，即 $g\mapsto C_g$，$C_gH=gHg^{-1}$，迷向子群 $G_H=N_G(H)$(正规化子)，故 H 生成的轨道 H^G(即 H 的共轭集)长为 $(G:N_G(H))=n_3=4$(因西罗 3-子群相互共轭). 故知 $|N_G(H)|=|G|/4=3$. 因 $N_G(H)\supset H$，得 $N_G(H)=H$.

以 G 共轭作用于这4个西罗3-子群组成的集合上,则得到同态

$$C':G\to S_4,\quad g\mapsto C'_g.$$

若 $k\in K=\ker C'$,则 $kHk^{-1}=H$,故 $K<N_G(H)=H$.由此知 $K=1$ 或 $K=H$(因 H 为三阶群).因 K 正规而 H 不正规(西罗3-子群不唯一),故 $K=1$,得 $G=G/K\cong C'(G)<S_4$.我们现在将 G 等同于 S_4 的12阶子群.

S_4 中的三阶元即为3循环,共有 $2\cdot C_4^3=8$ 个,它们只能恰是 G 的8个三阶元,即

$$\{(123),(321),(124),(421),(234),(432),(134),(431)\},$$

它们都是偶置换,生成 A_4(交错群,偶置换全体,参见习题2.6(9)),故 $G=A_4$.设 V 是 A_4 的4阶(西罗)子群,其元素恰是三阶元之外的4个元素,即

$$\{(1),(12)(34),(13)(24),(14)(23)\}.$$

故 A_4 的4阶子群唯一、正规. ■

系5　设群 G 的阶为 p^2q ($\neq 12$, p,q 为互异素数),则分别当 $p>q$ 或 $p<q$ 时,其西罗 p 或 q-子群唯一且正规.

证明　设 P,Q 为 G 的 p^2,q 阶子群.

(1) 设 $p>q$,则 $n_p=pk+1\mid q$ 知 $n_p=1$,故 P 唯一、正规.

(2) 设 $p<q$.若 $n_q=1$,则 Q 正规.若 $n_q>1$,由 $n_q\mid p^2$ 知 $n_q=p$ 或 p^2;由 $n_q=qm+1$,$p<q$ 知 $n_q\neq p$.故 $n_q=qm+1=p^2$,即 $qm=p^2-1=(p-1)(p+1)$,故 $q\mid(p+1)$,得 $q=p+1$(因 $p<q$).只能 $p=2,q=3,|G|=12$. ■

系6　30阶群 G 的三阶和5阶子群 P,Q 都是 G 的正规子群,且 $P\times Q$ 为15阶正规循环子群.

证明　(1) 若 P,Q 皆非正规(皆非唯一),则 $n_5=6,n_3=10$.两5阶子群的交为 $\{1\}$,故 G 的5阶元共 $4\times 6=24$ 个,而三阶元共 $2\times 10=20$ 个.得 $24+20>30$,矛盾.

(2) 由(1)可设 P,Q 之一正规,则 $G_1=PQ$ 为群;且 P,Q 为 G_1 的三阶、5阶唯一西罗子群,都是 G_1 的正规子群,得 $G_1=P\times Q$(直积)为循环群.G_1 在 G 的指数为2,故正规.由此可证 P,Q 是 G 的正规子群:因 $G_1\lhd G$,G_1 共轭不变,故每个 $g\in G$ 对应一个自同构

$$C_g:G_1\to G_1,\quad x\mapsto gxg^{-1}.$$

此同构将 G_1 的三阶(或5阶)子群仍变为三阶(或5阶)子群,因 P,Q 是唯一的三阶(或5阶)子群,故此同构不改变 P,Q,即 $gPg^{-1}=P$,$gQg^{-1}=Q$($\forall g\in G$).这说明 $P\lhd G$,$Q\lhd G$. ■

在系3~系6中,许多群 G 有子群 H 和 K,且 H 正规,得到 $G=HK$,但不是直积.此情形值得做一般性讨论.此种情形下,K 可共轭作用于 H(因 H 正规,对共轭封闭,故可

被作用)，于是得到同态

$$C:K\to \mathrm{Aut}(H),\quad C(k)h=khk^{-1}\quad (h\in H).$$

由此可决定群 G 的结构(例如系 3 对 S_3 的确定). 这时最好引入内半直积定义如下.

定义 1(内半直积) 设 H,K 为群 G 的子群，其中 H 是正规子群，且 $H\cap K=\{1\}$，则 $HK=KH$ 为子群，称为 H,K 的**内半直积**，记为

$$HK=KH=H\rtimes K.$$

对内半直积 HK，因 H 正规，共轭不变，故 K 可共轭作用于 H，引起群同态

$$C:K\to \mathrm{Aut}(H),\quad C(k)h=khk^{-1}(\text{也记为 } h^k)\quad (\forall h\in H).$$

从而内半直积 HK 的乘法运算可写为如下(对 $h,h_1\in H,k,k_1\in K$)：

$$kh_1=kh_1k^{-1}\cdot k=h_1^kk,\text{即}\quad (hk)(h_1k_1)=(hh_1^k)(kk_1)$$

(形象地说，h_1 可穿过 k 到左边后变为 h_1^k，即 H 的元素穿过 K 的元素到左边后要共轭变形).

内半直积 HK 中乘积的这样写法，启发我们定义外半直积，如下.

定义 2(外半直积) 设 H,K 为两个群，且有群同态映射 $\varphi:K\to \mathrm{Aut}(H)$，在集合 $(H,K)=\{(h,k)\mid h\in H,k\in K\}$ 中定义运算如下(对 $h,h_1\in H,k,k_1\in K$)：

$$(h,k)\cdot(h_1,k_1)=(hh_1^k,kk_1)\quad (\text{其中记 } h_1^k=\varphi(k)h_1).$$

则易验证(H,K)对此运算为群，记为 $(H,K)=H\rtimes_{\varphi}K$，称为 (基于同态 φ 的) 外半直积，也称为半直积(semidirect product).

在定义 2 中，当 $\varphi=1$ 为平凡同态时(即 $\varphi(k)=1,\forall k\in K$)，外半直积就是外直积.

而由定义 1 及其后的说明可知，“内半直积”就是基于共轭同态 $\varphi=C$ (即 $h^k=\varphi(k)h=khk^{-1}$) 的“外半直积”.

易知 $H\cong(H,1)\subset(H,K),K\cong(1,K)$. 所以内外半直积本质一致. 故也可以记 $(H,K)=HK,(h,k)=hk$，从而运算规则(对 $h\in H,k\in K$ 写)可写为

$$kh=h^kk$$

(也可写为 $hk=kh^{k^{-1}}$). 这与 S_3 和 D_{2n} 中的符号一致(半直积详见附录 A).

利用直积和半直积，我们可以用小阶的群构筑起大阶的群. 反之，许多大阶的群可以分解为小阶群的直积或半直积.

例 1 设 $H=\langle a\rangle$为 n 阶循环群(例如 W_n)，$K=\langle b\rangle$为二阶群，则 $\varphi:K\to \mathrm{Aut}(H)$，$\varphi(b)h=h^{-1}$，是群同态. 故 $HK=H\rtimes_{\varphi}K$ 是外半直积，运算规则是

$$hb=bh^{-1}.$$

显然 $HK=H\rtimes_{\varphi}K$ 同构于二面体群 D_{2n}(当 $n=3$ 就是 S_3).

习　题　3.5

1. 设 G 为 pq 阶群，素数 $p<q$，$p\nmid q-1$. 证明 G 为循环群.

2. 证明 90 阶群 G 不是单群(有真正规子群).

3. 设 G 为 p^3 阶非阿贝尔群(p 为素数)，则：

(1) $\# Z=p$，$G/Z\cong Z_p\times Z_p$，$Z=G^c$(换位子群)；

(2) G 恰有 $p+1$ 个 p^2 阶中间子群 H：$Z<H<G$.

4. 证明：非阿贝尔 8 阶群 G 定同构于 D_8 或 Q_8.

5. 设 G 为群，$x,y\in G$ 与 $[x,y]=xyx^{-1}y^{-1}$ 可交换. 则对任意正整数 n 有

$$(xy)^n=x^ny^n[x,y]^{n(n-1)/2}.$$

6. 设 G 为 p^3 阶非阿贝尔群，p 为素数，Z 为其中心. 则

$$\sigma_p: G\to G,\quad x\mapsto x^p$$

是自同态，且 G 有正规子群 $H\cong Z_p\times Z_p$ 使得

$$Z\lhd H\lhd G.$$

7. 对于群同态 $\varphi: K\to \mathrm{Aut}(H)$，记 $h^k=\varphi(k)h$（对任意 $h\in H,k\in K$）(称为指数记法，如本节末所述). 验证同态的“指数记法”满足如下规律：

$$h^1=h,\quad 1^k=1,\quad h_1^kh_2^k=(h_1h_2)^k,\quad (h^k)^{k'}=h^{k'k}.$$

8. 设 $G=H\rtimes_\varphi K$ 为群 H,K 基于同态 $\varphi: K\to \mathrm{Aut}(H)$ 的外半直积(定义如本节末).

(1) 验证 $G=H\rtimes_\varphi K$ 为群，$|G|=|(H,K)|=|H||K|$，单位元为 $(1,1)$，且

$$(h,k)^{-1}=((h^{-1})^{k^{-1}},k^{-1}).$$

(2) 令 $(H,1)=\{(h,1)\mid h\in H\}$，验证 $H\cong(H,1)\lhd G$.

(3) 证明：当 φ 平凡时(即 $\varphi(k)=1$(对任意 $k\in K$))，半直积 $H\rtimes_\varphi K=H\times K$ 即是直积.

(4) 设 H,K 为群 G 的子群，H 正规，且 $H\cap K=1$，则 K 共轭作用于 H 引起群同态 $\varphi: K\to \mathrm{Aut}(H)$，$\varphi(k)h=h^k=khk^{-1}$. 证明：基于此 φ 的外半直积 $(H,K)=H\rtimes_\varphi K$ 就是内半直积(将 (h,k) 与 hk 等同).

*3.6　小阶群简表

对小阶群 G（阶 $|G|\leqslant 30$），列表如下. 同构的群视为相等. 其中

Z_n 表示 n 阶循环群，　　　　D_{2n} 为 $2n$ 阶二面体群，

S_n 为 n 级对称群($n!$ 阶)，　　A_n 为交错群($n!/2$ 阶)，

Q_8 为四元数群(8 阶)，　　　　$H\times K$ 为直积，

$Z_n^2=Z_n\times Z_n$，　　　　　$N\rtimes K$ 为半直积(N 为正规子群).

平凡子群不计.

小阶群 G 简表（同构意义下）

阶(类型)	是/否阿贝尔群（A/N),个数	群同构类型	子群(及个数)	元素关系图示	说明
1	A1	Z_1	—		平凡
2（素）	A1	Z_2	—		阶最小的非平凡群
3（素）	A1	Z_3	—		
$4(p^2)$	A2	Z_4	Z_2	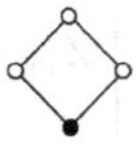	
		$K_4=Z_2\times Z_2$	$Z_2(3)$	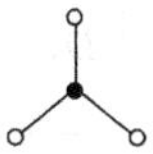	克莱因四元群,最小非循环群,(2,2)型阿贝尔群
5(素)	A1	Z_5	—	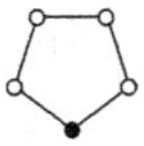	
$6(pq-2)$	A1	$Z_6=Z_3\times Z_2$	Z_3,Z_2	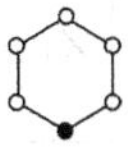	
	N1	$S_3=D_6=Z_3\rtimes Z_2$	$Z_3,Z_2(3)$	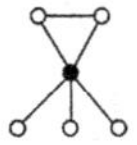	最小非阿贝尔群,对称群,二面体群,弗罗贝尼乌斯群
7(素)	A1	Z_7	—	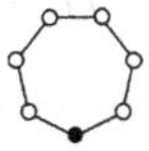	
$8(p^3)$	A3	Z_8	Z_4,Z_2	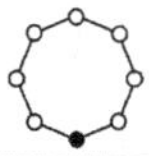	
		$Z_4\times Z_2$	$Z_2^2,Z_4(2),Z_2(3)$	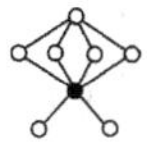	(4,2)型阿贝尔群
		$Z_2^3=Z_2\times Z_2\times Z_2$	$Z_2^2(7),Z_2(7)$	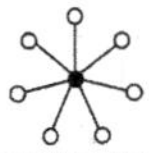	(2,2,2)型阿贝尔群
	N2	D_8	$Z_4,Z_2^2(2),Z_2(5)$	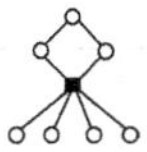	二面体群
		$Q_8=\mathrm{Dic}_2$	$Z_4(3),Z_2$	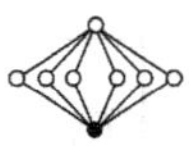	四元数群,“商群可不同构于任意子群”的最小群

续表

阶(类型)	是/否阿贝尔群(A/N),个数	群同构类型	子群(及个数)	元素关系图示	说明
$9(p^2)$	A2	Z_9	Z_3	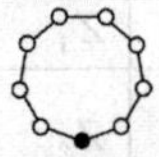	
		Z_3^2	$Z_3(4)$	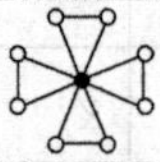	(3,3)型阿贝尔群
$10(pq\text{-}2)$	A1	$Z_{10}=Z_5\times Z_2$	Z_5,Z_2	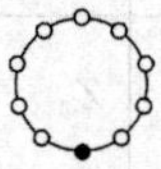	
	N1	D_{10}	$Z_5,Z_2(5)$	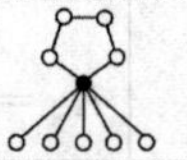	弗罗贝尼乌斯群
11(素)	A1	Z_{11}	—	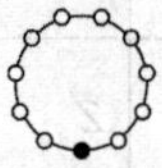	
$12(p^2q)$	A2	$Z_{12}=Z_4\times Z_3$	Z_6,Z_4,Z_3,Z_2	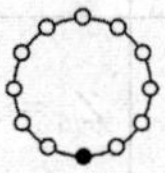	
		$Z_3\times Z_2\times Z_2$	$Z_6(3),Z_3,Z_2(3),Z_2^2$	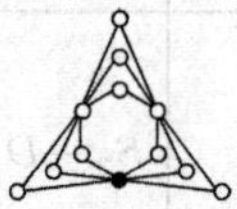	
	N3	$Q_{12}=\mathrm{Dic}_3=Z_3\rtimes Z_4$	$Z_2,Z_3,Z_4(3),Z_6$	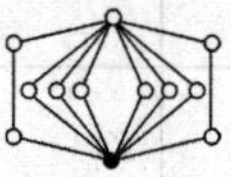	半直积
		A_4	$Z_2^2,Z_3(4),Z_2(3)$	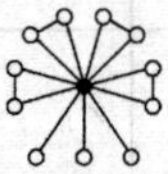	无6阶子群,交错群,弗罗贝尼乌斯群
		$D_{12}=D_6\times Z_2$	$Z_6,\mathrm{Dih}_3(2),Z_2^2(3),Z_3,Z_2(7)$	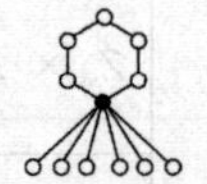	
13(素)	A1	Z_{13}	—		
$14(pq\text{-}2)$	A2	$Z_{14}=Z_7\times Z_2$	Z_7,Z_2		
	N1	D_{14}	$Z_7,Z_2(7)$	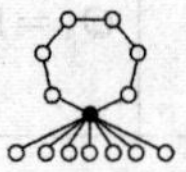	弗罗贝尼乌斯群

续表

阶(类型)	是/否阿贝尔群(A/N),个数	群同构类型	子群(及个数)	元素关系图示	说明
15(pq)	A1	$Z_{15}=Z_5\times Z_3$	Z_5, Z_3		
16(p^4)	A5	Z_{16}	Z_8, Z_4, Z_2		
		Z_4^2	$Z_2(3)$, $Z_4(6)$, $Z_2^2, Z_4\times Z_2(3)$	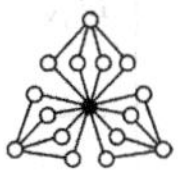	
		$Z_8\times Z_2$	$Z_2(3), Z_4(2), Z_2^2, Z_8(2), Z_4\times Z_2$	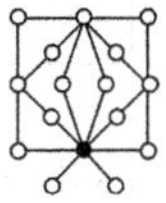	
		$Z_4\times Z_2\times Z_2$	$Z_2(7), Z_4(4), Z_2^2(7), Z_2^3, Z_4\times Z_2(6)$	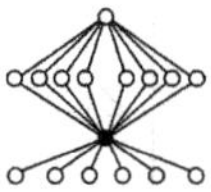	
		Z_2^4	$Z_2(15), Z_2^2(35), Z_2^3(15)$		
	N9	$D_{16}, D_8\times Z_2, Q_8\times Z_2, K_4\rtimes Z_4, Z_4\rtimes Z_4, Z_8\rtimes Z_2, (Z_4\times Z_2)\rtimes Z_2, QD_{16}, Q_{16}=Dic_4$			QD_{16}是伪二面体群,Q_{16}是广义四元数群
17(素)	A1	Z_{17}	—		

续表

阶(类型)	是/否阿贝尔群(A/N),个数	群同构类型	子群(及个数)	元素关系图示	说明
$18(p^2q)$	A2	$Z_{18}=Z_9\times Z_2$	Z_9,Z_6,Z_3,Z_2		
		$Z_3^2\times Z_2$	Z_6,Z_3,Z_2	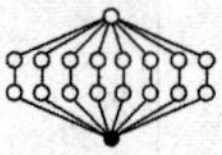	
	N3	D_{18}		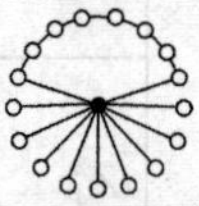	弗罗贝尼乌斯群
		$S_3\times Z_3$		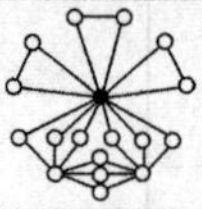	
		$(Z_3\times Z_3)\rtimes Z_2$		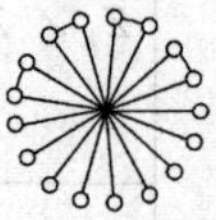	半直积,弗罗贝尼乌斯群
19(素)	A1	Z_{19}	—		
$20(p^2q)$	A2	$Z_{20}=Z_5\times Z_4$	$Z_{20},Z_{10},Z_5,Z_4,Z_2$		弗罗贝尼乌斯群
		$Z_5\times Z_2^2$	Z_5,Z_2	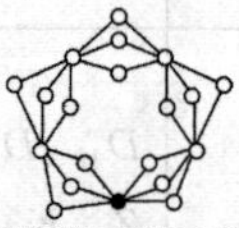	
	N3	$Q_{20}=Dic_5$			广义四元数群,双循环群
		$Z_5\rtimes Z_4$		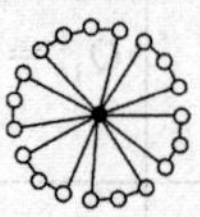	半直积,弗罗贝尼乌斯群
		D_{20}		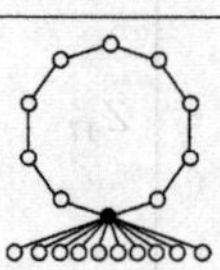	

续表

阶(类型)	是/否阿贝尔群(A/N),个数	群同构类型	子群(及个数)	元素关系图示	说明
21(pq-2)	A1	$Z_{21}=Z_7\times Z_3$	Z_7,Z_3		
	N1	$Z_7\rtimes Z_3$			最小奇数阶非阿贝尔群,半直积,弗罗贝尼乌斯群
22(pq-2)	A1	$Z_{22}=Z_{11}\times Z_2$	Z_{11},Z_2		
	N1	D_{22}			弗罗贝尼乌斯群
23(素)	A1	Z_{23}	—		
24(p^3q)	A3	$Z_{24}=Z_8\times Z_3$	Z_{12}, Z_8, Z_6, Z_4, Z_3,Z_2		
		$Z_4\times Z_3\times Z_2$	Z_{12},Z_6,Z_4,Z_3,Z_2		
		$Z_6\times Z_2^2$	Z_6,Z_3,Z_2		
	N12	$S_4,A_4\times Z_2,S_3\times Z_4$, $D_{24},D_{12}\times Z_2,D_8\times Z_3$, $Q_8\times Z_3$, $Z_2\times(Z_3\rtimes Z_4)$, $Z_3\rtimes Z_8,Q_8\rtimes Z_3,Z_3\rtimes Q_8,(Z_6\times Z_2)\rtimes Z_2$			
25(p^2)	A2	Z_{25},Z_5^2	Z_5		
26(pq-2)	A1	$Z_{26}=Z_{13}\times Z_2$	Z_{13},Z_2		
	N1	D_{26}			弗罗贝尼乌斯群

续表

阶(类型)	是/否阿贝尔群(A/N),个数	群同构类型	子群(及个数)	元素关系图示	说明
$27(p^3)$	A3	Z_{27}	Z_9, Z_3		
		$Z_9 \times Z_3$	Z_9, Z_3		
		Z_3^3	Z_3		
	N2	$(Z_3 \times Z_3) \rtimes Z_3$			半直积,非幺元阶均为3
		$Z_9 \rtimes Z_3$			半直积
$28(p^2q)$	A2	$Z_{28}=Z_7 \times Z_4$	Z_{14}, Z_7, Z_4, Z_2		
		$Z_7 \times Z_2^2$	Z_{14}, Z_7, Z_4, Z_2		
	N2	D_{28}, $Z_7 \rtimes Z_4$			
29(素)	A1	Z_{29}	—		
30	A1	$Z_{30}=Z_5 \times Z_3 \times Z_2$	Z_{15}, Z_{10}, Z_6, Z_5, Z_3, Z_2		
	N3	$D_{30}, Z_5 \times S_3, Z_3 \times D_{10}$			D_{30} 是弗罗贝尼乌斯群

说明1 (1) D_{2n} 为二面体群,$D_{2n} < S_n$,是正 n 边形的自对称集,$2n$ 阶,即

$$D_{2n}=\langle r, s \mid r^n=s^2=1, rs=sr^{-1}\rangle=R \rtimes S,$$

其中 $R=\langle r\rangle \cong Z_n$,$S=\langle s\rangle \cong Z_2$,$S$ 对 R 的作用为 $r^s=r^{-1}$,即$(r,s)(r_1,s_1)=(rr_1^{-1},ss_1)$.

(2) $Q_{4n}=Dic_n$ 称为**广义四元数群**(也称为**双循环群**,generalized quonion group, dicyclic group Dic_n),即 $4n$ 阶群

$$Q_{4n}=Dic_n=\langle x, y \mid x^{2n}=1, x^n=y^2, y^{-1}xy=x^{-1}\rangle.$$

当 $n=2$ 时即为四元数群 $Q_8=\{1,-1,\mathrm{i},-\mathrm{i},\mathrm{j},-\mathrm{j},\mathrm{k},-\mathrm{k}\}$,运算定义为

$$\mathrm{ii}=\mathrm{jj}=\mathrm{kk}=-1;\quad \mathrm{ij}=\mathrm{k},\quad \mathrm{jk}=\mathrm{i},\quad \mathrm{ki}=\mathrm{j},\quad \mathrm{ji}=-\mathrm{k},\quad \mathrm{kj}=-\mathrm{i},\quad \mathrm{ik}=-\mathrm{j}.$$

(3) QD_{2^n} 称为**伪二面体群**(或半二面体群,quasi-dihedral, semi-dihedral group),为 2^n 阶($n \geqslant 4$),即

$$QD_{2^n}=\langle r, s \mid r^{2^{n-1}}=s^2=1, srs=r^{2^{n-2}-1}\rangle,$$

有指数为2的循环子群.故 $QD_{16}=\langle r, s \mid r^8=s^2=1, srs=r^3\rangle$.

(4) 有四类非阿贝尔群含指数为2的循环子群:广义四元数群、二面体群、伪二面体群和 M-群(如下).2^n 阶($n \geqslant 4$)的 ***M*-群**(modular maximal-cyclic group),即

$$M_{2^n}=\langle r,s \mid r^{2^{n-1}}=s^2=1, srs=r^{2^{n-2}+1}\rangle.$$

(5) **弗罗贝尼乌斯群** G 是有限集合 X 上的一个可迁置换群(可迁是指:对任意 x, $x_2\in X$,必存在 $g\in G$ 使 $gx=x_2$),只有单位元才有多于一个的不动点,且确实有非单位元有不动点.弗罗贝尼乌斯证明了,此时 G 为半直积

$$G=N\rtimes H.$$

说明 2 表中大部分结果为已证或易证,只有 $|G|=16,24$ 两情况不易证.事实上,对阿贝尔群的情形,由阿贝尔群基本定理容易得出.记 p 为素数,则以下易知:

1. $|G|=p$ 时,$G=Z_p$ 为循环群.

2. $|G|=p^2$ 时,$G=Z_{p^2}$ 或 $Z_p\times Z_p$,均为阿贝尔群(3.3 节引理 3).例如 $|G|=4$, 9,25.

3. $|G|=p^3$ 时,有 3 个阿贝尔群,2 个非阿贝尔群(见 3.3 节和附录 A).例如 $|G|=$ 8,27.

4. $|G|=pq$ ($p<q$ 均素数)时,有两种情形:

(1) 若 $p\nmid q-1$,则 G 为循环群,例如 $|G|=15,33,35$(证明与 3.4 节系 2 的 $|G|=35$ 情形相同).

(2) 若 $p\mid q-1$,则 G 可为循环群,可为半直积.例如 $|G|=6,10,14,21,22,26$ (证明与 3.5 节系 3 的 $|G|=6$ 情形相同,详可见附录 A).

5. $|G|=p^2q$ (p,q 均素数)时,和 $|G|=30$,由 3.6 节系 4~系 6 进一步即可得到(半直积详可见附录 A).

*3.7 自由群,群的表现

设 S 为任一集合.在 S 的元素不满足任何关系的设定下,S 的元素生成的群,称为自由群(free group),记为 $F(S)$.自由(free)是指不受任何关系的约束(乘法也不能交换).例如若 $S=\{x,y\}$,则 $F(S)$的元素就是 $x,xx,xy^{-1}xx,xy^{-1}y^{-1}x^{-1},\cdots$ 等等,这样的每个元素称为一个“字”.xx 与 $xy^{-1}xx$ 的乘积定义为 $xxxy^{-1}xx$.(当然,我们可以记 $xx=x^2$, $xyy^{-1}=x$,等等)

而“S 的元素不满足任何关系”相当于“S 到任一群 G 的任意(集合间的)映射 φ 可唯一地延拓为 $F(S)$到 G 的群同态 Φ”(“延拓”(extend)是指 $\varphi(s)=\Phi(s)$对 $s\in S$ 成立).例如,$\Phi(xy^{-1}x)=\varphi(x)\varphi(y)^{-1}\varphi(x)$.这将称为自由群的万有性(universal property),是自由群的特有性质.

例如,$S=\{x\}$只含一个元素时,自由群 $F(S)=\{x^i \mid i\in\mathbb{Z}\}$为无限循环群,同构于$\mathbb{Z}$.而 $S=\{x\}$ 到任一群 G 的任意集合映射 $\varphi: x\mapsto g$,可延拓为 $F(S)$ 到 G 的群同态

$\Phi: x^i \mapsto g^i$.(但 $S=\{x\}$ 生成的非自由群 $\langle x\rangle$(例如预设关系 $x^3=x$ 后生成的群),则集合映射 $\varphi:\{x\}\to\mathbb{R}^*$,$x\mapsto 2$,就不能延拓为群同态 $\Phi:\langle x\rangle\to\mathbb{R}^*$,否则由 $x^3=x$ 得到 $\Phi(x)^3=\Phi(x^3)=\Phi(x)$,即 $2^3=2$,矛盾.)

以下将上述想法严格化.给定集合 S 后,设 S^{-1} 为任意与 S 不相交的集合,S 与 S^{-1} 之间有双射:$\rho: s\mapsto s^{-1}$.记 $\rho^{-1}(s^{-1})=s$ 为 $(s^{-1})^{-1}=s$.再在 $S\cup S^{-1}$ 之外取一个元素,这一个元素构成的集合记为 $\{1\}$.令 $1^{-1}=1$,$x^1=x$(对任意 $x\in S\cup S^{-1}\cup\{1\}$).由 $S\cup S^{-1}\cup\{1\}$ 中的元素构成的一个序列

$$(s_1, s_2, s_3, \cdots)$$

(且 $s_i=1$(对充分大的 i),i 为自然数)称为 S 上的一个**字**(word).

为了在群中剔除 $abb^{-1}c$ 或 $a1cd$ 这样的写法,我们规定:字 $(s_1,s_2,s_3,\cdots)$ 称为**既约的**,是指 (1) $s_{i+1}\neq s_i^{-1}$(对所有 i,$s_i\neq 1$ 时);及 (2) 若 $s_k=1$,则 $s_{k+i}=1$(对所有自然数 i).于是既约的字都形如 $(s_1,s_2,\cdots,s_k,1,1,\cdots)$,简记为 $s_1s_2\cdots s_k$;$(1,1,\cdots)$ 简记为 1.令 $F(S)$ 为 S 上的既约字全体,且将任一 $s\in S$ 视为 $s=(s,1,1,\cdots)\in F(S)$.

两个既约字的乘积,本质上就是连写,但要区分如下三种情况:$(abc)(c^{-1}b^{-1}d)=ad$,$(abc)(c^{-1}b^{-1}a^{-1})=1$,$(bc)(c^{-1}b^{-1}d)=d$).于是,为定义两个既约字 $r_1^{d_1}\cdots r_m^{d_m}$ 和 $s_1^{e_1}\cdots s_n^{e_n}$ 的乘积($d_i, e_j=\pm 1$;$r_i, s_j\in S$,$m\leqslant n$),设 k 为最小整数(在 $[1,m+1]$ 中),使得 $s_k^{e_k}\neq r_{m-(k-1)}^{-d_{m-(k-1)}}$,则规定既约字的乘积为

$$(r_1^{d_1}\cdots r_m^{d_m})(s_1^{e_1}\cdots s_n^{e_n})=\begin{cases} r_1^{d_1}\cdots r_{m-(k-1)}^{d_{m-(k-1)}}s_k^{e_k}\cdots s_n^{e_n}, & k\leqslant m;\\ 1, & k=m+1=n;\\ s_{m+1}^{e_{m+1}}\cdots s_n^{e_n}, & k=m+1\leqslant n. \end{cases}$$

对 $m\geqslant n$ 情形类似定义.

定理 1 任一集合 S 上的既约字的集合 $F(S)$,对上述运算成为群.

定义 1 上述群 $F(S)$ 称为 S 生成的**自由群**.

证明 显然乘法封闭,1 为乘法单位元,任意元素 $s_1^{e_1}\cdots s_n^{e_n}$ 有逆元 $s_n^{-e_n}\cdots s_1^{-e_1}$.只需再验证乘法结合律.任一个 $s\in S\cup S^{-1}\cup\{1\}$ 决定了一个映射 $\pi_s: F(S)\to F(S)$,

$$\pi_s(s_1^{e_1}\cdots s_n^{e_n})=\begin{cases} ss_1^{e_1}\cdots s_n^{e_n}, & \text{if}\quad s\neq s_1^{-e_1};\\ s_2^{e_2}\cdots s_n^{e_n}, & \text{if}\quad s=s_1^{-e_1}. \end{cases}$$

显然 $\pi_{s^{-1}}\circ\pi_s$ 是恒等映射,故 π_s 是 $F(S)$ 的置换.$\{\pi_s\mid s\in S\}$ 生成 $F(S)$ 上置换子群 P_S,而

$$s_1^{e_1}\cdots s_n^{e_n}\mapsto\pi_{s_1}^{e_1}\circ\cdots\circ\pi_{s_n}^{e_n}$$

是 $F(S)$ 到 P_S 的双射，保持运算. 因 P_S 是群，故 $F(S)$ 是群. ■

定理 2 (1)（自由群的万有性(泛性)，universal property）. 设 $\varphi: S\to G$ 为集合 S 到任一群 G 的集合间的映射，则 φ 可延拓为唯一的群同态 $\Phi: F(S)\to G$（即 $\varphi=\Phi|_S$，亦即 $\varphi(s)=\Phi(s)$（对 $s\in S$），φ 称为 Φ 的限制）. 即如下图可交换：

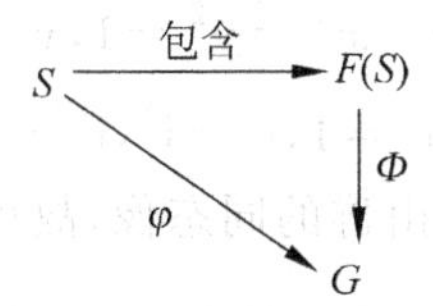

(2) 任一群 G 是某自由群的满同态像（故同构于自由群的商群）.

(3) $F(S)$ 是唯一的（不计唯一的一个在 S 上恒等的同构的像）.

证明 (1) 由 Φ 是同态知，$\Phi(s_1^{e_1}\cdots s_n^{e_n})=\Phi(s_1^{e_1})\cdots\Phi(s_n^{e_n})=(\varphi s_1)^{e_1}\cdots(\varphi s_n)^{e_n}$，即得 Φ 的唯一性. 而可直接验证由此定义的 Φ 是同态，即得 Φ 的存在性.

(2) 取 $S=G$，$\varphi: G\to G$ 为恒等映射. 则(1)给出满同态 $\Phi: F(G)\to G$.

(3) 设 $F(S)$，$F'(S)$ 均为 S 生成的自由群. 由(1)知，包含映射 $S\subset F'(S)$，$S\subset F(S)$ 可延拓为群同态 $\Phi: F(S)\to F'(S)$，和 $\Phi': F'(S)\to F(S)$，二者在 S 上均为恒等映射. 故复合映射 $\Phi'\Phi$ 是 $F(S)$ 的自同态，在 S 上的限制为恒等映射，故 $\Phi'\Phi$ 是 $F(S)$ 上的恒等映射(因 $F(S)$ 是由 S 上的既约字组成). 同理知 $\Phi\Phi'$ 是 $F'(S)$ 上的恒等映射. 故知 Φ 为双射，即同构. ■

定理 3（施赖埃尔(Schreier)） 自由群的子群仍为自由群.

此定理证明不易，此处不列出. 最著名的例子是，加法群 $\mathbb{Z}$ 是自由群，其子群仍为自由群.

在 1.7 节，我们已看到，3 级对称群可写为

$$S_3=\{\rho,\varphi\mid\rho^3=1,\varphi^2=1,\rho\varphi(\varphi\rho^2)^{-1}=1\},$$

其中 ρ,φ 为生成元；而 $\rho^3=1,\varphi^2=1,\rho\varphi(\varphi\rho^2)^{-1}=1$ 为关系，它们决定生成元间的运算关系.

一般地，由定理 2(2)，任一群 G 为自由群的同态像，即自由群的商群(同构意义下)，可写为 $G=F(S)/\ker\pi=F(S)/N$. 故有如下定义.

定义 2 设群 $G=\langle S\rangle$ 由集合 S 生成，群同态 $\pi: F(S)\to G$ 在 S 上为恒等映射，$\ker\pi=N$，则称 (S,N) 为 G 的一个**表现**(presentation)，记为

$$G=\langle S\mid r=1,\forall r\in N\rangle.$$

而若 $R\subset N$，且 N 为含 R 的最小正规子群，则也称 (S,R) 为 G 的表现，记为

$$G=\langle S\mid r=1,\forall r\in R\rangle.$$

称 S 的元素为 G 的**生成元**(generators)，R(或 N)的元素为 G 的**关系**(relations).

例如，一些阿贝尔群的表现：$\mathbb{Z}\cong F(\{x\})=\langle x\rangle$，

$$\mathbb{Z}\times\mathbb{Z}\cong\langle x,y\mid xyx^{-1}y^{-1}=1\rangle,$$

$$\mathbb{Z}/m\mathbb{Z}\oplus\mathbb{Z}/n\mathbb{Z}\cong\langle x,y\mid x^m=y^n=xyx^{-1}y^{-1}=1\rangle.$$

一些非阿贝尔群的表现为

$$D_{2n}\cong\langle x,y\mid x^n=y^2=1,y^{-1}xy=x^{-1}\rangle,$$

$$Q_8\cong\langle \mathrm{i},\mathrm{j}\mid \mathrm{i}^4=1,\mathrm{j}^2=\mathrm{i}^2,\mathrm{j}^{-1}\mathrm{i}\mathrm{j}=\mathrm{i}^{-1}\rangle.$$

由定理2(2)知，任一群G为自由群的同态像，故可设$\sigma\colon F(S)\to G$为满同态. 于是有复合同态$\sigma'\colon F(S)\xrightarrow{\sigma}G\xrightarrow{\bmod G^c}G/G^c$（其中$G^c$表示$G$的交换子子群）. 因$G/G^c$为阿贝尔群，故$\ker\sigma'\supset F(S)^c$，故有同态

$$\bar{\sigma}\colon F(S)/F(S)^c\to G/G^c,\quad \bar{\sigma}(\bar{x})=\sigma(x).$$

由此可知，若$G=\langle S\mid r=1,\forall r\in R\rangle$为$G$的表现，则

$$G/G^c=\langle S\mid r=1(\forall r\in R);\quad xy=yx(\forall x,y\in S)\rangle$$

为群G/G^c的表现. 特别可知，$F(S)/F(S)^c$的表现为

$$F(S)/F(S)^c=\langle S\mid xy=yx(\forall x,y\in S)\rangle.$$

群$F(S)/F(S)^c$称为**自由阿贝尔群**，常记为$A(S)$. 由其上述表现可知，其元素受到的唯一约束关系只有交换性.

定理4　若$|S|=n$为有限自然数，则S生成的自由阿贝尔群

$$A(S)\cong\mathbb{Z}^n=\mathbb{Z}\oplus\cdots\oplus\mathbb{Z}=\{(x_1,\cdots,x_n)\mid x_i\in\mathbb{Z}\},$$

且当$m\neq n$时，$\mathbb{Z}^m\not\cong\mathbb{Z}^n$.

证明　(1) 设$S=\{s_1,\cdots,s_n\}$. 由定义可知，$A(S)$的元素形如$s_1^{a_1}\cdots s_n^{a_n}(a_i\in\mathbb{Z})$. 考虑集合的映射

$$\varphi\colon S\to\mathbb{Z}^n,\quad \varphi(s_i)=e_i=(0,\cdots,0,1,0,\cdots,0)\ (\text{第 } i \text{ 个分量为 } 1),$$

由自由群的万有性（定理2）知，φ可延拓为唯一的满同态

$$\Phi\colon F(S)\to\mathbb{Z}^n,\quad \Phi(s_1^{a_1}\cdots s_n^{a_n})=(a_1,\cdots,a_n).$$

因$\mathbb{Z}^n$为加法阿贝尔群，故$\ker\Phi\supset F(S)^c$（换位子子群），故诱导出满同态

$$\bar{\varphi}\colon A(S)=F(S)/F(S)^c\to\mathbb{Z}^n,\quad \bar{\varphi}(s_i)=\bar{\varphi}(\bar{s}_i)=e_i.$$

因$A(S)$的元素形如$s_1^{a_1}\cdots s_n^{a_n}(a_i\in\mathbb{Z})$，故知

$$\bar{\varphi}(s_1^{a_1}\cdots s_n^{a_n})=a_1e_1+\cdots+a_ne_n=(a_1,\cdots,a_n),$$

故$\bar{\varphi}$为单射，即知为群同构.

(2) 假若有群同构$\sigma\colon\mathbb{Z}^m\to\mathbb{Z}^n$，$\sigma((x_1,\cdots,x_m))=(y_1,\cdots,y_n)$，则$\sigma((x_1,\cdots,x_m)+(x_1,\cdots,x_m))=(y_1,\cdots,y_n)+(y_1,\cdots,y_n)$，即$\sigma((2x_1,\cdots,2x_m))=(2y_1,\cdots,2y_n)$. 同理，$\sigma((kx_1,\cdots,kx_m))=(ky_1,\cdots,ky_n)$，即知有同构$\sigma\colon(k\mathbb{Z})^m\to$

$(k\mathbb{Z})^n$（对任意自然数 k）. 故

$$\mathbb{Z}^m/(k\mathbb{Z})^m \cong \mathbb{Z}^n/(k\mathbb{Z})^n$$

（由 2.4 节定理 4）. 但上式左边元素个数为 k^m，右边为 k^n，矛盾. ■

由此定理可知，自由阿贝尔群 $A(S)$ 由 $|S|=n$ 唯一决定（同构意义下）. 称 $S=\{s_1,s_2,\cdots,s_n\}$ 为 $A(S)$ 的基(basis)；$|S|=n$ 为 $A(S)$ 的秩(rank).

当 S 为无限集时，类似上述知，$A(S)\cong\bigoplus_{s\in S}\mathbb{Z}$，即加法群 $\mathbb{Z}$ 的无限直和，其元素为整数有限序列 $(x_s)_{s\in S}$ 全体（每个序列中只有有限多个分量 x_s 非零）.（说明：允许无限个分量 x_s 非零时，序列全体 $(x_s)_{s\in S}$ 称为直积，性质完全不同于直和.）

定理 5 有限生成的自由阿贝尔群 A 的非零子群 H 也是有限生成的自由阿贝尔群，且 $\mathrm{rank}(H)\leqslant\mathrm{rank}(A)$. 详言之，存在 A 的基 $\{s_1,s_2,\cdots,s_n\}$ 使得 $\{d_1s_1,\cdots,d_ms_m\}$ 为 H 的基，其中 $m\leqslant n$，$d_i\mid d_{i+1}(i=1,\cdots,m-1)$，$d_i$ 为整数.

（具有有限多个生成元的群 G 称为有限生成的.）

证明 记 A 为加法群. 令

$J=\{k\in\mathbb{Z}\mid$ 存在 $h\in H$ 和 A 的基 $\{s_1,s_2,\cdots,s_n\}$ 使得 $h=ks_1+k_2s_2+\cdots+k_ns_n$，$k_i\in\mathbb{Z}\}$.

显然 $J\neq 0$（因 $H\neq 0$，可取其非零元扩充为基），且 J 对加、减法封闭. 故 J 是 $\mathbb{Z}$ 的子群.

于是可设 $J=d\mathbb{Z}$，$d\in J$，并存在 $h\in H$ 和 A 的基 $\{s_1,s_2,\cdots,s_n\}$ 使得

$$h=ds_1+d_2s_2+\cdots+d_ns_n \quad (d_i\in\mathbb{Z}).$$

显然也有 $d_2\in J$（因 $h=d_2s_2+ds_1+\cdots+d_ns_n\in H$，基为 $\{s_2,s_1,s_3,\cdots,s_n\}$），故 $d_2=dq_2$. 同理 $d_i\in J$，$d_i=dq_i$，$q_i\in\mathbb{Z}$. 于是上述 $h\in H$ 可写为

$$h=ds_1+dq_2s_2+\cdots+dq_ns_n=d(s_1+q_2s_2+\cdots+q_ns_n)=ds_1',$$

其中 $s_1'=s_1+q_2s_2+\cdots+q_ns_n$，且 $\{s_1',s_2,\cdots,s_n\}$ 仍为 A 的基（因 $s_1=s_1'-q_2s_2-\cdots-q_ns_n$）.

现在对 A 的秩 n 归纳. 当 $n=1$ 时，A 为无限循环群，定理显然成立. 设定理对秩 $<n$ 情形成立. 设 A 的秩为 n 如上，令 $A_1=\langle s_2,\cdots,s_n\rangle$，则 $A=\langle s_1'\rangle\oplus A_1$. 我们断言

$$H=\langle ds_1'\rangle\oplus(H\cap A_1).$$

事实上，任意 $x\in H$ 可写为 $x=k_1s_1'+k_2s_2+\cdots+k_ns_n$，因 $k_i\in J$（理同 $d_i\in J$），故 $d\mid k_i$，$x\in\langle ds_1'\rangle+(H\cap A_1)$. 又因 $\{s_1',s_2,\cdots,s_n\}$ 为基，故 $\langle s_1'\rangle\cap A_1=\{0\}$，$\langle ds_1'\rangle\cap(H\cap A_1)=\{0\}$. 断言得证.

现若 $H\cap A_1$ 为零，则 $H=\langle ds_1'\rangle$，定理成立. 若 $H\cap A_1$ 非零，则为 A_1 的子群，A_1 的秩为 $n-1$，由归纳法假设知 $H\cap A_1$ 为自由群，存在 A_1 的基 $\{s_2',\cdots,s_n'\}$ 使得 $\{d_2s_2',\cdots,d_ms_m'\}$ 为 $H\cap A_1$ 的基，其中 $m\leqslant n$，$d_i\mid d_{i+1}(i=2,\cdots,m-1)$. 于是，$\{s_1',s_2',\cdots,s_n'\}$ 为 A 的基，使得 $\{ds_1',d_2s_2',\cdots,d_ms_m'\}$ 为 H 的基. 且 $d\mid d_2$（如上述）. ■

（说明：此定理用线性代数中的整数系数方阵的施密斯(Smith)标准形易证.）

定理 6（有限生成阿贝尔群基本定理）　设 G 为有限生成的阿贝尔群，则

$$G \cong \mathbb{Z}/d_1\mathbb{Z} \oplus \cdots \oplus \mathbb{Z}/d_m\mathbb{Z} \oplus \mathbb{Z}^r,$$

其中 $d_i \mid d_{i+1}$ 为正整数（$i=1,\cdots,m-1$）.

证明　设有满同态 $\varphi: F(S) \to G$，其中 S 为有限集（因 G 是有限生成的. 见定理 2(2)）. 因 G 为阿贝尔群，故 $\ker\varphi \supset F(S)^c$（换位子子群），故诱导出满同态 $\varphi': A(S)=F(S)/F(S)' \to G$. 于是 $H=\ker\varphi'$ 是自由阿贝尔群 $A(S)$ 的子群，故由定理 5 知，存在 $A(S)$ 的基 $\{s_1,s_2,\cdots,s_n\}$ 使得 $\{d_1s_1,\cdots,d_ms_m\}$ 为 H 的基，其中 $m \leqslant n$，$d_i \mid d_{i+1}$（$i=1,\cdots,m-1$），d_i 为整数. 故

$$G \cong A(S)/\ker\varphi' = \frac{s_1\mathbb{Z} \oplus \cdots \oplus s_n\mathbb{Z}}{d_1s_1\mathbb{Z} \oplus \cdots \oplus d_ms_m\mathbb{Z}} \cong \mathbb{Z}/d_1\mathbb{Z} \oplus \cdots \oplus \mathbb{Z}/d_m\mathbb{Z} \oplus \mathbb{Z}^{n-m}. \quad \blacksquare$$

习 题 3.7

1. 证明：当 $|S|>1$ 时，$F(S)$ 为非阿贝尔群.

2. 证明：(1) S_n 由对换 $(12),(23),\cdots,((n-1)n)$ 生成.

(2) 上述对换满足关系

$$((i(i+1))((i+1)(i+2)))^3=1, \quad [(i(i+1)),(j(j+1))]=1\ (|i-j| \geqslant 2),$$

其中 $[a,b]=a^{-1}b^{-1}ab$.

(3) S_n 可如下表现（用数学归纳法）：

$$S_n \cong \langle t_1,\cdots,t_{n-1} \mid t_i^2=1,(t_it_{i+1})^3=1,[t_i,t_j]=1(\text{对}|i-j| \geqslant 2, 1 \leqslant i,j \leqslant n-1)\rangle.$$

3. 证明：非平凡的半直积 $Z_4 \rtimes Z_4$，表现为 $\langle x,y \mid x^4=y^4=1, yxy^{-1}=x^3\rangle$.

4. 证明：非平凡半直积 $Z_3 \rtimes Z_8$（后者作用于前者）表现为

$$\langle a,x \mid a^3=x^8=1, xax^{-1}=a^{-1}\rangle.$$

第4章

环论基础

4.1 环的定义和例子

环，首先是一个加法群，元素之间还有乘法. 简言之，环就是内有加、减、乘三种运算的集合. 例如整数环$\mathbb{Z}$. 再如$\mathbb{Z}/2\mathbb{Z}=\{\bar{0},\bar{1}\}$. 多项式集合$\mathbb{R}[X]$，和$\mathbb{R}[X,Y]$，都是重要的环. 环的结构和理想等理论，精妙优美，是诸多学科和应用的重要基础.

定义 1 一个环(ring)就是一个集合R，其中的元素有两种二元运算，分别称为加法与乘法，运算符号分别用$+$与$\cdot$（这也就是说，任意的$x,y\in R$对应于唯一的$x+y\in R$与唯一的$x\cdot y\in R$. 也记$x\cdot y$为xy)，且满足如下条件：

(R1) $(R,+)$是(加法)阿贝尔群.

(R2) $(R,\cdot)$是(乘法)幺半群，即对任意$x,y,z\in R$满足

(1) 封闭性：$x\cdot y\in R$；(2) 结合律：$x(yz)=(xy)z$；

(3)有乘法单位元$e\in R$，使$ex=xe=x$.

(R3) 左、右分配律(distributive law，乘法对加法)，即对任意$x,y,z\in R$有

$$x(y+z)=xy+xz,\quad (y+z)x=yx+zx.$$

此环记为$(R,+,\cdot)$或R. 加法单位元记为0，乘法单位元e也记为1，也常称为幺元. 称$x+y$为x,y的和，$x\cdot y$为积.

如果环$(R,+,\cdot)$中的乘法满足交换律（即$xy=yx$对任意$x,y\in R$成立)，则称环$(R,+,\cdot)$为**交换环**(commutative ring).

例 1 以下集合对通常的运算为交换环：

$$\{0\},\mathbb{Z},\mathbb{Z}/8\mathbb{Z},\mathbb{Z}/m\mathbb{Z},\mathbb{Q},\mathbb{R},\mathbb{C}.$$

再如$\mathbb{Z}[\mathrm{i}]=\{m+n\mathrm{i}\mid m,n\in\mathbb{Z}\}$（其中$\mathrm{i}=\sqrt{-1}$)，是环，称为高斯整数环.

例 2 非交换环的著名例子：实系数n阶方阵集$M_n(\mathbb{R})$.

引理 1 环R有如下性质（$\forall x,y\in R$)：

(1) 加法单位元0是唯一的，且

$$0x=x0=0.$$

(2) 乘法单位元 e（或记为 1）是唯一的，且

$$(-1)x=x(-1)=-x,\qquad (-1)(-1)=1.$$
$$(-y)x=x(-y)=-(xy),\qquad (-x)(-y)=xy.$$

(3) 若环 R 中 $1=0$，则 $R=\{0\}$，称为零环(或平凡环)，记为 0.（下述一般只考虑非零环）

证明 (1) 若 0 和 $0'$ 都是加法单位元，则 $0+0'=0'$(因为 0 是加法单位元)，且 $0+0'=0$(因为 $0'$ 是加法单位元). 故 $0=0'$. 又由于 $0x=(0+0)x=0x+0x$，两边同加上 $(-0x)$，得 $0x=0$. 同理可得 $x0=0$.

(2) 若 e 和 e' 都是乘法单位元，则 $e=ee'=e'$. 因 $(-1)x+x=(-1+1)x=0x=0$，故 $(-1)x=-x$. 同理 $x(-1)=-x$. 由此可知 $(-1)(-1)=-(-1)=1$. 其余由此可得.

(3) 若 $1=0$，则 $1\cdot x=0\cdot x$，即对任意 $x\in R$，$x=0$. ■

若 $R_1\subset R$ 且 R_1 对于环 R 的运算是环，则称 R_1 是环 R 的**子环**(subring)，记为 $R_1<R$. 两个子环的交 $R_1\cap R_2$ 仍为子环.

注记 1 有的书定义环时，不要求有乘法单位元. 但现在多数书都要求环有乘法单位元；而将没有单位元者称为 rng (译为无幺环，或"沗"(liú)). 本书遵从后者，在必要时将明确指出是否"含幺". 例如，$2\mathbb{Z}$ 不含幺.

根据环的定义，环对加法是阿贝尔群，故加法性质良好，与整数加法性质类似. 但环对乘法只是半群，这就有两个问题：(1)环中也许有元素不可逆；(2)环的乘法也许不可交换. 在这两个问题上的不同表现，就区分出多种不同的环.

环 R 中元素 a,b 如果满足 $ab=1$，则称 a 为 b 的左逆，b 为 a 的右逆. 如果 a 既有左逆又有右逆，则其左右逆相等(由 $ab=1,ca=1$，知 $c=c(ab)=(ca)b=b$)，称为 a 的逆，记为 a^{-1}，此时称 a **可逆**.

环 R 中的**可逆元**也称为**单位**(unit)，其全体记为 R^* 或 $R^\times$，对乘法构成群，称为 R 的**单位群**(unit group).

例如：$\mathbb{Z}^*=\{1,-1\}$. $\mathbb{Q}^*=\mathbb{Q}-\{0\}$. 而 $\mathbb{Z}/8\mathbb{Z}$ 的单位群是 $(\mathbb{Z}/8\mathbb{Z})^*=\{\bar{1},\bar{3},\bar{5},\bar{7}\}$. 一般地，$\mathbb{Z}/m\mathbb{Z}$ 的单位群 $(\mathbb{Z}/m\mathbb{Z})^*$ 是 $\varphi(m)$ 阶乘法群，$\varphi(m)$ 为欧拉函数.

环中不可逆的元素，可能会有"奇怪"性质（与整数性质大不一样). 例如下述.

在环 R 中，若有元素 a,b 使得

$$a\neq 0, b\neq 0,\quad 而\ ab=0,$$

则称 a,b 为**零因子**(divisor of zero). 不含零因子的环称为**无零因子环**.

"无零因子"性质等价于"**消去律**"，即由 $ax=ay,a\neq 0$ 可得到 $x=y$（对任意 $a,x,y\in R$). 事实上，$ax=ay$ 相当于 $a(x-y)=0$，因 $a\neq 0$，故"无零因子"导致 $x-y=0$，$x=y$，即消去律成立. 反之，如果有零因子，显然消去律不成立了.

可逆元一定不是零因子. 事实上，若 a 可逆，a' 为其逆，则由 $ab=0$ 有 $a'\cdot ab=a'\cdot 0$，即 $b=0$. 可见“非零因子”是弱于“可逆”的性质.

例如，环$\mathbb{Z}/8\mathbb{Z}$中，$\bar{2}\times\bar{4}=\bar{0}$，$\bar{4}\times\bar{6}=\bar{0}$，故 $\bar{2},\bar{4},\bar{6}$ 都是零因子；而 $\bar{1},\bar{3},\bar{5},\bar{7}$ 都不是零因子. $\mathbb{Z}/7\mathbb{Z}$ 中没有零因子. n 阶方阵环 $M_n(\mathbb{R})$ 中有零因子，如

$$\begin{pmatrix}1&0\\1&0\end{pmatrix}\begin{pmatrix}0&0\\1&1\end{pmatrix}=\begin{pmatrix}0&0\\0&0\end{pmatrix}=0.$$

定义 2 无零因子的交换环(且非$\{0\}$)称为**整环**(domain, integral ring, entire ring).

整数环$\mathbb{Z}$是最著名的整环. $\mathbb{Q}$，$\mathbb{R}$，$\mathbb{C}$ 也都是整环. $\mathbb{Z}/2\mathbb{Z}$，$\mathbb{Z}/3\mathbb{Z}$，$\mathbb{Z}/7\mathbb{Z}$ 也都是整环. 高斯整数环$\mathbb{Z}[\mathrm{i}]=\{m+n\mathrm{i}\mid m,n\in\mathbb{Z}\}$是整环. 多项式环$\mathbb{R}[X]$是整环.

定义 3 (1)如果环 R 的非零元皆可逆，则称 R 为**可除环**，或**体**，**斜域**(division ring, skew field). (2)可交换的可除环称为**域** (field).

例 3 回忆哈密顿四元数集(见 1.7 节)：

$$\mathbb{H}=\{a+b\mathrm{i}+c\mathrm{j}+d\mathrm{k}\mid a,b,c,d\in\mathbb{R}\}$$

是非交换环. $r=a+b\mathrm{i}+c\mathrm{j}+d\mathrm{k}$ 的共轭定义为 $\bar{r}=a-b\mathrm{i}-c\mathrm{j}-d\mathrm{k}$，范数定义为 $r\bar{r}=|r|^2\in\mathbb{R}$，即

$$(a+b\mathrm{i}+c\mathrm{j}+d\mathrm{k})(a-b\mathrm{i}-c\mathrm{j}-d\mathrm{k})=a^2+b^2+c^2+d^2.$$

故非零的 r 必是可逆的，逆为 $r^{-1}=\bar{r}|r|^{-2}$. 故四元数环$\mathbb{H}$ 是**可除环**，但它不是域，元素乘法不可交换.

域是性质最好的环，即可交换的可除环. 这相当于说：“$R-\{0\}$是乘法阿贝尔群”. 因为域的重要性，其定义详细写出如下.

定义 4 一个**域**即是一个集合 F，其中元素有两个二元运算，称为加法与乘法(运算符记为$+$，$\cdot$)，且满足条件：

(F1) $(F,+)$是(加法)阿贝尔群；

(F2) $(F^*,\cdot)$ 是 (乘法)阿贝尔群 (其中 $F^*=F-\{0\}$)；

(F3) 左、右分配律.

按定义 4，域 F 也是环. 这只要用定义 4 验证 F 满足(R2)，由(F2)知 F 的非零元满足(R2). 对于 $0\in F$ 有 $0x=(0+0)x=0x+0x$，得 $0x=0$，同理得 $x0=0$ $(\forall x\in F)$；故知 $0\in F$ 也满足(R2).

最著名的域有 $\mathbb{Q}$，$\mathbb{R}$，$\mathbb{C}$，$\mathbb{F}_p=\mathbb{Z}/p\mathbb{Z}$，分别称为**有理数域**，**实数域**，**复数域**，p 元**有限域**(p 为素数). 注意$\mathbb{F}_p=\mathbb{Z}/p\mathbb{Z}$ 的非零元都可逆(因 $1,2,\cdots,p-1$ 都与 p 互素)，故是域. 还可以在这些域的基础上“扩张”得到新的域，例如

$$\mathbb{Q}(\sqrt{3})=\{a+b\sqrt{3}\mid a,b\in\mathbb{Q}\}$$

是域. 再如，域$\mathbb{Q}$上的有理式(形式)全体，即$\mathbb{Q}(X)=\{f(X)/g(X)\mid f,g\in\mathbb{Q}[X]\}$是域.

两个不定元的有理式全体 $\mathbb{Q}(X,Y)=\{f(X,Y)/g(X,Y)\mid f,g\in\mathbb{Q}[X,Y]\}$是域.

定理 1　有限整环必为域.

证法 1　设 $R=\{0,1,a_3,\cdots,a_n\}$为一有限整环，$0\neq a\in R$. 则 $R=aR$，即

$$\{0,1,a_3,\cdots,a_n\}=\{0,a,aa_3,\cdots,aa_n\};$$

这是因为，若 $ax=ay$，则 $a(x-y)=0$，由于 R 中无零因子，故 $x-y=0$，$x=y$. 这说明 $1=aa_i$ 对某 $a_i\in R$ 成立，即 a 为可逆元. 按定义即知 R 为域.

证法 2　设 $0\neq a\in R$，则序列$\{a^k\}$不可能无限，故 $a^m=a^n$ 对某整数 $m\neq n$ 成立. 不妨设 $m<n$，则 $1=a^{n-m}=a\cdot a^{m-n-1}$，故知 a 有逆 $a^{m-n-1}\in R$. ■

1905 年，韦德伯恩(Wedderburn)给出定理：有限可除环必为域.（此处不证）

例 4　集合

$$\mathbb{Q}(\mathrm{i})=\{a+b\mathrm{i}\mid a,b\in\mathbb{Q}\}\quad(\mathrm{i}=\sqrt{-1})$$

是一个域，称为**高斯数域**. 类似地，设 d 为无平方因子整数，令

$$K_d=\mathbb{Q}(\sqrt{d})=\{a+b\sqrt{d}\mid a,b\in\mathbb{Q}\},$$

则 $K_d=\mathbb{Q}(\sqrt{d})$是一个域，称为**二次数域**. 元素求逆要用到分母有理化.

例 5　设 d 为无平方因子整数.

(1) 当 $d\equiv 2$ 或 $3(\bmod 4)$时，　令 $O_d=\{m+n\sqrt{d}\mid m,n\in\mathbb{Z}\}$；

(2) 当 $d\equiv 1(\bmod 4)$ 时，令 $O_d=\left\{\dfrac{m+n\sqrt{d}}{2}\mid m\equiv n(\bmod 2),m,n\in\mathbb{Z}\right\}$.

则易知 O_d 是整环，称为域 K_d 的**代数整数环**. O_d 与 K_d 的关系，犹如$\mathbb{Z}$与$\mathbb{Q}$的关系，且

$$K_d=\left\{\frac{b}{a}\mid a,b\in O_d,a\neq 0\right\}$$

例 6　设 R 是交换环(乘法单位元 $1\neq 0$)，$G=\{e,g_2,\cdots,g_n\}$为乘法群. G 的(以 R 的元素为系数的)**群环**(group ring) RG 定义为如下的"形式和"全体：

$$r_1e+r_2g_2+\cdots+r_ng_n\quad(r_i\in R,i=1,2,\cdots,n);$$

加法和乘法均按自然的方式(满足分配律和结合律)定义：

$$\sum_i r_ig_i+\sum_i r'_ig_i=\sum_i(r_i+r'_i)g_i,$$

$$\left(\sum_i r_ig_i\right)\left(\sum_j r'_jg_j\right)=\sum_{i,j}(r_ir'_j)(g_ig_j).$$

常记 $r_1e=r_1$，$1g_i=g_i$. 于是 $R=\{r_1\}\subset RG$. $G\subset RG$. 事实上，G 是 RG 的单位群的子群(因为 G 的元素显然是 RG 中的可逆元). RG 含有零因子(当 $G\neq\{e\}$)，例如对其任一 $d(\neq 1)$阶元 g，有

$$(1-g)(1+g+\cdots+g^{d-1})=1-g^d=0,$$

故 $1-g$ 是零因子.

设 R,S 是两个环，作为加法群，它们有外直和

$$R\oplus S=\{(r,s)\mid r\in R,s\in S\},$$

是加法群，加法为 $(r,s)+(r',s')=(r+r',s+s')$. 再定义乘法 $(r,s)(r',s')=(rr',ss')$，则 $R\oplus S$ 为环，称为环 R,S 的(外)**直和**，也有文献称为外**直积**，记为 $R\times S$.（直积和直和的概念各有定义，但有限多个环的直积和直和是一致的.）

若 R,S 是某环 Ω 的子环，则

$$R+S=\{r+s\mid r\in R,s\in S\}$$

为环，称为 R,S 的和. 如果 $R\cap S=\{0\}$，则 $R+S$ 称为 R,S 的内直和，并记为 $R\oplus_{\text{in}}S$. 对有限多个环，可归纳地定义外直和、内直和.

上述内、外直和，对不含幺元的环也适用. 可归纳推广到有限多个环的直和.

注记 2 环论兴起于 19 世纪中叶，标志性事件是 1844 年库默尔(Kummer)证明了某些复数不满足唯一析因定律，并于 1846 年发明了"理想数"以弥补."理想"的理论被戴德金(Dedekind)极大地发展，系统地创立了代数数论. 而希尔伯特(Hilbert)1893 年得到著名的多项式环"基定理"，是代数几何的基础. 交换环的公理化定义首先由诺特(Noether)在 1921 年给出，将数和多项式的理论统一起来. 而另一方面，哈密顿在 1843 年发现四元数，这是首个非交换环. 1905 年韦德伯恩证明了有限可除环是域.

习 题 4.1

1. 记 $\mathrm{Map}(S,R)$ 为非空集合 S 到环 R 的(集合间的)映射集. 证明 $\mathrm{Map}(S,R)$ 为环(并明确给出其中加法和乘法的定义，指出单位元).

2. 记 $\mathrm{End}(A)$ 为(加法)阿贝尔群 A 的自同态全体. 证明 $End(A)$ 为环(并明确给出其中加法和乘法的定义，指出单位元).

3. 若环 R 的子集 R' 含 $1,-x,x+y,xy$（对任意 $x,y\in R$），则 R' 为子环.

4. 证明："环 R 中无零因子"当且仅当"环 R 满足消去律"（即若 $ad=bd$（或 $da=db$）而 $d\neq 0$，则 $a=b$，对任意 $a,b,d\in R$ 成立）.

5. 设 p 为素数. 证明如下集合对有理数运算成为环：

$$R_p=\left\{\frac{b}{a}\mid p\nmid a,a,b\in\mathbf{Z}\right\}.$$

其单位群是什么？

6. 设 R 为整环，$0\neq a\in R$. 则 $x\mapsto ax$ 是 R 到自身的单射.

7. 设环 R 的元素 x 皆满足 $x^2=x$，则 R 为交换环(称为布尔(Boole)环).

8. 求高斯整数环的单位群.

9. 在 $\mathbf{Q}(\sqrt{d})=\{a+b\sqrt{d}\mid a,b\in\mathbf{Q}\}$ 中，非零元如何求逆？

10. 试证明，在环的定义中(定义 1)，加法满足交换律的条件可以略去.

4.2 理　想

群中的“正规子群”，和环中的“理想”(ideal)，二者最初的地位有些类似，分别用于构作“商群”和“商环”，都是同态的核．不过，理想“更震撼的作用”在于：当环中的元素不可唯一因子分解了，理想却可以唯一因子分解！当元素唯一析因定律失效时，理想可来补救！这使得数学超越“元素”而转向对“理想”等“结构”的研究．

“理想”的诞生伴随着1847年数学界的著名事件．在1847年3月1日，拉梅(Lamé)在巴黎科学院发表演讲，宣布证明了费马(Fermat)大定理，立刻引起激烈的争论．拉梅的证明中用到“分圆复整数”的唯一因子分解性，刘维尔(J. Liouville)等认为这是不成立的；而柯西(Cauchy)，旺策尔(Wantzel)等热情支持，并忙于投秘密档案以待将来宣示发明优先权．激烈混乱的争论持续到1847年5月24日，刘维尔在会上宣读德国的库默尔(Ernst Eduard Kummer，1810—1893)的来信：

(1) 唯一析因定律对“分圆复整数”失效，随信附上库默尔三年前发表的证明；

(2) 库默尔发明了“理想数”来补救，这种“理想数”满足唯一析因定律；

(3) 用“理想数”可证明费马大定理的所有 $n\leqslant 100$ 的情形(除37，59，67外)(而此前的200多年期间，只证明了 $n=4,3,5,7$ 四情形)．

库默尔的来信震惊了巴黎科学院．此事件宣布了数学由“数”到“理想”等结构的历史性转折．库默尔引入的“理想”，极其重要，影响深广，构成现代数学(代数、几何等)的灵魂．

定义1(理想)　设 J 为环 R 的一个非空子集合，且

(1) J 为加法子群，

(2) J 满足(双边)吸收律，即 $ra\in J, ar\in J\quad(\forall r\in R, a\in J)$；

则称 J 为 R 的**理想**或**双边理想**(two-sided ideal)．

如果 J 在(2)中只满足左吸收律，即 $ra\in J$，则称 J 为 R 的左理想(参见图4.1)．类似定义右理想．

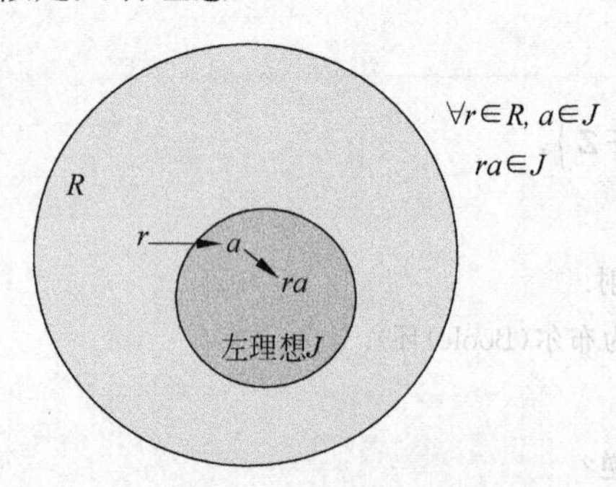

图4.1　左理想的吸收律

我们主要讨论环 R 是交换环的情形．这时，左、右、双边理想的概念是同一的．(不交换环时将特别指出．)

注记　(1) 上述条件(1)可代之以“J 对加法封闭”(因负元和0的存在性可由条件(2)得到：对任意 $a\in J$，因 $1\in R$，总有 $(-1)a=-a$ 和 $a+(-a)=0$ 在 J 中)．

(2) 理想定义的两个条件可概括为：J 的元素的“R-线性组合”仍在 J 中(这里，R-线性组合即

形如 $r_1a_1r_1'+r_2a_2r_2'+\cdots+r_sa_sr_s'$ 元素，$r_i,r_i'\in R,a_i\in J,i=1,2,\cdots,s$).

例 1　如下为一些理想的例子.

(1) 环 R 是自身的理想. R 作为自身的理想也记为(1)（称为单位理想）. 如果一个理想 J 含有 1，则必然 $J=R$，因为由吸收律知道任意 $r=r\cdot 1\in J$.

(2) $\{0\}$是理想，也记为 0 或(0).

(3) $\mathbb{Z}$ 的理想就是其加法子群，即 $m\mathbb{Z}$（因为吸收律显然满足）. 注意：

$$4\mathbb{Z}\subset 2\mathbb{Z},\quad 4\mathbb{Z}\cap 6\mathbb{Z}=12\mathbb{Z}.$$

(4) 设 $R=\mathbb{R}[x,y]$为二元多项式环，令

$$J=\text{“常数项为零的 } R \text{ 中多项式”},$$

则 J 是 R 的理想.

(5) 设 $R=M_2(\mathbb{R})$为 2 阶实方阵环，令 J 为“第 2 列为零的方阵全体”，则 J 是 R 的左理想.

R 和$\{0\}$称为平凡理想，其余理想称为真理想.

定义 2　(1) 设 S 为环 R 的子集(可为无限集). S 生成的(双边)理想定义为

$$(S)=RSR=\{r_1a_1r_1'+r_2a_2r_2'+\cdots+r_na_nr_n'\mid r_i,r_i'\in R,a_i\in S,i=1,2,\cdots,n,n\in\mathbb{N}\}$$

(称为 S 元素的“R-线性组合”全体). 而 S 生成的左理想定义为

$$RS=\{r_1a_1+r_2a_2+\cdots+r_na_n\mid r_i\in R,a_i\in S,i=1,2,\cdots,n,n\in\mathbb{N}\}$$

(称为 S 元素的左“R-线性组合”全体). 类似地定义 S 生成的右理想 SR.

(2) 由一个元素 a 生成的(双边)理想，称为**主理想**，即是

$$(a)=RaR=\{r_1ar_1'+r_2ar_2'+\cdots+r_nar_n'\mid r_i,r_i'\in R,i=1,2,\cdots,n,n\in\mathbb{N}\}.$$

类似地，Ra 和 aR 分别称为 a 生成的左、右主理想.

我们看到，理想的“生成”就是用“加法、R-乘法”反复运算，这种运算合称为“R-线性组合”. S 生成的理想(S)就是含 S 的最小理想，也就是含 S 的所有理想的交集.

当 R 为交换环时，无需区分左、右、双边理想，$RS=SR=RSR=(S)$，此时主理想特别简单：

$$(a)=Ra=\{ra\mid r\in R\},$$

恰为 a 的倍全体(因 $r_1a+r_2a=(r_1+r_2)a$). 故此时，$b\in(a)\Leftrightarrow b=ra\Leftrightarrow a\mid b\ (r\in R)$.

例 2　(1) $\mathbb{Z}$ 中理想 $(4,6)=(2)$，是主理想. $(-2)=(2)$.

(2) $\mathbb{Z}$ 中理想 J 均为主理想（因：$\mathbb{Z}$ 的加法子群只能为 $m\mathbb{Z}$，即(m)).

(3) $\mathbb{R}[X]$(实系数多项式集)中理想都是主理想（证明同上).

在整环 R 中，主理想$(a)=(b)$当且仅当 $a=ub$(u 是环 R 的单位，即可逆元)(留作习题). 此事实架起了理想理论与元素性质的桥梁，也说明了环的单位群的重要性.

定义 3 设 A,B,C 是环 R 的左理想.

(1) A,B 的和定义为左理想

$$A+B=\{a+b \mid a\in A, b\in B\}.$$

(2) A,B 的积定义为左理想

$$\begin{aligned} AB &= (\{ab \mid a\in A, b\in B\} \text{ 生成的左理想}) \\ &= \{a_1b_1+a_2b_2+\cdots+a_nb_n \mid a_i\in A, b_i\in B, i=1,2,\cdots,n, 0\leqslant n\in\mathbb{Z}\}. \end{aligned}$$

(3) A 的幂定义为

$$A^s=(\{a_1a_1\cdots a_s \mid a_i\in A\}\text{生成的左理想(即有限和的集合)}).$$

特别地,$A^2=\left\{\sum\limits_{a_i,a'_i\in A} a_ia'_i\right\}$,即这种有限和全体.

易知 $A(B+C)=AB+AC$.注意 $A+B\supset A\cup B$.事实上,$A+B$ 就是 $A\cup B$ 生成的左理想,因为 $r_1a_1+r_2a_2+r_3b_1+r_4b_2=a+b$ ($r_i\in R$; $a_i,a\in A$; $b_i,b\in B, i=1,2,3,4$).由此可知 $A+B$ 是含 $A\cup B$ 的最小左理想.

同样定义右理想的和与积,以及(双边)理想的和与积.

显然,左理想的积满足 $AB\subset B$(因为 B 的左吸收律).同理右理想的积满足 $AB\subset A$.故若 A,B 为双边理想,则 $AB\subset A\cap B$(也就是说,理想是越乘越小的).

注意,理想的积和子群的积的定义有不类似处(因$\{ab \mid a\in A, b\in B\}$对加法一般不封闭,从而不是理想).

例 3 考虑$\mathbb{Z}$中的理想运算.

(1) $(4)(6)=\{4k\cdot 6m \mid k,m\in\mathbb{Z}\}=(24)$;

(2) $(4)\cap(6)=\{k\in\mathbb{Z} : 4|k, 6|k\}=(12)$;

(3) $(4)+(6)=\{4k+6m \mid k,m\in\mathbb{Z}\}=(2)$;

(4) $(4)\cup(6)=\{4k\}\cup\{6m\}$,不是理想,因$-4+6=2\notin(4)\cup(6)$.

例 4 考虑三个不定元生成的多项式环 $R=\mathbb{C}[x,y,z]$,令理想

$$A=(x,y),\quad B=(x,y-2z^3),\quad C=(x,y+z),$$

则易计算得 $A+B, A+C, AB, AC$ 如下:

$$A+B=(x,y,x,y-2z^3)=(x,y,z^3)\ (\text{因}=2\text{ 是 }R\text{ 的单位}).$$

$$A+C=(x,y,x,y+z)=(x,y,z).$$

$$\begin{aligned} AB &= (x^2, x(y-2z^3), yx, y(y-2z^3)) \\ &= (x^2, xy-2xz^3, xy, y^2-2yz^3) \\ &= (x^2, xz^3, xy, y^2-2yz^3). \end{aligned}$$

$$AC=(x^2, xy+xz, xy, y^2+yz)=(x^2, xz, xy, y^2+yz).$$

引理 1 交换环 R 为域当且仅当其无真理想(即$\{0\}$,R 之外的理想).

证明 若 R 为域，I 为其非零理想，取 $0\neq a\in I$. 因 R 为域故 $a^{-1}\in R$，由吸收律有

$$1=a^{-1}\cdot a\in I.$$

故对任意 $r\in R$ 皆有 $r=r\cdot 1\in I$(吸收律)，即 $R\subset I$，$R=I$.

若 R 无真理想，则任一非零 $x\in R$ 生成 $Rx=(x)=R$，故有 $r\in R$ 使 $rx=1$，即 x 可逆，故 R 是域. ■

习 题 4.2

1. 如果理想 J 含有可逆元(单位) u，则 $J=R$.

2. $\mathbf{Z}[x]$的如下子集是否是其理想：

(1) 常数项是偶数的所有多项式；

(2) x^3 的系数是偶数的所有多项式；

(3) 3 次以下项为零的所有多项式；

(4) 在 $x=1$ 取值为 0 的所有多项式.

3. 在整环 R 中，$(a)=(b)$ 当且仅当 $a=ub$(u 是环 R 的单位(可逆元)).

4. 若 $I_1,I_2,\cdots$ 为理想，且 $I_1\subset I_2\subset\cdots$，则 $\bigcup\limits_{k=1}^{\infty} I_k$ 为理想.

5. 固定环 R 中元素 a，证明 $\{r\in R\mid ra=0\}$ 是左理想(称为 a 的左零化理想).

6. 设环 R 的理想 I,J 互不包含，则 $I\cup J$ 不是理想.

7. 设 R 是(含幺)交换环，I,J 为其理想. 若 $I+J=R$(此时称为 I,J 互素)，试证明 $IJ=I\cap J$.

8. 设 R 是交换环，I,J 为其理想. 若 $I+J=R$，试证明 $I^2+J^2=R$.

9. 设 R 是交换环，I,J 为其理想. 若 $I+J=R$，试证明 $I^m+J^n=R$ (对任意正整数 m,n).

10. 设 R 是交换环，I,J 为其理想. 试证明$(I+J)(I\cap J)\subset IJ\subset I\cap J$.

11. 设 $\mathbf{Z}_{(p)}=\left\{\dfrac{b}{a}\mid p\nmid a,a,b\in\mathbf{Z}\right\}$. 证明 $I=\left\{\dfrac{b}{a}\mid p\nmid a,p\mid b\right\}$ 是其理想. 给出 I^2 的元素.

12. 设 A,B 为环 R 的理想. 证明：$A+B$ 是含 $A\cup B$ 的最小理想.

13. 设 A,B,C 为环 R 的理想. 证明：

(1) $A(B+C)=AB+AC$，$(A+B)C=AC+BC$；

(2) 若 $B\subset A$，则 $A\cap(B+C)=B+(A\cap C)$.

14. 设 A 为环(外)直和 $R\oplus S$ 的理想，则 $A=I\oplus J$，其中 I,J 分别是 R,S 的理想. 反之，若 I,J 分别是 R,S 的理想，则 $I\oplus J=\{(a,b)\mid a\in I,b\in J\}$是 $R\oplus S$ 的理想.

4.3 商环与同态

设 R 为环，J 为其(双边)理想. 于是 R 为加法群，J 为其子群，故有加法商群

$$R/J=\{\bar{0},\bar{a}_1,\bar{a}_2,\cdots\},$$

其中 $\bar{a}=a+J=\{a+j\mid j\in J\}$ (称 $\bar{a}$ 是一个陪集，或同余类，a 是其代表元)，R/J 中元

素 $\bar{a},\bar{b}$ 的加法定义为

$$\bar{a}+\bar{b}=\overline{a+b}.$$

定义 1 设 R 为环，J 为其(双边)理想. 定义加法商群 R/J 中元素 $\bar{a},\bar{b}$ 的乘法为

$$\bar{a}\bar{b}=\overline{ab},$$

则 R/J 成为环，称为**商环**(quotient ring, factor ring).

上述定义中，需要验证乘法的合理性(不因在陪集中选取不同的代表元而得到不同的乘法结果). 也就是说，若 $\bar{a}=\bar{a}'$，$\bar{b}=\bar{b}'$，需要证明 $\overline{ab}=\overline{a'b'}$. 这可验证如下. 由 $\bar{a}=\bar{a}'$，$\bar{b}=\bar{b}'$，知 $a'=a+j$，$b'=b+j_1$ ($j,j_1\in J$)，故

$$\overline{a'b'}=\overline{(a+j)(b+j_1)}=\overline{ab+aj_1+jb+jj_1}=\overline{ab}.$$

最后的等号是因为 $aj_1,jb,jj_1\in J$ (双边理想的吸收律).

R/J 为环的其余条件很容易验证. 易知对不含幺的环，商环可同样定义. 特别可知，若 $I\subset J$ 皆为环 R 的理想，则 J 是无幺元的环，仍有商环 J/I.

例如，$7\mathbb{Z}$ 是 $\mathbb{Z}$ 的理想，也是子群. 在加法子群 $\mathbb{Z}/7\mathbb{Z}$ 中定义 $\bar{a}\bar{b}=\overline{ab}$ 后，则 $\mathbb{Z}/7\mathbb{Z}$ 是环. 一般地，$\mathbb{Z}/m\mathbb{Z}$ 是环，称为整数模 m 同余类环.

定义 2 (1) (环同态)设 $\varphi:R\to R'$ 为环 R 到 R' 的映射，若 φ 满足：

$$\varphi(x+y)=\varphi(x)+\varphi(y),\quad \varphi(xy)=\varphi(x)\varphi(y),\quad \varphi(1)=1$$

(对任意 $x,y\in R$. 这称为 φ 保加法、保乘法、保幺元)，则称 φ 为环的**同态**(homomorphism). 而 $\ker\varphi=\{x\in R\mid\varphi(x)=0\}$ 称为 φ 的核.

(2) (环同构)若 $\varphi:R\to R'$ 为环同态，而且是双射(一一对应)，则称 φ 为环同构(isomorphism)映射，称 R 与 R' 是同构的，记为 $R\cong R'$. 当 $\varphi:R\to R$ 为同构映射时，称为**自同构**(automorphism)映射.

注记 1 有的书不要求环含幺元，故在同态定义中也就不要求 $\varphi(1)=1$. 鉴于含幺环的基本性和重要性，本书定义的环含幺元.

引理 1 同态映射 $\varphi:R\to R'$ 的核 $\ker\varphi$ 是 R 的双边理想.

证明 (1) 若 $x,y\in\ker\varphi$，则 $\varphi(x+y)=\varphi(x)+\varphi(y)=0+0=0$，故 $x+y\in\ker\varphi$. 由此知 $\ker\varphi$ 是加法子群.

(2) (吸收律) 若 $x\in\ker\varphi$，即 $\varphi(x)=0$，则对任意 $r\in R$，有

$$\varphi(rx)=\varphi(r)\varphi(x)=\varphi(r)\cdot 0=0,\quad \varphi(xr)=\varphi(x)\varphi(r)=0\cdot\varphi(r)=0,$$

故 $rx,xr\in\ker\varphi$. 故 $\ker\varphi$ 也满足吸收律，是理想. ■

例 1 设 R 为环，J 为其(双边)理想，R/J 为商环，则映射

$$\varphi:R\to R/J,\quad a\mapsto\bar{a}$$

是环的满同态(称为正则同态)，核恰为 J.

例 2 设 $R=\mathbb{Q}[x]$ 是有理系数的多项式函数全体，是一个环. 考虑映射 $\varphi:R\to\mathbb{C}$，$f(x)\mapsto f(5)$，则 φ 是同态映射. $\ker\varphi$ 就是 $(x-5)$.

例 3 设 R 是集合 S 上复数值函数 f 全体，定义 $(f+g)(x)=f(x)+g(x)$，$(fg)(x)=f(x)g(x)$，则 R 是交换环. 设 $S_1\subset S$，则每个 $f\in R$ 决定了 S_1 上的函数 f_1，即 $f_1(x)=f(x)$（对 $x\in S_1$）. 常记 $f_1=f|_{S_1}$，称 f_1 是 f 到 S_1 上的**限制**(restriction)，而称 f 是 f_1 的**延拓**(extension). 记 R_1 是 S_1 上复数值函数全体，则有环同态

$$\varphi: R\to R_1,\quad f\mapsto f|_{S_1},$$

这称为限制同态. $\ker\varphi$ 由所有在 S_1 上取值为 0 的函数组成.

例 4 设 $R=\mathbb{R}[X,Y]$ 是两个变元 X,Y 的多项式函数集合，也就是定义在实平面 $\mathbb{R}^2$ 上的多项式函数集. 抛物线 $Y=X^2$ 的轨迹 V 是 $\mathbb{R}^2$ 的子集合. 于是如例 3 所言，每个 $\mathbb{R}^2$ 上的函数 $f\in\mathbb{R}[X,Y]$ 限制成抛物线 V 上的函数 $f_1=f|_V$. 定义于 V 上的多项式函数集记为 R_1，则有函数环的限制同态

$$\varphi: R\to R_1,\quad f(X,Y)\mapsto f(x,y)$$

（这里我们记 (X,Y) 为 $\mathbb{R}^2$ 中点，而 (x,y) 是 V 上的点，从而 $y=x^2$）. $f(X,Y)\in\ker\varphi$ 当且仅当 f 在抛物线 V 上值为 0，即 $f(x,y)=0$（当 $y=x^2$）.

对环同态映射 $\varphi: R\to R'$，若 $\ker\varphi=\{0\}$，则 φ 为单射（单同态）. 这是因为，$\varphi: R\to R'$ 也是加法群的同态，由群同态的结果即得.

由加法群的四个同构定理，很容易推知环的四个同构定理如下. 证明都很简单：首先由加法群的定理得到加法群的同构式，再验证该同构也保乘法. 由此可知，这些同构定理对无幺元的环也都成立. 证明留作练习.

定理 1（同态基本定理，第一同构定理） 设 $\varphi: R\to R'$ 为环的同态映射，则

$$R/\ker\varphi\cong\operatorname{Im}\varphi,\quad \bar{a}\mapsto\varphi(a).$$

由此看例 2. $\varphi: R=\mathbb{Q}[X]\to\mathbb{C}$，$f(X)\mapsto f(5)$，$\ker\varphi=(X-5)$，$\operatorname{Im}\varphi=\mathbb{Q}$，故

$$\mathbb{Q}[X]/(X-5)\cong\mathbb{Q},\quad \overline{f(X)}\mapsto f(5).$$

再看例 4. $R=\mathbb{R}[X,Y]$，V 是抛物线 $Y=X^2$. 限制同态 $\varphi: R\to R_1$，$f\mapsto f|_V$. $\ker\varphi$ 由在 V 上化零的函数组成，显然 $(Y-X^2)\subset\ker\varphi$. 将能证明二者相等. 又 $\operatorname{Im}\varphi=R_1$（因为 R_1 由多项式组成），故由同态基本定理得

$$\mathbb{R}[X,Y]/(Y-X^2)\cong R_1,\quad \overline{f(X,Y)}\mapsto f(x,y).$$

将此同构视为等同，环 $R_1=\mathbb{R}[x,y]$ 称为抛物线 V 的坐标环.

定理 2（第二同构定理） 设 R 为环，A 为其理想，B 为 R 的子环，则 $A+B=\{a+b\mid a\in A,b\in B\}$ 为环，且有环同构

$$(A+B)/A\cong B/(A\cap B),\quad \overline{a+b}\mapsto\bar{b}.$$

（定理对不含幺元的环 R 和子环 B 也成立.）

证明 因为$(a+b)(a'+b')=(aa'+ab'+ba')+bb'\in A+B$(用到理想 A 的吸收律),故$A+B$为环,A为其理想,而$A\cap B$显然为B的理想,故定理中商环是合理的.由加法群的同构$(A+B)/A\cong B/(A\cap B)$,易验证乘法对应,即为环的同构. ■

例 5 设$R=\mathbb{Z}$,$A=4\mathbb{Z}$,$B=6\mathbb{Z}$,则$(4\mathbb{Z}+6\mathbb{Z})/4\mathbb{Z}\cong 6\mathbb{Z}/(4\mathbb{Z}\cap 6\mathbb{Z})$,即$2\mathbb{Z}/4\mathbb{Z}\cong 6\mathbb{Z}/12\mathbb{Z}$,$\overline{4s+6t}\mapsto\overline{6t}$.例如$\overline{2}=\overline{-4+6}\mapsto\overline{6}$.

定理 3(第三同构定理) 设R为环,$I\subset J$均为R的理想,则J/I是R/I的理想,且

$$\frac{R/I}{J/I}\cong\frac{R}{J},\quad \bar{r}+J/I\mapsto\bar{r}.$$

定理 4(第四同构定理) 设$\varphi:R\to R'$为环的满同态,$\ker\varphi=N$,则φ诱导出R的含N子环集合$\{A\}$到R'的子环集合$\{A'\}$的一一对应:$A\mapsto A'=\varphi(A)$,其逆为$A'\mapsto A=\varphi^{-1}(A')$(全原像).而且此对应使得理想与理想对应,且有同构

$$R/A\cong R'/A'=\varphi(R)/\varphi(A),\quad \bar{r}\mapsto\overline{\varphi(r)}.$$

定理4适用于正则满同态$\varphi:R\to R'=R/N$.记$R'=\bar{R}$(N为R的理想),则R的含N的子环集$\{A\}$与$\bar{R}$的子环集$\{\bar{A}\}$之间有双射:$A\mapsto\bar{A}=A/N$,A为R的理想当且仅当$\bar{A}$是$\bar{R}$的理想,且$R/A\cong\bar{R}/\bar{A}$.

定理4表明,$\bar{R}=R/N$的理想少于R的理想.这是一个"减少环的理想"的办法:模(抹去)N做商环,理想变少了(含于N中的理想都化为$\bar{0}$了).减少环的理想,可以简化环的结构,使问题更易解决.

注记 2 "减少理想"的方法,还有另一个,更重要.我们看到,$\mathbb{Z}$的理想很多,但$\mathbb{Z}$扩大到$\mathbb{Q}$之后没有真理想了.为什么呢?比如3生成$\mathbb{Z}$的理想$3\mathbb{Z}$,那3到$\mathbb{Q}$之后生成的理想$3\mathbb{Q}$呢?因3在$\mathbb{Q}$中有逆3^{-1},由吸收律知道$1=3\cdot 3^{-1}\in 3\mathbb{Q}$,从而知道$3\mathbb{Q}=\mathbb{Q}=(1)$,不是真理想——故$\mathbb{Q}$无真理想是因为$\mathbb{Q}$中的分母(可逆元)太多.我们要减少环的理想,就要增多环的可逆元.

习 题 4.3

1. 设R为环,J为其(双边)理想.对$a,b\in R$,若$a-b\in J$,则称a与b模J同余(congruent),记为$a\equiv b\pmod J$.

(1) 试证明:模J同余关系是等价关系,即满足对称性、自反性、传递性.而且,若$a\equiv b\pmod J$,$a'\equiv b'\pmod J$,则

$$a+a'\equiv b+b'\pmod J,\quad aa'\equiv bb'\pmod J.$$

(2) 由(1)知,可按模J同余关系将R的元素分类.与a同余的元素类记为$\bar{a}=\{a+j\mid j\in J\}$或$a+J$,称为$a$代表的同余类.定义$\bar{a}+\bar{b}=\overline{a+b}$和$\bar{a}\cdot\bar{b}=\overline{a\cdot b}$,试证明模$J$同余类的集合$R/J=\{\bar{a},\bar{b},\bar{c},\cdots\}$是环.

(3) 证明(2)中的环R/J与定义1中一致.

2. 详细证明环的各同构定理.

3. 证明环 $2\mathbb{Z}$ 与 $3\mathbb{Z}$ 不同构.

4. 证明环$\mathbb{Z}[x]$与$\mathbb{Q}[x]$不同构.

5. 求出环$\mathbb{Z}$的所有可能同态像.

6. 求出环$\mathbb{Z}$到$\mathbb{Z}/12\mathbb{Z}$的所有同态映射.

7. 考虑环同态 $\varphi:\mathbb{R}[X]\to\mathbb{C}$, $X\mapsto \mathrm{i}=\sqrt{-1}$. 求 $\ker\varphi$, $\mathrm{Im}\varphi$, 用同态基本定理求得同构.

8. 求$\mathbb{Z}/12\mathbb{Z}$的所有理想, 它们对应于$\mathbb{Z}$的哪些理想?

9. 设有环的映射 $\varphi:R\to R'$, 且 R' 为整环, φ 非零, 保加法和乘法. 试证明 $\varphi(1)=1$.

10. 设有环的映射 $\varphi:R\to R'$, 且 φ 为满射, 保加法和乘法. 试证明 $\varphi(1)=1$.

11. 设 $\varphi:R\to R'$为环的满同态映射, J'是R'的理想, $J=\varphi^{-1}(J')$. 试证明, 若 J'是素理想则 J 是素理想, 若 J'是极大理想则 J 是极大理想.

12. 设 J 是环 R 的理想. 试证明$[R:J]=\{q\in R\mid rq\in J, r\in R\}$是 R 的理想, 含 J.

13. 设 $\varphi:\mathbb{Z}\to\mathbb{Z}$ 是环同构映射, 则 φ 必为恒等映射.

4.4 素理想与极大理想

素理想和极大理想是最重要的两类理想, 是素数、不可约多项式等概念的两种推广, 也对应于不可分拆图形和点等几何对象. 将主要讨论(含幺)交换环情形.

定义 1 设 R 是交换环, P 是其理想, $P\neq R$ 且有如下性质, 则称 P 是素理想(prime ideal): 若 $ab\in P$, 则 $a\in P$ 或 $b\in P$ (对任意 $a,b\in R$).

例如, $R=\mathbb{Z}$ 时, 设 p 为素数, 则 $P=p\mathbb{Z}=\{pk\mid k\in\mathbb{Z}\}$为素理想 ($ab\in p\mathbb{Z}$ 意味着 $ab=pk$, $p\mid ab$, 故 $p\mid a$ 或 $p\mid b$). 按定义, $\{0\}$也是素理想. 但 $6\mathbb{Z}=(6)$不是素理想, 因为 $2\cdot 3\in 6\mathbb{Z}$, 但 $2,3\notin 6\mathbb{Z}$.

素理想为什么这样定义呢? 我们回忆, $R=\mathbb{Z}$ 时, $4\mathbb{Z}\subset 2\mathbb{Z}$; 而 $2\mid 4$, 故也记 $2\mathbb{Z}\mid 4\mathbb{Z}$. 受此启发, 对一般的环 R 及其理想 I,J, 当 $I\subset J$ 时就记为 $J\mid I$; 当 $a\in J$ 即 $J\mid(a)$ 时也记为 $J\mid a$. 也就是说, 将"J 包含 I"记为"J 整除 I". 包含就是整除. 这样就引入了理想之间的"整除关系". 按此种整除关系, 定义 1 中 P 为素理想的定义化为

$$\text{若 } P\mid ab, \text{则 } P\mid a \text{ 或 } P\mid b.$$

因此, 素理想的这个定义就是素数概念的推广.

引入理想之间整除的记号和术语很有意义. 这样一来, 一个环 R 的理想之间就有了两套关系: 包含关系, 整除关系. 两者实为一体, 但表现"反向"(例如 R 自身作为理想, 按包含关系是最大的, 但它整除任意理想). 适用于不同情况.

定理 1 设 R 是交换环, $P\neq R$ 是其理想, 则 P 是素理想$\Leftrightarrow R/P$ 是整环 (即无零因子交换环).

证明 考虑模 P 的商环 $\bar{R}=R/P$, $x\in P$ 相当于 $\bar{x}=\bar{0}$, 于是, "若 $ab\in P$, 则 $a\in P$ 或 $b\in P$"相当于"若 $\bar{a}\bar{b}=0$, 则 $\bar{a}=\bar{0}$ 或 $\bar{b}=\bar{0}$", 即 $\bar{R}$ 无零因子, 是整环. ■

于是，由 $R/\{0\}=R$ 知，$\{0\}$ 是素理想当且仅当 R 是整环.

例1　整数环$\mathbb{Z}$的理想 $m\mathbb{Z}$ 为素理想当且仅当 $m=p$ 为素数. 因为我们已知$\mathbb{Z}/m\mathbb{Z}$为整环(无零因子)当且仅当 $m=p$ 为素数.

例2　设 $R=\mathbb{Q}[X]$是有理数系数多项式集合，是环，则 $X-2$ 生成其主理想$(X-2)$，是素理想，因为 $\mathbb{Q}[X]/(X-2)\cong\mathbb{Q}$. 这是因为 $\overline{X}-\overline{2}=\overline{X-2}=\overline{0}$，故 $\overline{X}=\overline{2}$，从而任意多项式 $f(X)=a_nX^n+\cdots+a_1X+a_0$ 代表的模$(X-2)$同余类为

$$\overline{f(X)}=\overline{a}_n\overline{X}^n+\cdots+\overline{a}_1\overline{X}+\overline{a}_0=\overline{a}_n\overline{2}^n+\cdots+\overline{a}_1\overline{2}+\overline{a}_0\in\overline{\mathbb{Q}}.$$

而且$\overline{\mathbb{Q}}=\{\overline{a}\mid a\in\mathbb{Q}\}$与$\mathbb{Q}$同构（因为 $a\mapsto\overline{a}$ 是一一对应：若 $\overline{a}=\overline{b}$，则 $\overline{a-b}=\overline{0}$，故$(X-2)\mid(a-b)$，只有 $a=b$)，常将此同构视为等同，即将 $\overline{a}$ 等同于 a. 于是知$\mathbb{Q}[X]/(X-2)\cong\mathbb{Q}$.

例3　设 $R=\mathbb{Q}[X,Y]$是两个变元的多项式，则 Y 生成的主理想(Y)是素理想. 事实上，$\mathbb{Q}[X,Y]/(Y)\cong\mathbb{Q}[X]$. 这是因为 $\overline{Y}=\overline{0}$，故$\mathbb{Q}[X,Y]/(Y)=\mathbb{Q}[\overline{X},\overline{Y}]=\mathbb{Q}[\overline{X}]$.

定理2　*设 P 是交换环 R 的理想，则 P 为素理想当且仅当满足条件：*

(Pr) 若 $P\mid IJ$，则 $P\mid I$ 或 $P\mid J$ (对 R 的任意理想 I,J 成立).

证明　(1) 设 P 为素理想，$P\mid IJ$，而 $P\nmid I$，$P\nmid J$，即 $P\supset IJ$ 而$P\not\supset I$，$P\not\supset J$. 可取 $i\in I-P$，$j\in J-P$，则因 P 为素理想知 $ij\notin P$，与 $ij\in IJ\subset P$ 矛盾.

(2) 若条件(Pr)成立，任取 $i\in I$，$j\in J$，则$(i)(j)\subset IJ\subset P$，由条件(Pr)知$(i)\subseteq P$ 或$(j)\subset P$，即 $i\in P$ 或 $j\in P$，P 为素理想.

定义2　设 M 是环 R 的理想，$M\neq R$ 且有如下性质，则称 M 是**极大理想**(maximal ideal)：若有理想 J 使 $M\subset J\subset R$，则 $J=M$ 或 $J=R$.

用理想的"整除关系"语言叙述，$M\neq(1)$是极大理想定义为：若 $J\mid M$，则 $J=M$ 或 $J=(1)$. 故极大理想就是"不可约理想".

例如，设 $R=\mathbb{Z}$，p 为素数，则 $p\mathbb{Z}=(p)$是极大理想. 因为如果 $p\mathbb{Z}\subset m\mathbb{Z}\subset\mathbb{Z}$，则 $m\mid p$，从而 $m=\pm1,\pm p$，导致 $m\mathbb{Z}=\mathbb{Z}$或 $m\mathbb{Z}=p\mathbb{Z}$. 而 $6\mathbb{Z}$ 不是极大理想，$6\mathbb{Z}\subset2\mathbb{Z}\subset\mathbb{Z}$. 同理可知，多项式环 $R=\mathbb{Q}[X]$中，设 $p(X)$是不可约多项式，则 $p(X)R=(p(X))$是极大理想.

定理3　*设 M 是(含幺)交换环 R 的理想，则 M 是极大理想$\Leftrightarrow R/M$是域.*

特别可知，(含幺)交换环的极大理想是素理想.

证法1　考虑商环 $\overline{R}=R/M$. 极大理想的条件"R 中无理想 J 使 $M\subsetneq J\subsetneq R$"相当于"$\overline{R}$ 中无理想 $\overline{J}$ 使 $\{\overline{0}\}\subsetneq\overline{J}\subsetneq\overline{R}$"(由4.3节定理4)，也就是说交换环 $\overline{R}$ 无真理想，即 $\overline{R}$ 是域(见4.2节引理1). ■

证法2　(1) 设 M 为极大理想，对 $\overline{R}=R/M$ 中任意 $\overline{x}\neq\overline{0}$(即 $x\in R$，$x\notin M$)，有 $M+Rx\neq M$，故 $M+Rx=R$，于是 $m+rx=1$ (对某 $m\in M$，$r\in R$)，即知 $\overline{r}\overline{x}=\overline{m}+\overline{r}\overline{x}=\overline{1}$，故 $\overline{x}$ 可逆. 总之，知 $\overline{R}=R/M$ 是域.

(2) 设$\bar{R}=R/M$是域. 任取$x\in R-M$,则$\bar{x}$是$\bar{R}$中非零元,故可逆,即有$\bar{r}\bar{x}=\bar{1}(r\in R)$,从而$m+rx=1$(对某$m\in M$),即知理想之和$M+Rx$含1,故$M+Rx=R$.总之,可知$M$是极大理想. ■

例如,域F的唯一极大理想为$\{0\}$. $\mathbb{Z}$的极大理想为$p\mathbb{Z}$(其中p为素数). $\mathbb{Q}[X]$的极大理想为$(p(X))$(其中$p(X)$为不可约多项式). $\mathbb{C}[X]$的极大理想为$(X-c)$(其中c为某复数).

再如,环$R=\mathbb{Q}[X,Y]$中,(Y)是素理想,但不是极大理想. 这是因为$\mathbb{Q}[X,Y]/(Y)\cong\mathbb{Q}[X]$是整环而不是域. 而且显然有

$$(Y)\subsetneqq(X,Y)\subsetneqq F[X,Y].$$

而理想$P=(X-a,Y-b)$是极大理想$(a,b\in\mathbb{Q})$,因为

$$\mathbb{Q}[X,Y]/(X-a,Y-b)\cong\mathbb{Q}.$$

可以证明,任一非零环R都有极大理想(证明要用到佐恩(Zorn)引理,见附录A). 从而知道,每个真理想I一定含于某个极大理想中(因R/I有极大理想,对应于R的含I极大理想).

交换环R的理想集合按包含关系(或整除关系)构成一个偏序集,而且是一个格(格是任两元素有最小上界(确上界)和最大下界(确下界)的偏序集). 两个理想I,J按包含关系的确上界、确下界就是$I+J$, $I\cap J$. 而整除关系与包含关系是反向的,故可定义理想的最大公因子和最小公倍分别为$\gcd(I,J)=I+J$, $\operatorname{lcm}(I,J)=I\cap J$. 而$I\cap J\supset IJ$,比如$\mathbb{Z}$中$(4)\cap(6)=(12)\supset(24)=(4)\cdot(6)$.

设I,J为交换环R的理想. 称I,J互素(coprime,comaximal)是指

$$I+J=R$$

(这按整除关系相当于$\gcd(I,J)=(1)$). 由此式可知$i+j=1$(对某$i\in I,j\in J$). 这将起到类似贝祖等式的作用. 此时$I\cap J=IJ$,因$I\cap J$中$a=ai+aj\in IJ$.

习 题 4.4

1. 在"不含单位元的环"R中,极大理想M不一定是素理想. 例如$R=2\mathbb{Z}$, $M=4\mathbb{Z}$. 试验证此例.

2. 设R为(含幺)环,则$R^2=R$(这里R^2是作为理想的R的自乘,即有限和$\sum\limits_{r_i,s_i\in R}r_is_i$全体).

3. 证明域F(作为环)到非零环R的环同态一定是嵌入(即单同态).

4. 设R为交换环. (1) 设x,y为其幂零元素,证明$x+y$也是幂零元素(称x为幂零元素是指$x^n=0$对某正整数n成立).

(2) 证明交换环R的幂零元集合N为理想.

(3) 证明R/N没有非零的幂零元.

5. $\mathbb{Z}/6\mathbb{Z}$到$\mathbb{Z}/2\mathbb{Z}$有哪些同态映射?

6. 设R为环,$M\supset N$是两个(双边)理想. 试证明:有唯一的环同态σ: $R/N\to R/M$使得$\sigma(\bar{x})=\tilde{x}$

(其中 $\bar{x}=x+N,\tilde{x}=x+M$ 分别是 x 模 N,M 的同余类).

7. 分别给出 $F[X,Y]$的两个素理想、极大理想.

4.5 特征与分式域

我们看整数模 2 同余类环$\mathbb{F}_2=\mathbb{Z}/2\mathbb{Z}=\{0,1\}$,它的乘法单位元 1 满足 $1+1=0$. 这和整数环$\mathbb{Z}$大不相同. 为此我们称$\mathbb{F}_2$的特征为 2,称$\mathbb{Z}$的特征为 0.

设 R 为非零环. 其乘法单位元 e 自身不断相加,会怎样?不外乎两种情形:

情形 1. 对任意正整数 k,均有 $ke=\overbrace{e+\cdots+e}^{k}\neq 0$. 此时称 R 的**特征**为 0.

情形 2. 存在正整数 n 使 $ne=\overbrace{e+\cdots+e}^{n}=0$. 此时,将有此性质的最小的 n 记为 n_0,则称 R 的**特征**为 n_0.

例如,环$\mathbb{Z}$,$\mathbb{Q}$,$\mathbb{R}$,$\mathbb{C}$的特征都是 0,环$\mathbb{Z}[X]$,$\mathbb{Q}[X]$的特征也是 0.

再如,环$\mathbb{Z}/2\mathbb{Z}$ 的特征为 2,$\mathbb{Z}/6\mathbb{Z}$ 的特征为 6. 而环 $(\mathbb{Z}/6\mathbb{Z})[X]$(即系数属于$\mathbb{Z}/6\mathbb{Z}$的多项式集合)的特征也是 6.

环 R 的特征(characteristic)只和乘法单位元 e(所生成的加法子群)的性质有关.

4.5.1 特征的另一讨论方法

设 R 为环,则$\mathbb{Z}$到 R 中的映射

$$\varphi:\mathbb{Z}\to R,\quad n\mapsto ne$$

是同态映射($\varphi(-n)=-\varphi(n)$,因 $\varphi(-n)+\varphi(n)=\varphi(-n+n)=\varphi(0)=0$). 这是$\mathbb{Z}$到 R 的唯一同态映射,因为同态 φ 须满足 $\varphi(1)=e$,要保加法. 显然 $\mathrm{Im}\varphi=\mathbb{Z}e=\{ne\mid n\in\mathbb{Z}\}$. 而 $\ker\varphi$ 不外乎有两种情形:

情形 A　$\ker\varphi=0$. 这意味着当 $n\neq 0$ 时 $ne\neq 0$. 这就是上述的情形 1,即 R 的特征为 0. 此时由同态基本定理知 $\mathbb{Z}/0=\mathbb{Z}/\ker\varphi\cong\mathrm{Im}\varphi=\mathbb{Z}e$,即

$$\mathbb{Z}\cong\mathbb{Z}e\subset R.$$

实际上,通常将此同构$\mathbb{Z}\cong\mathbb{Z}e$ 视为相等,认为 $n=ne\in R$,$1=e\in R$,$\mathbb{Z}\subset R$.

例如,$R=\mathbb{Q}$,$\mathbb{R}$,$\mathbb{C}$,$\mathbb{Z}[X]$,$\mathbb{Q}[X]$时,皆是这样,特征均为 0.

情形 B　$\ker\varphi\neq 0$. 因 $\ker\varphi$ 是$\mathbb{Z}$的理想,故只能 $\ker\varphi=n_0\mathbb{Z}$,$n_0$ 是满足 $n_0e=0$ 的最小正整数. 故这就是上述情形 2,即 R 的特征为 n_0. 于是由于同态基本定理知

$$\mathbb{Z}/n_0\mathbb{Z}\cong\mathbb{Z}e\subset R.$$

通常将同构$\mathbb{Z}/n_0\mathbb{Z}\cong\mathbb{Z}e$ 视为相等,即视 $\bar{k}=ke\in R$,从而认为$\mathbb{Z}/n_0\mathbb{Z}\subset R$.

例如,$R=\mathbb{F}_2[X]$的特征为 2,$\mathbb{Z}/2\mathbb{Z}\subset R$.

总而言之,非零环 R 分为两大类:第一类,特征为 0,ne 永不为 0,$\mathbb{Z}e\cong\mathbb{Z}$(等同)是 R 的最小非零子环.第二类,特征为 n_0,$n_0e=0$,$n_0a=0$(对任意 $a\in R$),$\mathbb{Z}e\cong\mathbb{Z}/n_0\mathbb{Z}$(等同)是 R 的最小非零子环.

引理 1 整环的特征只能为 0 或 p(素数).特别地,域的特征为 0 或 p.

证明 若整环 R 的特征为合数 $n_0=st$ $(s,t>1)$,则由分配律知

$$0=(\overbrace{e+\cdots+e}^{st})=(\overbrace{e+\cdots+e}^{s})(\overbrace{e+\cdots+e}^{t}).$$

也记为 $0=(st)e=(se)(te)$,因整环无零因子,故知 $se=0$ 或 $te=0$,与特征为 $n_0=st$ 矛盾(n_0 是使 $n_0e=0$ 的最小正整数). ■

当 $R=F$ 为域时,其特征为 0 或 p.乘法单位元 e(通过加减乘除)生成的域 F_0 称为 F 的素(子)域,是最小的子域.显然

$$F_0\cong\mathbb{Q} \quad 或 \quad \mathbb{F}_p(当 F 的特征为 0 或 p 时).$$

常将域的单位元 e 记为 1,且常记 $ne=n\cdot 1=n$. 这样一来,特征为 p 的域中就有 $p\cdot 1=p=0$,素域 $F_0\cong F_p$,常视为等同.同样当特征为 0 时,常将 $F_0\cong\mathbb{Q}$ 视为等同.

总之,域就分为两大类,分别(在同构意义下)包含最小子域(称为素域) $\mathbb{Q}$ 和$\mathbb{F}_p$:

第 1 类.特征为 0 的域,含$\mathbb{Q}$(同构意义下).例子有

$$\mathbb{Q},\mathbb{R},\mathbb{C},\mathbb{Q}(\sqrt{3}),\mathbb{Q}(X),\mathbb{Q}(X,Y).$$

第 2 类.特征为素数 p 的域,含$\mathbb{F}_p$(同构意义下),例子有

$$\mathbb{F}_2,\mathbb{F}_3,\mathbb{F}_p,\mathbb{F}_{p^s},\mathbb{F}_p(X),\mathbb{F}_{p^s}(X,Y).$$

我们看到,特征为 0 的域都是无限域(因为含$\mathbb{Q}$).特征为 p 的域有两种,有限域和无限域,后者都含不定元,是有理式域.

4.5.2 分式域(商域)

首先回忆,由整环$\mathbb{Z}$构作有理数域$\mathbb{Q}$的过程,就是令

$$\mathbb{Q}=\{a/b \mid b\neq 0;\ a,b\in\mathbb{Z}\},$$

且规定 $a/b=a_1/b_1\Leftrightarrow ab_1=a_1b$(例如 $2/3=4/6\Leftrightarrow 2\times 6=4\times 3$),并规定

$$\frac{a}{b}+\frac{a_1}{b_1}=\frac{ab_1+ba_1}{bb_1},\quad \frac{a}{b}\cdot\frac{a_1}{b_1}=\frac{a\cdot a_1}{b\cdot b_1}.$$

于是验证$\mathbb{Q}$是域,1/1 是幺元,$1/b=b^{-1}$.对 $a\in\mathbb{Z}$ 规定 $a/1=a$,则 $\mathbb{Z}\subset\mathbb{Q}$.这样就将环$\mathbb{Z}$扩充为域$\mathbb{Q}$,而且$\mathbb{Q}$是含$\mathbb{Z}$最小的域(若 $a,b\in\mathbb{Z}$,则含$\mathbb{Z}$的域必含 ab^{-1}).

类似地,由域 F 上多项式环 $F[x]$构作域 $F(x)$(称为有理式形式域,或有理函数域),与上述过程相同,将环 $F[x]$扩充为域 $F(x)$.

现在考虑一般情形，试图将环 R 扩充为域 K. 为此，R 必须为整环（因为将要 $R\subset K$，而域 K 没有零因子）. 现设 R 为整环，则按上述由 $\mathbb{Z}$ 扩充到 $\mathbb{Q}$ 的同样方法，可将 R 扩充为域 K（称为 R 的商域或分式域）. 为了更形式化，我们使用 (a,b) 代替 a/b. 所以我们令集合

$$\widetilde{R}=\{(a,b)\mid b\neq 0;\ a,b\in R\}.$$

在 $\widetilde{R}$ 中定义"等价关系"：$(a,b)\equiv(a_1,b_1)\Leftrightarrow ab_1=a_1b$. 容易验证此关系为等价关系，例如验证传递性：若 $(a,b)\equiv(a_1,b_1)$，$(a_1,b_1)\equiv(a_2,b_2)$，则 $ab_1=a_1b$，$a_1b_2=a_2b_1$，相乘得

$$ab_1a_1b_2=a_1ba_2b_1,\quad b_1a_1(ab_2-ba_2)=0,\quad ab_2=ba_2.$$

这用到整环 R 的性质：无零因子，满足交换律.

按此等价关系将 $\widetilde{R}$ 分为等价类，(a,b) 代表的等价类记为

$$\overline{(a,b)}=\frac{a}{b}\quad（也可写为\ a/b）.$$

于是 $\widetilde{R}$ 的等价类集合为

$$K=\{a/b\mid b\neq 0,a,b\in R\}.$$

再规定 K 内加法、乘法分别为

$$\frac{a}{b}+\frac{a_1}{b_1}=\frac{ab_1+ba_1}{bb_1},\quad \frac{a}{b}\cdot\frac{a_1}{b_1}=\frac{a\cdot a_1}{b\cdot b_1}$$

（并验证与代表元选取无关），则易直接验证 K 为域. 再考虑 R 到 K 中的映射 $a\mapsto a/1$，易知是单同态（称为嵌入），视之为等同，则有 $R\subset K$. 易知 K 的零元为 $0/1=0$，乘法单位元为 $1/1=1$，非零元 a/b 的逆为 b/a.

4.5.3 分式环和局部化

上述 4.5.2 节中，由环 R 扩为域 K，本质上是接纳全部分数. 可以进一步发展：只接纳部分分数（即分母来自某子集 $S(\subset R)$ 的分数），意义重大.

现设 R 是含幺交换环，设 S 是 R 的非空子集，**对乘法封闭**（即若 $s,s_1\in S$，则 $ss_1\in S$），含幺且不含零因子. 令

$$R_S=\{(r,s)\mid r\in R,s\in S\},$$

并在 R_S 中定义"等价关系"：$(r,s)\equiv(r_1,s_1)\Leftrightarrow rs_1=r_1s$. 按此等价关系将 R_S 分为等价类，(r,s) 代表的等价类记为

$$\overline{(r,s)}=\frac{r}{s}\quad（也可写为\ r/s）.$$

这些等价类集合记为

$$S^{-1}R=\{r/s\mid s\in S,r\in R\}.$$

再规定 $S^{-1}R$ 内加法、乘法分别为

$$\frac{r}{s}+\frac{r_1}{s_1}=\frac{rs_1+sr_1}{ss_1},\quad \frac{r}{s}\cdot\frac{r_1}{s_1}=\frac{r\cdot r_1}{s\cdot s_1},$$

则易验证 $S^{-1}R$ 为含幺交换环，包含 R 为子环（将单射 $r\mapsto r/1$ 视为等同）. $S^{-1}R$ 是包含 S 中元素的逆的 R 的最小扩环，称为 R 对于 S 的**分式环** (ring of fractions).

分式环 $R'=S^{-1}R$ 的优越之处在于，理想少了. R 的每个理想 J 在 R' 中生成一个理想 $J'=JR'$，但若 J 与 S 有交，则 $J'=(1)$（设 $s\in J\cap S$，则 $1/s\in R'$，故由吸收律知 J' 含有 $(1/s)s=1$).

例 1　设 R 为整环，P 为其素理想，$S_P=R\backslash P$（即 P 的余集），则 S_P 对乘法封闭（因若 $s,t\notin P$，则 $st\notin P$). 此时

$$R_P=S_P^{-1}R=\{r/s\mid r\in R,s\notin P\},$$

R_P 称为 R 在 P 的局部化(localization at P). 最突出的特点是：R_P 只有唯一的极大理想

$$P'=PR_P=\{p/s\mid p\in P,s\notin P\}.$$

事实上，若 R_P 有理想 $J\not\subseteq PR_P$，则 J 有元素 r/s 使得 $r\notin P,s\notin P$，从而其逆 $s/r\in R_P$，由吸收律导致 $1=(s/r)\cdot(r/s)\in J$，即 $J=R_P$. 这说明 PR_P 是唯一极大理想. ■

习　题　4.5

1. 设域 F 的特征为素数 p，对任意 $x,y\in F$，求 $(x+y)^p(x+y)^{p^k}$. 由此得出结论：映射 $\varphi:x\mapsto x^p$ 引起域 F 的自同构（弗罗贝尼乌斯自同构）. 映射 $\varphi^k:x\mapsto x^{p^k}$ 也是 F 的自同构. 证明之.
2. 设 K 是特征为 p 的有限域. 证明 $x\mapsto x^p$ 是 K 的自同构.
3. 举出特征为 p 的无限域. 由此将域按特征和有限、无限进行分类.
4. 为什么要定义 $\widetilde{R}$ 的等价类为分式域，而不直接定义 $\widetilde{R}$ 为分式域？
5. 证明域 F 的分式域（商域）是其自身.
6. 求高斯整数环 $\mathbf{Z}[\mathrm{i}]=\{m+n\mathrm{i}\mid m,n\in\mathbf{Z}\}$ 的分式域 K（其中 $\mathrm{i}=\sqrt{-1}$).
7. 求环 $\mathbf{Z}[\sqrt{3}]=\{m+n\sqrt{3}\mid m,n\in\mathbf{Z}\}$ 的分式域 K.
8. 设 R 是整环，$S\neq\{0\}$ 是其非空子集且对乘法封闭，则 $S^{-1}R=\{r/s\mid s\in S,r\in R\}$ 是整环，含于 R 的分式域 K.
9. 设 $R=\mathbf{Z}$，证明 $S=\mathbf{Z}\backslash(p)$ 满足习题 8 要求，求 $S^{-1}R$ 及其理想（其中 (p) 为素数 p 生成的理想).
10. 设 $R=\mathbf{Z}$，证明 $S=\{1/5^k\mid k=1,2,\cdots\}$ 满足习题 8 要求，求 $S^{-1}R$.
11. 试用等价分类、视等价类为元素（数）的方法，由自然数集 $\mathbf{N}$ 构作出整数集 $\mathbf{Z}$.

4.6　中国剩余定理

整数环的孙子定理（2.7 节），可推广到一般交换环.

设 R 为含幺环，I,J 为其理想. 若

$$I+J=R,$$

则称理想 I,J 互素 (coprime, comaximal). 由此式可知 R 中的幺元 1 可表示为 $i+j=1$ (对某 $i\in I, j\in J$). 这将起到类似贝祖等式的作用. 例如, $R=\mathbb{Z}$ 时, $(3)+(5)=(1)=\mathbb{Z}$, $2\times 3+(-5)=1$.

引理 1　设 R 为含幺环, I,J,K 为其理想.

(1) 若 R 为交换环, I,J 互素, 则 $IJ=I\cap J$.

(2) 若 I 与 J 互素, I 与 K 互素, 则 I 与 JK 互素.

证明　(1) 由吸收律, 显然 $IJ\subset I\cap J$. 而由 $I+J=R$, 有 $i+j=1$ (对某 $i\in I, j\in J$). 对任意 $s\in I\cap J$, 因 $i+j=1$ 知 $s=si+sj\in JI+IJ=IJ$, 故 $I\cap J\subset IJ$.

(2) 由 $I+J=R$, 有 $i+j=1$, 由 $I+K=R$, 有 $i'+k=1$, 故

$$1=(i+j)(i'+k)=(ii'+ik+ji')+jk\in I+JK,$$

即知 $I+JK=R$.

定理 1(中国剩余定理)　设 R 为含幺交换环, 其理想 $I_1, I_2, \cdots, I_n$ 两两互素, 则有商环的同构:

$$\frac{R}{I_1 I_2\cdots I_n}\cong\frac{R}{I_1}\oplus\frac{R}{I_2}\oplus\cdots\oplus\frac{R}{I_n},\quad r\mapsto(r+I_1, r+I_2, \cdots, r+I_n),$$

即任给 $b_1, b_2, \cdots, b_n\in R$, 存在 $x\in R$ (模 $I_1I_2\cdots I_n$ 意义下唯一) 使 $x\equiv b_i \pmod{I_i}$ $(i=1,2,\cdots,n)$.

上述环同构诱导出环的单位群的同构:

$$\left(\frac{R}{I_1 I_2\cdots I_n}\right)^*\cong\left(\frac{R}{I_1}\right)^*\times\left(\frac{R}{I_2}\right)^*\times\cdots\times\left(\frac{R}{I_n}\right)^*.$$

证明　考虑映射

$$\varphi: R\to\frac{R}{I_1}\oplus\frac{R}{I_2}\oplus\cdots\oplus\frac{R}{I_n},\quad r\mapsto(\bar{r}, \bar{r}, \cdots, \bar{r})$$

(其中第 k 个 $\bar{r}$ 为 $r+I_k$, 即 $r \pmod{I_k}$ 的同余类). 显然 φ 为环同态, 且 $(\bar{r}, \bar{r}, \cdots, \bar{r})=0$ 当且仅当 $r\equiv 0 \pmod{I_k}$ $(\forall k)$, 即 $r\in I_k$ $(\forall k)$. 故

$$\ker\varphi=I_1\cap I_2\cap\cdots\cap I_n.$$

只需再证明 φ 为满射, 且 $I_1\cap I_2\cap\cdots\cap I_n=I_1I_2\cdots I_n$, 则由同态基本定理即得本定理.

(1) 先设 $n=2$. 因 $I_1+I_2=R$, 故存在 $e_1\in I_2, e_2\in I_1$ 使

$$e_1+e_2=1.$$

由此式模 I_1 和 I_2, 可知

$$e_1\equiv\begin{cases}1 & \pmod{I_1},\\ 0 & \pmod{I_2},\end{cases}\qquad e_2\equiv\begin{cases}0 & \pmod{I_1},\\ 1 & \pmod{I_2}.\end{cases}$$

① 往证 φ 为满射: 对任意 $(\bar{r}_1, \bar{r}_2)\in R/I_1\oplus R/I_2$, 令 $r=r_1e_1+r_2e_2$, 则 $r\equiv r_1+$

$0(\mathrm{mod}\ I_1)$，$r\equiv 0+r_2(\mathrm{mod}\ I_2)$，故 $\varphi(r)=(\bar{r}_1,\bar{r}_2)$.

② 由引理知 $I_1\cap I_2=I_1I_2$.

(2)对一般的 n，用引理和归纳法知 I_1 与 $I_2\cdots I_n$ 互素. 故由归纳法得

$$\frac{R}{I_1(I_2\cdots I_n)}\cong\frac{R}{I_1}\oplus\left(\frac{R}{I_2\cdots I_n}\right)$$
$$\cong\frac{R}{I_1}\oplus\left(\frac{R}{I_2}\oplus\cdots\oplus\frac{R}{I_n}\right).$$ ■

系 1 若 R 为含幺环，理想 $I_1,I_2,\cdots,I_n$ 两两互素且 $I_1\cap I_2\cap\cdots\cap I_n=(0)$，则

$$R\cong\frac{R}{I_1}\oplus\frac{R}{I_2}\oplus\cdots\oplus\frac{R}{I_n}.$$

习 题 4.6

1. 由环的中国剩余定理推导出整数环$\mathbf{Z}$的孙子定理.

2. 若 m,n 为互素整数，直接证明 $m\mathbf{Z}\cap n\mathbf{Z}=(mn)\mathbf{Z}$.

3. 当理想 I,J 不互素时，举例说明可能 $I\cap J\neq IJ$.

4. 证明中国剩余定理诱导出环的单位群的同构关系：

$$\left(\frac{R}{I_1I_2\cdots I_n}\right)^*\cong\left(\frac{R}{I_1}\right)^*\times\left(\frac{R}{I_2}\right)^*\times\cdots\times\left(\frac{R}{I_n}\right)^*.$$

5. 设 ε 是交换环 R 的幂等元，即满足 $\varepsilon^2=\varepsilon$. 试证明 $\varepsilon_2=1-\varepsilon$ 也是幂等元，$R\cong R\varepsilon\oplus R\varepsilon_2$，而且 $\varepsilon,\varepsilon_2$ 分别是环 $R\varepsilon,R\varepsilon_2$ 的单位元.

6. 证明环直和(也称直积)$R\oplus S$ 的理想必为 $I\oplus J$，其中 I,J 分别为 R,S 的理想.

7. 证明非零环的直和 $R\oplus S$ 不可能是域.

第5章

多项式与重要环

5.1 多项式的根与重根

熟悉多项式的读者，可跳过5.1节、5.3节.

以 $F[X]$ 记域 F 上的多项式形式集，这是一个整环. 两个非零多项式形式 f,g 可做带余除法，即存在 $q,r\in F[X]$ 使 $f=gq+r$，$r=0$ 或 $\deg r<\deg g$. 由此知道可以做辗转相除，从而知道最大公因子 $d=(f,g)$ 存在，且可表示为贝祖等式：

$$u(X)f(X)+v(X)g(X)=d(X).$$

由此推知多项式可以唯一因子分解. 整个推理过程与整数的相应理论很类似.

定义1 设 $f(X)=a_nX^n+\cdots+a_1X+a_0\in F[X]$ 为域 F 上的多项式(形式)，$c\in F$，则 $f(c)=a_nc^n+\cdots+a_1c+a_0\in F$ 称为 $f(X)$ 在 c 点的值. 若 $f(c)=0$，则称 c 为 $f(X)$ 的**根**或**零点**，也称 c 为方程 $f(X)=0$ 的**根**或**解**.

考虑 $f(X)$ 除以 $X-c$ 的带余除法：

$$f(X)=(X-c)q(X)+r,$$

其中余数 $r\in F$. 于是 $f(c)=(c-c)q(c)+r=r$. 故得下面的定理.

定理1 设 $f(X)\in F[X]$，$c\in F$，则有：

(1) (余数定理) $X-c$ 除 $f(X)$ 的余数为 $r=f(c)$.

(2) (因子定理) $(X-c)\mid f(X)$ 当且仅当 $f(c)=0$.

此定理说明，c 为 $f(X)$ 的根当且仅当 $f(X)=(X-c)q(X)$，$q(X)\in F[X]$. 这时候 $q(X)$ 中还可能有因子 $(X-c)$，再提取出来，如此最后可得到

$$f(X)=(X-c)^m g(X),\quad g(c)\neq 0, m\geqslant 1,$$

此时记为 $(X-c)^m\,\|\,f(X)$ (读作"恰整除")，称 c 为 $f(X)$ 的 m **重根**(或重零点)，$m\geqslant 2$ 时称 c 为重根，$m=1$ 时称 c 为单根.

定理2 域 F 上的 n 次非零多项式 $f(X)$ 在域 F 中最多有 n 个根 (重根按重数计入). 特别地，非零多项式在域 F 中的根数是有限多的.

证明 若 $c\in F$ 为 $f(X)$ 的根，由上述知 $f(X)=(X-c)q(X)$. 由归纳法可设 $q(X)$ 在 F 中根的个数不超过 $n-1$. 故 $f(X)$ 在 F 中根的个数不超过 n. 当然 $f(X)=0$ 为零多

项式时,则 F 中的任意元素都是它的根. ■

由定理 2 也可知,n 次非零 $f(X)\in F[X]$ 在含 F 的任意域 E 中最多有 n 个根(因为 $f(X)\in E[X]$). 但注意例子: 环 $\mathbb{Z}/8\mathbb{Z}$ 中有 4 个元素都满足 X^2-1. 这说明多项式在某些环中的根数不受次数限制,这是因为环上多项式不一定可以唯一分解.

定理 3 设 $f,g\in F[X]$ 次数均小于 n,且在 F 中 n 个不同点取值相同,则 $f=g$ 必是同一个多项式形式.

证明 令 $h(X)=f(X)-g(X)$,则其次数小于 n,而有 n 个不同零点在 F 中,故由定理 2 知 $h(X)=0$ 为零多项式形式,即知 $f(X)=g(X)$.

定理 4(拉格朗日插值公式) 设多项式 $f(X)\in F[X]$ 次数小于 n,且已知在 n 个互异点 $a_1,a_2,\cdots,a_n\in F$ 上分别取值为 $b_1,b_2,\cdots,b_n$,则

$$f(X)=\sum_{i=1}^{n} b_i \frac{(X-a_1)\cdots(X-a_{i-1})(X-a_{i+1})\cdots(X-a_n)}{(a_i-a_1)\cdots(a_i-a_{i-1})(a_i-a_{i+1})\cdots(a_i-a_n)}.$$

证明 显然右边和式在 a_i 取值为 $b_i(i=1,2,\cdots,n)$,这是因为: 此和式除第 i 项之外各项在 a_i 取值为 0 (因分子皆含因子 $(X-a_i)$); 而和式的第 i 项以 $X=a_i$ 代入后分子与分母相同,系数为 b_i. 再由定理 3 知道,满足条件的 $f(X)$ 是唯一的. ■

为了有效判断重根,引入"形式微商"概念,其定义不需要极限概念.

定义 2 多项式 $f(X)=a_nX^n+a_{n-1}X^{n-1}+\cdots+a_1X+a_0\in F[X]$ 的(形式)微商定义为

$$f'(X)=na_nX^{n-1}+(n-1)a_{n-1}X^{n-2}+\cdots+a_1\in F[X],$$

也记 $f'(X)$ 为 $f(X)'$ 或 $f^{(1)}(X)$,归纳地定义 k 阶微商为 $f^{(k)}(X)=(f^{(k-1)}(X))'$.

注意多项式的系数是属于 F 的,故微商的系数 ka_k 属于 F. 特别当 F 的特征为素数 p 时,ka_k 有可能为 0. 例如 $\mathbb{F}_7=\mathbb{Z}/7\mathbb{Z}$ 上多项式 $f(X)=\bar{3}X^{14}+X^9+\bar{4}X^7$,微商为

$$\begin{aligned} f'(X) &= 14\cdot\bar{3}X^{13}+9\cdot\bar{1}X^8+7\cdot\bar{4}X^6 \\ &= \overline{14}\cdot\bar{3}X^{13}+\bar{9}\cdot\bar{1}X^8+\bar{7}\cdot\bar{4}X^6 \\ &= \bar{2}X^8. \end{aligned}$$

微商的下列性质很容易直接验证(对 $f,g\in F[X],c\in F$):

$$(cf)'=cf';\ (f+g)'=f'+g';\ (fg)'=f'g+fg';\ (f^m)'=mf^{m-1}f'.$$

由 $(f/g)'=(f'g-fg')/g^2$,可求分式的微商.

定理 5 设 $f(X)\in F[X],c\in F$.

(1) c 为 $f(X)$ 的重根当且仅当 $f(c)=f'(c)=0$.

(2) c 为 $f(X)$ 的重根当且仅当 c 为 $(f(X),f'(X))$ 的根.

(3) 若 $(f(X),f'(X))=1$,则(在任意含 F 的域中) $f(X)$ 无重根.

(4) 设 $p(X)$ 在 $F[X]$ 中不可约. 若 $p'(X)\neq 0$,则 $p(X)$ 无重根(在含 F 的任意域中). 而若 $p'(X)=0$,则 $p(X)$ 的根都是重根. 特别地,F 的特征为 0 时,$p(X)$ 无重根.

证明 (1) 不妨设 $f(X)=(X-c)^m g(X)$ $(g(c)\neq 0, m\geqslant 1)$,则

$$f'(X)=m(X-c)^{m-1}g(X)+(X-c)^m g'(X),$$

若 c 为重根,则 $m\geqslant 2$,显然 $f'(c)=0$. 若 c 为单根,则 $m=1$,于是

$$f'(X)=g(X)+(X-c)g'(X),\quad f'(c)=g(c)\neq 0.$$

(2) 因为,c 为 $f(X)$ 和 $f'(X)$ 的公根当且仅当 c 为 $(f(X),f'(X))$ 的根.

(3) 由(2)立得. 因最大公因子可由辗转相除得到,只与系数四则运算有关,故题设的 $(f(X),f'(X))=1$ 在任何含系数的域中都成立,故 f 在任何域中皆无重根.

(4) 因 $p'(X)\neq 0$,故 $p(X)\nmid p'(X)$(因 $p'(X)$ 的次数低),故 $(p(X),p'(X))=1$(因为 $p(X)$ 不可约),再由(3)即得. 当 F 的特征为 0(例如 F 为数域)时,显然 $p'(X)\neq 0$,因为 $\deg p'(X)=\deg p(X)-1\geqslant 1$). ■

现在看看多项式形式与多项式函数的关系. 域 F 上的一个"**多项式函数**",就是域 F 到自身的一个映射 f,以自变量 x 的多项式的方式表出. F 上的多项式函数全体记为 $F[x]$,显然是一个环. 每个多项式形式 $f(X)$ 决定了一个多项式函数 $f(x)$. 例如多项式形式 $f(X)=X^2+1$ 决定了函数 $f(x)=x^2+1$,x 是在 F 中的自变量. 这就引起环的同态映射

$$\Phi: F[X]\to F[x],\quad f(X)\mapsto f(x).$$

我们看看此映射 Φ 的性质.

(1) 当 F 为无限域时,$f(x)=0$ 意味着 f 有无限多个根 $a\in F$,故 $f(X)=0$(即零多项式形式). 故此时 $\ker\Phi=\{0\}$,由同态基本定理 $F[X]/\ker\Phi\cong F[x]$,得 $F[X]\cong F[x]$.

(2) 当 F 为有限域时,设 $F=\mathbf{F}_q$ 有 q 个元素(可证明 $q=p^s$ 为某素数幂). 此时令

$$G(X)=\prod_{a\in\mathbf{F}_q}(X-a)$$

是 q 次多项式形式,每个 $a\in F$ 都是它的根,即对任意 $a\in F$ 总有 $G(a)=0$,这说明 $G(x)=0$ 是 F 上的零函数. 故 $G(X)\in\ker\Phi$,知 $\ker\Phi\neq\{0\}$,故此时 $F[X]\ncong F[x]$.

定理 6 (1) 当 F 为无限域时,有环同构 $F[X]\cong F[x]$,$f(X)\mapsto f(x)$.

(2) 当 F 为有限域时,$F[X]\ncong F[x]$(不同构,也不一一对应).

这说明,当 F 为无限域时,例如 $F=\mathbb{Q},\mathbb{R},\mathbb{C},\mathbf{F}_7(t)$(即 t 的有理式集,以 $\mathbf{F}_7$ 的元素为系数,t 为不定元),F 上的多项式形式与多项式函数一一对应(同构),可以不加区分. 但当 F 为有限域时,F 上多项式形式与多项式函数不是一一对应的,二者截然不同. 例如二元域 $\mathbf{F}_2=\{0,1\}$ 上的二次多项式形式 $f(X)=X^2+X$,它对应的函数 $f(x)=x^2+x$ 是零函数(对任意 $x\in\mathbf{F}_2$,$f(x)=0$).

部分分式

多项式环 $F[X]$的分式域 $F(X)=\{g/f \mid f,g\in F[X],f\neq 0\}$称为有理式形式域(因历史原因,也称为有理函数域). 有理式 g/f 有"部分分式"写法,很著名.

定理 7(部分分式分解,partial fraction decomposition)

(Ⅰ) 域 F 上任一有理式 $g/f\in F(X)$ (其中 f,g 互素) 可写为

$$\frac{g}{f}=\frac{h_1}{p_1^{s_1}}+\cdots+\frac{h_n}{p_n^{s_n}}+h,$$

其中 $\deg h_i<\deg p_i^{s_i}$,$p_i\nmid h_i$,p_i 互异首一(最高次项的系数为 1)不可约,s_i 为正整数,$f=p_1^{s_1}\cdots p_n^{s_n}$,$p_i,h_i,h\in F[X]$ $(i=1,2,\cdots,n)$. 以上写法是唯一的,且当 $\deg g<\deg f$ 时,$h=0$.

(Ⅱ) 上述和式中任一项,记为 h/p^s $(\deg h<\deg p^s)$,可进一步分解为

$$\frac{h}{p^s}=\frac{u_1}{p}+\frac{u_2}{p^2}+\cdots+\frac{u_s}{p^s},$$

其中 $\deg u_j<\deg p$ 或 $u_j=0$,$u_j\in F[X]$ $(j=1,2,\cdots,s)$.

证明 (Ⅰ-1) 若 $f_1,f_2\in F[X]$互素,则有 $u,v\in F[X]$使 $uf_1+vf_2=1$,除以 f_1f_2 得

$$\frac{1}{f_1f_2}=\frac{v}{f_1}+\frac{u}{f_2}.$$

现设有因子分解 $f=p_1^{s_1}\cdots p_n^{s_n}$,$s_i$ 为正整数. 由上述,逐步归纳,得

$$\frac{g}{f}=\frac{g}{p_1^{s_1}\cdots p_n^{s_n}}=\frac{g_1}{p_1^{s_1}}+\frac{\tilde{g}_1}{p_2^{s_2}\cdots p_n^{s_n}}=\cdots=\frac{g_1}{p_1^{s_1}}+\cdots+\frac{g_n}{p_n^{s_n}},$$

再作带余除法 $g_i=p_i^{s_i}q_i+r_i$,记 $r_i=h_i$,$\sum q=h$,则得定理中部分分式分解式.

(Ⅰ-2) 再证明,由分解式可得 $f=p_1^{s_1}\cdots p_n^{s_n}$. 将部分分式分解式通分,可得

$$\frac{g}{f}=\frac{H}{p_1^{s_1}\cdots p_n^{s_n}},\quad H=h_1p_2^{s_2}\cdots p_n^{s_n}+\cdots+h_np_1^{s_1}\cdots p_{n-1}^{s_{n-1}}+hp_1^{s_1}\cdots p_n^{s_n}.$$

H 的第一项不含因子 p_1(因 $p_1\nmid h_1$),其余项都含 p_1,故 $p_1\nmid H$. 同理 $p_i\nmid H$ $(i=1,\cdots,n)$. 故 $g/f=H/p_1^{s_1}\cdots p_n^{s_n}$ 是两个既约分式相等,得 $f=p_1^{s_1}\cdots p_n^{s_n}$.

(Ⅰ-3) 现证明分解的唯一性. 设另有部分分式分解 $g/f=k_1/\hat{p}_1^{t_1}+\cdots+k_m/\hat{p}_m^{t_m}+k$,则显然 $p_i=\hat{p}_i$,$m=n$(由(Ⅰ-1)). 因 p_i 互异,故由两种分解式相等,得如下形式等式:

$$\frac{h_1}{p_1^{s_1}}-\frac{k_1}{p_1^{t_1}}=\frac{v}{u},$$

其中 $p_1 \nmid u$. 不妨设 $s_1 \geqslant t_1$，上式化为 $(h_1 - k_1 p_1^{s_1 - t_1})/p_1^{s_1} = v/u$. 因 $p_1 \nmid u$，故 $p_1^{s_1} \mid (h_1 - k_1 p_1^{s_1 - t_1})$，若 $s_1 > t_1$，则 $p_1^{s_1} \mid h_1$，与定理所设矛盾，故 $s_1 = t_1$，从而 $p_1^{s_1} \mid (h_1 - k_1)$. 因 $h_1 - k_1$ 的次数低，故 $h_1 - k_1 = 0$. 唯一性得证.

（Ⅰ-4）设 $\deg g < \deg f$ 而 $h \neq 0$. 由上述 $g/f = H/p_1^{s_1} \cdots p_n^{s_n}$，有 $g = H$. 此等式的各项中，前面各项次数都低于 $f = p_1^{s_1} \cdots p_n^{s_n}$（即 $\deg g < \deg f$，$\deg h_i < \deg p_i^{s_i}$），只有 H 的末项 hf 次数不低于 f，此不可能. 故 $h = 0$.

（Ⅱ-1）　先证明如下引理.

引理 1　设 $g(X) \in F[X]$ 不是常数，则任意多项式 $f(X) \in F[X]$ 可唯一地写为

$$f = a_0 + a_1 g + a_2 g^2 + \cdots + a_m g^m,$$

其中 $\deg a_i < \deg g$，$a_i \in F[X]$ $(i = 1, 2, \cdots, n)$. 这种表示称为 g-进制（g-adic）表示. 特别当 $g(X) = p(X)$ 不可约时，此展开称为 p-adic 展开.

证明　(1) 由带余除法有 $f = gf_1 + a_0$. 再做带余除法 $f_1 = gf_2 + a_1$，代入即得

$$f = a_0 + g(gf_2 + a_1) = a_0 + a_1 g + g^2 f_2,$$

如此续行即得欲证（次数 $\deg f > \deg f_1 > \cdots$，当低于 $\deg g$ 时进程结束）. 唯一性显然.

（Ⅱ-2）继续证明定理 7（Ⅱ）. 由上述引理和 $\deg h < \deg p^s$ 知

$$h = a_0 + a_1 p + a_2 p^2 + \cdots + a_m p^m$$

（$\deg a_i < \deg p$，$m < s$）. 两边除以 p^s，即得所欲证.　■

在作 g/f 的部分分式展开时，常先求其多项式（整式）部分，再展开真分式部分. 即当 $\deg g > \deg f$ 时，作带余除法 $g = fq + r$，则 $g/f = q + r/f$，q 就是多项式部分. 而在展开真分式 r/f 时，可由定理写出待定系数，通分比较各幂次的系数，化为求解线性方程组，从而求出待定系数.

习　题　5.1

1. 用辗转相除法求 (f, g) 和贝祖等式：

(1) $f(X) = X^5 + X^4 - X^3 - 2X^2 + X$，　$g(X) = X^4 + 2X^3 - 3X$；

(2) $f(X) = X^5 + 2X^4 - 3X^2 - X + 1$，　$g(X) = X^3 + 2X^2 - X - 2$；

(3) $f(X) = X^4 + 3X^3 + 3X^2 + 3X + 2$，　$g(X) = X^2 - 3X + 2$.

2. 试证明在贝祖等式 $uf + vg = (f, g)$ 中，可以选取 u, v 使 $\deg u < \deg g$，$\deg v < \deg f$.

3. 设 $f(X)$ 是数域 F 上多项式，$\deg f \leqslant n$，则 $c \in F$ 是 f 的 m 重根的充分必要条件为 $f(c) = f'(c) = \cdots = f^{(m-1)}(c) = 0$ 而 $f^{(m)}(c) \neq 0$.

4. $f(X)^2 + g(X)^2$ 的（复）重根是 $f'(X)^2 + g'(X)^2$ 的根，其中多项式 $f(X), g(X)$ 互素.

5. 实系数多项式 $X^n - 1$ 是否有重根，为什么？

6. 举出域上多项式形式的非零例子 $f(X)$，使得 $f'(X) = 0$.

7. 设 F 为域，$a_1, a_2, \cdots, a_n \in F$ 互异，则存在 $c_1, c_2, \cdots, c_n \in F$ 使

$$\frac{1}{(X-a_1)(X-a_2)\cdots(X-a_n)}=\frac{c_1}{X-a_1}+\frac{c_2}{X-a_2}+\cdots+\frac{c_n}{X-a_n}.$$

8. 将 $\dfrac{1}{(X-1)^2(X-2)}$ 展开为部分分式.

9. 求 $p,q,n(n=1,2,3)$ 使 X^4+pX^n+q 有三重根.

5.2 整系数多项式环$\mathbb{Z}[X]$

我们已知,域 F(例如$\mathbb{C}$,$\mathbb{R}$ 或$\mathbb{Q}$)上的多项式可以唯一因子分解(见 1.2 节后部).但整数环$\mathbb{Z}$不是域,整数系数多项式需另加研究.这引出一套新的重要理论和方法.

古典代数学基本定理 任一复系数 $n(\geqslant 1)$次多项式均有 n 个复数根(重根计入).

由于这一定理,复数域$\mathbb{C}$被称为**代数封闭域**.这一定理有多种证明,其中利用复变量函数的证明很简单.而纯用代数的证明比较复杂,这里不再给出.由此立得如下的定理.

定理 1 任一复系数 $n(\geqslant 1)$次多项式 $f(X)\in\mathbb{C}[X]$可唯一分解为一次因子之积,即

$$f(X)=c(X-c_1)(X-c_2)\cdots(X-c_n),\quad c,c_1,\cdots,c_n\in\mathbb{C}.$$

例如,$X^n-1=(X-1)(X-\zeta_n)\cdots(X-\zeta_n^{n-1})$,其中 $\zeta=\mathrm{e}^{2\pi\mathrm{i}/n}$.

再考虑实系数多项式 $f(X)\in\mathbb{R}[X]$,其虚数根是成对出现的:若 $c=a+b\mathrm{i}$ 是 $f(X)$ 的根($a,b\in\mathbb{R}$),则其复共轭 $\bar{c}=a-b\mathrm{i}$ 也是 $f(X)$的根(读者习题).而

$$(X-c)(X-\bar{c})=X^2-(c+\bar{c})X+c\bar{c}=X^2-2aX+(a^2+b^2)$$

是实系数二次多项式.故得如下的定理.

定理 2 实数域上任一多项式 $f(X)\in\mathbb{R}[X]$(不是常数)在实数域上可唯一分解为一次和二次不可约因子之积.

现在转而讨论**系数为整数的多项式**,其全体记为$\mathbb{Z}[X]$.因 $\mathbb{Z}$ 不是域,以前讨论域上多项式的方法不适用于$\mathbb{Z}[X]$.事实上,$\mathbb{Z}[X]$中多项式不一定能作"带余除法".例如,$f(X)=X^3+1$,$g(X)=3X+1$,假若有带余除式 $f(X)=g(X)q(X)+r(X)$ ($r\in\mathbb{Z}$;$q\in\mathbb{Z}[X]$),则右边的首项系是 3 的倍数,与左边矛盾.因此,基于带余除法的论证对$\mathbb{Z}[X]$均不可行,需要另外探讨.

注意$\mathbb{Z}$与$\mathbb{Q}$关系密切,我们可以借助于$\mathbb{Q}[X]$研究$\mathbb{Z}[X]$.例如

$$f(X)=\frac{2}{3}X^3+\frac{2}{5}X^2+4X+8=\frac{2}{15}(5X^3+3X^2+30X+60).$$

这提示,对每个有理系数多项式,可提取出公分子分母,得到一个"系数互素的整系数多项式"(称为"本原多项式").

引理 1(容量分解) 每个 $f(X)\in\mathbb{Q}[X]$可唯一地表示为

$$f(X)=c_f f^*(X),$$

其中 $c_f\in\mathbb{Q}$（称为 $f(X)$ 的**容量**(content). $f(X)\in\mathbb{Z}[X]$ 当且仅当 $c_f\in\mathbb{Z}$），$f^*(X)\in\mathbb{Z}[X]$ 且系数互素（称为 $f(X)$ 对应的本原多项式），这里的唯一性不计正负号.

证明　分解式的存在性显然. 现证唯一性. 若 $f=c_1f_1=c_2f_2$（$c_i\in\mathbb{Q}$，f_i 为本原多项式，$i=1,2$），则 $(c_1/c_2)f_1=f_2$. 记 $c_1/c_2=a/b$（a,b 为互素整数），则 $(a/b)f_1=f_2$，得到 $af_1=bf_2$. 因 a 与 b 互素，故知 a 整除 f_2 的所有系数，而 f_2 的系数之间互素，故知 $a=\pm1$. 同理得 $b=\pm1$. 故 $c_1=\pm c_2$，$f_1=\pm f_2$. ■

引理 2(高斯)　本原多项式之积仍为本原多项式.

证明　设 $f=a_nX^n+\cdots+a_1X+a_0$ 和 $g=b_mX^m+\cdots+b_1X+b_0$ 均为本原多项式，$fg=c_\ell X^\ell+\cdots+c_1X+c_0$. 对任一固定素数 p，设 $a_n\equiv\cdots\equiv a_{s+1}\equiv b_m\equiv\cdots\equiv b_{t+1}\equiv 0 \pmod p$，而 $a_s\not\equiv 0$，$b_t\not\equiv 0 \pmod p$. 则由

$$c_{s+t}=a_sb_t+(a_{s+1}b_{t-1}+\cdots+a_{s+t}b_0)+(a_{s-1}b_{t+1}+\cdots+a_0b_{t+s}),$$

知 $c_{s+t}\equiv a_sb_t\not\equiv 0\pmod p$. 这说明任意 p 不是 fg 系数的公因子，故 fg 为本原多项式. ■

注记 1　记 $\bar f=\bar a_nX^n+\cdots+\bar a_1X+\bar a_0\in\mathbb{F}_p[X]$，其中 $\bar a$ 为 a 模 p 同余类，则 f 为本原多项式相当于 $\bar f\neq 0$（对任意 p）. 高斯引理化为：若 $\bar f\neq 0$，$\bar g\neq 0$，则 $\bar f\bar g\neq 0$（对任意 p）. 为显然.

定理 3　(1) 设 $f(X)\in\mathbb{Z}[X]$，若在 $\mathbb{Q}[X]$ 中有分解 $f=gh$，则在 $\mathbb{Z}[X]$ 中有分解

$$f=c_fg^*h^*,$$

其中 $c_f\in\mathbb{Z}$，g^*,h^* 是 g,h 对应的本原多项式.

(2) $\mathbb{Z}[X]$ 是唯一析因整环. 也就是说，任意 $f(X)\in\mathbb{Z}[X]$（$f\neq 0,\pm1$）可唯一分解为素数和（在 $\mathbb{Q}[X]$ 中）不可约的本原多项式之积（唯一性不计正负号）.

证明　(1) 作容量分解 $f=c_ff^*$，$g=c_gg^*$，$h=c_hh^*$. 由 $f=gh$ 知 $f=c_ff^*=c_gc_hg^*h^*$，于是 g^*h^* 是本原多项式（高斯引理），由容量分解的唯一性知 $\pm g^*h^*=f^*$，$\pm c_gc_h=c_f\in\mathbb{Z}$，故 $f=c_fg^*h^*$.

(2) 先在 $\mathbb{Q}[X]$ 中分解 $f(X)=Q_1(X)\cdots Q_s(X)$，$Q_i(X)\in\mathbb{Q}[X]$ 不可约（$i=1,\cdots,s$），则由(1)知 $f(X)=c_fQ_1^*(X)\cdots Q_s^*(X)$，再将 $c_f\in\mathbb{Z}$ 分解为素数之积，即得到 $f(X)$ 在 $\mathbb{Z}[X]$ 中的分解. 为证明分解的唯一性，设有定理所言在 $\mathbb{Z}[X]$ 中的两种分解

$$f(X)=p_1\cdots p_rQ_1(X)\cdots Q_s(X)=p_1'\cdots p_u'Q_1'(X)\cdots Q_t'(X),$$

其中 p_i,p_j' 为素数，$Q_m(X),Q_n'(X)$ 为不可约本原多项式，$i=1,\cdots,r$，$j=1,\cdots,u$，$m=1,\cdots,s$，$n=1,\cdots,t$. 将此两式看作是在 $\mathbb{Q}[X]$ 中的分解，由 $\mathbb{Q}[X]$ 中分解的唯一性知 $s=t$，$Q_m(X)=c_mQ_m'(X)$（$c_m\in\mathbb{Q}$），但 $Q_m(X),Q_m'(X)$ 均为本原多项式，故 $Q_m(X)=\pm Q_m'(X)$（$m=1,\cdots,s$）. 消去诸 $Q_m(X)$ 之后得到 $p_1\cdots p_r=\pm p_1'\cdots p_u'$，由整数的唯一分解律即知 $p_i=\pm p_i'$，$r=u$.

易知，素数 p 在 $\mathbb{Z}[X]$ 中不可约（假若 $p=g\cdot h$，则比较次数知 $g,h\in\mathbb{Z}$，从而由素数

定义知 g 或 h 为± 1).再设 $P(X)$是在$\mathbb{Q}[X]$中不可约的本原多项式,也易知 $P(X)$在$\mathbb{Z}[X]$中不可约(假若 $P(X)=gh$,其中 $g,h\in\mathbb{Z}[X]$,由 $P(X)$在$\mathbb{Q}[X]$中不可约可知 g 或 h 属于$\mathbb{Q}$从而是± 1).

总之,上述实已证明了:任意 $f\in\mathbb{Z}[X]$可唯一写为$\mathbb{Z}[X]$中不可约元之积(即素数和不可约本原多项式之积).这就证明了$\mathbb{Z}[X]$是唯一析因整环.而 f 的分解也说明,f 要为不可约元(素元)只有两种可能:素数,或不可约本原多项式. ■

以上证明$\mathbb{Z}[X]$是唯一析因整环的方法可以推广,留待 5.6 节详述.

系 1(有理根) 整系数多项式 $f(X)=a_nX^n+\cdots+a_1X+a_0\in\mathbb{Z}[X]$的有理(数)根 b/a(其中 a,b 为互素整数)必满足

$$a\mid a_n,\quad b\mid a_0.$$

证明 由 $f(b/a)=0$,知

$$f(X)=(X-b/a)g(X)=(aX-b)h(X)\quad (g(X),h(X)\in\mathbb{Q}[X]).$$

因 a,b 互素,故 $u(X)=aX-b$ 为本原多项式,$c_u=1$.由 $c_f=c_uc_h$ 知 $c_h=c_f\in\mathbb{Z}$,即 $h(X)\in\mathbb{Z}[X]$.设 $h(X)=h_{n-1}X^{n-1}+\cdots+h_1X+h_0\in\mathbb{Z}[X]$,则

$$a_nX^n+\cdots+a_1X+a_0=(aX-b)(h_{n-1}X^{n-1}+\cdots+h_1X+h_0),$$

故 $a_n=ah_{n-1},a_0=bh_0$.证毕. ■

定理 4(艾森斯坦(Eisenstein)判别法) 设 $f(X)=a_nX^n+\cdots+a_1X+a_0\in\mathbb{Z}[X]$的系数互素,若有一素数 p 使 $p\nmid a_n,p\mid a_i(i=n-1,\cdots,1,0),p^2\nmid a_0$,则 $f(X)$在$\mathbb{Z}[X]$中不可约.

证明 如果 $f(X)$在$\mathbb{Z}[X]$中可约,设为 $f(X)=g(X)h(X)$,其中

$$g(X)=g_mX^m+\cdots+g_1X+g_0,\quad h(X)=h_\ell X^\ell+\cdots+h_1X+h_0,\quad m,\ell\geqslant 1.$$

因 $p^2\nmid a_0=g_0h_0$,可设 $p\nmid h_0,p\mid g_0$.设 $p\nmid g_k$(k 为最小的满足此式的正整数),则

$$a_k=g_kh_0+g_{k-1}h_1+\cdots+g_0h_k,$$

导致 $p\nmid a_k$(因 $p\mid g_{k-1},\cdots,g_0,p\nmid g_kh_0$),与 $k\leqslant m<n$ 和题设矛盾. ■

注记 2 证明的实质如下($\bar{f}\in\mathbb{F}_p[X]$表示 f 的系数模 p 后的多项式,见高斯引理注记):若 $f=gh$,则 $\bar{f}=\bar{g}\bar{h}$,即 $\bar{a}_nX^n=(\cdots+\bar{g}_kX^k)(\bar{h}_\ell X^\ell+\cdots+\bar{h}_0)$,显然矛盾(因右边至少有两项).

由艾森斯坦判别法,很容易写出任意次的整系数不可约多项式:

$$X^n+p,\quad X^n+pX+p,\quad X^{100}+10X^2+5.$$

例 1 $f(X)=X^{p-1}+X^{p-2}+\cdots+X+1=(X^p-1)/(X-1)$在$\mathbb{Z}[X]$中不可约.

证明 令 $X-1=Y$,则

$$\frac{X^p-1}{X-1}=\frac{(Y+1)^p-1}{Y}=Y^{p-1}+\cdots+\mathrm{C}_p^kY^{k-1}+\cdots+p=g(Y),$$

$$C_p^k=\frac{p(p-1)\cdots(p-k+1)}{k!}\in\mathbb{Z},$$

因 $0<k<p$，C_p^k 的分母中 $k!$ 的素因子都小于 p，分子中的 p 不可能被分母消去，故整数 C_p^k 含因子 p. 因此 $g(Y)$ 满足艾森斯坦判别法条件，不可约，从而 $f(X)$ 不可约.

若 $f=gh$，则 $\bar{f}=\bar{g}\bar{h}$（$\bar{f}$ 表示 f 的系数模素数 p，见上述注记）. 故由后者可反推前者情况. 例如，若 $\bar{f}$ 不可约，则 f 必不可约（设 p 与首项系数互素）. 再如，由 $\bar{f}$ 的因子情况（个数，次数）可推知 f 的因子情况.

习　题　5.2

1. 在 $\mathbb{R}[X]$ 中分解 X^n-1.

1. 在 $\mathbb{R}[X]$ 中分解：$X^{2n}+1$，$X^{2n+1}+1$，X^n-a，X^n+a.

3. 求 a,b 使 $X^4+2X^3-21X^2+aX+b$ 的根为等差数列，并求出此数列.

4. 求 p,q,r 的关系，使 X^3+pX^2+qX+r 的根为等比数列.

5. 对如下多项式作容量分解：

(1) $3X^2+12X+21$，(2) $X^3/2+X^2/3+X+5$，(3) $3X^4/2+6X^3-9X^2/4+3X$.

6. 在 $\mathbb{Q}[X]$ 和 $\mathbb{Z}[X]$ 中分别分解如下多项式：

(1) $12X^2+6X-6$，(2) $3X^3-12X^2+15X-6$，(3) $72X^3-24X^2-30X+12$.

7. 在 $\mathbb{Z}[X]$ 中分解如下多项式（p 为素数）：

(1) $X^3-1001X^2-1$，　(2) X^4+50X^2+2，　(3) X^p-1，

(4) X^3+2X^2+8X+2，　(5) X^3+2X^2+2X+4，　(6) $X^{17}-37$，

(7) X^4+21，　(8) X^p+pX+1，　(9) X^p-pX+1.

8. 证明以下多项式在 $\mathbb{Q}$ 上不可约

$$X^3+6X^2+5X+25,\quad X^3+6X^2+11X+8,\quad X^4+8X^3+X^2+2X+5.$$

9. 设 $f=a_0+a_1X+\cdots+a_nX^n\in\mathbb{Z}[X]$. (1) 若 a_0，$a_0+a_1+\cdots+a_n$ 均非偶数，则 f 无整数根.

(2) 若 a_0，$a_0+a_1+\cdots+a_n$，$a_0-a_1+\cdots+(-1)^na_n$ 均非 3 的倍数，则 f 无整数根.

10. 设 n 为正整数，试证明 X^4+n 在 $\mathbb{Q}$ 上可约当且仅当 $n=4m^4$（$m\in\mathbb{Z}$）.

5.3　对称多项式

设 F 为一域，X，Y 是不同的不定元. $F[X][Y]$ 的元素就是以 $F[X]$ 中元素为系数的 Y 的多项式. 易知 $F[X][Y]=F[Y][X]=F[X,Y]$. 例如，$f=(2X^3+X)Y^5+(X+1)Y$；可改写为 $f=(2Y^5)X^3+(Y^5+Y)X+Y$，或 $f=2X^3Y^5+XY^5+XY+Y$. 于是可归纳地定义域 F 上互异不定元 $X_1,X_2,\cdots,X_n$ 的**多项式形式环**

$$F[X_1,X_2,\cdots,X_n]=F[X_1,\cdots,X_{n-1}][X_n],$$

也称为 n 元多项式（形式）环. 此环中如下形式的元素称为单项式：

$$aX_1^{k_1}X_2^{k_2}\cdots X_n^{k_n},\quad a\in F, 0\leqslant k_i\in\mathbb{Z}\,(i=1,\cdots,n),$$

$k_1+k_2+\cdots+k_n$ 称为该单项式的次数,a 称为其系数.两个单项式称为**同类**当且仅当它们只是系数不同,每个 X_i 的次数均相同.每个多项式 $f\in F[X_1,X_2,\cdots,X_n]$是有限个单项式的和,即

$$f(X_1,X_2,\cdots,X_n)=\sum_{k_1,k_2,\cdots,k_n}a_{k_1k_2\cdots k_n}X_1^{k_1}X_2^{k_2}\cdots X_n^{k_n},$$

其各项次数的最大值称为 f 的次数,记为 $\deg f$.常设多项式的不同项互不同类(即同类项已经合并).

定义 1(**字典排序法**) 若 $k_1=\ell_1,\cdots,k_{i-1}=\ell_{i-1}$,而 $k_i>\ell_i$ 对某 $i\in\{1,2,\cdots,n\}$成立,则称$(k_1,\cdots,k_n)$先于$(\ell_1,\cdots,\ell_n)$,记为$(k_1,\cdots,k_n)>(\ell_1,\cdots,\ell_n)$,也称单项式 $aX_1^{k_1}X_2^{k_2}\cdots X_n^{k_n}$ 先于$bX_1^{\ell_1}X_2^{\ell_2}\cdots X_n^{\ell_n}$(“先于”也称为“高于”.其反义也称为“后于”“低于”等).

多项式 f 的各个单项按上述字典排序法排序之后,第一项称为其**首项**,记为 $L(f)$.注意首项不一定是最高次项.例如 $f=2X_1^5X_2^2+3X_1^4X_2^8$.

引理 1 乘积 fg 的首项等于 f 和 g 的首项之积,即 $L(fg)=L(f)\cdot L(g)$.

证明 设 f 和 g 的首项分别为 $aX_1^{k_1}X_2^{k_2}\cdots X_n^{k_n}$ 和 $bX_1^{u_1}X_2^{u_2}\cdots X_n^{u_n}$.$fg$ 的每一项形如 $cX_1^{\ell_1+v_1}X_2^{\ell_2+v_2}\cdots X_n^{\ell_n+v_n}$,其中$(k_1,k_2,\cdots,k_n)\geqslant(\ell_1,\ell_2,\cdots,\ell_n)$,$(u_1,u_2,\cdots,u_n)\geqslant(v_1,v_2,\cdots,v_n)$,此项为 fg 首项是当此二式皆取等号时,即当此项为 f 和 g 的首项之积. ■

定义 2 $f(X_1,X_2,\cdots,X_n)\in F[X_1,X_2,\cdots,X_n]$称为**对称多项式**,如果对换任意 X_i 和 X_j 不改变 f,也就是说,对任意 $i,j=1,2,\cdots,n$ 均有 $f(\cdots,X_i,\cdots,X_j,\cdots)=f(\cdots,X_j,\cdots,X_i,\cdots)$.

显然,对称多项式的和、差、积仍对称;对称多项式 f 的k 次齐次部分(即 f 的k 次单项式之和)仍对称.

现在引入重要的“初等对称多项式”.设 $X,X_1,X_2,\cdots,X_n$ 为不同的不定元,记

$$(X-X_1)(X-X_2)\cdots(X-X_n)=X^n-\sigma_1X^{n-1}+\cdots+(-1)^k\sigma_kX^{n-k}+\cdots+(-1)^n\sigma_n,$$

将左边按分配律展开,两边比较系数,可得**韦达公式**(Vieta's formulas):

$$\sigma_1=X_1+X_2+\cdots+X_n,$$

$$\sigma_2=X_1X_2+\cdots+X_1X_n+X_2X_3+\cdots+X_2X_n+\cdots+X_{n-1}X_n,$$

$$\vdots$$

$$\sigma_k=X_1X_2\cdots X_k+\cdots+X_{n-k+1}X_{n-k+2}\cdots X_n=\sum_{1\leqslant i_1<i_2<\cdots<i_k\leqslant n}X_{i_1}X_{i_2}\cdots X_{i_k},$$

$$\vdots$$

$$\sigma_n=X_1X_2\cdots X_n.$$

也就是说，σ_k 是 C_n^k 项之和，每项是 k 个不同 X_i 相乘. 显然 $\sigma_1,\sigma_2,\cdots,\sigma_n\in F[X_1,X_2,\cdots,X_n]$均为对称多项式，称为 $X_1,X_2,\cdots,X_n$ 的**初等对称多项式**.

注意，σ_k 的首项为$X_1X_2\cdots X_k$，故$\sigma_1^{k_1}\sigma_2^{k_2}\cdots\sigma_n^{k_n}$的首项为

$$(X_1)^{k_1}(X_1X_2)^{k_2}\cdots(X_1X_2\cdots X_n)^{k_n}=X_1^{k_1+\cdots+k_n}X_2^{k_2+\cdots+k_n}\cdots X_n^{k_n}.$$

定理1（对称多项式基本定理）　对任一个 n 元对称多项式 $f(X_1,X_2,\cdots,X_n)\in F[X_1,X_2,\cdots,X_n]$，存在唯一的 n 元多项式 $\varphi(Y_1,Y_2,\cdots,Y_n)$（其中 $Y_1,Y_2,\cdots,Y_n$ 为互异不定元）使得

$$f(X_1,X_2,\cdots,X_n)=\varphi(\sigma_1,\sigma_2,\cdots,\sigma_n).$$

例如，$n=2$ 时，$\sigma_1=X_1+X_2$，$\sigma_2=X_1X_2$. 考虑对称多项式 $f=(X_1-X_2)^2$. 则 $(X_1-X_2)^2=(X_1+X_2)^2-4X_1X_2=\sigma_1^2-4\sigma_2$，即 $\varphi(Y_1,Y_2)=Y_1^2-4Y_2$. 满足定理.

证明　设按字典排序法，f 的首项为

$$L(f)=aX_1^{\ell_1}X_2^{\ell_2}\cdots X_n^{\ell_n}.$$

它作为对称多项式的首项必然满足 $\ell_1\geqslant\ell_2\geqslant\cdots\geqslant\ell_n$；事实上，若 $\ell_i<\ell_{i+1}$，则因 f 对称（可交换 X_i,X_{i+1}），故 f 必含一项 $aX_1^{\ell_1}\cdots X_i^{\ell_{i+1}}X_{i+1}^{\ell_i}\cdots X_n^{\ell_n}$，它要先于$L(f)$，矛盾. 令

$$\varphi_1=a\sigma_1^{\ell_1-\ell_2}\sigma_2^{\ell_2-\ell_3}\cdots\sigma_n^{\ell_n},$$

则易知 φ_1 与 f 的首项相同. 这是因为 σ_k 的首项为 $X_1X_2\cdots X_k$，故 φ_1 的首项为

$$L(\varphi_1)=aX_1^{\ell_1-\ell_2}(X_1X_2)^{\ell_2-\ell_3}\cdots(X_1\cdots X_n)^{\ell_n}=L(f).$$

将 f 减去 φ_1，则首项消去，故得到 $f_1=f-\varphi_1$，其首项要低于 f 的首项. 如若 $f_1\neq0$，则对 f_1 作如同对 f 的步骤，构作出 φ_2，得 $f_2=f_1-\varphi_2=f-\varphi_1-\varphi_2$，其首项又比 f_1 的降低. 如此继续下去，首项不断降低，终会为零，即有 $f_s=f-\varphi_1-\cdots-\varphi_s=0$，从而得到 $f=\varphi_1+\cdots+\varphi_s=\varphi(\sigma_1,\cdots,\sigma_n)$.

再证 φ 的唯一性. 用反证法，假设存在 $\varphi(Y_1,Y_2,\cdots,Y_n)\neq\tilde{\varphi}(Y_1,Y_2,\cdots,Y_n)$ 使得

$$f=\varphi(\sigma_1,\sigma_2,\cdots,\sigma_n)=\tilde{\varphi}(\sigma_1,\sigma_2,\cdots,\sigma_n).$$

记 $\Phi(Y_1,Y_2,\cdots,Y_n)=\varphi(Y_1,Y_2,\cdots,Y_n)-\tilde{\varphi}(Y_1,Y_2,\cdots,Y_n)$，则此假设化为：存在

$$\Phi(Y_1,Y_2,\cdots,Y_n)\neq0 \text{ 使得 } \Phi(\sigma_1,\sigma_2,\cdots,\sigma_n)=0.$$

以下证此不可能. 设 $\Phi(Y_1,Y_2,\cdots,Y_n)$的同类项已合并，任取其两个（不同类的）项（如果存在的话）：$aY_1^{k_1}Y_2^{k_2}\cdots Y_n^{k_n}$ 和 $a'Y_1^{k'_1}Y_2^{k'_2}\cdots Y_n^{k'_n}$，以 $Y_i=\sigma_i\ (i=1,2,\cdots,n)$代入后为 $X_1,X_2,\cdots,X_n$ 的多项式，二者的首项分别为

$$L(a\sigma_1^{k_1}\sigma_2^{k_2}\cdots\sigma_n^{k_n})=aX_1^{k_1+k_2+\cdots+k_n}X_2^{k_2+\cdots+k_n}\cdots X_n^{k_n},$$

$$L(a'\sigma_1^{k'_1}\sigma_2^{k'_2}\cdots\sigma_n^{k'_n})=a'X_1^{k'_1+k'_2+\cdots+k'_n}X_2^{k'_2+\cdots+k'_n}\cdots X_n^{k'_n}.$$

此二首项不同类（同类意味着 $k_1+k_2+\cdots+k_n=k'_1+k'_2+\cdots+k'_n,\cdots,k_{n-1}+k_n=$

$k'_{n-1}+k'_n, k_n=k'_n$；这导致$(k_1,k_2,\cdots,k_n)=(k'_1,k'_2,\cdots,k'_n)$，矛盾)．所以，$\Phi(Y_1, Y_2,\cdots,Y_n)$的不同的非零项以$Y_i=\sigma_i$代入后的首项是不同类的，它们不能互相消去，故$\Phi(\sigma_1,\sigma_2,\cdots,\sigma_n)$非零．矛盾． ■

上述证明也给出了求$\varphi(Y_1,Y_2,\cdots,Y_n)$的方法，即$\varphi=\varphi_1+\varphi_2+\cdots+\varphi_s$．而构作$\varphi_i$就是使其与$f_{i-1}$的首项相同．总之，各$\varphi_i$的首项均不超过$f$．下面介绍的待定系数法，就是写出所有可能的这种$\varphi_i$，再待定系数加起来得$f$．

表对称多项式 $f(X_1,X_2,\cdots,X_n)=\varphi(\sigma_1,\sigma_2,\cdots,\sigma_n)$ 的方法

(1) 表$f=f_m+f_{m-1}+\cdots+f_0$为齐次多项式之和(其中f_k为f的k次单项式之和，仍对称)．因此只要表出每个f_m再相加即可．故以下设$f=f_m$为m次齐次．

(2) 设f的首项为$aX_1^{k_1}X_2^{k_2}\cdots X_n^{k_n}$．写出满足下列三个条件的所有可能$(\ell_1,\ell_2,\cdots,\ell_n)$：

① $(k_1,k_2,\cdots,k_n)\geqslant(\ell_1,\ell_2,\cdots,\ell_n)$；

② $\ell_1\geqslant\ell_2\geqslant\cdots\geqslant\ell_n$；

③ $\ell_1+\ell_2+\cdots+\ell_n=m$．

(3) 令 $f(X_1,X_2,\cdots,X_n)=\sum\limits_{(\ell_1,\ell_2,\cdots,\ell_n)}A_{(\ell_1,\ell_2,\cdots,\ell_n)}\sigma_1^{\ell_1-\ell_2}\sigma_2^{\ell_2-\ell_3}\cdots\sigma_n^{\ell_n}$，

其中$(\ell_1,\ell_2,\cdots,\ell_n)$遍历(2)中所得，$A_{(\ell_1,\ell_2,\cdots,\ell_n)}$为待定系数．

(4) 取$(X_1,X_2,\cdots,X_n)$的若干特殊值代入上式定出待定系数，即得f(例如取$(X_1, X_2,\cdots,X_n)=(1,\cdots,1,0,\cdots,0)$等)．

例 1 设$f=X_1^3+X_2^3+X_2^3$，首项为X_1^3，$(k_1,k_2,k_3)=(3,0,0)$，得(ℓ_1,ℓ_2,ℓ_3)为$(3,0,0)$，$(2,1,0)$，和$(1,1,1)$．令$f=\sigma_1^3+A\sigma_1\sigma_2+B\sigma_3$，取$(X_1,X_2,X_3)=(1,1,0)$和$(1,1,1)$即得

$$X_1^3+X_2^3+X_2^3=\sigma_1^3-3\sigma_1\sigma_2+3\sigma_3.$$

对称多项式在伽罗瓦理论中有重要应用．考虑首一的多项式

$$P(X)=X^n-a_1X^{n-1}+\cdots+(-1)^ka_kX^{n-k}+\cdots+(-1)^na_n\in F[X],$$

设它有n个根$x_1,x_2,\cdots,x_n$(以下都以$F=\mathbb{Q}$为例，根$x_1,x_2,\cdots,x_n\in\mathbb{C}$可能是复根．也可能有重根)，这$n$个根决定了多项式，即

$$P(X)=(X-x_1)(X-x_2)\cdots(X-x_n).$$

用分配律展开乘积，比较系数，得系数a_k是根$x_1,x_2,\cdots,x_n$的初等对称多项式(对照定理1前韦达公式)，即

$$a_k=\sigma_k=\sigma_k(x_1,x_2,\cdots,x_n).$$

而由定理1可知，根$x_1,x_2,\cdots,x_n$的任意对称多项式g可表示为系数a_k的多项式，不会随$x_1,x_2,\cdots,x_n$的置换而改变．

例 2 设$P(X)=X^n-a_1X^{n-1}+a_2X^{n-2}+\cdots+(-1)^na_n$有$n$个根$x_1,x_2,\cdots,x_n$

(可能在 F 的某扩域中). 令

$$D_P=\prod_{i<j}(x_i-x_j)^2,$$

则 D_P 为根 $x_1,x_2,\cdots,x_n$ 的对称多项式. 于是,D_P 可表示为系数 $a_1,a_2,\cdots,a_n$(即初等对称多项式 $\sigma_1,\sigma_2,\cdots,\sigma_n$)的多项式. D_P 称为 $P(X)$ 的**判别式**. 当 f 的首项系数 $a_0\neq 1$ 时,定义 $D_P=a_0^{2n-2}\prod(x_i-x_j)^2$.

判别式 D_P 为 0 是 $P(X)$ 有重根的充分必要条件. 而 D_P 可由系数表示这一事实,使我们可以由多项式的系数判断多项式是否有重根. 当然判别式还有其他重要的意义.

(1) 当 $n=2$ 时,记 $P(x)=ax^2+bx+c$,易直接看出

$D_P=a^2(x_1-x_2)^2=a^2((x_1+x_2)^2-4x_1x_2)=a^2((b/a)^2-4c/a)=b^2-4ac.$

(2) 当 $n=3$ 时,$D_P=(x_1-x_2)^2(x_1-x_3)^2(x_2-x_3)^2$,是 6 次齐次式,首项为 $x_1^4x_2^2$,满足上述待定系数法的 (ℓ_1,ℓ_2,ℓ_3) 为 (4,2,0),(4,1,1),(3,3,0),(3,2,1),(2,2,2),于是

$$D_P=\sigma_1^2\sigma_2^2+A\sigma_1^3\sigma_3+B\sigma_2^3+C\sigma_1\sigma_2\sigma_3+E\sigma_3^2.$$

取 $(X_1,X_2,X_3)=(1,1,0),(1,1,1),(1,1,-1),(1,0,-1)$ 得 $A=-4,B=-4,C=18,E=-27$,故

$$D_P=a_1^2a_2^2-4a_1^3a_3-4a_2^3+18a_1a_2a_3-27a_3^2.$$

特别知,$P(X)=x^3+px+q$ 的判别式为

$$D_P=-4p^3-27q^2.$$

事实上,对三次多项式 $x^3+b_2x^2+b_1x+b_0$,将 X 代换为 $x-b_2/3$,则化为 x^3+px+q 的形式.

习　题　5.3

1. 对于下列多项式的根,求给定对称多项式的值:

(1) $X^5-3X^3-5X+1,\sum_{i=1}^{5}X_i^4$;　(2) $X^3+3X^2-X-7,\sum_{i=1}^{3}X_i^6$.

2. 用初等对称多项式表示如下对称多项式:

(1) $(X_1+X_2+X_1X_2)(X_2+X_3+X_2X_3)(X_1+X_3+X_1X_3)$;

(2) $(X_1^2+X_2X_3)(X_2^2+X_1X_3)(X_3^2+X_1X_2)$.

3. 设 F 为域,X 为不定元. 形如 $f(X)=\sum_{i=0}^{\infty}a_iX^i\ (a_i\in F)$ 的表达式称为一个**形式幂级数**(若只有有限多个 $a_i\neq 0$,则为多项式形式),可以像多项式一样进行加法、乘法(从 0 次,1 次依次向上求和、积的系数). 形式幂级数全体记为 $F[[X]]$.

(1) 验证 $F[[X]]$ 为含幺交换环,与 $F[X]$ 是何关系?

(2) $1-X\in F[[X]]$ 是否可逆?

(3) $f(X)\in F[[X]]$可逆的条件是什么？如何求逆？

*4.（多项式的 abc 定理，Mason-Sthothers，1981—1984）设 $a+b=c$，其中 $a,b,c\in\mathbb{C}[t]$为互素多项式，$n_0(f)$表示 f 的互异复根个数，则

$$\max\deg\{a,b,c\}\leqslant n_0(abc)-1.$$

*5.（多项式的费马定理）不存在互素的多项式 $x(t),y(t),z(t)\in\mathbb{C}[t]$（至少其中之一不是常数）使得

$$x(t)^n+y(t)^n=z(t)^n,\quad n\geqslant 3.$$

6. 达文波特((Davenport)定理）设 $f,g\in\mathbb{C}[t]$互素且 $f^3-g^2\neq 0$，则

$$\deg(f^3-g^2)\geqslant\frac{1}{2}\deg f+1.$$

5.4 主理想整环是唯一析因整环

整数环$\mathbb{Z}$和多项式环 $F[X]$的最根本性质，是有带余除法，贝祖等式，可以唯一因子分解. 这些都逐步发展到更一般的环，成为现代数学的基础.

以下总是设 R 为整环(按定义 $R\neq\{0\}$). 设 $a,d\in R,d\neq 0$. d **整除** a 是指：$a=dq$ 对某 $q\in R$ 成立. 将 d 整除 a 记为 $d\mid a$，称 a 为 d 的**倍**，d 为 a 的**因子**(当 d 和 q 均非单位时，称 d 为 a 的真因子. 这里单位即可逆元). 若 $d\mid a$ 且 $a\mid d$，则称 a 与 d 相伴，记为 $a\sim d$. 此时 $a=ud$(对某单位 u)——因为 $a=dq$ 且 $d=aq'=dqq'$，$qq'=1$.

对 $a,b\in R$，如果存在非 0 的 $d\in R$ 满足：(1)$d\mid a$，$d\mid b$，和(2)若 $\delta\mid a$，$\delta\mid b$，则 $\delta\mid d$；则称 d 为 a,b 的最大公因子. 按此定义，a,b 的最大公因子并不一定存在. 如果存在，则不同的最大公因子是相伴的.

$a\in R$ 生成的主理想记为$(a)=aR$. $d\mid a$ 相当于$(d)\supset(a)$. 而 $a\sim d$ 相当于$(a)=(d)$.

定义 1 (1) 设 a 为整环R 中元素，非零也非单位. 若 a 可写为

$$a=d_1d_2,\quad \text{其中 } d_1,d_2\in R \text{ 均非单位},$$

则称元素 a 是**可约的**(reducible)；否则称 a 是**不可约的**(irreducible).

(2) 设 p 为交换环 R 中元素，非零也非单位. 称 p 为**素元**(prime)是指：“若 $p\mid ab(a,b\in R)$，则 $p\mid a$ 或 $p\mid b$”.

由定义 1(1)可知，a 不可约相当于没有真因子(也称为不可分解. 相当于在整除关系中是极小的). 在环$\mathbb{Z}$和 $F[X]$中，素数和不可约多项式既是素元也是不可约元. 但在更一般的环中这两个概念就分化了.

定义 2 (1) 整环 R 称为**唯一析因整环**(unique factorization domain，UFD)，如果其任一非零非单位元 a 可**唯一析因**(因子分解)，即写为

$$a=up_1\cdots p_s,\quad \text{其中 } p_i \text{ 为} R \text{ 中不可约元}, u \text{ 为单位},$$

且分解是唯一的(不计因子次序和单位的倍).

(2) 整环 R 称为**主理想整环**(principal ldeal domain,PID),如果其每个理想都是主理想.

引理1　(1) 设 R 为整环,$0\neq p\in R$,则 p 为素元 当且仅当 $(p)=pR$ 为素理想.

(2) 在整环中,素元必是不可约元(反之则不一定).

证明　(1) (p)为素理想相当于:若 $ab\in(p)$,则 $a\in(p)$或 $b\in(p)$. 这等价于说:若 $p|ab$,则 $p|a$ 或 $p|b$;即 p 为素元.

(2) 设 p 为素元. 若 $p=ab$,则 $p|a$ 或 $p|b$. 不妨设 $p|a$,即 $a=pr$,故 $p=ab=prb$,$1=rb$,即知 b 为单位. 这说明 p 不可约. (不可约元不是素元,见如下例1). ■

我们在4.4节介绍过,若理想 $J\supset I$,则记为 $J|I$,即将"包含"记为"整除". 不可约元 p 在元素的整除(因子—倍)关系中是极小的,这相当于(p)在主理想的包含关系中是极大的. 故有如下引理.

引理2　设 R 为整环,$0\neq p\in R$,则 p 为不可约元 当且仅当 (p)是真主理想中极大的 (即若$(p)\subset(q)\subsetneq R$ 则必$(p)=(q)$).

证明　(必要性)设 p 为不可约元,若有任何主理想(q)使$(p)\subset(q)\subsetneq R$,则 $p=rq$,因 p 不可约故 r 或 q 是单位,前者导致$(p)=(q)$,后者导致$(q)=R$.

(充分性)设 $p\in R$ 可约,则 $p=ab$,且 a,b 非单位,于是$(p)\subset(a)\subsetneq R$,且$(p)\neq(a)$ (否则 $a=pc$,$p=pcb$,b 为单位). 故(p)不是主理想中极大的. ■

引理3　在唯一析因整环中,不可约元等同于素元.

证明　设 R 为唯一析因整环,p 为不可约元. 若 $p|ab$,则 $px=ab$,各元素都做不可约因子分解得:$pp_1\cdots p_s=q_1\cdots q_m r_1\cdots r_n$(其中 p_i,q_j,r_k 都是不可约元). 由唯一析因整环中分解的唯一性知,p 等于某个 q_j 或 r_k,从而 $p|a$ 或 $p|b$,故 p 为素元. ■

引理4　(1) 在主理想整环中,p 为不可约元当且仅当(p)为极大理想.

(2) 在主理想整环中,不可约元等同于素元,极大理想等同于非零素理想.

(3) 设 R 为主理想整环,$a,b\in R$,于是$(a)+(b)=(d)$为主理想 (对某 $d\in R$),则 d 必是 a,b 的最大公因子,且 d 可表示为 a,b 的 R-线性组合,即有贝祖等式:

$$ua+vb=d\quad(\text{其中 } u,v\in R).$$

证明　设 R 是主理想整环. (1)因理想都是主理想,"在真主理想中极大的理想"就是"极大理想",由引理2即得. (2)设 p 不可约,由(1)知(p)是极大理想,故是素理想,所以 p 是素元. 最后结论的证明:若(p)为非零素理想,则 p 为素元,从而是不可约元,由(1)知(p)是极大理想. (3)由$(a)\subset(d)$,$(b)\subset(d)$知 $d|a$,$d|b$. 而若 $\delta|a$,$\delta|b$ 则$(a)\subset(\delta)$,$(b)\subset(\delta)$,从而$(d)=(a)+(b)\subset(\delta)$,$\delta|d$. 等式$(a)+(b)=(d)$的左边必有元素等于右边的 d,即得贝祖等式. ■

此引理可参见图5.1。

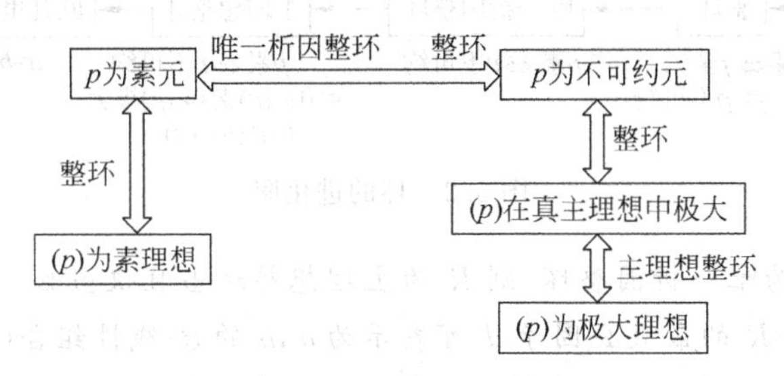

图5.1 $0\neq p\in R$ 的性质

定理1 主理想整环是唯一析因整环.

证明 设 R 是主理想整环.需证 R 中元素可以有限分解,而且分解是唯一的.

(1) 先证可以有限分解,即 R 中任一元素 a(非零非单位)可分解为有限个不可约元之积.若 a 不可约,则已得.若 a 可约,设 $a=a_1b_1$,且 a_1,b_1 均非单位也非零,故 $Ra\subset Ra_1$,且易知 $Ra\neq Ra_1$,否则有 $a_1=ra(r\in R)$,$a=a_1b_1=arb_1$,$1=rb_1$,b_1 为单位,矛盾.再继续看 a_1,b_1,若均不可约,则得 $a=a_1b_1$ 是不可约元之积;否则,不妨设 a_1 可约,则有 $a_1=a_2b_2$ 且 a_2,b_2 均非单位也非零,则同上可知 $Ra_1\subsetneq Ra_2$.如此继续进行,如果不能在有限步骤内得到 a 为不可约元之积,则可得到一个理想的严格递升无限序列(记 $a=a_0$):

$$Ra_0\subsetneq Ra_1\subsetneq Ra_2\subsetneq Ra_3\subsetneq Ra_4\subsetneq\cdots.$$

令

$$J=\bigcup_{k=0}^{\infty}Ra_k,$$

则 J 为理想,故为主理想(R 是主理想整环),设为 $J=Rd(d\in R)$,此 $d\in J=\bigcup Ra_k$,故存在 n_0 使当 $k\geqslant n_0$ 时 $d\in Ra_k$,故 $Rd\subset Ra_k$.又因 $Ra_k\subset J=Rd$,故 $Rd=Ra_k$(当 $k\geqslant n_0$).这与上述严格递升无限序列矛盾.这说明上述取 $a_0,a_1,a_2,\cdots$(使 $Ra_k\subsetneq Ra_{k+1}$)的过程是有限的,a 可表示为有限个不可约元之积.

(2) 再证 R 中元素 a 的分解是唯一的(不计因子次序和单位倍).这需用引理4:在主理想整环中,不可约元等同于素元.现在假设 R 中元素 a 有两种分解:

$$p_1\cdots p_r=a=q_1\cdots q_s,$$

其中 $p_1,\cdots,p_r,q_1,\cdots,q_s$ 都是不可约元,从而也是素元,则 $p_r\mid$ 左边,故 $p_r\mid(q_1\cdots q_{s-1})q_s$,故 $p_r\mid(q_1\cdots q_{s-1})$ 或 $p_r\mid q_s$,续行讨论知 $p_r\mid q_i$ 对某 i 成立.适当调换因子次序可设 $p_r\mid q_s$.但因 q_s 为素元,因子只有1和 q_s,故 $p_r=q_s$(不计单位倍).从上述两种分解等式中消去 $p_r=q_s$,得 $p_1\cdots p_{r-1}=q_1\cdots q_{s-1}$.如此继续,最后可知 $r=s$,$p_i=q_i(i=1,\cdots,r)$.分解唯一性得证.环的进化可参见图5.2. ■

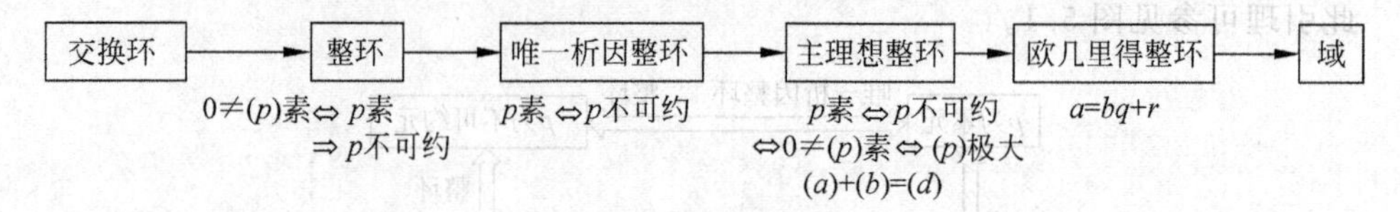

图5.2　环的进化图

定理2　设R为唯一析因整环，则R为主理想整环当且仅当如下条件之一成立：

(1) 任意$a,b\in R$的最大公因子d可表示为a,b的R-线性组合(即有贝祖等式).

(2) R的每个不可约元p生成的主理想均为极大理想.

证明　由引理4知主理想整环满足条件(1)和条件(2). 只需再证条件(1)和条件(2)的充分性.

设条件(1)成立，设$d=ua+vb$，则$d\in(a)+(b)$. 又显然$a\in(d)$ $b\in(d)$，故$(a)+(b)=(d)$. 设J是R的任一非零理想，我们要证明J是主理想. 任取非零元$a_1\in J$，若$(a_1)\neq J$，则任取$b_1\in J-(a_1)$，令$(a_1)+(b_1)=(a_2)$，于是$(a_1)\subsetneqq(a_2)$. 若$(a_2)\neq J$，则同理可得到$(a_1)\subsetneqq(a_2)\subsetneqq(a_3)$. 如此继续，最多$n$步之后$J-(a_n)$必为空集，其中$n$不超过包含$(a_1)$的主理想个数，即$a_1$的因子个数(不计相伴). 故得$J=(a_n)$为主理想.

设条件(2)成立. 设$p,q\in R$为不相伴的不可约元，则$(p),(q)$为极大理想且$(p)\neq(q)$，从而$(p)+(q)=R$，即$(p),(q)$互素. 现设$a,b\in R$为任意非零元，d为其最大公因子，令$a=da_1,b=db_1$，则a_1,b_1的任意素因子p,q互不相伴，从而$(p),(q)$互素，于是$(a_1),(b_1)$互素(反复用4.6节引理)，故

$$(a)+(b)=(d)(a_1)+(d)(b_1)=(d)((a_1)+(b_1))=(d),$$

故$d=ua+vb$，条件(1)成立. 由上述已证知R为主理想整环. ■

例1(不可约元不是素元)　考虑整环

$$R=\mathbb{Z}[\sqrt{-5}]=\{m+n\sqrt{-5}\mid m,n\in\mathbb{Z}\}.$$

我们先验证，R中3不可约：假若3可约，设$3=\alpha\beta$ (其中$\alpha=a+b\sqrt{-5},\beta=c+d\sqrt{-5}$，均非单位$a,b,c,d\in\mathbb{Z}$)；两边取范 ($\alpha=a+b\sqrt{-5}$的范定义为$N(\alpha)=a^2+5b^2$，为正整数) 得

$$9=N(\alpha)N(\beta),$$

故只能是$N(\alpha)=N(\beta)=3$ (因若$N(\alpha)=1$，则α为单位(R中可逆元))，故$3=N(\alpha)=a^2+5b^2$，此不可能，故知3不可约.

再验证3不是素元：显然$3\mid 9=(2+\sqrt{-5})(2-\sqrt{-5})$. 但是我们断言$3\nmid(2\pm\sqrt{-5})$，否则假设$2\pm\sqrt{-5}=3\gamma$，取范得$9=9N(\gamma)$，$1=N(\gamma)$. 记$\gamma=m+n\sqrt{-5}$，则$1=m^2+5n^2$，只能$\gamma=\pm1$，矛盾.

总之，在$\mathbb{Z}[\sqrt{-5}]$中，3是不可约元，但不是素元. 这说明$\mathbb{Z}[\sqrt{-5}]$不是唯一析因整

环(引理 3).

$\mathbb{Z}[\sqrt{-5}]$可能是最早发现的不满足唯一析因定律的整环. 例如 9 的分解不唯一：

$$3\cdot 3=9=(2+\sqrt{-5})\cdot(2-\sqrt{-5})$$

(易知 $2\pm\sqrt{-5}$不等于 3 乘以单位). 历史上,1947 年左右,正是发现有些复数不能唯一因子分解,所以创立了理想理论,使数学进入新天地.

我们知道,若 F 是域(例如 $F=\mathbb{Q}$),则多项式环 $F[X]$是主理想整环. 其逆命题竟然也成立.

引理 5 设 R 为交换环. 若 $R[X]$是主理想整环,则 R 是域. 反之亦然.

证法 1 因 $R[X]$是主理想整环,其子环 R 必是整环. 理想(X)是非零素理想,因为 $R[X]/(X)\cong R$ 是整环,故(X)是极大理想(引理 4(2)),从而 $R\cong R[X]/(X)$是域.

证法 2 任取 $0\neq a\in R$. 设$(a,X)=(f)$,则 $a=gf$,$X=hf$. 故 $\deg f+\deg g=0$, $\deg f+\deg h=1$,得 $\deg f=0$,$\deg h=1$. 设 $f=b\neq 0$,$h=cX+d\ (c\neq 0)$. 由 $X=hf$ 得 $bc=1$,b 为单位,$(a,X)=(b)=R[X]$,$ua+vX=1$,令 $X=0$,得 $u(0)a=1$,a 可逆. ■

例 2 $\mathbb{Q}[X,Y]$是唯一析因整环而不是主理想整环. 这由引理 5 和$\mathbb{Q}[X]$不是域可知.

注记 1 例 2 提示我们,唯一析因整环与主理想整环差在维数上；一维的$\mathbb{Q}[X]$是唯一析因整环和主理想整环,二维的$\mathbb{Q}[X,Y]$是唯一析因整环而非主理想整环. 事实上,有刊兹(Kantz)定理：唯一析因整环必是主理想整环上的多项式环(可多元或无穷元)). 环的维数定义为：环中最长素理想链 $P_0\subsetneq P_1\subsetneq\cdots\subsetneq P_n$ 的长度 n. 特别可知,维数是 1 相当于"非零素理想皆是极大理想".

注记 2 定理 1 中分解有限性的证明,依赖于理想递升序列的有限性. 满足"理想递升序列只能有限长"(称为升链条件)的整环,称为诺特整环(Noether domain). 也相当于"理想都是有限生成的". 这在代数几何中特别重要. 例如$\mathbb{C}[X,Y]$及其商环都是诺特环.

习 题 5.4

1. 在环 $R=\mathbb{Z}[\sqrt{d}]$中,$\theta=a+b\sqrt{d}$ 的范为 $N(\theta)=a^2-db^2$. (1) 若 $N(\theta)=p$ 为素数,则 θ 不可约. (2) $u\in\mathbb{Z}[\sqrt{d}]$为单位当且仅当 $N(u)=1$.

2. 在整环 $R=\mathbb{Z}[\sqrt{-5}]$中,2 不可约,但 2 不是素元.

3. 环 $R=\mathbb{Z}[\sqrt{10}]$中,不存在元素 α 满足 $N(\alpha)=2$；也不存在 β 满足 $N(\beta)=5$.

4. 环 $R=\mathbb{Z}[\sqrt{10}]$中,2,5,$\sqrt{10}$都是不可约元素.

5. 环 $R=\mathbb{Z}[\sqrt{10}]$中,2 与 $\sqrt{10}$不相伴. 5 与 $\sqrt{10}$也不相伴. (故由第 4 和 5 题知分解 $2\cdot 5=10=\sqrt{10}\cdot\sqrt{10}$不唯一)

6. 环 $R=\mathbb{Z}[\sqrt{10}]$中,2,5,$\sqrt{10}$都不是素元. 故由第 4 题知 $R=\mathbb{Z}[\sqrt{10}]$不是唯一析因整环.

7. 证明 $R=\mathbb{Z}[X]$中理想$(2,X)$不是主理想,从而知$\mathbb{Z}[X]$是唯一析因整环不是主理想整环.

8. 证明 $R=\mathbb{Q}[X,Y]$中理想(X,Y)不是主理想,从而知$\mathbb{Q}[X,Y]$是唯一析因整环不是主理想整环.

9. 设 R 为主理想整环,a,b 为其非零元,则最大公因子 $d=\gcd(a,b)$存在,且
$Ra+Rb=Rd$, $ua+vb=d$,对某 $u,v\in R$ (贝祖等式).

5.5 欧几里得整环和唯一析因整环

定义 1 设 R 是整环,若有映射 $\varphi:R\backslash\{0\}\to\mathbb{N}$ (非负整数集) 满足如下条件: 对任意 $a,b\in R,b\neq 0$,必存在 $q,r\in R$ 使得

$$a=bq+r,\quad 且\ r=0\ 或\quad \varphi(r)<\varphi(b),$$

则称 R 为欧几里得(整)环(euclidean domain,EuD),称 φ 为欧几里得映射,$\varphi(x)$ 是 x 的欧几里得值,$a=bq+r$ 为带余除式.

例如,$R=\mathbb{Z}$ 对映射 $\varphi(a)=|a|$ (绝对值)为欧几里得环. 域 F 上多项式环 $R=F[X]$ 对映射 $\varphi(f)=\deg f$(次数) 为欧几里得环.

因为欧几里得整环中有带余除法,所以可以进行辗转相除,从而知道最大公因子是存在的,而且有贝祖等式,满足唯一析因定理——推理和证明过程与整数环和域上多项式环是完全一样的,这里不再重复. 下面直接证明欧几里得整环是主理想整环,从而是唯一析因整环.

定理 1 *欧几里得整环必是主理想整环. 详言之,欧几里得整环 R 的每个非零理想 I 必是主理想,即 $I=(b)$,b 是 I 中欧几里得值最小的非零元.*

证明 设 R 是欧几里得整环,φ 是其欧几里得映射(如定义 1). 设 I 为 R 的非零理想. 在 I 中取 $b\neq 0$ 使 $\varphi(b)$为最小可能值,则对任意 $a\in I$ 有 $a=bq+r$,且 $r=0$ 或 $\varphi(r)<\varphi(b)$. 因 $r=a-bq\in I$,故 $r=0$ (否则与 $\varphi(b)$最小矛盾),即知 $a=bq$,故 $I=Rb=(b)$ 为主理想. ■

例 1 高斯整数环 $\mathbb{Z}[\mathrm{i}]=\{m+n\mathrm{i}\mid m,n\in\mathbb{Z}\}$是欧几里得整环,从而是主理想整环,是唯一析因整环(其中 $\mathrm{i}=\sqrt{-1}$).

证明 欲对 $\alpha,\beta\in\mathbb{Z}[\mathrm{i}]$做带余除法. 记 $\alpha/\beta=a+b\mathrm{i}$($a,b$ 为有理数),设 a 最靠近整数 q_1,记 $\delta_1=a-q_1$,则$|\delta_1|\leqslant 1/2$. 设 b 最靠近整数 q_2,记 $\delta_2=b-q_2$,则$|\delta_2|\leqslant 1/2$,于是

$$\alpha/\beta=a+b\mathrm{i}=(q_1+q_2\mathrm{i})+(\delta_1+\delta_2\mathrm{i})=q+\delta,$$

$$\alpha=q\beta+r,$$

其中 $r=\delta\beta=(\delta_1+\delta_2\mathrm{i})\beta\in\mathbb{Z}[\mathrm{i}]$,故

$$N(r)=N(\delta)N(\beta)=(\delta_1^2+\delta_2^2)N(\beta)\leqslant\frac{1}{2}N(\beta).$$

故范数映射 $N: \mathbb{Z}[\mathrm{i}] \to \mathbb{N}, N(a+b\mathrm{i})=a^2+b^2$ 是欧几里得映射，$\mathbb{Z}[\mathrm{i}]$是欧几里得环. ■

例 1 有很多发展. 设 $d \in \mathbb{Z}$ 为整数，无平方因子. 令

$$O_d=\{m+n\sqrt{d} \mid m,n \in \mathbb{Z}\} \qquad (\text{当 } d \equiv 2 \text{ 或 } 3 \pmod 4),$$

$$O_d=\{(m+n\sqrt{d})/2 \mid m,n \in \mathbb{Z}, m \equiv n \pmod 2\} \qquad (\text{当 } d \equiv 1 \pmod 4),$$

则 O_d 是环，称为二次整数环. 记 $\alpha=a+b\sqrt{d}$ 的范数为 $N(\alpha)=|a^2-db^2|$. 以取范数为欧几里得映射，则恰有如下 21 个环 O_d 为欧几里得环：

$$d=-1,-2,-3,-7,-11,$$
$$2,3,5,6,7,11,13,17,19,21,29,33,37,41,57,73.$$

而对任何可能的欧几里得映射，$d<0$ 时不再有其他 O_d 为欧几里得环；而 $d>0$ 时尚不明.

现在，对唯一析因整环多作些讨论. 一个整环 R 是唯一析因整环无非是两条：

UF1(析因有限性)：R 中任一非零非单位元素 a 可写为有限个不可约元之积；

UF2(析因唯一性)：UF1 中的析因是唯一的(不计因子次序和相伴).

引理 1 “因子降链条件”蕴含 **UF1**(析因有限性). 这里的“**因子降链条件**”为：R 中任一因子降链

$$a_1, a_2, a_3, \cdots \quad (a_{n+1} \mid a_n, n=1,2,\cdots)$$

必驻定(即存在正整数 m 使)$a_m \sim a_{m+1} \sim a_{m+2} \sim \cdots$.

证明 假若 UF1 不成立，则不满足 UF1 的非零非单位元素集 S 不是空集. 由选择公理(见附录 A.2)，存在选择函数 f，从 S 的每个非空子集 T 皆选定一个元素 $f(T) \in T$.

注意，对任一元素 $a \in S$，以 $S(a)$记 a 在 S 中的真因子全体，则 $S(a)$非空——事实上，若 a 不可约，则与 $a \in S$ 矛盾. 故可设 $a=bc$(b,c 非单位). 若 $b,c \notin S$，则皆为有限个不可约元之积，相乘得知 $a=bc$ 为有限个不可约元之积，与 $a \in S$ 矛盾；故不妨设 $b \in S(a)$，知 $S(a)$非空.

于是，我们用选择函数 f，可取得唯一的无限不驻定的因子降链

$$a_0, a_1, a_2, \cdots (a_{n+1} \mid a_n \text{ 且二者不相伴}, n=1,2,\cdots).$$

这就是说，令 $S_0=S$，取得 $a_0=f(S_0) \in S_0$. 因 $S(a_0)$非空，取得 $a_1=f(S(a_0)) \in S(a_0)$. 于是 a_1 是 a_0 的真因子. 如此继续，则得到上述不驻定因子降链，即 R 不满足因子降链条件. ■

当然，因子降链条件也可以表述为主理想的升链条件.

定理 2 设整环 R 满足如下两个条件，则为唯一析因整环：

(1) 因子降链条件；(2) 不可约元皆为素元.

证明 由条件(1)和引理 1 知，R 满足 UF1(析因有限性)，即 R 的非零非单位元素 a 可分解为有限个不可约元之积：$a=p_1p_2\cdots p_s$. 而由条件(2)，每个 p_i 都是素元，故 UF2

(析因唯一性)可以像整数和多项式一样证明. ■

引理 2　设整环 R 的每对元素皆有最大公因子,则 R 的不可约元皆为素元.

证明　设 p 为不可约元,$p|ab$,而 $d=(p,a)$ 为某个最大公因子. 若 $d\sim p$,则由 $d|a$ 知 $p|a$. 否则可设 $d=1$,则 $b=bd=b(p,a)=(bp,ba)$(不计相伴). 因 $p|ab$,故 $p|$右边,知 $p|b$. 总之由 $p|ab$ 推知 $p|a$ 或 $p|b$,知 p 为素元. ■

定理 3　设整环 R 满足如下两个条件,则为唯一析因整环:

(1) 因子降链条件; (2) 每对元素皆有最大公因子.

现在讨论唯一析因整环上的多项式环——可由5.2节中$\mathbb{Z}$上多项式理论推广而来.

设 R 为唯一析因整环,分式域为 $K=\{b/a\,|\,a\neq 0,a,b\in R\}$,这正像$\mathbb{Z}$的分式域是$\mathbb{Q}$,故有对应的相似类比:

$$\mathbb{Z}\leftrightarrow R,\quad \mathbb{Q}\leftrightarrow K,\quad \mathbb{Z}[X]\leftrightarrow R[X],\quad \mathbb{Q}[X]\leftrightarrow K[X].$$

由于这种类比,用证明$\mathbb{Z}[X]$是唯一析因整环的方法,就可以证明 $R[X]$ 是唯一析因整环. 证明的推理过程完全一样. 我们列出进一步的对应类比,使概念更清楚(见表1).

表 1　$\mathbb{Z}[X]$ 与 $R[X]$ 的对应类比 (R 为唯一析因整环)

$\mathbb{Z}[X]$(及相关)		$R[X]$(及相关)
$\mathbb{Z}$是唯一析因整环	$\leftrightarrow$	R 是唯一析因整环
$\mathbb{Z}$中素数	$\leftrightarrow$	R 中素元
$\mathbb{Z}$中单位群为$\{1,-1\}$	$\leftrightarrow$	R 中单位群为 R^*
$\mathbb{Z}$的分式域为$\mathbb{Q}$	$\leftrightarrow$	R 的分式域为 K
容量分解 $f(X)=c_f f^*(X)$	$\leftrightarrow$	容量分解 $f(X)=c_f f^*(X)$
高斯引理	$\leftrightarrow$	高斯引理
$\mathbb{Z}[X]$是唯一析因整环	$\leftrightarrow$	$R[X]$是唯一析因整环
$\mathbb{Z}[X]$中素元: $\mathbb{Z}$中素数,本原不可约多项式	$\leftrightarrow$	$R[X]$中素元: R 中素元,本原不可约多项式
艾森斯坦判别法	$\leftrightarrow$	艾森斯坦判别法
$\mathbb{Z}[X_1,X_2,\cdots,X_n]$是唯一析因整环	$\leftrightarrow$	$R[X_1,X_2,\cdots,X_n]$是唯一析因整环

引理 3(容量分解)　设 R 为唯一析因整环,每个非零的多项式 $f(X)\in K[X]$可唯一表示为 $f(X)=c_f f^*(X)$,其中 $c_f\in K$ (称为 $f(X)$的**容量**),$f^*(X)\in R[X]$且系数互素,称为 $f(X)$的本原多项式(说明:系数是 R 中互素元素的多项式称为本原多项式). (这里容量分解的唯一性是在不计 R 中的单位倍意义下)

引理 4(高斯)　设 R 为唯一析因整环,则 $R[X]$中本原多项式之积仍为本原多项式.

定理 4　(1) 设 R 为唯一析因整环,$f(X)\in R[X]$. 若在 $K[X]$ 中有分解 $f=gh$,则在 $R[X]$中有分解 $f=c_f g^* h^*$,其中 $c_f\in R$,g^*,h^* 是 g,h 的本原多项式.

(2) 整环R为唯一析因整环,当且仅当$R[X]$是唯一析因整环.$R[X]$的单位群是R^*(即R的单位群).$R[X]$的素元(即不可约元)全体为:R的素元,$R[X]$中的本原不可约多项式.

(3) 设R为唯一析因整环,则n元多项式环$R[X_1,X_2,\cdots,X_n]$是唯一析因整环.

证明 (1) 的证明与$\mathbb{Z}[X]$相应证明完全相同.

(2) 若$R[X]$是唯一析因整环,其子环R自然是唯一析因整环.反之,设R是唯一析因整环.首先看$R[X]$中的不可约元.设p是R的素元(不可约元),若在$R[X]$中有分解$p=fg$,则$\deg f=\deg g=0$,故$f,g\in R$,由p是R的素元知f或g为单位,这就证明了R的素元p是$R[X]$的不可约元.

再设$p(X)$是$R[X]$中的本原多项式,在$K[X]$中不可约,若在$R[X]$中有分解$p(X)=fg$,则视为$K[X]$中的分解可知f或g为常数(属于R),必是单位(属于R^*.因$p(X)$系数互素),这说明$p(X)$是$R[X]$的不可约元.

于是像在$\mathbb{Z}[X]$中一样证明任意$f\in R[X]$可唯一写为$K[X]$的不可约元之积(即R的素元和本原不可约多项式之积),方法就是先在$K[X]$中分解,再分别做容量分解,并在R中分解容量c_f.而一旦知道f可这样分解之后,我们看到f不可约的情形只有两种了:R的素元,不可约元本原多项式.

(3) 由归纳法即得. ■

定理5(艾森斯坦判别法) 设R为唯一析因整环,K为其分式域,考虑R上本原多项式

$$f(X)=a_nX^n+\cdots+a_1X+a_0\in R[X]$$

(次数$n\geqslant 1$,系数互素).若R中有非零素元p,使$p\nmid a_n$,$p\mid a_i(i=0,1,\cdots,n)$,$p^2\nmid a_0$,则$f(X)$在$R[X]$中不可约.

事实上,定理5中素元p换为素理想P,则定理仍成立.

例如,设$R=F[t]$为域F上的多项式形式环,t为不定元,则$R[X]=(F[t])[X]$中如下多项式都不可约:

$$X^n-(t-1),\quad X^n-t^2X-t,\quad t^5X^n-(t-1)^3X^2-(t-1),$$

分别因为t和$t-1$是R的素元.

再如,$X^n-(Y-1)X-(Y-1)=X^n-XY-X-Y+1$是$F[X,Y]$中的不可约多项式.

习 题 5.5

1. 域F是欧几里得整环,欧几里得映射为$\varphi(a)=1$(对非零$a\in F$).
2. 环$\mathbb{Z}[\mathrm{i}]$中,$1+\mathrm{i},2+\mathrm{i},3$都是不可约元,也是素元.
3. 证明$O_{-2}=\{m+n\sqrt{-2}\mid m,n\in\mathbb{Z}\}$是欧几里得整环.

4. 欧几里得整环 R 中,欧几里得映射取最小值的非零元素 $m\in R$,一定是环的单位.

5. 若欧几里得整环 R 非域,则存在 $b\in R$ 使任意 $a\in R$(非 b 倍)除以 b 剩余单位.

6. $\mathbb{Q}[X,Y,Z]$不是主理想整环.

7. 设 R 为整环,非零 $a,b\in R$.若理想$(a,b)=(d)$,则 $d=\gcd(a,b)$.

8. 主理想整环中的非零素理想必是极大理想.

9. 设 R 为唯一析因整环,若 p 是 R 中的不可约元,则 p 是 $R[X]$中的素元.

10. 用上题证明高斯引理:若 $f,g\in R[X]$为本原多项式,则 fg 为本原多项式.

11. 设 R 为唯一析因整环,$f,g\in R[X]$,f 为本原多项式.若存在 $h\in K[X]$使得 $g=fh$,则必然 $h\in R[X]$(即是说,若在 $K[X]$中 $f|g$,则在 $R[X]$中 $f|g$,其中 K 是 R 的分式域)

12. 设 R 为唯一析因整环,$f=a_nX^n+\cdots+a_1X+a_0\in R[X]$有根 $b/a\in K$(a,b 互素),则 $a|a_n$,$b|a_0$.

13. 设 R 为唯一析因整环,$f=gh$,其中 $f\in R[X]$,$g,h\in K[X]$,f,g,h 皆为首一多项式.试证明 $g,h\in R[X]$.

14. 设 R 为唯一析因整环,$R[X]$中的不可约元是 R 中的不可约元,或者是本原的在 $K[X]$中不可约的多项式.

15. 设 F 为域,多项式 $p(X)\in F[X]$不可约,环 R 为全部 $f(X)/g(X)$(其中 $p(X)\nmid g(X)$,且 $f,g\in F[X]$互素).试求 R 的单位群,证明 R 是主理想整环,并求 R 的素理想.

16. 设 $R=\mathbb{Z}[X,Y]$为二元多项式形式环.(1) R 是不是唯一析因整环?

(2) $I=(X-1,Y-2)$ 是不是 R 的素理想或极大理想?为什么?

(3) $J=(5,X,Y)$ 是不是 R 的素理想或极大理想?为什么?

*5.6　整数环与戴德金环

代数整数环是代数数论的基本研究对象,由此抽象出戴德金(Dedekind)环.

如果复数 α 是一有理系数多项式 $f(X)\in\mathbb{Q}[X]$的根,即 $f(\alpha)=0$,则称 α 为**代数数**.进而,若 α 是首一的整数系数多项式 $f(X)\in\mathbb{Z}[X]$的根,则称 α 为**代数整数**(algebraic integer),或整数,为了区别,$\mathbb{Q}$ 中的整数有时被称为有理整数.

例如,$X-2$ 和 X^2-X-1 的根 2,$(1\pm\sqrt{5})/2$,都是代数整数.$\sqrt{2}+\sqrt{3}$,$\sqrt{2}\cdot\sqrt[3]{5}$也是代数整数.应注意,有许多代数整数(和代数数)不能"用根式表示出来".

设 K 为代数数域,即有理数域$\mathbb{Q}$ 的有限次扩张.K 中的代数整数全体记为 O_K.O_K 及其推广是现代数学的重要研究内容.首先需要证明 O_K 是一个环.为此最好用"线性化",即仿照线性空间变换的方法(确切地说,是$\mathbb{Z}$ 上的模的同态变换法).以下定理的本质是线性代数的定理:线性变换 T 的特征多项式 $f_T(X)$是 T 的零化多项式,而 $f_T(X)$是首一的.

定理 1　代数整数 α,β 的和与积仍为代数整数.数域 K 中的代数整数集 O_K 为整环.

证明 先证$\mathbb{Z}[\alpha,\beta]$中元素都是代数整数. 设α满足$\alpha^m+c_1\alpha^{m-1}+\cdots+c_{m-1}\alpha+c_m=0$ $(c_i\in\mathbb{Z},i=1,2,\cdots,m)$,则$\alpha^m=-c_1\alpha^{m-1}-\cdots-c_{m-1}\alpha-c_m$. 归纳之可知$\alpha$的任意次幂可表示为$\{1,\alpha,\cdots,\alpha^{m-1}\}$的$\mathbb{Z}$-线性组合. 同理,可设$\beta$的幂可表示为$\{1,\beta,\cdots,\beta^{\ell-1}\}$的$\mathbb{Z}$-线性组合. 而环$\mathbb{Z}[\alpha,\beta]$的元素形如$\sum c_{uv}\alpha^u\beta^v$ $(c_{uv}\in\mathbb{Z})$,都可表示为$\{\alpha^u\beta^v\}$ $(u=1,2,\cdots,m,v=1,2,\cdots,\ell)$的$\mathbb{Z}$-线性组合. 将$\{\alpha^u\beta^v\}$排序为$\{\gamma_1,\gamma_2,\cdots,\gamma_N\}$ $(N=m\ell)$. 任取$t\in\mathbb{Z}[\alpha,\beta]$,则$t\gamma_i\in\mathbb{Z}[\alpha,\beta]$,故可记

$$t\gamma_i=t_{i1}\gamma_1+t_{i2}\gamma_2+\cdots+t_{iN}\gamma_N\quad(i=1,2,\cdots,N,\text{且 }t_{ij}\in\mathbb{Z}).$$

令方阵$\boldsymbol{T}=(t_{ij})$.(说明:环$\mathbb{Z}[\alpha,\beta]$是$\mathbb{Z}$上的模,犹如线性空间,$\{\gamma_1,\gamma_2,\cdots,\gamma_N\}$犹如其基,$t$犹如$\mathbb{Z}[\alpha,\beta]$上的线性变换,$\boldsymbol{T}$是其方阵表示). 以$\boldsymbol{I}$表示单位方阵. 于是$\boldsymbol{T}$的特征多项式

$$f_T(X)=\det(X\boldsymbol{I}-\boldsymbol{T})=X^N+c_1X^{N-1}+\cdots+c_{N-1}X+c_N$$

是$\mathbb{Z}$上首一多项式,且$f_T(t)=0$,故知$t\in\mathbb{Z}[\alpha,\beta]$是代数整数. 这也可如下得出:

$$(t\boldsymbol{I})\begin{pmatrix}\gamma_1\\\gamma_2\\\vdots\\\gamma_N\end{pmatrix}=\begin{pmatrix}t\gamma_1\\t\gamma_2\\\vdots\\t\gamma_N\end{pmatrix}=\boldsymbol{T}\begin{pmatrix}\gamma_1\\\gamma_2\\\vdots\\\gamma_N\end{pmatrix},\quad(t\boldsymbol{I}-\boldsymbol{T})\begin{pmatrix}\gamma_1\\\gamma_2\\\vdots\\\gamma_N\end{pmatrix}=\boldsymbol{0}.$$

在后式左方乘以$t\boldsymbol{I}-\boldsymbol{T}$的伴随方阵$(t\boldsymbol{I}-\boldsymbol{T})^*$(方阵$\boldsymbol{A}=(a_{ij})$的伴随方阵定义为$\boldsymbol{A}^*=(b_{ij})$,$b_{ij}$为$a_{ji}$的代数余子式,有性质$\boldsymbol{A}^*\boldsymbol{A}=\boldsymbol{A}\boldsymbol{A}^*=(\det\boldsymbol{A})\boldsymbol{I}$,$\det\boldsymbol{A}$为$\boldsymbol{A}$的行列式),记$(t\boldsymbol{I}-\boldsymbol{T})^*(t\boldsymbol{I}-\boldsymbol{T})=f_{\boldsymbol{T}}(t)\boldsymbol{I}$,其中$f_T(t)=\det(t\boldsymbol{I}-\boldsymbol{T})=t^N+c_1t^{N-1}+\cdots+c_{N-1}t+c_N$,则得

$$f_{\boldsymbol{T}}(t)\begin{pmatrix}\gamma_1\\\gamma_2\\\vdots\\\gamma_N\end{pmatrix}=\boldsymbol{0},$$

即$f_{\boldsymbol{T}}(t)\gamma_i=0(i=1,2,\cdots,N)$,这说明$f_{\boldsymbol{T}}(t)=0$. 故知任意$t\in\mathbb{Z}[\alpha,\beta]$是代数整数.

特别可知$\alpha+\beta,\alpha\beta\in\mathbb{Z}[\alpha,\beta]$皆为代数整数,故$O_K$为整环,. ■

显然K是O_K的分式域(事实上,每个代数数α可表示为$\alpha=\omega/b$,其中ω为代数整数,$b\in\mathbb{Z}$. 见习题4). 二者的关系是$\mathbb{Q}$与$\mathbb{Z}$关系的推广. 历史上最早被称为"环"(ring)的,可能就是整数环O_K,环的含义是"回环封闭",即整数α的高次幂又返还回来可由低次幂表示:$\alpha^m=-c_1\alpha^{m-1}-\cdots-c_{m-1}\alpha-c_m$.

进一步可以证明,若K是$\mathbb{Q}$的n次扩张,则存在$\alpha_1,\alpha_2,\cdots,\alpha_n\in O_K$使得

$$O_K=\{k_1\alpha_1+k_2\alpha_2+\cdots+k_n\alpha_n\mid k_1,k_2,\cdots,k_n\in\mathbb{Z}\},$$

即整数环 O_K 是秩为 n 的自由$\mathbb{Z}$-模. 称 $\alpha_1,\alpha_2,\cdots,\alpha_n$ 为 O_K 的整基或$\mathbb{Z}$-基.

O_K 不一定是唯一析因整环,例如 $K=\mathbb{Q}(\sqrt{-5})$ 时,而且 O_K 是唯一析因整环当且仅当它是主理想整环.

代数整数的概念,容易发展为环上"整元素"的概念,定理和证明也都类似,应用很广泛. 设 $A\subset C$ 为交换环,如果 $c\in C$ 是一个首一多项式 $f(X)\in A[X]$的根,即 $f(c)=0$,则称 c 是在 A 上**整元素**. C 中在 A 上整的元素集合 B,是一个环,称为 A 在 C 中的整闭包;若 $B=A$,则称 A 在 C 中是整闭的. 若 A 在其分式域中是整闭的,则简称 A 是整闭的. 整性有传递性. 例如,$\mathbb{Z}$ 是整闭的. $\mathbb{Q}[X]$是整闭的. 环 B 在 A 上是整的意思是: B 的元素皆在 A 上是整的.

二次域中的代数整数

设 K 为二次(数)域,即有理数域$\mathbb{Q}$ 的二次扩张,则 $K=\mathbb{Q}(\gamma)$,γ 是二次不可约多项式 aX^2+bX+c 的根($a,b,c\in\mathbb{Z}$),故 $\gamma=(-b\pm\sqrt{b^2-4ac})/2a$. 所以二次域总可表示为

$$K=\mathbb{Q}(\sqrt{d}),$$

其中 d 是无平方因子有理整数.

现在求 O_K. 设 $\alpha=a+b\sqrt{d}$ 为 K 中整数($a,b\in\mathbb{Q}$),易知 $\bar{\alpha}=a-b\sqrt{d}$ 也是整数(因 $\alpha,\bar{\alpha}$ 满足同一个$\mathbb{Z}$上多项式). 于是 $\alpha+\bar{\alpha}=2a$ 和 $\alpha\bar{\alpha}=a^2-db^2$ 均为代数整数,又是有理数,故

$$2a\in\mathbb{Z},\quad a^2-db^2\in\mathbb{Z}.$$

后式推出$(2a)^2-d(2b)^2\in\mathbb{Z}$. 再由前式知 $d(2b)^2\in\mathbb{Z}$. 我们断言 $2b\in\mathbb{Z}$; 否则$(2b)^2$ 的分母含平方因子,而 d 无平方因子,与 $d(2b)^2\in\mathbb{Z}$ 矛盾,于是可设 $a=m/2,b=n/2$ ($m,n\in\mathbb{Z}$),则 $a^2-db^2\in\mathbb{Z}$ 化为

$$m^2-dn^2\equiv 0 \pmod 4.$$

若 n 为偶数,则 m 亦偶数,a,b 均整数. 若 n 为奇数,则 $n^2\equiv 1 \pmod 4$; 由 d 无平方因子知 m 为奇数而 $d\equiv 1 \pmod 4$. 这也就是说,在 $d\equiv 2$ 或 $3 \pmod 4$ 时,a,b 均有理整数. 而在 $d\equiv 1 \pmod 4$ 时,a,b 为整数或半整数. 故有下面的结论.

定理 2　设二次域 $K=\mathbb{Q}(\sqrt{d})$,$d\in\mathbb{Z}$ 无平方因子,则 K 的代数整数环 $O_K=O_d$ 为

$$O_d=\{m+n\sqrt{d}\mid m,n\in\mathbb{Z}\}\quad(\text{当 } d\equiv 2 \text{ 或 } 3 \pmod 4),$$

$$O_d=\left\{\frac{m+n\sqrt{d}}{2}\mid m,n\in\mathbb{Z},m\equiv n \pmod 2\right\}\quad(\text{当 } d\equiv 1 \pmod 4).$$

也就是说,O_d 的$\mathbb{Z}$-基为$\{1,\sqrt{d}\}$或$\{1,(1+\sqrt{d})/2\}$(依 $d\not\equiv 1$ 或 $d\equiv 1 \pmod 4$).

例如，$d=-1$ 时，O_{-1} 就是 $\mathbb{Z}[\mathrm{i}]=\{m+n\mathrm{i} \mid m,n\in\mathbb{Z}\}$（高斯整数环），是欧几里得整环.

再如，$d=-5$ 时，$O_{-5}=\{m+n\sqrt{-5} \mid m,n\in\mathbb{Z}\}$ 就是 5.4 节例 1 中的环 $\mathbb{Z}[\sqrt{-5}]$.

又如，$d=5$ 时，$(1+\sqrt{5})/2$ 是代数整数.

记 $\alpha=a+b\sqrt{d}$ 的范数为 $N(\alpha)=|a^2-db^2|$. 有如下著名的结果.

定理 A（二次整数环中的欧几里得整环） 考虑二次整数环 O_d. 以取范数为欧几里得映射（即按照 5.5 节定义 1 而取 $\varphi(\alpha)=N(\alpha)$），则恰有如下 21 个环 O_d 为欧几里得环：

$$d=-1,-2,-3,-7,-11,$$
$$2,3,5,6,7,11,13,17,19,21,29,33,37,41,57,73.$$

进而，对 $d<0$ 情形，不再有其他 O_d 为欧几里得环（对任何可能的欧几里得映射而言）；

而对于 $d>0$ 情形，尚不确定是否有其他 O_d 对别的欧几里得映射为欧几里得环.

定理 B（二次整数环中的主理想整环） (1) 对 $d<0$ 情形，恰有 9 个 O_d 是主理想整环：

$$d=-1,-2,-3,-7,-11,-19,-43,-67,-163.$$

（对 $d>0$ 情形，**高斯猜想**：有无限多 $d>0$ 使 O_d 是主理想整环）.

例 1 由上述定理可见，$d<0$ 时，O_d 是主理想整环而非欧几里得整环的有四个：

$$d=-19,-43,-67,-163.$$

这四个环 O_d 成为"主理想整环而非欧几里得整环"的最好例子. 以 $d=-19$ 为例，O_{-19} 的元素是所有的

$$\frac{m+n\sqrt{-19}}{2} \quad (m,n\text{ 遍历同奇偶的整数}).$$

例 2 设 ζ_m 为 m 次本原复单位根，分圆域 $L=\mathbb{Q}(\zeta_m)$ 的代数整数恰为

$$k_0+k_1\zeta_m+\cdots+k_s\zeta_m^s \quad (s=\varphi(m)-1, k_i\in\mathbb{Z}, i=0,1,2,\cdots,m).$$

也就是说，$\{1,\zeta_m,\cdots,\zeta_m^{\varphi(m)-1}\}$ 是 $L=\mathbb{Q}(\zeta_m)$ 的 $\mathbb{Z}$-基. 例如，$\mathbb{Q}(\zeta_3)$ 的 $\mathbb{Z}$-基为 $\{1,\zeta_3\}$.

代数整数不一定满足唯一因子分解定律. 在 1846 年，库默尔正是为了克服这一困难，才发明了"理想"，并发现在许多情况下，理想可以唯一分解为素理想之积. 戴德金进一步发现，任意 O_K 中的理想（也称为整理想）都可唯一分解为素理想之积.

定理 3 任一数域 K 的代数整数环 O_K 为戴德金整环，即其任一非零理想 I 可以唯一地表示为素理想之积，即

$$I=P_1P_2\cdots P_r.$$

另一类著名的戴德金整环，是光滑平面曲线的坐标环（光滑是指处处有切线）. 下节

介绍.

系1　若 O_K 是唯一析因整环,则是主理想整环.

证明　只需证 O_K 的非零素理想 P 必是主理想——如此一来,因任一理想是素理想之积,即为主理想之积. 任取非零 $a\in P$,则 $a=p_1\cdots p_r$,p_i 为 O_K 中素元(非零非单位). 于是 $p_1\cdots p_r\in P$,即 $P\mid(p_1)\cdots(p_r)$,因 P 与 (p_i) 皆为素理想,故 $P=(p_i)$(某 i),是主理想. ■

由于定理2,人们对待 O_K 中理想(也称为整理想)的乘法和分解可以像对待正整数的乘法和分解那样. 正整数的许多概念方法可以发展到理想中去. O_K 的理想集按包含关系(或整除关系,次序相反)构成一个格(见附录A),理想 I,J 的确上界、确下界分别为 $I+J$,$I\cap J$(故应为 $\gcd(I,J)$ 和 $\operatorname{lcm}(I,J)$). 我们重记理想 I 的分解为

$$I=P_1^{v_1}\cdots P_s^{v_s}=\prod_P P^{v_P}$$

其中 $P_1,\cdots,P_s$ 为互异素理想,v_i 为正整数,而 $v_P=v_P(I)$ 称为 I 在 P 的**指数赋值**(只对有限个素理想 P 非零). 再设

$$J=\prod_P P^{u_P}\quad(\text{记 } u_P=v_P(J)),$$

则 $I\mid J$(即 $I\supset J$)就相当于 $v_P(I)\leqslant v_P(J)$(对任意 P). 一般地,记 $d_P=\min\{v_P,u_P\}$,$M_P=\max\{v_P,u_P\}$,则 I,J 的最大公因子(和)、最小公倍(交)分别为

$$I+J=\gcd(I,J)=\prod_P P^{d_P},\quad I\cap J=\operatorname{lcm}(I,J)=\prod_P P^{M_P}.$$

而 I,J 互素就是 $\gcd(I,J)=I+J=(1)$,这相当于 I,J 的素理想因子互异.

对于 $\alpha\in O_K$,主理想 (α) 分解为

$$(\alpha)=\prod_P P^{v_P(\alpha)}.$$

$v_p(\alpha)=e$ 相当于 $P^e\mid(\alpha)$ 而 $P^{e+1}\nmid(\alpha)$,即 $\alpha\in P^e-P^{e+1}$.

由此可知,O_K 的非零理想集 II_K 是乘法半群,与正整数乘法半群 $\mathbb{Z}^+$ 很类似. 我们知道,由整数发展出了分数(有理数),每个正整数可表示为 $a=p_1p_2\cdots p_r$,每个分数可表示为 $b=(p_1\cdots p_r)/(q_1\cdots q_m)$. 正整数全体 $\mathbb{Z}^+$ 是乘法半群,正分数全体 $\mathbb{Q}^+$ 是乘法群. 仿照此,由于理想可分解为 $I=P_1P_2\cdots P_r$,　我们可以构作出 O_K 的"分式理想"(fractional ideal):

$$B=(P_1\cdots P_r)/(Q_1\cdots Q_m),$$

其中 P_i,Q_j 为 O_K 的素理想. O_K 的"分式理想"集 FI_K 是乘法群,是阿贝尔群. **整理想半群** II_K 与**分式理想群** FI_K 的关系,恰如正整数半群 $\mathbb{Z}^+$ 与正分数群 $\mathbb{Q}^+$ 的关系.

为了从元素层次考查分式理想,我们先考查整理想 I 的逆 I^{-1},显然 I^{-1} 的元素属于 K 而不一定属于 O_K(因为 I 一般无整理想的逆). 故定义 I^{-1} 为 K 中的加法子群,有

$d\in O_K$ 使 dI^{-1} 是整理想，而且满足

$$II^{-1}=I^{-1}I=(1)=O_K.$$

现在令集合

$$I^*=\{x\in K\mid xI\in O_K\}.$$

由 $I^{-1}I\subset O_K$ 知 $I^{-1}\subset I^*$，又 $I^*=(I^*I)I^{-1}\subset O_KI^{-1}=I^{-1}$. 故 $I^*=I^{-1}$. 这样，就不但从形式构作的路径，而且从元素罗列的路径，界定了理想的逆的概念.（用模的语言（见第 8 章），O_K 的分式理想 J 定义为：$J\subset K$ 是 O_K-模且存在 $d\in O_K$ 使 $dJ\subset O_K$；$J\subset K$ 是有限生成的 O_K-模.）

这样，我们就知道，O_K 的任一分式理想可表示为

$$I=P_1^{v_1}\cdots P_s^{v_s}=\prod_P P^{v_P},$$

其中 v_i 和 $v_P=v_P(I)$ 为正或负的整数（PQ^{-1} 为有限和 $\sum x_iy_j$ $(x_i\in P,y_j\in Q^{-1})$ 全体）.

如何确定代数整数环 O_K 的所有素理想呢？我们断言：O_K 的任一素理想 P 必为某素数 $p\in\mathbb{Z}$ 生成的理想 pO_K 的因子. 事实上，

$$\wp=P\cap\mathbb{Z}$$

一定是素理想，因为 $\mathbb{Z}/(P\cap\mathbb{Z})\subset O_K/P$ 为整环，故 $\wp=(p)$（对某素数 $p\in\mathbb{Z}$）. 于是 $pO_K\subset P$，从而 $P\mid pO_K$. 故只要分解素数生成的理想 pO_K（称为素理想分解），就可得到 O_K 的所有素理想. 由定理 2 推知如下定理.

定理 4 设 K 为 n 次数域，O_K 为其代数整数环，素数 $p\in\mathbb{Z}$，则

$$pO_K=P_1^{e_1}\cdots P_g^{e_g},$$

其中 $P_1,\cdots,P^g$ 为 O_K 的互异素理想. e_i 为正整数（称为 P_i 的分歧指数）. 记 f_i 为域 $\mathbb{Z}/(p)\subset O_K/P_i$ 的扩张次数（称为剩余类次数），则

$$\sum_{i=1}^{g}e_if_i=n.$$

特别地，若 $K/\mathbb{Q}$ 为伽罗瓦扩张（见第 7 章），则各 e_i 相等，f_i 相等，故 $efg=n$.

现在考虑数域 K 的分式理想群 FI_K，其中的主理想集合 $\wp_K$ 是子群，则商群

$$H_K=FI_K/\wp_K$$

称为**理想类群**，其阶 $\# H_K=h_K$ 称为**理想类数**. 也就是说，将分式理想分类，I,J 同类当且仅当模 $\wp_K$ 同余，即

$$I=(a)J\quad(a\in K).$$

故知，O_K 是唯一析因整环 $\Leftrightarrow O_K$ 是主理想整环 $\Leftrightarrow FI_K=\wp_K\Leftrightarrow h_K=1$. 这说明，理想类数是对 O_K 与主理想整环距离的衡量. 理想类数是一个数域的极重要性质. 由于单位生

成平凡理想,故单位群在理想类数计算中起重要作用.

注记 1 从不同的角度及途径,人们得到整环 R 是戴德金环的多个等价表述:(1)非零理想皆可唯一分解为有限个素理想之积;(2)非零分式理想皆可唯一分解为有限个素理想或其逆之积;(3)非零分式理想集是乘法群;(4)一维整闭诺特整环("一维"指非零素理想皆为极大理想,"诺特环"见下节).

习 题 5.6

1. 每个代数数 α 可表示为 $\alpha=\beta/b$,其中 $b\in\mathbb{Z}$,β 为代数整数.

2. 求 $\sqrt{2}+\sqrt{3}$ 满足的首一整系数多项式,从而直接证明其为整数.

3. 求 $\mathbb{Z}$ 的理想 $2\mathbb{Z}$ 的逆(分式理想).

4. 每个代数数 α 可表示为 $\alpha=\omega/b$,其中 ω 为代数整数,$b\in\mathbb{Z}$.

5. 设交换环 $A\subset C$,$\alpha\in C$. 若 α 是 A 上首一多项式的根,则称 α 在 A 上是整的. 试证明,C 中在 A 上整的元素集 B 是环. 而 C 中在 B 上整的元素集仍是 B.

6. 设数域 $K\subset L$,则在 O_K 上整的 L 中元素集恰为 O_L.

7. O_K 在 K 中是整闭的,即在 O_K 上整的 K 中元素集恰为 O_K.

8. 设交换环 A 是整闭的(即 A 的分式域 K 中在 A 上整的元素必属于 A),α 属于 K 的扩域且 α 在 A 上整,则 α 在 K 上的首一极小多项式的系数属于 A.

9. 证明整性的传递性,即若环 B 在 A 上整,C 在 B 上整,则 C 在 A 上整.

*5.7 代数集与诺特环

代数几何的基础是,将几何对象对应于其坐标环和理想,坐标环都是诺特环.

设 k 为域(主要考虑 k 为代数封闭域情形,例如 $\mathbb{C}$),k 上 n 维仿射空间即 n 数组集

$$k^n=\{(a_1,a_2,\cdots,a_n)\mid a_i\in k,i=1,2,\cdots,n\}.$$

设 $A=k[X_1,X_2,\cdots,X_n]$ 为 k 上 n 元多项式环. 每个多项式都是 k^n 到 k 上的映射(函数). 设 F 是 A 中一些多项式的集合,这些多项式在 k^n 中的公共零点集记为

$$V(F)=\{P\in k^n\mid f(P)=0\text{ 对所有 }f\in F\},$$

称为(仿射)**代数集合**. 设 $I=(F)$ 为 F 生成的 A 的理想,则显然 $V(F)=V(I)$ 也是 I(中多项式的公共)的零点集. 故代数集都可由理想定义. 易知 $V(0)=k^n$,$V(1)=\varnothing$ 为空集.

引理 1 (1) 对任意理想集 $\{I_\alpha\}$ 均有 $V(\bigcup_\alpha I_\alpha)=\bigcap_\alpha V(I_\alpha)$.

(2) 对 $F,G\subset A$ 总有 $V(FG)=V(F)\cup V(G)$,其中 $FG=\{fg\mid f\in F,g\in G\}$.

(3) 对任意理想 I 和 J 有

$$V(I\cap J)=V(IJ)=V(I)\cup V(J),\quad V(I+J)=V(I\cup J)=V(I)\cap V(J).$$

(4) 任一点 $P=(a_1,a_2,\cdots,a_n)\in k^n$ 为代数集,因 $P=V(X_1-a_1,X_2-a_2,\cdots,X_n-a_n)$.

此引理说明,任意多代数集的交、有限多个代数集的并、有限点集等均为代数集.故令k^n中代数集为**闭集**(即代数集的余集为开集),则在k^n中定义了拓扑(扎里斯基(Zariski)拓扑).

于是得到A中理想集合$\{I\}$到k^n中代数集集合$\{V\}$的对应

$$v:\{I\}\to\{V\},\quad I\mapsto V(I).$$

v是满射,因代数集均可写为$V(F)=V(I)$ $(I=(F))$.但v不是单射,比如$n=2$时,

$$V(Y-X^2)=V((Y-X^2)^3)=V((Y-X^2)^5)$$

皆为同一个抛物线$y=x^2$.再如,$k=\mathbb{R}$为实数域时,$V(X^2+Y^2+1)=V(A)=\varnothing$.所以可能有多个理想定义同一个代数集$V$.为了得到一一对应,我们只选取其中最大的那个理想,即在V上化零的所有多项式构成的理想:

$$I(V)=\{f\in A\mid f(P)=0,\forall P\in V\}.$$

此$I(V)$称为**代数集V的理想**(也将称为闭理想).例如若V_0是抛物线$y=x^2$,则取$I(V_0)=(Y-X^2)$.对理想$E=((Y-X^2)^3)$,也有$V(E)=V_0$,故$I(V(E))=(Y-X^2)$.

一般地,对于点集$S\subset k^n$,在S上化零的多项式全体记为$I(S)$,有如下性质.

引理2 对k^n的任意子集S,T,和$A=k[X_1,X_2,\cdots,X_n]$的任意子集F,以下成立:

(1) 若$S\subset T$,则$I(S)\supset I(T)$;

(2) $I(S\cup T)=I(S)\cap I(T)$;

(3) $I(\varnothing)=A$,$I(k^n)=(0)$;

(4) $I(V(F))\supset F$,$V(I(S))\supset S$;

(5) $I(V(J))=J$,$V(I(W))=W$ (对任意点集的理想$J=I(S)$和代数集$W=V(F)$).

证明 (1)~(4)显然.由(4)知$I(V(F))\supset F$.以v作用得$V(I(V(F)))\subset V(F)$,即$V(I(W))\subset W$;再由(4)有$V(I(W))\supset W$,即得$V(I(W))=W$.另一式类似可得. ■

设I是A的任一理想,称$I(V(I))=\bar{I}$为I的闭包(是代数集$W=V(I)$的理想).这种"闭包映射"显然满足:$I\subset\bar{I}$;$\bar{\bar{I}}=\bar{I}$;若$I\subset J$,则$\bar{I}\subset\bar{J}$.故代数集的理想也称为闭理想.任一点集$S\subset k^n$的理想$J=I(S)$必是代数集的理想,因为引理2(5)说明了$I(V(J))=J$,闭理想与下述根式理想有关.

定义1 (1) 设I为环R的理想,I的根(radical)定义为R的理想

$$\sqrt{I}=\{a\in R\mid a^n\in I\ (\text{对某正整数}\ n)\}.$$

(2) 若$\sqrt{I}=I$则称I为**根式理想**,这意味着$a^n\in I$导致$a\in I$.

也就是说,$\sqrt{I}$是I中元素在R中的任意次方根.$\sqrt{I}$是含I的最小根式理想.显然素理想$\wp$是根式理想,因若$a\in\sqrt{\wp}$,则$a^n\in\wp$,从而$a\in\wp$.例如$k[X,Y]$的理想$I=((Y-X^2)^3)$的根为$\sqrt{I}=(Y-X^2)$.$\mathbb{Z}$的理想$\sqrt{(27)}=(3)$,$\sqrt{(12)}=(6)$.

任一点集 $S\subset k^n$ 的理想 $J=I(S)$ 必是根式理想，因为若 $f^n\in I(S)$，则 f^n 在 S 上化零，从而 f 在 S 上化零，故 $f\in I(S)$. 反之，当 k 为代数封闭域时，将证明著名的希尔伯特(Hilbert)零点定理，即每个真理想都有零点，从而每个根式理想都是某点集的理想，且 $\bar{I}=\sqrt{I}$（理想的闭包就是根式）.

现在，以 $\{V\}$ 记 k^n 中代数集全体，以 $\{I\}^*$ 记代数集的理想（即闭理想）全体，则由引理 2(5)可知，有一一对应：

$$\{I\}^* \underset{\iota}{\overset{v}{\leftrightarrows}} \{V\},\quad I\mapsto V(I),\quad I(V)\leftarrow\!\shortmid V.$$

$\{I\}^*$ 和 $\{V\}$ 按包含关系都形成格（若 L 是偏序集且任二元素有最大(确)下界、最小(确)上界，则称 L 为格）. $\{V\}$ 中 W,W' 的确下界、确上界分别为 $W\cap W'$ 和 $W\cup W'$，而 $\{I\}^*$ 中 I,J 的确下界、确上界分别为 $I\cap J$ 和 $\overline{I+J}$. 上述对应是格的反向同构（一一对应且序相反），映射 v,ι 互逆. 将证明，每个代数集 V 可唯一分解为代数簇（即不可分解代数集）之并，这就对应于：每个闭理想可唯一分解为素理想之交.

希尔伯特证明了，每个代数集 V 可只由有限个方程定义，这相当于说 $k[X_1,X_2,\cdots,X_n]$ 是诺特环. 其证明曾被评论为"这不是数学，这是神学".

引理 3　设 R 为交换环，则以下三个条件等价，若满足则称 R 为**诺特**(Noether) **环**：

(1)（极大条件）环 R 的每个非空理想族均有极大元.

(2)（有限生成条件）环 R 的每个理想 I 必是有限生成的.

(3)（升链条件）环 R 的每个理想升链 $I_1\subset I_2\subset I_3\subset\cdots$ 必是稳定的，即存在 m 使 $I_m=I_{m+1}=\cdots$.

证　(1)⇒(2)：设 Ω 是含于 I 的有限生成的理想全体. Ω 含零故非空. 由(1)知 Ω 中有极大元 J. 任取 $x\in I$，$J+Rx$ 是有限生成的理想，故必有 $J+Rx=J$，即 $x\in J$. 因此 $I=J\in\Omega$，I 是有限生成的.

(2)⇒(3)：易知 $E=\bigcup_{n\geqslant 1}I_n$ 是 R 的理想，由(2)可设它的有限个生成元，分别属于 $I_{n_1},\cdots,I_{n_r}$，$n_1\leqslant\cdots\leqslant n_r$. 于是当 $n\geqslant n_r$ 时总有 $I_n=I_{n_r}=E$.

(3)⇒(1)：若有非空理想族 S 无极大元. 任取 $I_1\in S$，则 S 中应有理想 I_2 含 I_1 而不等于 I_1. 同理 S 中应有 I_3 含 I_2 而不等于 I_2. 如此续行，得一无限升链，与(3)矛盾. ■

定理 1（希尔伯特基定理）　设 R 为诺特环，则多项式环 $R[X]$ 和 $R[X_1,X_2,\cdots,X_n]$ 均是诺特环（其中 $X,X_1,X_2,\cdots,X_n$ 为任意互异不定元，n 为任意正整数）

证明　只需证 $R[X]$ 是诺特环，归纳即得其余结论. 设 A 为 $R[X]$ 的理想. 令 I_i 为 A 中所有 i 次多项式的首项系数集，以及 0，则 I_i 是 R 的理想，于是有 R 的理想的升链

$$I_0\subset I_1\subset I_2\subset\cdots$$

（因 A 中元乘 X 后仍属 A）. 故存在 r 使当 $j\geqslant r$ 时有 $I_r=I_j$. 因 I_i 是有限生成，设为

$$I_i=(a_{i1},\cdots,a_{in_i})\quad(i=1,2,\cdots,r),$$

每个 a_{ij} 是某 i 次的 $f_{ij}\in A$ 的首项系数. 我们断言 $\{f_{ij}\}$ 生成 $A(i=1,2,\cdots,r,j=1,2,\cdots,n_i)$.

对任意 $f\in A$,设 $\deg f=d$,以下对 d 用归纳法证明 f 可由 $\{f_{ij}\}$ 生成.

(1) 设 $d>r$,则多项式

$$X^{d-r}f_{r1},\cdots,X^{d-r}f_{rn_r}$$

的首项生成 $I_r=I_d$,特别可组合出 f 的首项. 故存在 $c_1,\cdots,c_{n_r}\in R$ 使

$$g=f-c_1X^{d-r}f_{r1}-\cdots-c_{n_r}X^{d-r}f_{rn_r}\in A$$

的次数 $\deg g<d$. 如此续行,知可设 $\deg f=d\leqslant r$;

(2) 设 $d\leqslant r$,则存在 $c_1,\cdots,c_{n_d}\in R$ 使如下 g 的次数 $\deg g<d$:

$$g=f-c_1f_{d1}-\cdots-c_{n_d}f_{dn_d}\in A.$$

由归纳法,可设 g 可由 $\{f_{ij}\}$ 生成,故 f 可由 $\{f_{ij}\}$ 生成,即知 $R[X]$ 是诺特环. ■

系 1 (1) 对任意域 k,环 $A=k[X_1,X_2,\cdots,X_n]$ 中的每个理想可由有限个多项式生成.

(2) k^n 中每个代数集 V 是有限个超曲面的交(对非常数 $f\in A$,称 $V(f)$ 为超曲面).

例如,$n=1$ 时,超曲面 $V(f)$ 是有限个点,代数集也就是有限个点. $n=2$ 时,代数集就是有限个不可约代数曲线,点(的并). $n=3$ 时,代数集就是有限个不可约代数曲面,曲线,点(的并).

诺特环的商环(和同态像)必是诺特环,因为商环的理想格对应于原环理想格的子格.

与诺特环条件相反的,满足"降链条件"或"极小条件"的环称为阿廷(Artin)环.

现讨论理想和代数集的分解,都归于格的分解. 格 L 称为**分配格**,是指:

(1) $a\wedge(b\vee c)=(a\wedge b)\vee(a\wedge c)$,(2) $a\vee(b\wedge c)=(a\vee b)\wedge(a\vee c)$.

(对任意 $a,b,c\in L$. 这里 $a\vee b,a\wedge b$ 为 a,b 的最小上界、最大下界).

若 $x\in L$ 能表示为 $x=a\vee b(x\neq a,x\neq b,a,b\in L)$,则称 x 是**并-可约**的; 否则称为**并-不可约的**. 类似定义**交-可约性**. 并-分解 $x=a_1\vee a_2\vee\cdots\vee a_m$ 称为**无冗余的**(irredundant),是指 $\{a_1,a_2,\cdots,a_m\}$ 的任一真子集中元素的并均非 x. 类似地可定义交-分解的无冗性.

定义 2 (1) 偏序集 $(T,\leqslant)$ 满足**升链条件**是指: 其元素的每个严格升链 $a_1<a_2<\cdots$ 只能是有限(长)的. 类似地可定义**降链条件**. (2) 偏序集 $(T,\leqslant)$ 满足**极大条件**是指: T 的每个非空子集 U 之中有极大元. 类似地可定义**极小条件**.

引理 4 对于偏序集: 升链条件⇔极大条件; 降链条件⇔极小条件.

证明 若偏续集 T 不满足极大条件,则存在非空子集 U 无极大元,故对 $a_1\in U$,必有 $a_2\in U$ 使 $a_1<a_2$; 同样应有 $a_3\in U$ 使 $a_1<a_2<a_3$; 如此续行则得一无限升链. 反之,若 T 的元素有无限升链 $a_1<a_2<\cdots$,则集合 $\{a_1,a_2,\cdots\}$ 显然无极大元.

引理 5（格分解基本定理）　设$(L, \vee, \wedge)$为一格.

(1) 若 L 满足升链(或极大)条件,则 L 中每个元素 a 有无冗交-不可约分解：

$$a = p_1 \wedge p_2 \wedge \cdots \wedge p_m \quad (p_i \in L \text{ 均为交-不可约的}).$$

(2) 若 L 满足降链(或极小)条件,则 L 中每个元素 b 有无冗并-不可约解：

$$b = q_1 \vee q_2 \vee \cdots \vee q_m \ (q_i \in L \text{ 均为并-不可约的}).$$

(3) 若 L 是分配格,则当(1)或(2)中分解存在时,分解是唯一的.

证明　(1) 若 a 是交-不可约的则无需证,设 a 分解为 $a = a_1 \wedge b_1 (a < a_1, a < b_1)$. 若 a_1 和 b_1 均不可约则已得分解；若 a_1 可分解,设为 $a_1 = a_2 \wedge b_2 (a_1 < a_2, a_1 < b_2)$. 如此则得一升链 $a < a_1 < a_2 \cdots$,此升链只能是有限的,从而得到 a 的一个不可约交-分解. 删去此分解中的多余元素则得一无冗分解. (2) 由对称性和(1)即得.

(3) 设有两种交-不可约分解

$$p_1 \wedge p_2 \wedge \cdots \wedge p_m = a = p_1' \wedge p_2' \wedge \cdots \wedge p_r', \qquad (*)$$

对任意 $p_i (i = 1, 2, \cdots, m)$,因是 L 分配格,故有

$$p_i = p_i \vee \text{左边} = p_i \vee \text{右边} = (p_i \vee p_1') \wedge \cdots \wedge (p_i \vee p_i')$$

因为 p_i 是交-不可约的,故上式导致 $p_i = p_i \vee p_j'$(某 j),即 $p_j' \leqslant p_i$. 反之对于 p_j',同理可知有 $p_s \leqslant p_j'$(某 s),故 $p_s \leqslant p_j' \leqslant p_i$. 由分解的无冗知 $s = i$,故 $p_s = p_j' = p_i$. 这说明在(*)式中,左边的元素都等于右边的元素；同理右边的元素也都等于左边的元素. 故两边的分解式是一样的(不计元素次序). ■

由希尔伯特基定理知道,$A = k[X_1, X_2, \cdots, X_n]$是诺特环. 所以 A 的理想全体$\{I\}$对包含关系形成的格满足升链条件,从而每个理想可无冗分解为(交-)不可约理想的交. 而(交-)不可约理想皆为准素理想(交换环环 R 的理想 $q \neq (1)$ 称为**准素理想**是指 $xy \in q$ 蕴含 $y \in q$ 或 $x^m \in q$(对某正整数 m)). 故有如下定理.

定理 2(理想的准素分解)　任一诺特环 A(特别在 $A = k[X_1, X_2, \cdots, X_n]$) 中,每个理想 I 可无冗分解为有限个(交-)不可约理想(皆为准素理想) $q_1, \cdots, q_s$ 的交(但不一定唯一)：

$$I = q_1 \cap \cdots \cap q_s.$$

证明　只需再证交-不可约理想 q 为准素. 设 $xy \in q$ 而 $y \notin q$,记 $\bar{x} = x + q \in A/q$,则 $\bar{x}\bar{y} = \bar{0}$ 且 $\bar{y} \neq 0$. 记 $z(\bar{x})$为 $\bar{x}$ 的化零理想(即使 $k\bar{x} = 0$ 的 A/q 中 k 全体),则有升链 $z(\bar{x}) \subseteq z(\bar{x}^2) \subseteq \cdots$. 因 A(从而 A/q)为诺特环,故有 m 使 $z(\bar{x}^m) = z(\bar{x}^{m+1}) = \cdots$. 现若 $\bar{a} \in (\bar{x}^m) \cap (\bar{y})$,可设 $\bar{a} = \bar{b}\bar{x}^m = \bar{c}\bar{y}$,故 $\bar{b}\bar{x}^{m+1} = \bar{c}\bar{x}\bar{y} = 0$, $\bar{b} \in z(\bar{x}^{m+1}) = z(\bar{x}^m)$, $\bar{a} = \bar{b}\bar{x}^m = \bar{0}$,故$(\bar{x}^m) \cap (\bar{y}) = \bar{0}$,即$(x^m + q) \cap (y + q) = q$. 因 q 是交-不可约, $y + q \neq q$(因 $y \notin q$),故$(x^m + q) = q$,得 $x^m \in q$. ■

准素理想是素理想的推广,其根为素理想. 极大理想的幂均为准素理想. 例如,$\mathbb{Z}$ 中的准素理想只有(0)和素数幂生成的理想. 在戴德金环中,准素理想就是素理想的幂. 但这在

唯一析因整环中不成立.

$A=k[X_1,X_2,\cdots,X_n]$中理想集$\{I\}$满足升链条件,意味着k^n中代数集形成的格$\{V\}$满足降链条件.故每个代数集可分解为(并-)不可约代数集的并,(并-)不可约代数集也称为**代数簇**(variety),而且$\{V\}$还自然是分配格.因为集合的交和并满足分配律.故有如下定理.

定理 3(代数集的分解) 每个代数集$V\subset k^n$可唯一无冗分解为有限个代数簇的并:

$$V=V_1\cup V_2\cup\cdots\cup V_s.$$

代数集的理想(即闭理想)全体$\{I\}^*$形成格,和代数集格$\{V\}$反向同构.代数集的分解对应于闭理想的分解,不可约代数集(代数簇)对应于不可约闭理想.故有下面的定理.

定理 4(代数集理想的素分解) 对任意域k,环$A=k[X_1,X_2,\cdots,X_n]$中的每个闭理想(即代数集的理想)J可唯一地无冗分解为有限个交-不可约闭理想(即素理想)的交:

$$J=\wp_1\cap\cdots\cap\wp_s.$$

证明 只需再证"交-不可约闭理想"等价于"素理想".若$\wp$不是素理想,则A中有$a_1,a_2\notin\wp$,而$a_1a_2\in\wp$,从而$\wp_1=\wp+(a_1)$,$\wp_2=\wp+(a_2)$都严格大于$\wp$,故$V(\wp_1)$和$V(\wp_2)$都严格小于$V(\wp)$,故$V(\wp_1)\cup V(\wp_2)\subseteq V(\wp)$.又由$a_1a_2\in\wp$知$\wp_1\wp_2\subset\wp$,故$V(\wp_1)\cup V(\wp_2)=V(\wp_1\wp_2)\supseteq V(\wp)$,于是$V(\wp)=V(\wp_1)\cup V(\wp_2)$,从而$\wp=\wp_1\cap\wp_2$,知$\wp$可约.

反之,设$\wp$为素理想.假若$\wp$交-可约,设$\wp=I_1\cap I_2$,$\wp\neq I_1$,$\wp\neq I_2$.则$I_1\not\subset I_2$,$I_2\not\subset I_1$.设$a\in I_1\setminus I_2$,$b\in I_2\setminus I_1$.则$ab\in I_1\cap I_2=\wp$;这与$a\notin I_2$,$b\notin I_1$且$\wp$为素理想矛盾.至于素理想$\wp$是闭理想,先借用如下的定理5和定理7,知$\wp$的闭包为$\overline{\wp}=\sqrt{\wp}=\bigcap\limits_{素\wp'\supset\wp}\wp'=\wp$,最后的等号是由于$\wp$是诸$\wp'$之一. ■

记$f=Y-X^2$,则$V=V(f^3)$是平面抛物线,其坐标环为$R=\mathbb{R}[X,Y]/(f^3)$,则$\bar{f}\in R$是幂零元,因为$\bar{f}^3=0$.一般地,$\sqrt{0}$为环中的**幂零元**全体,因为$a\in\sqrt{0}$相当于$a^m=0$(对某正整数m).称$\sqrt{0}$为环的**诣零根**(nilradical).

定理 5 设R为交换环,I为其理想,则$\sqrt{I}$等于含I的素理想之交(称为I的小根):

$$\sqrt{I}=\bigcap_{素\wp'\supset I}\wp.$$

特别地,$\sqrt{0}$等于所有素理想的交(称为环的小根):

$$\sqrt{0}=\bigcap_{素\wp}\wp.$$

证明 若$r\in\sqrt{I}$,$\wp\supset I$,则$r^m\in I\subset\wp$(对某正整数m),故$r\in\wp$.

反之若$r\notin\sqrt{I}$,则$r^m\notin I$(对任意正整数m).令

$$\Omega=\{R\text{ 的理想 } b\supset I \mid r^m\notin b(\text{对任意正整数 } m)\},$$

则 Ω 为偏序集，含 I，故非空. 若 $T=\{I_i\}$ 是 Ω 中一全序子集，令 $I^*=\bigcup_i I_i$，则 $I^*\in\Omega$ 是 T 的上界. 故由佐恩引理知 Ω 中有极大元，记为 $\wp$. 断言 $\wp$ 为素理想. 事实上，若 $x,y\notin\wp$，则 $\wp+(x)$，$\wp+(y)$ 均严格大于 $\wp$，故不属于 Ω，从而存在 m,n 使 $r^m\in\wp+(x)$，$r^n\in\wp+(y)$，故 $r^{m+n}\in\wp+(xy)$. 所以 $\wp+(xy)\notin\Omega$，$xy\notin\Omega$，即知 $\wp$ 为素理想. 再由 $\wp\in\Omega$ 知 $r^m\notin\wp$(对任意 m)，故 $r\notin\wp$. 而 $\wp\supset I$，即知 $r\notin\bigcap\limits_{\wp\supset I}\wp$. ■

习　题　5.7

1. 设多项式集合 F 生成的 A 的理想为 I，则 $V(F)=V(I)$.

2. 详细证明引理1.

3. 设 I 为交换环 R 的理想，则 R/I 的诣零根是 $\sqrt{I}/I$，即 $\sqrt{I}$ 是 R/I 中幂零元集的模 I 原像.

4. 若 J 为环 R 的根式理想，则 R/J 中无(非零)幂零元. 反之亦然.

5. 证明理想的根有如下性质：(1) $\sqrt{\sqrt{I}}=\sqrt{I}$；(2) $\sqrt{IJ}=\sqrt{I\cap J}=\sqrt{I}\cap\sqrt{J}$；(3) $\sqrt{I+J}=\sqrt{\sqrt{I}+\sqrt{J}}$；(4) $\sqrt{\wp^n}=\wp$(对任意素理想 $\wp$ 和正整数 n).

6. 设 I 为诺特环 R 的理想，则 $(\sqrt{I})^k\subset I$(对某正整数 k).

7. 设 R 为诺特环，证明形式幂级数环 $R[[X]]$ 和 $R[[X_1,X_2,\cdots,X_n]]$ 均是诺特环.

8. 设 R 为交换环，q 为其准素理想，则其根 $\sqrt{q}=\wp$ 是素理想（称 q 为 $\wp$-准素的).

9. 设 R 为交换环，其真理想 q 为准素理想当且仅当 R/q 的零因子皆为幂零元.

*5.8　希尔伯特零点定理

继续上节讨论. 本节总是设 k 为代数封闭域(即任一多项式 $f\in k[X]$ 在 k 中有根)，例如复数域$\mathbb{C}$. 希尔伯特零点定理(nullstellensatz)是代数学基本定理的发展.

定理1(希尔伯特零点定理)　*设 k 为代数封闭域，则 $A=k[X_1,X_2,\cdots,X_n]$ 的每个真理想 I 在 k^n 中至少有一个零点，故代数集 $V(I)$ 非空.*

系1　k^n 中的点一一对应于 A 中极大理想，即点 $P=(c_1,c_2,\cdots,c_n)$ 对应于极大理想

$$M_P=(X_1-c_1,X_2-c_2,\cdots,X_n-c_n).$$

证明　点 P 是极小代数集，故 $I(P)$ 是极大理想. 反之，每个极大理想 M 有一零点 P，则 $M\subset I(P)$. 因 M 极大，故 $M=I(P)$. 由 $A/M_P=k[c_1,c_2,\cdots,c_n]=k$，故 M_P 是极大理想，以 P 为零点. ■

系2　(1) 设 $V=V(I)$ 为代数集，则

$$I(V)=\bigcap_{P\in V}M_P.$$

(2) 设 I 为 A 的理想，$\bar{I}=I(V(I))$（称为 I 的闭包，实为其根 $\sqrt{I}$，下面证），则

$$\bar{I}=\bigcap_{M\supset I} M \quad (\text{其中 } M \text{ 表示极大理想}).$$

证明 只需证(1). 若 $f\in$ 右边，则 $f(P)=0$（对所有 $P\in V$），得 $f\in$ 左边. 而若有 $P\in V$ 使 $f\notin M_P$，则 $f(P)\neq 0$，$f\notin I(V)$.

定理 2 环 $A=k[X_1,X_2,\cdots,X_n]$ 中理想 I 的根、小根、大根、闭包 $\bar{I}=I(V(I))$ 同一：

$$\sqrt{I}=\bigcap_{\text{素}\,\wp\supset I}\wp=\bigcap_{\text{极大}M\supset I} M=\bar{I}.$$

（其中 M 表示极大理想，$\wp$ 表示素理想. 当 $I=0$ 时上式为环的诣零根）

证明 只需再证中间等号. 显然 $\bigcap\wp\subset\bigcap M$，因为极大理想也是素理想. 现设非零多项式 $f\in\bigcap M=\bar{I}$，令 $\hat{I}=(I,1-X_{n+1}f)$ 为 $B=k[X_1,X_2,\cdots,X_n,X_{n+1}]$ 的理想. A 的理想 I 和 $\bar{I}$ 作为 B 中多项式集定义了 k^{n+1} 中的代数集 $V(\bar{I})=V(I)\supset V(\hat{I})$，故 $f\in\bar{I}$ 在 $V(I)$ 上化零，从而 $1-X_{n+1}f$ 在 $V(I)$ 上每一点均非零，故知 $V(\hat{I})=\varnothing$ 为空集. 所以由希尔伯特零点定理知 $\hat{I}=(1)=B$，于是

$$1=\sum_i r_iq_i+s(1-X_{n+1}f),\quad (q_i\in I;r_i,s\in B).$$

以 $X_{n+1}=1/f$ 代入，则得 $1=\sum_i\bar{r}_iq_i$，$\bar{r}_i\in k[X_1,X_2,\cdots,X_n,1/f]$. 去掉公分母 f^m 得

$$f^m=\sum_i(f^m\bar{r}_i)q_i,\quad (f^m\bar{r}_i\in k[X_1,X_2,\cdots,X_n])$$

即知 $f^m\in I$. 故 $f\in\sqrt{I}=\bigcap_{\wp\supset I}\wp$. 证毕. ■

系 3 设 I 是 A 的理想，若 $f\in A$ 在 $V(I)$ 上化零，则 $f^m\in I$（某正整数 m）.

证明 由 $f\in I(V(I))=\bar{I}=\sqrt{I}$，即得. ■

希尔伯特零点定理的证明 不妨设 $I=M$ 为极大理想，于是 $A/M=K$ 为域. 可认为 $K\supset k$，因为模 M 限制到 k 引起同构，可视为等同. 以 $\bar{X}_i=X_i+M$ 表示模 M 同余类.

断言 1 $K=k$.

若断言 1 成立，则记 $\bar{X}_i=a_i\in K=k$，即得 $(a_1,a_2,\cdots,a_n)\in k^n$ 为 M 的零点（因为对任意 $f\in M$，有 $0=\overline{f(X_1,X_2,\cdots,X_n)}=f(\bar{X}_1,\bar{X}_2,\cdots,\bar{X}_n)$）. 定理得证

断言 2 设 $y_i\in K$，若 $k[y_1,y_2,\cdots,y_n]$ 是域，则 y_i 是 k 上代数元 $(i=1,2,\cdots,n)$（k 为任意域）.

若断言 2 成立，取 $y_i=\bar{X}_i$，则 $K=A/M=k[y_1,y_2,\cdots,y_n]$ 为域. 从而知 y_i 均为 k 上代数元，由于 k 为代数封闭即知 $y_i\in k$，则得 $K=k$，从而断言 1 成立，定理成立.

断言 2 的证明 对 n 用归纳法. $n=1$ 时断言 2 成立. 设断言 2 对 $n-1$ 情形成立，而

考虑 n 的情形. 因 $k[y_1,y_2,\cdots,y_n]=k(y_n)[y_1,y_2,\cdots,y_{n-1}]$为域,由归纳法假设,$y_1$,$y_2,\cdots,y_{n-1}$ 在 $k(y_n)$上均是代数的. 只需再证 y_n 在 k 上是代数的. 我们用反证法.

假设 y_n 在 k 上不是代数的,则 $k[y_n]\cong k[X]$(多项式形式环),$k(y_n)$是其分式域. 故知

(1) $k[y_n]$在 $k(y_n)$中是整闭的. (2) 存在 $g\in k[y_n]$使 $gy_1,\cdots,gy_{n-1}$ 在 $k[y_n]$上是整的; (3) 设 $D\subset D'$ 均为整环,则 D' 中的在 D 上整的元素全体是环.

现设 $f(y_n)\in k(y_n)\subset k[y_1,y_2,\cdots,y_n]$于是 $f(y_n)=q(y_1,y_2,\cdots,y_n)$是 y_1,$y_2,\cdots,y_n$ 的多项式; 设 $g(y_n)\in k[y_n]$使 $gy_1,\cdots,gy_{n-1}$,在 $k[y_n]$上是整的(由上述(2)). 并设 q 对 $y_1,\cdots,y_{n-1}$ 的总次数为 d; 则 g^dq 是 $gy_1,\cdots,gy_{n-1}$ 的多项式,系数在 $k[y_n]$中. 因整元素全体是环(上述(3)),故 g^dq 在 $k[y_n]$上是整的. 而 $k[y_n]$是整闭的(上述(1)),故 $g^dq\in k[y_n]$,即 $g(y_n)^df(y_n)=h(y_n)\in k[y_n]$. 上述推理说明,对于在 k 上超越的 y_n,有理函数域 $k(y_n)$中任一元素可表示为 $f(y_n)=h(y_n)/g(y_n)^d$,其中 $g(y_n)$固定. 这当然是不可能的. 断言 2 得证. 从而可得 $K=k$,定理得证. ■

以上得到环 $A=k[X_1,X_2,\cdots,X_n]$的根式理想格与 k^n 中代数集格的反向对应,极大理想对应于点,素理想对应于代数簇(不可分代数集).

现专注于讨论一个固定代数簇 $V\subset k^n$. 其化零理想 $I(V)=\wp$是 A 的素理想,商环

$$k[V]=A/\wp=k[X_1,X_2,\cdots,X_n]/I(V)=k[x_1,x_2,\cdots,x_n]$$

是整环,称为 V 的**坐标环**,其中 $x_i=\overline{X}_i$ 是 X_i 的模 $I(V)$同余类. $k[V]$的分式域 $k(V)$称为 V 的(**有理**)**函数域**. 可以认为 $k\subset k[V]$,因为模 $I(V)$引起 k 的同构,视为等同.

另一方面,$\boldsymbol{x}=(x_1,x_2,\cdots,x_n)$又是 $I(V)$的"零点"(对 $f\in I(V)$,$f(\boldsymbol{x})=f(x_1,x_2,\cdots,x_n)=f(\overline{X}_1,\overline{X}_2,\cdots,\overline{X}_n)=\overline{f(X_1,X_2,\cdots,X_n)}=\overline{0}$). 故可以认为 $\boldsymbol{x}$ 是 V 上的"变点"(或动点),而且遍历 V; 事实上,对 V 上任一个 k-点 $\boldsymbol{c}=(c_1,c_2,\cdots,c_n)\in k^n$,映射 $\rho:A\to k$,$X_i\mapsto c_i(i=1,2,\cdots,n)$的核为$(X_1-c_1,X_2-c_2,\cdots,X_n-c_n)=M_P\supset I(V)$,故映射 $\rho:A\to k$ 可分解为

$$A\to A/I(V)\to k,\quad X_i\mapsto x_i\mapsto c_i.$$

这说明 $\boldsymbol{x}$ 的取值遍历 V. 因此可以说,$\boldsymbol{x}$ 是 V 上"变点"的坐标,而坐标环 $k[V]=k[\boldsymbol{x}]$就是 V 上变点的坐标 $x_1,x_2,\cdots,x_n$ 生成的环. 这是坐标环的又一意义. 例如 $n=2$,$V=V(X_2-X_1^2)$,则 $\boldsymbol{x}=(x_1,x_2)=(x_1,x_1^2)$遍历抛物线 V,坐标环 $k[V]=k[x_1,x_2]\cong k[x_1]$. (说明: 当 V 不是一点时,x_i 是变量,"变点"$\boldsymbol{x}$ 并不是 V 上的一个 k-点,不在 $V\subset k^n$ 中).

另一角度看,坐标环 $k[V]$正好是 V 上多项式函数(即 k^n 上多项式函数 $f\in A$ 到 V 的限制 $f|_V$)全体. 事实上,$f|_V=0$ 当且仅当 $f\in I(V)$,即 $f(x_1,x_2,\cdots,x_n)=$

$f(X_1,X_2,\cdots,X_n)=0$. 例如 $V=V(X_2-X_1^2)$ 是抛物线时, $f(x_1,x_2)=x_1+x_2\in k[V]$ 是抛物线 V 上的函数,在点 $(2,4)\in V$ 取值为 $f(2,4)=2+4=6$. 而 $g(x_1,x_2)=x_2\in k[V]$ 也是 V 上函数, $g(2,4)=x_2(2,4)=4$. $k[V]$ 中的 $x_1,x_2,\cdots,x_n$ 皆称为坐标函数.

再如:当 $V=k^n$ 时 $I(V)=0$,坐标环 $k[V]=k[X_1,X_2,\cdots,X_n]$. 当 V 是一点时, $k[V]=k$.

一个自然的问题是:什么样的环 D 可以是坐标环(即存在代数簇 V 使得 $D=k[V]$)? 此问题有很深远的发展. 作为第一步,可将 k 上有限生成的整环,即形如 $D=k[x_1,x_2,\cdots,x_n]$ 的整环均"做成"坐标环: D 是 $A=k[X_1,X_2,\cdots,X_n]$ 的同态像($A\to D, X_i\mapsto x_i$),设此同态的核为 $\wp$,则 $D=A/\wp$. 从而 D 是代数簇 $V(\wp)$ 的坐标环.

接下来,当然要讨论坐标环 $D=k[V]=A/\wp$ 的理想集 $\{I\}_D$ 与 V 中的子代数簇集 $\{V\}_D$ 之间的对应,得到 D 中的闭理想格 $\{I\}_D^*$ 与子簇格 $\{V\}_D$ 之间的反向同构. 这是因为, $A/\wp$ 的理想格可嵌入到 A 的理想格中(即含 $\wp$ 的理想全体), V 的子代数簇格可嵌入到 k^n 的代数簇格中(即含于 V 的代数簇). 因此,由以上 A 的闭理想与 k^n 的代数簇的对应,即可得到 $A/\wp$ 的闭理想与 V 的子代数簇的相互对应.

现在考虑两个代数簇 V,W 之间的关系. 为了区别,坐标将用不同的符号表示.

定义 1 (1) 设有 k^n 中代数簇 V (坐标用 $\boldsymbol{X}=(X_1,X_2,\cdots,X_n)$ 和 $\boldsymbol{x}=(x_1,x_2,\cdots,x_n)$),和 k^m 中代数簇 W (坐标用 $\boldsymbol{Y}=(Y_1,Y_2,\cdots,Y_m)$ 和 $\boldsymbol{y}=(y_1,y_2,\cdots,y_m)$). 映射 $g:V\to W$ 称为**多项式映射**(或正则映射)是指,存在多项式 $g_1,g_2,\cdots,g_m\in k[X]$ 使得

$$g(\boldsymbol{x})=(g_1(\boldsymbol{x}),g_2(\boldsymbol{x}),\cdots,g_m(\boldsymbol{x}))\quad(\text{对任意 } \boldsymbol{x}\in V).$$

即 $y_1=g_1(\boldsymbol{x}), y_2=g_2(\boldsymbol{x}),\cdots,y_m=g_m(\boldsymbol{x})$. 常记 $\boldsymbol{g}=(g_1,g_2,\cdots,g_m)$.

(2) 若多项式映射 $\boldsymbol{g}:V\to W$ 是双射,且其逆 $\boldsymbol{h}:W\to V$ 也为多项式映射,则称 $\boldsymbol{g}$ 为**同构映射**,称代数簇 V 和 W 是(多项式)**同构的**,记为 $V\cong W$.

(3) 代数簇的映射 $\boldsymbol{g}:V\to W$ 引起坐标环(即 V,W 上的多项式函数集)的反向映射

$$g^*:k[W]\to k[V],\quad g^*(f)=f\circ\boldsymbol{g}$$

(常说: g^* 将 W 上函数 f 的定义域"拉回"(pullback)到 V). g^* 是坐标环的 k-同态(保持 k 中元素不变的同态).

定理 3 (1) 代数簇 V 到 W 的多项式映射一一对应于坐标环 $k[W]$ 到 $k[V]$ 的 k^n-同态: $g\mapsto g^*$,且每个多项式映射 g 均为仿射空间 k^n 到 k^m 的多项式映射的限制.

(2) 两个代数簇同构当且仅当它们的坐标环 k-同构,即

$$V\overset{g}{\cong}W\Leftrightarrow k[W]\overset{g^*}{\cong}k[V].$$

注记 1 $V\cong W\Leftrightarrow k[W]\cong k[V]$ 的原因在于, x_i 和 y_i 既为变点坐标,又为 V 和 W 上的函数. 作为变点坐标,代换 $y_i=g_i(x_1,x_2,\cdots,x_n)$ 给出簇的(点的)映射 $V\to W$; 作为函数,代换 $y_i=g_i(x_1,x_2,\cdots,x_n)$ 给出环的同态 $k[y_1,y_2,\cdots,y_m]\to k[x_1,x_2,\cdots,x_n]$.

注记 2　上述代数几何可与线性几何对照看：代数簇 V 及其坐标环 $k[V]$（V 上多项式函数集），对照于线性空间 V 及其对偶空间 V^*（V 上线性函数集）. 代数运算对照于线性运算. 定理"代数簇 $V\cong W\Leftrightarrow k[W]\cong k[V]$"对照于定理"线性空间 $V\cong W\Leftrightarrow W^*\cong V^*$".

例 1　设直线 $V=V(X_2)\subset k^2$，抛物线 $W=V(Y_2-Y_1^2)\subset k^2$. 坐标环分别为

$k[V]=k[X_1,X_2]/(X_2)=k[x_1]$，　$k[W]=k[Y_1,Y_2]/(Y_2-Y_1^2)=k[y_1,y_1^2]=k[y_1]$.

二环同构：

$$\sigma: k[W]\to k[V],\quad \sigma(y_1)=x_1,\quad \sigma(y_2)=x_1^2+x_2$$

作整个空间的同构映射 $G: k^2\to k^2$，$(X_1,X_2)\mapsto(X_1,X_1^2+X_2)=(Y_1,Y_2)$，逆映射为 $(Y_1,Y_2)\mapsto(Y_1,Y_2-Y_1^2)=(X_1,X_2)$. 显然 G 限制为直线和抛物线的同构：$g:V\to W$.

习　题　5.8

1. 实例说明素理想的幂不一定是准素理想：设环 $R=k[X,Y,Z]/(XY-Z^2)$，记 $\bar{X}=x$. 证明：(1) $\wp=(x,z)$ 是素理想，(2) $\wp^2$ 不是准素理想.

2. 实例说明准素理想 q 可以不是素理想的幂：设环 $A=k[X,Y]$，证明：(1) $q=(X,Y^2)$ 为准素理想；(2) q 不是素理想的幂.

3. 设有直线 $V=k^1$，抛物线 $W=V(Y_2-Y_1^2)\subset k^2$. 证明 $V\cong W$，并给出上述同构.

4.（双射非同构例）设有直线 $V=k^1$，和 γ 曲线 $W=V(Y_2^2-Y_1^3)\subset k^2$. 作直线 $L=V(Y_2-tY_1)$，与 W 交于 (t^2,t^3) 和 $(0,0)$. 令多项式映射 $g:V\to W, t\mapsto(t^2,t^3)$. 证明：(1) g 是双射；(2) g 不是代数簇的同构.

5. 实平面上圆 $f=X^2+Y^2-1$ 与直线不同构.

6. 设 $f\in A=k[X,Y]$（非常数）定义了平面曲线 V，则映射 $A\to A/(f)$，$g\mapsto\bar{g}$ 诱导出单同态 $k\mapsto k[V]$. 由此说明 $\mathbb{Z}$ 不是任何曲线的坐标环.

第6章 域论基础

6.1 子域和扩张

域(field),是使用最广的代数系统.我们先介绍代数扩张等基本事实,然后阐述伽罗瓦的优美理论.此理论将域和群对应,解决了圆规直尺作图、五次以上方程的根式解等传奇式历史难题,并成为现代数学及其应用的基本要素之一.

一个域 F 就是一个可除交换环,即非零元均可逆的交换环,其非零元集 $F^*=F\backslash\{0\}$ 是乘法阿贝尔群.因为非零元 a 均有逆 a^{-1} 且乘法可交换,故可以定义除法为 $b\div a=b/a=ba^{-1}$.所以,域内可做加减乘除法,且满足很好的性质.

最常用的域有:$\mathbb{Q}$,$\mathbb{R}$,$\mathbb{C}$,$\mathbb{F}_p$(有理数域,实数域,复数域,p-元有限域),还有如下这些重要的域:

(1) $F=\mathbb{Q}(\sqrt{2})=\{a+b\sqrt{2}\mid a,b\in\mathbb{Q}\}$特征 $\mathrm{Cha}(F)=0$(即作为环的特征).

(2) $F=\mathbb{F}_p(t)$,$\mathbb{F}_p$ 上有理式形式域,t 是不定元.特征 $\mathrm{Cha}(F)=p$.

设 E 是域,F 是其**子域**(即 $F\subset E$ 且 F 按照 E 中的运算成为域,二者乘法单位元同一),则称 E 是 F 的**扩张**或**扩域**(**extension field**),记为 E/F.特别可知,E 是 F 上的**线性空间**(也就是说,(1)E 是一个加法阿贝尔群;(2)F 中的元素与 E 中元素之间有(数乘)运算且满足:(1)$c\alpha\in E$,(2)$c(\alpha+\alpha')=c\alpha+c\alpha'$,(3)$(c+c')\alpha=c\alpha+c'\alpha$,(4)$(cc')\alpha=c(c'\alpha)$,(5)$1\cdot\alpha=\alpha$(对任意 $c,c'\in F,\alpha,\alpha'\in E$)).

扩域 E 作为 F 上的线性空间,其维数称为**扩张次数**(degree),记为$[E:F]$;此线性空间的**基**称为扩张 E/F 的基(basis),或 E 的 F-基.当$[E:F]$有限时,称 E/F 为**有限扩张**.而$[E:F]=1$ 意味着 $E=F$(因 E 中 $1(\neq 0)$可取为基).

例如:$\mathbb{C}$是$\mathbb{R}$上的二维线性空间,$\mathbb{C}/\mathbb{R}$是 2 次扩张,$\{1,\sqrt{-1}\}$是基,每个复数可写为 1 和$\sqrt{-1}$的唯一线性组合 $a\cdot 1+b\cdot\sqrt{-1}$.$\mathbb{Q}(\sqrt{2})/\mathbb{Q}$ 也是二次扩张,$\{1,\sqrt{2}\}$是基.而$\mathbb{R}/\mathbb{Q}$是无限(次)扩张.$\mathbb{Q}(X)/\mathbb{Q}$ 也是无限(次)扩张.

引理 1(次数的积性) 设有域扩张 $F\subset E\subset L$(称为扩张塔),则

$$[L:F]=[L:E]\cdot[E:F],$$

故子域的扩张次数$[E:F]$是扩张次数$[L:F]$的因子.

证明 设$\{\alpha_1,\alpha_2,\cdots,\alpha_n\}$是$E/F$的基,$\{\beta_1,\beta_2,\cdots,\beta_m\}$是$L/E$的基,只需证明$\{\alpha_i\beta_j\}$ $(i=1,2,\cdots,n,j=1,2,\cdots,m)$是$L/F$的基(参见图6.1).

(1) 任一元素$\nu\in L$可表示为$\nu=\sum_j w_j\beta_j$,其中$w_j\in E$又可表示为$w_j=\sum_i c_{ij}\alpha_i$, $c_{ij}\in F$,故

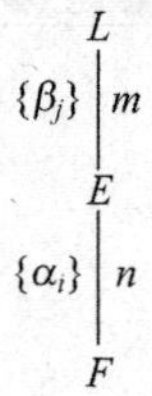

$$\nu=\sum_j w_j\beta_j=\sum_j\left(\sum_i c_{ij}\alpha_i\right)\beta_j=\sum_{i,j}c_{ij}(\alpha_i\beta_j).$$

$$\begin{array}{c} L \\ \{\beta_j\}\big| m \\ E \\ \{\alpha_i\}\big| n \\ F \end{array}$$

图 6.1

(2) 往证$\{\alpha_i\beta_j\}$线性无关: 若$\sum_{i,j}k_{ij}(\alpha_i\beta_j)=0(k_{ij}\in F)$,即$\sum_j\left(\sum_i k_{ij}\alpha_i\right)\beta_j=0$,故$\sum_i k_{ij}\alpha_i=0(j=1,2,\cdots,m)$,从而$k_{ij}=0(i=1,2,\cdots,n,j=1,2,\cdots,m)$. ■

因为域没有真理想,所以没有类似环的那些结构研究. 域论主要讨论域的扩张. 扩张不易,需要寻找或创造出新的外来元素,并研究其性质. 为此,最好的方法是"逆向工程",即从考察既有域E和子域F关系开始,熟悉F与其外元素$\alpha\in E$的关系. 首先,这些元素$\alpha\in E$无非分为两类: 是/否为某多项式的根.

定义1 (1) 设E/F为域的扩张,$\alpha\in E$. 称α是F上的**代数元素**(algebraic element)是指: α是F上某多项式$f(x)\in F[x]$的根,即$f(\alpha)=0$,也就是说存在正整数n和不全为0的$c_0,c_1,\cdots,c_n\in F$使得$c_n\alpha^n+\cdots+c_1\alpha+c_0=0$(称$f(x)$是$\alpha$的化零多项式).

(2) 如果E中所有元素都是F上的代数元素,则称E/F是**代数扩张**(algebraic extension). 非代数元素称为**超越元素**,非代数扩张称为**超越扩张**(transcendent extension).

(3) 若复数α是$\mathbb{Q}$上的代数元素,则称α为代数数,否则称为超越数.

例如,$\sqrt{2}$是$\mathbb{Q}$上代数元素,是代数数,因为$\sqrt{2}$是$X^2-2\in\mathbb{Q}[X]$的根. 而任意$a+b\sqrt{2}\in\mathbb{Q}(\sqrt{2})$是$X^2-2aX+a^2-2b^2$的根,故$\mathbb{Q}(\sqrt{2})/\mathbb{Q}$是代数扩张.

再如,圆周率$\pi=3.14159\cdots$是$\mathbb{Q}$上超越元素,是超越数(此处不证),故$\mathbb{Q}(\pi)/\mathbb{Q}$和$\mathbb{R}/\mathbb{Q}$都是超越扩张. 不定元$X$是$\mathbb{Q}$上的超越元素,$\mathbb{Q}(X)/\mathbb{Q}$是超越扩张.

引理2 有限扩张必是代数扩张.

证明 设E/F是n次扩张,任取$\alpha\in E$,则$1,\alpha,\alpha^2,\cdots,\alpha^n$必在$F$上线性相关(因为这是$n$维空间中的$n+1$个向量),故有不全为零的$b_0,b_1,\cdots,b_n\in F$使

$$b_0+b_1\alpha+b_2\alpha^2+\cdots+b_n\alpha^n=0.$$

令$f(x)=b_0+b_1x+b_2x^2+\cdots+b_nx^n$,则$f(\alpha)=0$,故$\alpha$是代数元. 从而$E/F$是代数扩张. ■

在做"逆向工程"时，为了便于讨论和定义运算，我们常常假设所有涉及的域都属于某个很大的域 L（就像初等数学中设数都属于$\mathbb{R}$或$\mathbb{C}$，而$\mathbb{C}$的由来和结构则较晚才讨论）.

定义 2（**单子扩张**） 设 F 为域，L 为其扩张，$\alpha\in L$. 记

$$F(\alpha)=\left\{\frac{h(\alpha)}{g(\alpha)}\,\middle|\, g,h\in F[X],g(\alpha)\neq 0\right\},$$

称 $F(\alpha)$为向 F 添加α 得到的单扩张（有时称为 L/F 的子扩张）.

$F(\alpha)$是 F 和 α 生成的域（通过有限次加减乘除），也是包含 F 和 α 的最小（子）域，因为包含 F 和 α 的域必然包含所有的 $h(\alpha)/g(\alpha)$. 例如，当 $\alpha=X$ 为不定元时，$F(X)$为有理式形式域. 再如，$\alpha=\sqrt{2}$时，$\mathbb{Q}(\sqrt{2})$为 $a+b\sqrt{2}$ 全体（$a,b\in\mathbb{Q}$）.

引理 3（最小多项式） 设域 $F\subset L$，$\alpha\in L$ 是 F 上代数元，则存在唯一的最低次首一多项式 $p(x)\in F[x]$使得 $p(\alpha)=0$，且 $p(x)$是不可约的. 而对于任意多项式 $g(x)\in F[x]$有

$$g(\alpha)=0\Leftrightarrow p(x)\mid g(x).$$

（称此 $p(x)$为 α 在 F 上的**最小（不可约）多项式**，有时用 $\mathrm{Irr}(\alpha/F,x)$表示. 称 $\deg p(x)$为 α 在 F 上的次数. 而使 $g(\alpha)=0$ 的 $g(x)\in F[x]$称为 α 在 F 上的零化多项式）.

证明 因 α 为代数元，故存在 $f(x)\in F[x]$使 $f(\alpha)=0$. 这样的零化多项式全体 $I_\alpha=\{f(x)\mid f(\alpha)=0\}$是环 $F[x]$的非零理想（α 的零化理想）. 因 $F[x]$是主理想整环，故 $I_\alpha=(p(x))$由其中最低次非零多项式 $p(x)$生成，可取 $p(x)$为首一. $p(x)$显然是不可约的，否则，若 $p(x)=p_1(x)p_2(x)$，得 $0=p(\alpha)=p_1(\alpha)p_2(\alpha)$，可知 $p_1(\alpha)=0$ 或 $p_2(\alpha)=0$，与 $p(x)$次数最低矛盾.

若 $p(x)\mid g(x)$，则 $g(x)=p(x)q(x)$，故 $g(\alpha)=p(\alpha)q(\alpha)=0$. 反之，若 $g(\alpha)=0$，设 $g(x)=p(x)g_1(x)+r(x)$，$\deg r(x)<\deg p(x)$，以 $x=\alpha$ 代入得$r(\alpha)=0$，故 $r(x)=0$（否则与 $p(x)$次数最低矛盾）. 这也证明了 $p(x)$的唯一性，因若另有 $p_2(x)$，则 $p(x)$与 $p_2(x)$互相整除，都首一，必相等. ■

定理 1（单代数子扩张） 设域 $F\subset L$，$\alpha\in L$ 是 F 上的代数元，$p(x)$为 α 在 F 上的最小不可约多项式，$\deg p(x)=n$. 则向 F 添加α 的单扩张等于

$$F(\alpha)=F[\alpha]=F[\alpha]_n,$$

其中 $F(\alpha)$表示α 在 F 上的有理式集合，$F[\alpha]$表示α 在 F 上的多项式集合，而

$$F[\alpha]_n=\{b_0+b_1\alpha+\cdots+b_{n-1}\alpha^{n-1}\mid b_0,b_1,\cdots,b_{n-1}\in F\}$$

是α 在 F 上的次数小于 n 的多项式集合. 于是知道，$1,\alpha,\cdots,\alpha^{n-1}$ 是扩张 $F(\alpha)/F$ 的基，扩张次数$[F(\alpha):F]=\deg p(x)$.

证明 因 $F(\alpha)\supset F[\alpha]\supset F[\alpha]_n$，而 $F(\alpha)$是含 α 和 F 的最小域，故只需再证 $F[\alpha]_n$ 是域，即知三者相等.

(1) 往证 $F[\alpha]_n$ 对乘法封闭.这是因为,对 α 的任意次多项式 $g(\alpha)$,由带余除法得 $g(x)=p(x)q(x)+r(x)$,故 $g(\alpha)=p(\alpha)q(\alpha)+r(\alpha)=r(\alpha)\in F[\alpha]_n$.

(2) 往证任意非零的 $b_0+b_1\alpha+\cdots+b_{n-1}\alpha^{n-1}\in F[\alpha]_n$ 可逆.因 $h(X)=b_0+b_1x+\cdots+b_{n-1}x^{n-1}$ 与不可约多项式 $p(x)$ 互素,故有贝祖等式 $uh+vp=1$,得 $u(\alpha)h(\alpha)+v(\alpha)p(\alpha)=1, u(\alpha)h(\alpha)=1, u(\alpha)=h(\alpha)^{-1}$.

其余条件都显然,故 $F[\alpha]_n$ 是域. $1,\alpha,\cdots,\alpha^{n-1}$ 在 F 上显然线性无关,否则若 $c_0+c_1\alpha+\cdots+c_{n-1}\alpha^{n-1}=0$ ($c_i\in F$ 不全为零),则 $h(x)=c_0+c_1x+\cdots+c_{n-1}x^{n-1}$ 使 $h(\alpha)=0$ 且 $\deg h(x)<n=\deg p(x)$,矛盾.故知 $1,\alpha,\cdots,\alpha^{n-1}$ 是 $F(\alpha)/F$ 的基. ■

例 1 设 $F=\mathbb{Q}, E=\mathbb{C}, \alpha=\sqrt[3]{2}$, α 的极小多项式为 $p(X)=X^3-2$.故

$$\mathbb{Q}(\alpha)=\mathbb{Q}[\alpha]=\mathbb{Q}[\alpha]_3=\{b_0+b_1\sqrt[3]{2}+b_2\sqrt[3]{4}\mid b_i\in\mathbb{Q}\}$$

是 $\mathbb{Q}$ 的 3 次扩域, $\mathbb{Q}$-基为 $\{1,\sqrt[3]{2},\sqrt[3]{4}\}$.

例 2(分圆域) 考虑 p 次本原复单位根 $\zeta=e^{2\pi i/p}\in\mathbb{C}$ (p 为素数), $\zeta^p-1=0$, ζ 在 $\mathbb{Q}$ 上的最小不可约多项式为

$$p(x)=(x^p-1)/(x-1)=x^{p-1}+\cdots+x+1,$$

为 $p-1$ 次.故得 $\mathbb{Q}$ 的 $p-1$ 次扩域(称为 p 级分圆域):

$$\mathbb{Q}(\zeta)=\mathbb{Q}[\zeta]_{n-1}=\{b_0+b_1\zeta+\cdots+b_{n-2}\zeta^{p-2}\mid b_0,b_1,\cdots,b_{n-2}\in\mathbb{Q}\}.$$

引理 4(单超越子扩张) 设有域 $F\subset L$, $\theta\in L$ 是 F 上的超越元,则单扩张 $F(\theta)$ 同构于 $F(x)$(不定元 x 的有理式形式域).详言之,有域同构

$$\varphi: F(x)\cong F(\theta),\quad f(x)\mapsto f(\theta).$$

证明 只需证明有环的同构 $\psi: F[x]\cong F[\theta]$,多项式 $f(x)\mapsto f(\theta)$. ψ 显然为同态映射(保加法和乘法),是满射.又 ψ 为单射:若 $f(\theta)=0$,则多项式形式 $f(x)=0$,否则与 θ 是超越元素矛盾.故 ψ 是同构. ■

上述定理,都是设 F 外先有一个大扩域 L,然后元素和子扩域都在 L 中.现在看无大域 L 情形:给定一个域 F, F 外无知,如何向 F 外扩张呢?回顾历史,人类长期熟习于实数域 $\mathbb{R}$ 内而无法向外扩张.要将 $\mathbb{R}$ 向外扩张到包含 x^2+1 的根,是难以想象的.现在我们就来讨论此问题.欲将 F 扩大,起码需要找一个比 F 大的集合(作为原材料),我们看中了多项式形式环 $F[x]$,它包含 F.我们要将环 $F[x]$ 改造成为域.

定理 2(单代数扩张) 设 F 是任一域, $p(x)\in F[x]$ 是任一个 $n(>1)$ 次不可约多项式,则存在 F 的 n 次单扩张 $E=F(\alpha)$,且 α 是 $p(x)$ 的根.事实上,商环 $E=F[x]/(p(x))$ 为域.视同构 $F\cong\bar{F}$ 为相等(对 $b\in F$ 视为 $b=\bar{b}$),则 E 是 F 的 n 次扩域, $\alpha=\bar{x}$ 是 $p(X)$ 的根,且

$$E=F(\alpha)=\{b_0+b_1\alpha+\cdots+b_{n-1}\alpha^{n-1}\mid b_0,b_1,\cdots,b_{n-1}\in F\},$$

(这里$\overline{g(x)}$表示$g(x)$的模$(p(x))$同余类,$\bar{F}=\{\bar{b}:b\in F\}$).

证明 (1) 多项式$p(x)$生成$F[x]$的主理想$(p(x))$. 对多项式$f,g\in F[x]$,若$p(x)|(f-g)$,则称f,g模$(p(x))$同余,记为$f\equiv g(\bmod p(x))$. 按同余关系将$F[x]$中多项式分类,同余者归于同一类. 则同余类的集合就是商环,即

$$E=F[x]/(p(x))=\{\overline{f(x)}\mid f\in F[x]\}.$$

由带余除法得到

$$f(x)=p(x)q(x)+r(x),\quad \deg r(x)<\deg p(x)=n,$$
$$\overline{f(x)}=\overline{p(x)}\,\overline{q(x)}+\overline{r(x)}=\overline{r(x)}.$$

故商环

$$E=\{\overline{f(x)}\}=\{\overline{r(x)}\mid \deg r<n\}.$$
$$=\{\bar{b}_0+\bar{b}_1\bar{x}+\cdots+\bar{b}_{n-1}\bar{x}^{n-1}\mid b_0,b_1,\cdots,b_{n-1}\in F\}.$$

(2) 因为$p(x)$不可约,故商环E是域: 对非零$\overline{r(x)}\in E$,$r(x)$与$p(x)$互素,故有贝祖等式$u(x)r(x)+v(x)p(x)=1$,模$(p(x))$知$\overline{u(x)}\,\overline{r(x)}=\bar{1}$,故$\overline{r(x)}$可逆. 从而知整环$E$是域.

(3) 对常数$b,b'\in F$,若$b\neq b'$,则$p(x)\nmid(b-b')$,即$\overline{b-b'}\neq\bar{0}$,$\bar{b}\neq\bar{b}'$. 故将模$p(x)$映射限制到$F$上之后得到同构映射$F\to\bar{F}$,$b\mapsto\bar{b}$,将此同构视为等同,即将$\bar{b}$等同于$b$. 再记$\alpha=\bar{x}$,则知$E=\{b_0+b_1\alpha+\cdots+b_{n-1}\alpha^{n-1}|b_0,b_1,\cdots,b_{n-1}\in F\}$.

(4) 设$p(x)=c_0+c_1x+\cdots+c_nx^n$,$c_i\in F$. 由$\overline{p(x)}=\bar{0}$,知

$$\bar{c}_0+\bar{c}_1\bar{x}+\cdots+\bar{c}_n\bar{x}^n=\bar{0},$$

由上述符号约定($\bar{b}=b$,$\alpha=\bar{x}$),即知

$$p(\alpha)=c_0+c_1\alpha+\cdots+c_n\alpha^n=0.$$

因$p(x)$不可约,故知$p(x)$为α的最小多项式,$E=F(\alpha)=F[\alpha]=F[\alpha]_n$. ■

对于视同构$F\cong\bar{F}$为相等,记$\bar{b}$为b,从而$F\subset E$,读者不要觉得生硬. 在人类认识发展史上类似的事情一直如此,是很自然的. 例如,在由整数发展到有理数的过程中,我们将3/1与3等同,从而整数是有理数的一部分,即$\mathbb{Z}\subset\mathbb{Q}$.

定理2是域扩张的有力工具,是域论的重要基础. 常称为向F添加$p(x)$的一个根α而得到E. 当然还可以继续添加$p(x)$的其他根,直到添加了$p(x)$的所有的根(从而得到分裂域,稍后讨论). 还可以再添加多个多项式的根,甚至添加所有多项式的根(从而得到代数封闭域,即包含所有多项式的根. 稍后讨论).

例 3(复数域的引入) 设$F=\mathbb{R}$是实数域,$p(X)=X^2+1$不可约,$n=2$. 则商环

$$E=\mathbb{R}[x]/(x^2+1)=\{\bar{a}+\bar{b}\bar{x}\mid a,b\in\mathbb{R}\}=\{a+b\mathrm{i}\mid a,b\in\mathbb{R}\}$$

(其中$\mathrm{i}=\bar{x}$,且对实数b记$\bar{b}=b$). 于是$0=\overline{x^2+1}=\bar{x}^2+1=\mathrm{i}^2+1$,$\mathrm{i}^2=-1$,故常记$\mathrm{i}=$

$\sqrt{-1}$，$E=\{a+bi\}$就是复数域$\mathbf{C}$．这是引入复数域的最严格途径．

例4(四元域)　设$\mathbf{F}_2=\{0,1\}$是二元域，$p(x)=x^2+x+1$是$\mathbf{F}_2$上不可约多项式(因在$\mathbf{F}_2$中无根)．按定理2则$\mathbf{F}_2$可扩张为

$$\mathbf{F}_2(\alpha)=\mathbf{F}_2[x]/(x^2+x+1)=\{b_0+b_1\alpha \mid b_0,b_1\in\mathbf{F}_2\},$$

其中$\alpha=\bar{x}$，$p(\alpha)=\alpha^2+\alpha+1=0$．因$b_0,b_1$等于0或1，故扩域$\mathbf{F}_2(\alpha)$只有四个元素：

$$\mathbf{F}_2(\alpha)=\{0,1,\alpha,1+\alpha\},$$

这就是著名的四元域，记为$\mathbf{F}_4$．注意$\alpha^2+\alpha+1=0$，故$1+\alpha=\alpha^2$．所以$\mathbf{F}_4$的非零元集$\mathbf{F}_4^*=\{1,\alpha,\alpha^2\}$，是乘法循环群．有限域$\mathbf{F}_q$都有这样的性质．

可以向域F中陆续添加多个元素$\alpha,\beta,\cdots,\gamma$，得到扩域$F(\alpha,\beta,\cdots,\gamma)$．即先向$F$添加$\alpha$，再向$F(\alpha)$添加$\beta$，等等．易知$F(\alpha,\beta,\cdots,\gamma)$即是$\alpha,\beta,\cdots,\gamma$和$F$的元素多次加减乘除得到的结果集合，是含$F$和$\alpha,\beta,\cdots,\gamma$的最小域．例如

$$\mathbf{Q}(\sqrt{2},\sqrt{3})=(\mathbf{Q}(\sqrt{2}))(\sqrt{3})=\{a+b\sqrt{2}+c\sqrt{3}+d\sqrt{6}\mid a,b,c,d\in\mathbf{Q}\}.$$

习题 6.1

1. 设$p(t)=t^3-6t-2$，θ为$p(t)$的一个复根，$K=\mathbf{Q}(\theta)$．(1) 求扩张$K/\mathbf{Q}$的次数和基，简单说明理由．(2) 在K中求θ^5和θ^{-1}(用基表示)．

2. 设E/F是域的扩张，R是任一中间环(即$F\subsetneqq R\subsetneqq E$)．

(1) 若E/F是代数扩张，R是否一定是域？为什么？

(2) 若E/F是超越扩张，R是否一定是域？为什么？

3. 设$p(t)=t^3-4t-2$，证明其在$\mathbf{Q}$上不可约．设θ为$p(t)$的一个复根．在$\mathbf{Q}(\theta)$中计算$(1+\theta)(1+2\theta^2)$和$(1+\theta)/(1+2\theta^2)$．

4. 证明$p(t)=t^3+t+1$在$\mathbf{F}_2$上不可约，列出$\mathbf{F}_8=\mathbf{F}_2[t]/(p(t))$中的元素(记$\alpha=\bar{t}$)．在$\mathbf{F}_8$中计算$1/\alpha$和$1/(1+\alpha)$，并列出$\alpha$的幂．

5. 构作16元有限域$\mathbf{F}_{2^4}$，即二元域$\mathbf{F}_2$的4次扩张．

6. 求$\alpha=\sqrt{2}+\sqrt{3}$在$\mathbf{Q}$上的不可约多项式$p(X)$．

7. 分别求$\mathbf{Q}(\sqrt{2},\sqrt{-3})$和$\mathbf{Q}(\sqrt{2},\sqrt{3},\sqrt{5})$在$\mathbf{Q}$上的扩张次数和$\mathbf{Q}$-基．

8. 设E/F是域的二次扩张，特征为0．证明$E=F(\alpha)$，其中α是不可约多项式X^2-d的根，$d\in F$(即$E=F(\sqrt{d})$，$d\in F$不是完全平方)．

9. 设α是域F上的奇次代数元素，则$F(\alpha)=F(\alpha^2)$．

10. 说明下两例皆是“代数扩张而非有限扩张”：

(1) $K=\mathbf{Q}(\sqrt[2]{2},\sqrt[3]{2},\sqrt[4]{2},\sqrt[5]{2},\cdots)$，即$\mathbf{Q}$中元素与$\sqrt[2]{2},\sqrt[3]{2},\sqrt[4]{2},\sqrt[5]{2},\cdots$经加减乘除得到结果全体．其中$\sqrt[n]{2}$表示$x^n=2$的实数根．

(2) $\mathbf{Q}$上代数数全体$\mathbf{A}$．

6.2 域的复合

设 E_1,E_2 都含于域 L 中,则交集合 $E_1 \cap E_2$ 是域,但并集合 $E_1 \cup E_2$ 不一定是域.因此定义:子域 E_1,E_2 的**复合**(composite,compositum)为

$$E_1E_2 = \text{“}L \text{ 中含 } E_1 \cup E_2 \text{ 的最小子域”},$$

也就是"$E_1 \cup E_2$ 中元素(经有限次加减乘除)生成的域".(注意,如果 E_1,E_2 不能同属于某一个大域 L,则不能如上定义它们的复合,因为它们元素之间的运算无定义.)

例如,子域 $E_1=F(\alpha)$ 与 $E_2=F(\beta)$ 的复合为

$$F(\alpha)F(\beta)=F(\alpha,\beta)=(F(\alpha))(\beta)=(F(\beta))(\alpha),$$

也就是说,复合域 $F(\alpha)F(\beta)$ 是(以 F 的元素为系数的)α 和 β 的有理式的集合,也是以 $F(\alpha)$ 的元素为系数的 β 的有理式集.其元素形如

$$\frac{\alpha+\alpha^2}{\alpha}\cdot\frac{\beta^2+1}{\beta}+\frac{1}{\alpha}\cdot\beta=\frac{\alpha\beta^2+\alpha^2\beta^2+\alpha+\alpha^2+\beta^2}{\alpha\beta},$$

总能化为 α 和 β 的多项式之商,即形如 $\left(\sum c_{ij}\alpha^i\beta^j\right)\Big/\left(\sum k_{st}\alpha^s\beta^t\right)$.

设 α 和 β 都是 F 上的非零代数元素,则 β 自然是 $F(\alpha)$ 上代数元素(β 在 F 上的零化多项式自然也是 β 在 $F(\alpha)$ 上的零化多项式),故 $(F(\alpha))(\beta)=F(\alpha,\beta)$ 是 $F(\alpha)$ 的有限扩张(添加代数元的单扩张).所以 $F(\alpha,\beta)/F$ 是有限代数扩张.特别知 $F(\alpha,\beta)$ 中的元素 $\alpha\pm\beta,\alpha\beta,\alpha/\beta$ 都是 F 上的代数元.即知:有限个代数元的和、差、积、商仍为代数元.

归纳之可知,$F(\alpha_1),F(\alpha_2),\cdots,F(\alpha_n)$ 的复合为

$$F(\alpha_1)F(\alpha_2)\cdots F(\alpha_n)=F(\alpha_1,\alpha_2,\cdots,\alpha_n),$$

称为向 F 添加(adjoining)$\alpha_1,\alpha_2,\cdots,\alpha_n$ 得到的(生成的)域,其元素就是全部

$$\frac{f(\alpha_1,\alpha_2,\cdots,\alpha_n)}{g(\alpha_1,\alpha_2,\cdots,\alpha_n)},$$

其中 f,g 是 n 元多项式(单项式之和),系数属于 F,分母 $g(\alpha_1,\alpha_2,\cdots,\alpha_n)\neq 0$.如果 $\alpha_1,\alpha_2,\cdots,\alpha_n$ 都是 F 上的代数元素,则 $F(\alpha_1,\alpha_2,\cdots,\alpha_n)$ 是 F 的有限的代数扩张.

定理 1(代数扩张杰出) (1)(链接性)设有扩域塔 $F\subset E\subset L$.若 E/F 和 L/E 均为代数扩张,则 L/F 为代数扩张.反之亦然.

(2)(平移性)设 F 的扩域 E 和 K 都含于某域 Ω,若 E/F 是代数扩张,则 EK/K 是代数扩张.

(3)(复合性)若 E/F 和 K/F 都是代数扩张,E 和 K 都含于某域 Ω,则 EK/F 是代数扩张.(参见图 6.2)

证明 (1) 如图 6.2(a)所示,设 E/F 和 L/E 皆为代数扩张,则任意 $\alpha\in L$ 是 E 上代

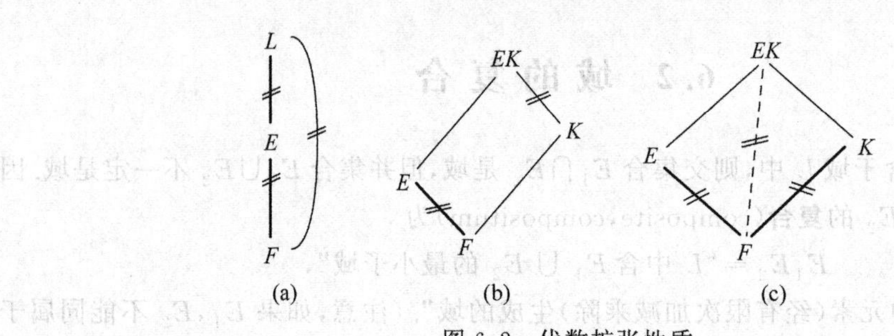

图 6.2　代数扩张性质

数元素，满足某方程 $c_0+c_1\alpha+\cdots+c_n\alpha^n=0, c_i\in E, c_n\neq 0$. 因 c_i 在 F 上是代数的，故 $E_0=F(c_0,c_1,\cdots,c_n)$ 是 F 的有限扩张（见上述），故 α 在 E_0 上是代数的（上述 α 满足的方程的系数 c_i 属于 E_0）. 于是有扩张塔

$$F\subset E_0\subset E_0(\alpha),$$

塔的每一层都是有限扩张，故 $E_0(\alpha)/F$ 是有限扩张，从而 α 在 F 上是代数的.

反之，若 L/F 是代数扩张，则显然 E/F 和 L/E 皆为代数扩张.

(2) 如图 6.2(b)所示，任意 $\alpha\in E$ 在 F 上是代数的，自然在 $K(\supset F)$ 上是代数的（在 F 上的零化多项式也是在 K 上的零化多项式）. 任意 $\beta\in K$ 在 K 上自然也是代数的. 故 E,K 的元素的和差积商也是在 K 上代数的，即 EK/K 是代数的.

(3) 此性质可由(1)和(2)推知：由(2)知 EK/K 是代数扩张，再由(1)的链接性，知 EK/F 为代数扩张，参见图 6.2(c). ■

注记 1　定理 1 是说，“代数扩张”满足：链接性、平移性、复合性. 一般地，若有某类扩张满足此三个性质（即此类扩张的链接、平移、复合仍为此类扩张），则称此类扩张是“杰出的”(distinguished). 凭借这三条性质，我们可以将多个代数扩张（假设都含于某域内）复合为大的代数扩域. “杰出扩张”的例子还有“有限扩张”；以后还会遇到许多，例如“可分扩张”“完全分裂扩张”“非分歧扩张”等.

例 1　$E_1=\mathbb{Q}(\sqrt{2}), E_2=\mathbb{Q}(\sqrt{3})$，都含于 $\mathbb{C}$，则其复合为

$$E_1E_2=\mathbb{Q}(\sqrt{2})\mathbb{Q}(\sqrt{3})=\mathbb{Q}(\sqrt{2},\sqrt{3})=\{a+b\sqrt{2}+c\sqrt{3}+d\sqrt{6}\mid a,b,c,d\in\mathbb{Q}\},$$

是 $\mathbb{Q}$ 的 4 次扩张. 特别可知，$\theta=\sqrt{2}+\sqrt{3}$ 是代数数. 另外证法：$\theta^2=5+2\sqrt{6}$，故 $(\theta^2-5)^2=24$，从而知 $(x^2-5)^2-24$ 是 θ 的极小多项式.

例 2　$p(X)=x^3-2$ 在 $\mathbb{Q}$ 上不可约，其三个复根为

$$\alpha=\sqrt[3]{2},\quad \beta=\zeta\sqrt[3]{2},\quad \bar{\beta}=\zeta^2\sqrt[3]{2},$$

其中 $\zeta=\mathrm{e}^{2\pi\mathrm{i}/3}=(-1+\sqrt{-3})/2, \bar{\zeta}=\zeta^2=(-1-\sqrt{-3})/2$. 记

$$E_1=\mathbb{Q}(\alpha),\quad E_2=\mathbb{Q}(\beta),\quad E_3=\mathbb{Q}(\bar{\beta}),$$

则 E_1,E_2,E_3 在$\mathbb{Q}$上的扩张次数均为 $\deg p(x)=3$. 显然 $E_1\cap E_2=\mathbb{Q}$(因 $E_1\cap E_2$ 含于 E_1,次数是 3 的因子. 若次数为 3,则 $E_1\cap E_2=E_1=E_2$,但 E_2 中有虚数,E_1 是实域,矛盾). 故$(E_1\cap E_2)$是$\mathbb{Q}$的 1 次扩张,即$\mathbb{Q}$. 而复合

$$E_1E_2=\mathbb{Q}(\alpha,\beta)=\mathbb{Q}(\alpha,\sqrt{-3})=\mathbb{Q}(\beta,\sqrt{-3}).$$

其中$\mathbb{Q}(\alpha,\beta)=\mathbb{Q}(\beta,\sqrt{-3})$是因为:左边含 $\beta/\alpha=\zeta=-1/2+\sqrt{-3}/2$,故含$\sqrt{-3}$,故含右边. 而右边含$\sqrt{-3}$,故含 ζ,故含 $\beta/\zeta=\alpha$,含左边. 同理知$\mathbb{Q}(\alpha,\beta)=\mathbb{Q}(\alpha,\sqrt{-3})$. 因此 E_1E_2 是向 $E_2=\mathbb{Q}(\beta)$添加$\sqrt{-3}$得到,故$[E_1E_2:E_2]=2=[E_1E_2:E_1]$. 见图 6.3.

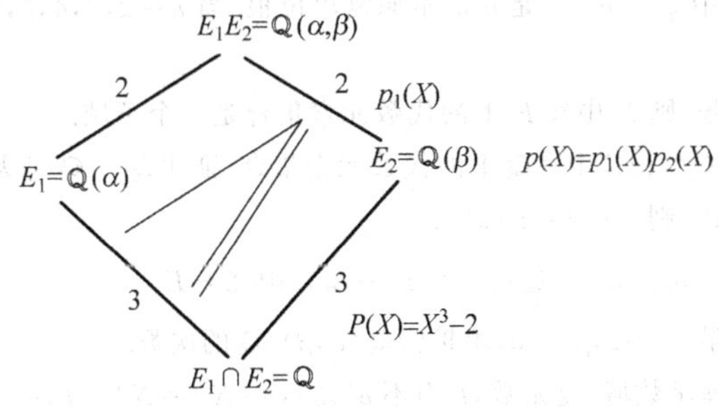

图 6.3 平移次数变小

我们从**另一角度**看上例,以便推广. $p(x)=x^3-2$ 是 α,β 或 $\bar{\beta}$ 的在$\mathbb{Q}$上的最小不可约多项式,故 $E_1=\mathbb{Q}(\alpha),E_2=\mathbb{Q}(\beta),E_3=\mathbb{Q}(\bar{\beta})$都是$\mathbb{Q}$的 3 次扩张. 而

$$[E_1E_2:E_2]=[E_2\mathbb{Q}(\alpha):E_2]=[E_2(\alpha):E_2]=\deg p_1(x),$$

其中 $p_1(x)$是 α 在 E_2 上的不可约多项式,故 $p_1(X)\mid p(x)$. 我们在 $E_2=\mathbb{Q}(\beta)$上分解 $p(x)$可得因子 $p_1(x)$. 由 $y^3-1=(y-1)(y^2+y+1)$,令 $y=x/\beta$ 代入得分解式

$$x^3-2=x^3-\beta^3=(x-\beta)(x^2+\beta x+\beta^2)=p_2(x)p_1(x).$$

故 α 在 $E_2=\mathbb{Q}(\beta)$上的不可约多项式是 $p_1(x)=x^2+\beta x+\beta^2$,故$[E_1E_2:E_2]=2$. 同理 $[E_1E_2:E_1]=2$. ■

定理 2 设 E/F 和 E_2/F 是域 F 的两个扩张(都含于某域 L 中),前者有限,则

$$[EE_2:E_2]\leqslant[E:F]$$

(EE_2/E_2 称为 E/F 的平移. 上述说明,平移后次数可能变小)

证明 (1) 先设 $E=F(\alpha)$为单扩张,则$[E:F]=\deg p(x)=n$,其中 $p(x)$为 α 在 F 上的不可约多项式,则 α 在 E_2 上的不可约多项式 $p_1(x)$为 n'次,$n'\leqslant n$(因由 $p(\alpha)=0$,知 $p_1(x)\mid p(x)$). 而 $EE_2=F(\alpha)E_2=E_2(\alpha)$,故$[EE_2:E_2]=[E_2(\alpha):E_2]=n'\leqslant n$.

(2) 再设 $E=F(\alpha_1,\alpha_2,\cdots,\alpha_r)$,记 $\hat{F}=F(\alpha_1,\cdots,\alpha_{r-1})$. $E=\hat{F}(\alpha_r)$和 $\hat{F}E_2$ 是 $\hat{F}$ 的两个扩张,故由归纳法得

$$[EE_2:E_2]=[\hat{F}(\alpha_r)E_2:\hat{F}E_2]\cdot[\hat{F}E_2:E_2]$$
$$\leqslant[\hat{F}(\alpha_r):\hat{F}]\cdot[\hat{F}:F]=[\hat{F}(\alpha_r):F]=[E:F].\quad\blacksquare$$

习 题 6.2

1. 设 E_1/F 和 E_2/F 是域 F 的两个有限扩张(都含于某域 L 中),次数互素.则

$$[E_1E_2:F]=[E_1:F]\cdot[E_2:F],\quad [E_1E_2:E_2]=[E_1:F].$$

2. 试将$\mathbb{Q}$的扩张$\mathbb{Q}(\sqrt{2},\sqrt{-3})$和$\mathbb{Q}(\sqrt{2},\sqrt{3},\sqrt{5})$分别表示为单扩张.

3. 设 $K=\mathbb{Q}(\zeta_n)$,其中 $\zeta_n=\mathrm{e}^{2\pi\mathrm{i}/n}$ 是 n 次本原复单位根.当 $n=2,3,4,5,6$ 时,分别求 $K/\mathbb{Q}$ 的扩张次数.

4. 设 L/F 是任意扩张,则 L 中在 F 上的代数元素集合是一个子域.

5. 考虑扩张$\mathbb{C}/\mathbb{Q}$,以$\mathbb{Q}^{ac}$记$\mathbb{C}$中在$\mathbb{Q}$上的代数元素集合.证明$\mathbb{Q}^{ac}/\mathbb{Q}$是无限扩张.

6. 设$[F(\alpha):F]$为奇数,则 $F(\alpha)=F(\alpha^2)$.

7. 设 $E=\mathbb{Q}(\alpha_1,\alpha_2,\cdots,\alpha_n)$,$\alpha_i^2\in\mathbb{Q}\ (i=1,2,\cdots,n)$.则$\sqrt[3]{2}\notin E$.

8. 设 α,β 为复数,满足 $\alpha^3=2,\beta^4=3$,求扩张$\mathbb{Q}(\alpha,\beta)/\mathbb{Q}$的次数.

9. 设 $K=\mathbb{C}(t)$是有理函数域(复系数,t 为不定元),$f(X)=X^n-t$,$n>1$ 为正整数,α 是 f 的根(在 K 的扩域中).求$[K(\alpha):K]$并证明.

10. 设 $E=F(t)$是有理式形式域(t 是 F 上不定元).

(1) 设$\alpha=(t^2+1)/t^3$,$K=F(\alpha)$.判断如下是代数扩张还是超越扩张(代数扩张时给出次数):①K/F;②E/K.

(2) 若上述设$\alpha=g(t)/f(t)$(不属于 F),$f(t)$,$g(t)$是 F 上互素多项式,结论又当如何?为什么?(附记.上述反命题为吕罗特(Luroth)定理:$F(t)/F$ 的任一中间域可写为$F(\alpha)$,$\alpha=f(t)/g(t)$为 t 的有理函数)

6.3 嵌 入

域的嵌入,即域的同态映射,是单同态将域映射到另一个大域 L 中(例如常取 $L=\mathbb{C}$).奥妙点在于考察映射和像的各种可能性,是域论的精髓.伽罗瓦解决5次方程的根式解问题,诀窍就在此,域的嵌入(同构)映射表现为方程根的相互置换.灵感来自复共轭:$a+b\sqrt{-1}$映射到 $a-b\sqrt{-1}$,这是复根的对换.

定义1 域 F 到域L 中的一个**嵌入**(embedding)就是(环的)一个**单同态**

$$\sigma:F\rightarrow L.$$

此时域 F 与其像σF 同构,称为共轭(conjugate);也称 $a\in F$ 与 $\sigma a\in\sigma F$ 共轭.

因为域 F 没有真理想,故域(作为环)的同态 σ 必是单同态,即嵌入(因 $\sigma(1)=1$,故 σ 不是零同态).故 F 与其像 σF 是(域)同构的.“嵌入”这个词形象地说明:σF 就如同是 F

搬到了 L 中.

例 1　设 $F=\mathbb{Q}(\sqrt{2})=\{a+b\sqrt{2}\mid a,b\in\mathbb{Q}\}$,则 F 到$\mathbb{C}$中有如下两个嵌入: $\sigma_1=1$(恒等映射); 和

$$\sigma_2:\mathbb{Q}(\sqrt{2})\to\mathbb{C},\quad a+b\sqrt{2}\mapsto a-b\sqrt{2},$$

故 σ_2 就是对换 X^2-2 的两个实数根$\sqrt{2}$与$-\sqrt{2}$(而保持$\mathbb{Q}$的元素不变).

例 2　记 $\alpha=\sqrt[3]{2}$,$F=\mathbb{Q}(\alpha)$. $p(X)=X^3-2$ 有三个复根:

$$\alpha=\sqrt[3]{2},\quad \beta=\alpha\zeta,\quad \bar{\beta}=\alpha\bar{\zeta}=\alpha\zeta^2,$$

其中 $\zeta=\mathrm{e}^{2\pi\mathrm{i}/3}=-1/2+\sqrt{-3}/2$,$\bar{\zeta}=-1/2-\sqrt{-3}/2=\zeta^2$.

域 F 的元素形如 $h(\alpha)=b_0+b_1\alpha+b_2\alpha^2\ (b_i\in\mathbb{Q})$. 任一嵌入 σ 的作用为 $\sigma(h(\alpha))=b_0+b_1\sigma(\alpha)+b_2\sigma(\alpha)^2$. 故将 α 分别映射为根 $\alpha,\beta,\bar{\beta}$ 可得 F 到$\mathbb{C}$的三个嵌入:

$$\sigma_1:\mathbb{Q}(\sqrt[3]{2})\to\mathbb{C},\quad \sqrt[3]{2}\mapsto\sqrt[3]{2}\text{(恒等映射)}$$

$$\sigma_2:\mathbb{Q}(\sqrt[3]{2})\to\mathbb{C},\quad \sqrt[3]{2}\mapsto\sqrt[3]{2}\zeta,$$

$$\sigma_3:\mathbb{Q}(\sqrt[3]{2})\to\mathbb{C},\quad \sqrt[3]{2}\mapsto\sqrt[3]{2}\zeta^2.$$

三个嵌入都表现为 X^3-2 的三个复根的置换,故三根 $\alpha,\beta,\bar{\beta}$ 是共轭的.

例 2 有一点与例 1 不同: 例 1 中域 F 的嵌入像仍是 F,没有映射到 F 外面去. 而例 2 中嵌入 σ_2,σ_3 的像不是原来的域,即 σ_2F,σ_3F 不在 F 中,因为 $F=\mathbb{Q}(\alpha)\subset\mathbb{R}$,而 $\sigma_2\alpha=\alpha\zeta$ 和 $\sigma_3\alpha=\alpha\zeta^2$ 都是虚数.

注记 1　以上两例中,我们都预先设定 F 含于$\mathbb{C}$中(复数域$\mathbb{C}$是唯一的),所以必有 F 到$\mathbb{C}$的一个嵌入是恒等映射. 实际上,所谓设定"F 含于$\mathbb{C}$",就是指定 F 到$\mathbb{C}$的一个嵌入,将其视为等同.

设有 F 的嵌入 $\sigma:F\to L$,对 F 上的任一多项式

$$f(x)=c_nx^n+\cdots+c_1x+c_0\in F[x],$$

令多项式 σf(也记为 f^σ)为

$$(\sigma f)(x)=(\sigma c_n)x^n+\cdots+(\sigma c_1)x+(\sigma c_0)\in(\sigma F)[x]$$

($(\sigma f)(x)$也记为 $\sigma f(x)$). 显然

$$\sigma(f+g)=\sigma f+\sigma g,\quad \sigma(f\cdot g)=(\sigma f)\cdot(\sigma g).$$

若 $p(x)$ 是 F 上的不可约多项式,显然 $\sigma p(x)$ 是 σF 上的不可约多项式. 因为由 $\sigma p(x)=g_1(x)\cdot g_2(x)$,可得 $p(x)=(\sigma^{-1}g_1(x))\cdot\sigma^{-1}(g_2(x))$.

如果 α 是 F 上的代数元,$F(\alpha)$到 L 有嵌入 τ,则显然

$$\tau(f(\alpha))=\tau(c_n)(\tau\alpha)^n+\cdots+\tau(c_1)(\tau\alpha)+\tau(c_0)=(\tau f)(\tau\alpha).$$

由此式可知,若 α 是 $f(x)$的根,则 $\tau\alpha$ 是 τf 的根. 又因为 $F(\alpha)$的元素均形如 $f(\alpha)$,故可

知，$F(\alpha)$的嵌入τ由其在α和F上的作用唯一决定.

定义2 (1) 设域F扩张为E，E有嵌入$\tau:E\to L$. 如果τ保持F的元素不变(即对任意$b\in F$均有$\tau b=b$)，则称τ为E的F-**嵌入**(或E/F的嵌入，或在F上的嵌入)，称$\alpha\in E$与$\tau\alpha$为F-**共轭**，称E与τE为F-**共轭**，或F-同构.

(2) 设域F扩张为E，各有嵌入$\sigma:F\to L$和$\tau:E\to L$. 如果τ和σ在F上是一致的(即对任意$b\in F$均有$\tau b=\sigma b$)，则称τ是σ到E的**延拓**(extension)，称σ是τ在F上的**限制**(restriction)，记为$\sigma=\tau|_F$.

特别地，当(2)中$\sigma=1$(F的恒等映射)时，则(2)化为上述(1).

上述两例中，嵌入都是$\mathbb{Q}$-嵌入. 事实上，任意嵌入σ保持1不变，即$\sigma(1)=1$，故保持$\mathbb{Q}$的元素不变.

定理1(单扩张嵌入的延拓)　设域F到L有嵌入$\sigma:F\to L$，F有单扩张$E=F(\alpha)$，α的不可约多项式为$p(x)\in F[x]$.

(1) 若$\tau:F(\alpha)\to L$是σ的延拓，则$\tau\alpha=\beta\in L$是$\sigma p(x)$的根.

(2) 若$\sigma p(x)$有一根$\beta\in L$，令$\tau\alpha=\beta$，则得τ是σ到$F(\alpha)$的延拓(即$\tau(h(\alpha))=h(\beta)$，对任意$h\in F[x]$).(参见图6.4(b))

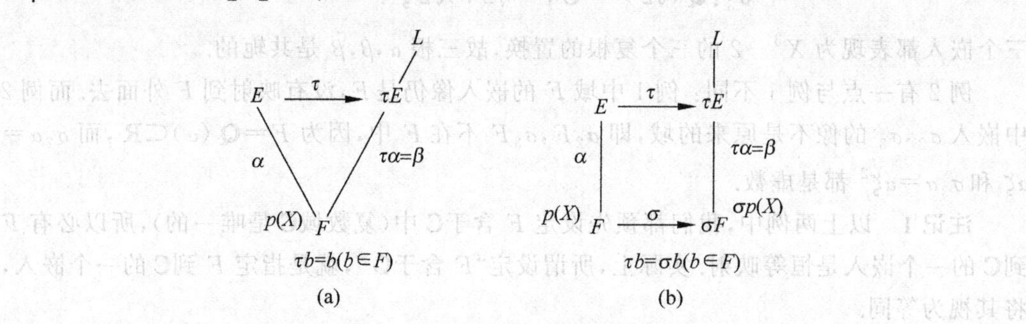

图6.4　嵌入与延拓

(a) τ为F-嵌入；(b) τ是σ的延拓

由此定理可知，σ到$F(\alpha)$的延拓τ与$\sigma p(x)$的根$\beta\in L$是一一对应的，特别可知，σ到$F(\alpha)$的不同延拓个数等于$\sigma p(x)$在L中的互异根个数.

定理1中当$\sigma=1$时，$F\subset L$，嵌入$\tau:F(\alpha)\to L$皆是F-嵌入，$\sigma p(x)=p(x)$，故$F(\alpha)$的F-嵌入τ与$p(x)$的根$\beta\in L$相对应，$\tau\alpha=\beta$.

系1　设域$F\subset L$，$E=F(\alpha)$，α的不可约多项式为$p(x)\in F[x]$，则$F(\alpha)$到L的F-嵌入τ与$p(x)$的根$\beta\in L$是一一对应的，故F-嵌入τ的个数等于$p(x)$的互异根$\beta\in L$的个数. $p(x)$在L中的诸根是F-共轭的，对$p(x)$的任意根$\alpha,\beta\in L$，必有F-嵌入τ使$\tau\alpha=\beta$(参见图6.4(a))

定理1证明　(1) 设$\tau:F(\alpha)\to L$为σ的延拓，记$p(x)=c_nx^n+\cdots+c_1x+c_0$，由

$$p(\alpha)=c_n\alpha^n+\cdots+c_1\alpha+c_0=0$$

两边用τ作用,得

$$(\tau c_n)(\tau\alpha)^n+\cdots+(\tau c_1)(\tau\alpha)+(\tau c_0)=0,$$

$$(\sigma c_n)\beta^n+\cdots+(\sigma c_1)\beta+(\sigma c_0)=0.$$

说明$\tau\alpha=\beta$是$\sigma p(x)$的根.

(2) 若$\sigma p(x)$有一根$\beta\in L$. 注意$F(\alpha)$中元素形如

$$h(\alpha)=b_0+b_1\alpha+\cdots+b_{n-1}\alpha^{n-1},$$

其中$h(x)\in F[x]$. 令

$$\tau(h(\alpha))=\sigma b_0+(\sigma b_1)\beta+\cdots+(\sigma b_{n-1})\beta^{n-1}=(\sigma h)(\beta),$$

则易验证τ的定义不依赖于$h(\alpha)$的不同表示法: 假设$h(\alpha)=h'(\alpha)$,则$h(\alpha)-h'(\alpha)=0$,知$p(x)\mid(h(x)-h'(x))$(因$p(x)$是α的不可约多项式),故$h(x)-h'(x)=p(x)\cdot q(x)$,$(\sigma h)(x)-(\sigma h')(x)=(\sigma p)(x)\cdot(\sigma q)(x)$,$(\sigma h)(\beta)-(\sigma h')(\beta)=(\sigma p)(\beta)\cdot(\sigma q)(\beta)=0$. 得$(\sigma h)(\beta)=(\sigma h')(\beta)$. 显然$\tau$保加法和乘法,是嵌入,是$\sigma$的延拓. ■

由定理1知,$\sigma:F\to L$到$F(\alpha)$的延拓τ对应于$\sigma p(x)$在L中的根; 延拓个数等于$\sigma p(x)$在L中的互异根个数. 一般情形下$\sigma p(x)$在L中不一定有根. 设Ω是一个域,若任一(次数$\geqslant 1$的)多项式$f(x)\in\Omega[x]$在Ω中有根,则称Ω为**代数封闭的**(下节证明其存在性). 故若$L=\Omega$为代数封闭域,则$\sigma p(x)$在Ω中定有根,到$F(\alpha)$的延拓τ必存在.

定理2　*设E/F为有限扩张,Ω为代数封闭域,则F到Ω的任意嵌入σ必可延拓为E到Ω的嵌入τ.*

证明　可设$E=F(\alpha_1,\alpha_2,\cdots,\alpha_m)$. 对$m$归纳,假设对生成元个数小于$m$的情形定理成立. 记$E_1=F(\alpha_1)$,由定理1知$\sigma$可延拓到单扩张的嵌入$\sigma_1:E_1\to\Omega$. 因$E=E_1(\alpha_2,\cdots,\alpha_m)$,故由归纳假设知$\sigma_1$可延拓为嵌入$\tau:E\to\Omega$. ■

例3　设$F=\mathbb{Q}(\sqrt{2})$,$E=F(\sqrt{3})=\mathbb{Q}(\sqrt{2},\sqrt{3})$. E的元素形如

$$\alpha=a+b\sqrt{2}+c\sqrt{3}+d\sqrt{6},\quad a,b,c,d\in\mathbb{Q}.$$

F到$\mathbb{C}$有两个嵌入: $\sigma_1=1$为恒等映射,σ_2映$a+b\sqrt{2}$为$a-b\sqrt{2}$.

$\sigma_1=1$到E上有$[E:F]=2$个延拓,记为$\tau_1=1$和τ_2. 而σ_2到E上也有2个延拓,记为τ_3,τ_4,这里$\tau_1,\tau_2\tau_3,\tau_4$定义如下:

$$\tau_1(\alpha)=a+b\sqrt{2}+c\sqrt{3}+d\sqrt{6},\quad \tau_2(\alpha)=a+b\sqrt{2}-c\sqrt{3}-d\sqrt{6},$$

$$\tau_3(\alpha)=a-b\sqrt{2}+c\sqrt{3}-d\sqrt{6},\quad \tau_4(\alpha)=a-b\sqrt{2}-c\sqrt{3}+d\sqrt{6}.$$

事实上,E的嵌入由其在$\{\sqrt{2},\sqrt{3}\}$上的作用决定,故$\tau_1,\tau_2\tau_3,\tau_4$可定义为: 将$\{\sqrt{2},\sqrt{3}\}$分别映射为$\{\sqrt{2},\sqrt{3}\}$,$\{\sqrt{2},-\sqrt{3}\}$,$\{-\sqrt{2},\sqrt{3}\}$,$\{-\sqrt{2},-\sqrt{3}\}$.

显然τ_2是$\mathbb{Q}(\sqrt{2})$-嵌入,τ_3是$\mathbb{Q}(\sqrt{3})$-嵌入,τ_4是$\mathbb{Q}(\sqrt{6})$-嵌入. 这里$\mathbb{Q}(\sqrt{2})$,

$\mathbb{Q}(\sqrt{3})$，$\mathbb{Q}(\sqrt{6})$是 E 的三个二次子域.

习 题 6.3

1. 记 $E=\mathbb{Q}(\sqrt{2}+\mathrm{i}\sqrt{2})$. 证明 $E=\mathbb{Q}(\sqrt{2},\mathrm{i}\sqrt{2})=\mathbb{Q}(\sqrt{2},\mathrm{i})$，并求其到$\mathbb{C}$是所有嵌入. 和嵌入的像.

2. 记 $E=\mathbb{Q}(\sqrt{1+\sqrt{2}})$. 求 E 到$\mathbb{C}$的所有嵌入. 哪几个嵌入是实嵌入(像在$\mathbb{R}$中)？

3. 证明 $K=\mathbb{Q}(2^{1/2},2^{13},2^{1/4},\cdots)$是$\mathbb{Q}$的代数扩张，但不是有限扩张.

4. 设 α 是 $x^5+6x^3+8x+10$ 的复根. 试决定 $K=\mathbb{Q}(\alpha,\sqrt{7})$到$\mathbb{C}$的嵌入个数.

5. 设 $K/\mathbb{Q}$是 n 次扩张，有 r 个实嵌入(嵌入像属于$\mathbb{R}$)，s 个虚嵌入(嵌入像属于$\mathbb{C}$而不属于$\mathbb{R}$). 则 $s=2c$ 为偶数且 $r+2c=n$.

6. 设 $K/\mathbb{Q}$是代数扩张，$\sigma:K\to K$ 是同态映射. 证明 σ 是同构. 举例说明 $K/\mathbb{Q}$为代数扩张的条件是必要的.

7. 设 $\sigma:F\to R$ 是域到非零环的同态映射，是满射，则 σ 是同构.

8. 设 $\sigma:F\to L$ 是域的同态映射，则 σ 诱导出 F,L 的素子域(即最小子域)之间的同构. 特别可知，F,L 的特征相同.

9. 设域 K 特征为 0，则环同态$\mathbb{Q}\to K$ 是唯一的.

6.4 代数封闭域

在 6.1 节定理 2 中，对于不可约多项式 $f\in F[x]$，我们通过模 f 构作了扩域 $F[x]/(f)=F(\alpha)$，含 f 的根 α. 例如$\mathbb{Q}[x]/(x^2+1)$. 如此继续，可以模多个多项式得到含多个多项式根的扩域，例如$\mathbb{Q}[x,x]/(x^2+1,y^3-2)$. 甚至可以想像，能得到含所有多项式的根的扩域 Ω. 故有如下定义.

定义 1 (1) 域 Ω 称为**"代数封闭的"**(algebraically closed)是指：任一(次数$\geqslant 1$ 的)多项式 $f(x)\in\Omega[x]$在 Ω 中必有根.

(2) 若 F^{ac} 是 F 的代数扩张且是代数封闭的，则称 F^{ac} 为 F 的**"代数闭包"**(algebraic closure).(故 F^{ac} 由 F 上所有代数元组成)

例如，复数域$\mathbb{C}$是代数封闭域，而实数域$\mathbb{R}$不代数封闭. $\mathbb{R}$ 的代数闭包$\mathbb{R}^{ac}=\mathbb{C}$. 有理数域$\mathbb{Q}$ 的代数闭包$\mathbb{Q}^{ac}$是代数数集(即满足$\mathbb{Q}[x]$中多项式的复数集).

下面先证代数封闭域和代数闭包的存在性，再证后者的唯一性. 初学者可略去.

定理 1 *对任一域 F，存在代数封闭域 Ω 包含 F，从而代数闭包 F^{ac} 存在.*

证明 记 $F[x]_1$ 为次数$\geqslant 1$ 的 $f\in F[x]$全体. 先构作出扩域 E/F，使其含所有多项式 $f\in F[x]_1$ 的根. 方法是重叠用 6.1 节定理 2 于所有多项式——这就要模无限多的多项式，我们将它们的不定元加以标记区别(阿廷(Artin)方法). 让每个 $f\in F[x]_1$ 对应于符号(不定元)x_f. 记 x_f 全体为 S. 考虑多元多项式环 $F[S]$，由其中所有多项式 $f(x_f)$

生成的理想记为A,断言$A\neq(1)$.否则导致有A中元素的有限组合等于1,即

$$g_1f_1(x_{f_1})+\cdots+g_nf_n(x_{f_n})=1\quad(g_i\in F[S]).$$

简记$x_i=x_{f_i}$.式中这些多项式g_i只涉及有限个不定元(自变量),记为$x_1,x_2,\cdots,x_N(N\geqslant n)$.设$F'/F$为有限扩张,包含各$f_1,f_2,\cdots,f_n$的根$\alpha_1,\alpha_2,\cdots,\alpha_n\in F'$.当$i>n$时记$\alpha_i=0$.以$x_i=\alpha_i$代入上式得$0=1$,矛盾.故有极大理想$M$含$A$.则$E_1=F[S]/M$是域,有正则映射$\sigma:F[S]\to E_1$.每个$f\in F[X]_1$的像$f^\sigma$在$E_1$中有根(因$f\in A$).$E_1$是$\sigma F$的扩张,可视为$F$的扩张(将$\sigma F$与$F$等同,$f^\sigma$与$f$等同.如6.1节定理2).于是得到$F$的扩张$E_1$含所有$f\in F[X]_1$的根.类似可得到$E_2\supset E_1$,等等.从而得到一系列域

$$F=E_0\subset E_1\subset E_2\subset E_3\subset\cdots\cdots$$

使$E_n[X]$中次数$\geqslant1$的多项式在E_{n+1}中有根.设Ω是E_n的并$(n=0,1,2,\cdots)$,则Ω是域.每个$f\in\Omega[X]$的系数属于某E_n,在E_{n+1}中有根.故Ω代数封闭.

记F^a为Ω/F的所有代数子扩张的并,则F^a/F是代数扩张.F^a也是代数封闭的:任意$f\in F^a[X]$(次数$\geqslant1$)有根$\alpha\in\Omega$,从而$\alpha\in F^a$(因α在F^a上代数,F^a在F上代数,故α在F上是代数的).故$F^a=F^{ac}$. ■

定理2 (1) 设有域嵌入$\sigma:F\to\Omega$.若K/F为代数扩张,Ω为代数封闭域,则σ必可延拓为嵌入$\tau:K\to\Omega$.(参见图6.5)

(2) 设有域嵌入$\sigma:F\to\Omega$.若K/F和$\Omega/\sigma F$皆为代数扩张且代数封闭,则σ可延拓为同构$\tau:K\cong\Omega$.

(3) 域F的代数闭包F^{ac}是唯一的(同构意义下,即任两代数闭包是F-同构的).

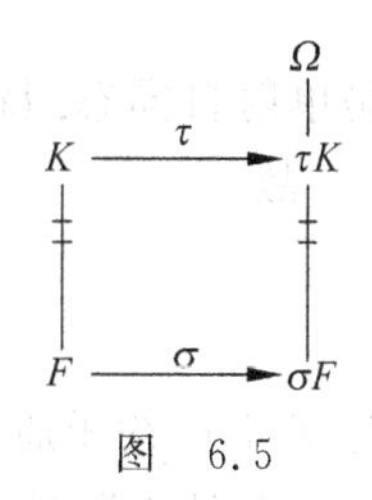

图 6.5

证明 因$[K:F]$可能无限,需用佐恩引理:若非空偏序集S中的每个链T(全序子集)在S中皆有上界,则S有极大元.佐恩引理、选择公理、良序公理,三者等价.

(1) 设S为$(E:\tau)$全体,其中$F\subset E\subset K$,$\tau:E\to\Omega$是$\sigma:F\to\Omega$的延拓.规定$(E:\tau)\leqslant(E':\tau')$是指$E\subset E'$且$\tau=\tau'|_E$.若$T=\{(E_i:\tau_i)\}$是$S$的一个全序子集,记$E_T=\cup E_i\subset K$,以在$E_i$上为$\tau_i$定义$E_T$的嵌入$\tau_T$,则$(E_T:\tau_T)\in S$为$T$的上界.故由佐恩引理知$S$有极大元$(E_M:\tau_M)$.显然$E_M=K$,否则有$\alpha\in K-E_M$,但$\sigma$可延拓到$E_M(\alpha)$上,与$(E_M:\tau_M)$极大矛盾.

(2) 由(1)有嵌入$\tau:K\to\tau K\subset\Omega$.现$\tau K$代数封闭,$\Omega/\tau K$是代数的,故$\tau K=\Omega$.

(3) 若F有代数闭包K,K',则恒等映射$\sigma=1:F\to F$延拓为同构$K\to K'$. ■

若Ω是代数封闭域,则n次多项式$f(x)\in\Omega[x]$在Ω中必有n个根(重根计入).这是因为,f在Ω必有根α,故$f(x)=(x-\alpha)f_1(x)$,$\deg f_1=n-1$,由归纳法可假设f_1有$n-1$个根在Ω中,则得f的n个根.

但是，不可约多项式 $f(x)$ 在 Ω 中的 n 个根是不是互异的呢？这分两种情形：

情形① $f(x)$ 在 Ω 中有 n 个互异根. 例如 F 特征为 0，或为有限域时，总是如此.

情形② $f(x)$ 有重根，在 Ω 中互异根个数少于 n.

情形①、②分别称为 $f(x)$ 可分(separable)、不可分(unseparable). 本书只讨论可分情形，特别是域的特征为 0，或为有限域(有限个元素的域)的情形.

可分多项式的根称为可分的. 扩张 K/F 可分是指每个 $\alpha\in K$ 在 F 上可分.

定理 3　域 F 的特征为 0，或者 F 为有限域时，不可约多项式 $f(x)\in F[x]$ 总是可分的(从而有 $\deg f$ 个互异根在 F^{ac} 中). 因此，F 的任意有限扩张都是可分的.

证明　不可约多项式 $f(x)$ 有重根(在 F^{ac} 中)当且仅当 $f'(x)=0$(见 5.1 节定理 5). 当 F 的特征为 0 时，$f'(x)\neq 0$(次数是 $\deg f-1$)，故 $f(x)$ 无重根，是可分的.

设域 F 的特征为 $p\neq 0$. 假若 $f'=0$，则 $f(x)=\sum\limits_{k=0}^{m}c_kx^{pk}$，即只有 p 的倍数次项(因 $(x^i)'=ix^{i-1}$，$p\nmid i$ 时非零). 对 $a,b\in F$ 有 $(ab)^p=a^pb^p$，$(a+b)^p=a^p+b^p$(因 $p\mid C_p^k$)，故

$$\varphi: F\to F,\quad a\mapsto a^p$$

是单射自同态. 特别当 F 为有限域时，φ 是自同构，故每个 $c\in F$ 是某 $a\in F$ 的像，即 $c=a^p$. 故

$$f(x)=\sum_{k=0}^{m}c_kx^{pk}=\sum_k a_k^p x^{pk}=\Big(\sum_k a_kx^k\Big)^p,$$

与 f 不可约矛盾. 故 $f'\neq 0$，f 无重根，可分.

F 的有限扩张中的元素是其极小多项式 f 的根，f 可分，故其根可分. ■

定理 4(延拓个数定理)　设 E/F 为 n 次可分扩域(例如特征为 0，或皆为有限域)，σ 是 F 到代数封闭域 Ω 的嵌入，则 σ 恰可延拓为 n 个 E 到 Ω 的嵌入.

特别地，n 次可分扩域 E/F 到 Ω 中恰有 n 个 F-嵌入.

证明　先看 $E=F(\alpha)$ 为单扩张时，设 α 的不可约多项式为 $p(x)\in F[x]$，n 次，无重根，则 $\sigma p(x)$ 无重根，在 Ω 中有 n 个互异根，故由定理 1 知本定理成立. 一般情形，设 $E=F(\alpha_1,\alpha_2,\cdots,\alpha_m)$. 对 m 用归纳法，假设定理对 $E_{m-1}=F(\alpha_1,\cdots,\alpha_{m-1})$ 成立，有 $[E_{m-1}:F]=s$ 个到 Ω 的嵌入 $\sigma_1,\sigma_2,\cdots,\sigma_s$ 为 σ 的延拓. 设 $E=E_{m-1}(\alpha_m)$ 是 E_{m-1} 的 d 次单扩张，因已证明定理对单扩张成立，故每个 σ_i 到 E 有 d 个延拓 $\sigma_{i1},\sigma_{i2},\cdots,\sigma_{id}$. 我们得到 σ 到 E 的延拓集合

$$\{\sigma_{ij}\}\quad(i=1,2,\cdots,s;\ j=1,2,\cdots,d),$$

延拓个数为 $sd=[E_{m-1}:F][E:E_{m-1}]=[E:F]$.

当 $\sigma=1$ 时，即得到定理最后断言. ■

定理 5(本原元素定理，primitive element theorem)　(1) 设 E/F 为有限扩张. 当且

仅当 E/F 只有有限个中间域时，存在 $\gamma\in E$ 使得 $E=F(\gamma)$.(2) 当 E/F 可分时，存在 $\gamma\in E$ 使 $E=F(\gamma)$.

证明 当 F 有限时，E^* 为循环群，其生成元可作 γ，将在 7.4 节讨论. 现设 F 无限.

(1) 设 E/F 的中间域个数有限，$\alpha,\beta\in E$，则必存在 $c_1\neq c_2\in F$ 使得 $F(\alpha+c_1\beta)=F(\alpha+c_2\beta)=M$(因 $\alpha+c\beta(c\in F)$ 有无限多个，而中间域 $F(\alpha+c\beta)$ 个数有限). 由 $\alpha+c_1\beta$，$\alpha+c_2\beta\in M$，相减、组合得到 $\alpha,\beta\in M$，故 $F(\alpha,\beta)=M=F(\alpha+c_1\beta)$. 设 $E=F(\alpha_1,\alpha_2,\cdots,\alpha_s)$，归纳可得 $E=F(c_1\alpha_1+c_2\alpha_2+\cdots+c_s\alpha_s)$.

反之，设 $E=F(\gamma)$，γ 在 F 上的(首一)极小多项式为 $f(x)$. 设 M 为 E/F 的中间域，γ 在 M 上的极小多项式为 $g(x)$，则 $g(x)\mid f(x)$. $g(x)$ 的系数($\in M$)在 F 上生成扩域 $M_g(\subset M)$，则 $g(x)$ 也是 γ 在 M_g 上的最小多项式，故 $[E:M_g]=[E:M]=\deg g$，从而 $M=M_g$. 这说明中间域 M 与多项式 $g(x)\mid f(x)$ 一一对应(互相决定). 这样的 $g(x)$ 只有有限个，故中间域的个数有限.

(2) 设 E/F 为 n 次可分扩张，可设 $E=F(\alpha,\beta)$，一般情形归纳可得. 我们要证明：存在 $c\in F$ 使

$$\gamma_c=\alpha+c\beta$$

为本原元，即 $E=F(\gamma_c)$. 因 $E\supset F(\gamma_c)$，故只需证 $[F(\gamma_c):F]\geqslant n$.

E 到 F^{ac} 的(互异)F-嵌入恰有 n 个，设为 $\sigma_1,\sigma_2,\cdots,\sigma_n$.

我们断言：存在 $c\in F$ 使 γ_c 的如下共轭元互异：

$$\sigma_i(\gamma_c)=\sigma_i\alpha+c\sigma_i\beta\quad(i=1,2,\cdots,n).$$

断言证明：先将 c 改写为不定元 x，构作多项式形式

$$f(x)=\prod_{1\leqslant i<j\leqslant n}(\sigma_i(\gamma_x)-\sigma_j(\gamma_x))=\prod_{1\leqslant i<j\leqslant n}((\sigma_i\alpha+x\sigma_i\beta)-(\sigma_j\alpha+x\sigma_j\beta)),$$

则 $f(x)$ 是非零多项式形式(因若乘积的某因子为 0，即 $\sigma_i\alpha+x\sigma_i\beta=\sigma_j\alpha+x\sigma_j\beta$，则 $\sigma_i\alpha=\sigma_j\alpha$，$\sigma_i\beta=\sigma_j\beta$. 由于 $E=F(\alpha,\beta)$，故知 $\sigma_i=\sigma_j$. 矛盾). 于是 $f(x)$ 只有有限个根. 而 F 是无限域，故可取 $c\in F$ 不是 $f(x)$ 的根，即知

$$0\neq f(c)=\prod_{i,j}(\sigma_i(\gamma_c)-\sigma_j(\gamma_c)),$$

从而 $\sigma_i(\gamma_c)$ 互异. 断言得证.

由断言知，γ_c 至少有 n 个共轭元 $\sigma_i(\gamma_c)\in F^{ac}$ 互异，故 $F(\gamma_c)$ 到 F^{ac} 的 F-嵌入至少有 n 个：$\gamma_c\mapsto\sigma_i(\gamma_c)(i=1,2,\cdots,n)$，且互异. 嵌入个数不超过扩张次数，故 $[F(\gamma_c):F]\geqslant n$，即 $[F(\gamma_c):F]=n$，$E=F(\gamma_c)$. ■

学习伽罗瓦理论之后，易知 n 次可分扩域 E/F 含于某有限伽罗瓦扩张 K/F 中，其中间域一一对应于有限群的子群，个数显然是有限的.

定理5的证明也提示,只要γ有$n=[E:F]$个互异共轭元,则γ是本原元.

例1　$\mathbb{Q}(\sqrt{2},\sqrt{3})=\mathbb{Q}(\sqrt{2}+\sqrt{3})$.

证法1　由6.3节例3易知$\mathbb{Q}(\sqrt{2},\sqrt{3})$到$\mathbb{C}$的4个嵌入,故由定理5知,只需验证$\pm\sqrt{2}\pm\sqrt{3}$这四个数互异,是为显然.

证法2　记$\alpha=\sqrt{2}+\sqrt{3}$,要证明$\mathbb{Q}(\sqrt{2},\sqrt{3})=\mathbb{Q}(\alpha)$.因$\mathbb{Q}(\alpha)=\mathbb{Q}[\alpha]$,故需要证明$\alpha$的多项式(不超过3次)可表出$\sqrt{2}$,$\sqrt{3}$.由

$$\alpha=\sqrt{2}+\sqrt{3},\quad \alpha^3=11\sqrt{2}+9\sqrt{3},$$

可得$11\alpha-\alpha^3=2\sqrt{3}$,$-9\alpha+\alpha^3=2\sqrt{2}$,即得所欲证.

证法3　我们可求出$\alpha=\sqrt{2}+\sqrt{3}$的4次极小多项式:$\alpha^2=5+2\sqrt{6}$,$(\alpha^2-5)^2=24$,故$(x^2-5)^2-24=x^4-10x^2+1$是α的零化多项式,再证其不可约即可.

另一方法是,用α的可能共轭元$\pm\sqrt{2}\pm\sqrt{3}$,直接算出不可约多项式:

$$f(x)=(x-(\sqrt{2}+\sqrt{3}))(x-(\sqrt{2}-\sqrt{3}))(x-(-\sqrt{2}+\sqrt{3}))(x-(-\sqrt{2}-\sqrt{3})).$$

用平方差公式得$f(X)=((x-\sqrt{2})^2-3)((x+\sqrt{2})^2-3)=(x^2-1)^2-8x^2=x^4-10x^2+1$.

例2　$\mathbb{Q}(\sqrt[3]{2},\sqrt{2})=\mathbb{Q}(\sqrt[3]{2}+\sqrt{2})$.

证明　由定理5知,验证$\sqrt[3]{2}\zeta^i\pm\sqrt{2}$互异即可($i=0,1,2$. $\zeta=\exp(2\pi i/3)$).此为显然.也可用例1证法3,用共轭元$\sqrt[3]{2}\zeta^i\pm\sqrt{2}$直接求出最小多项式.

当F是特征p的无限域时,F上的不可约多项式可能有重根,从而互异根个数可小于次数n.下面定理给出典型实例.

定理6　(1) 设F为任一域,$c\in F$不是F中元素的p次幂,p为素数,则多项式x^p-c在$F[x]$中不可约,且当F特征为p时,x^p-c有p重根(在F^{ac}中).

(2) 设域$F=\mathbb{F}_p(t)$,是$\mathbb{F}_p$上的不定元t的有理式(形式)集,则多项式x^p-t在$F[x]$中不可约,且有p重根(在F^{ac}中).

证明　只需证(1),则(2)为推论.

① 设$\alpha_1,\alpha_2,\cdots,\alpha_p$是$x^p-c$的根(在$F^{ac}$中,可能有重根,由6.1节定理5),则$\alpha_i^p=c(i=1,2,\cdots,p)$.假若$x^p-c$在$F[x]$中可约,可设

$$x^p-c=(x-\alpha_1)(x-\alpha_2)\cdots(x-\alpha_p)=g(x)h(x),$$

可设$g(x)$不可约,且

$$g(x)=(x-\alpha_1)(x-\alpha_2)\cdots(x-\alpha_d)=x^d+\cdots+g_0\in F[X]\quad(1\leqslant d<p).$$

故得$\alpha_1\alpha_2\cdots\alpha_d=(-1)^d g_0$,两边$p$次方,得

$$c^d = cc\cdots c = \alpha_1^p \alpha_2^p \cdots \alpha_d^p = ((-1)^d g_0)^p.$$

因$(d,p)=1$，$ud+vp=1(u,v\in\mathbb{Z}$，贝祖等式)，故

$$c = c^{ud+vp} = c^{ud} c^{vp} = ((-)^{du} g_0^u c^v)^p.$$

故 c 是 F 中元素的 p 次幂，矛盾.

② 当 F 的特征为 p 时，设 α 是 $x^p - c$ 的一个根(在 F^{ac} 中)，则 $\alpha^p = c$，$x^p - c = x^p - \alpha^p = (x-\alpha)^p$，故 α 为 p 重根. ■

定理 6 中 $p(x)=x^p-t$ 的互异根(在代数闭包中)的个数是 1，小于其次数 p. 添加 $p(x)$ 根得到扩域 $F(\alpha)$，其 F-嵌入的个数是 1(等于 $p(x)$ 互异根的个数)，小于扩张次数 p. 这是纯不可分的有代表性的例子.

习 题 6.4

1. 对如下扩域 E，求 γ 使 $E=\mathbb{Q}(\gamma)$，并求扩张次数.

(1) $E=\mathbb{Q}(\sqrt{-3},\sqrt{6})$； (2) $E=\mathbb{Q}(\sqrt[3]{2},\sqrt{5})$；

(3) $E=\mathbb{Q}(\alpha,\beta)$，$\alpha,\beta$ 分别是 $X^3-X+1=0$ 和 $X^2-X-1=0$ 的根；

(4) $E=\mathbb{Q}(\sqrt{2},\sqrt{3},\sqrt{5})$.

2. 设 E/F 为 n 次扩张，$\sigma_1,\sigma_2,\cdots,\sigma_n$ 是 E 到 Ω(代数封闭域)的 F-嵌入，互异. 对 $\alpha\in E$，定义其从 E 到 F 的迹(trace)和范(norm)如下：

$$\mathrm{Tr}_F^E(\alpha) = \sigma_1\alpha + \sigma_2\alpha + \cdots + \sigma_n\alpha, \quad \mathrm{N}_F^E(\alpha) = \sigma_1\alpha \cdot \sigma_2\alpha \cdot \cdots \cdot \sigma_n\alpha.$$

(1) 证明迹和范均为 F 中元素；

(2) 证明 Tr_F^E 是加法群 E 到 F 的同态映射，N_F^E 是乘法群 E^* 到 F^* 的同态映射；

(3) 如果 $\alpha=c\in F$，试求 $\mathrm{Tr}_F^E(c)$ 和 $\mathrm{N}_F^E(c)$.

3. 设 $E=F(\alpha)$，α 在 F 上的不可约多项式为

$$p(X) = X^n + c_{n-1}X^{n-1} + \cdots + c_1 X + c_0,$$

证明 $\mathrm{Tr}_F^E(\alpha) = -c_{n-1}$，$N_F^E(\alpha)=(-1)^n c_0$.

4. 设域 K 到不同的域中分别有嵌入 $\sigma:K\to\Omega$ 和 $\sigma':K\to\Omega'$(可设 Ω 和 Ω' 分别是 σK 和 $\sigma' K$ 的代数闭包). 设 L/K 是代数扩张，则 σ,σ' 到 L 的延拓集合 $\{\tau_i\}$，$\{\tau_i'\}$ 之间有一一对应：$\psi\tau_i=\tau_i'$，其中 $\psi:\Omega\to\Omega'$ 是 $\varphi=\sigma'\sigma^{-1}$ 的延拓. 特别可知，K 的不同的嵌入到 L 的延拓个数是相同的.

5. 设域 $F\subset E\subset L$，都含于 L^{ac}(L 的代数闭包)，特征为 0. 记 $[E:F]=r$，$[L:E]=s$，则 L 到 L^{ac} 的 F-嵌入集为

$$\{\sigma_i\tau_j\} \quad (i=1,2,\cdots,r, j=1,2,\cdots,s)$$

其中 σ_i 是 E 到 L^{ac} 的 F-嵌入($\sigma_1=1$)，τ_j 是 L 到 L^{ac} 的 E-嵌入(这里固定 σ_i 到 L^{ac} 的一个延拓，仍记为 σ_i(从而是 L^{ac} 的自同构)).

6. 任意有限域都不是代数封闭域.

7. 代数封闭域可以定义为：没有真代数扩张的域.

8. 设代数封闭域 Ω 包含域 F，K 是 Ω 中在 F 上代数元集合，直接证明 K 是代数封闭的.

9. 设 F 特征为 p，$f(x)\in F[x]$ 不可约，则 $f=f_u(x^{p^u})$，$f_u(x)$ 可分(无重根).

6.5　分裂域与正规扩张

定义 1　设 $f(x)$ 为域 F 上的 $n(\geqslant 1)$ 次多项式，$f(x)$ 的**分裂域**(splitting field)是指 F 的扩域 K，它含有 $f(x)$ 的 n 个根 $\alpha_1,\alpha_2,\cdots,\alpha_n$(重根计入)且由这 n 个根生成；也就是说，存在 $\alpha_1,\alpha_2,\cdots,\alpha_n\in K$ 使得

$$f(x)=c(x-\alpha_1)(x-\alpha_2)\cdots(x-\alpha_n),\quad \text{且 } K=F(\alpha_1,\alpha_2,\cdots,\alpha_n),\quad c\in F.$$

定理 1　任一多项式 $f(x)\in F[x]$ 的分裂域 K 是存在的、唯一的(不计 F-同构).

证明　由 6.4 节代数闭包 F^{ac} 的存在和唯一性易得此定理. 现给出更初等的证明.

(1) 存在性：设 $p(x)\in F[x]$ 是 $f(x)$ 的不可约因子，则有扩域 $E_1=F(\alpha_1)$ 含 $p(x)$ 的根 α_1(6.1 节定理 3)，于是 $f(x)=(x-\alpha_1)g(x)$. 再考虑 $g(x)$ 的不可约因子 $p_2(x)\in E_1[x]$，同上可得 $E_2=E_1(\alpha_2)=F(\alpha_1,\alpha_2)$，$\alpha_2$ 是 $p_2(x)$ 的根. 如此续行，则得 $K=F(\alpha_1,\alpha_2,\cdots,\alpha_n)$，含 $f(x)$ 的所有 n 个根.

(2) 唯一性：往证如下更一般情形($\sigma=1$ 时，$F=\sigma F$，即得本定理).

引理 1　设 $\sigma:F\to\sigma F$ 是同构，$K=F(\alpha_1,\alpha_2,\cdots,\alpha_n)$ 为首一多项式 $f\in F[x]$ 的分裂域，$L=(\sigma F)(\beta_1,\beta_2,\cdots,\beta_n)$ 为 σf 的分裂域，则 σ 可延拓为同构 $\tau:K\cong L$ 使 $\tau\alpha_i=\beta_i$ ($i=1,2,\cdots,n$)(适当调整 β_i 的足标序).

证明　设 $p(x)\in F[x]$ 是 $f(x)$ 的不可约因子，则 $p(x)$ 有根属于 f 的分裂域 K，记为 $\alpha_1\in K$；$\sigma p(x)\in(\sigma F)[x]$ 是 σf 的因子，应有根属于 σf 的分裂域 L，记为 $\beta_1\in L$. 于是由 6.3 节定理 1，存在 σ 的延拓 τ_1 使

$$\tau_1:F(\alpha_1)\cong(\sigma F)(\beta_1),\quad \tau_1\alpha_1=\beta_1.$$

于是有分解：$f(x)=(x-\alpha_1)g(x)$(在 $F(\alpha_1)$ 上的分解)，$\sigma f(x)=(x-\beta_1)\tau_1 g(x)$(在 $(\sigma F)(\beta_1)$ 上的分解). 再换 F 为 $F(\alpha_1)$，换 σ 为 τ_1，同理得到同构 $\tau_2:F(\alpha_1,\alpha_2)\cong(\sigma F)(\beta_1,\beta_2)$，$\tau_2\alpha_2=\beta_2$. 续行即得引理. ■

不可约多项式 $p(x)\in F[x]$ 的分裂域 $K=F(\alpha_1,\alpha_2,\cdots,\alpha_n)$ 在 F 上的扩张次数，最小是 $n=\deg p(x)$，最大可能是 $n!$. 我们向 F 添加 $p(x)$ 的根 α_1 得 $F(\alpha_1)$，若 $p(x)$ 在 $F(\alpha_1)$ 上分裂(为一次因子之积)，则 $F(\alpha_1)$ 即为分裂域，次数是 n. 若 $p(x)$ 在 $F(\alpha_1)$ 上不分裂，最差情形是有 $n-1$ 次不可约因子 $p_1(x)$，则再添加 $p_1(x)$ 的根得 $F(\alpha_1,\alpha_2)$，次数为 $n(n-1)$，继续下去，最差的情况是得到 $n!$ 次的分裂域.

域 K 到自身的同构，即双射同态，称为 K 的**自同构**(automorphism)，其全体记为 $\mathrm{Aut}(K)$，是一个群. 对 $\sigma,\tau\in\mathrm{Aut}(K)$，$(\sigma\tau)\alpha=\sigma(\tau\alpha)$ ($\alpha\in K$). 如果 σ 是 K 的自同构而且保持 F 中元素不变，则称 σ 是 K 的 F-**自同构**(或 K/F 的自同构，或 F 上的自同构)，其全

体记为 $\mathrm{Aut}(K/F)$. 简记 $\mathrm{Aut}(K/\mathbb{Q})=\mathrm{Aut}(K)$.

每个自同构 $\sigma\in\mathrm{Aut}(K)$ 显然是 K 的一个嵌入(到 K 或其任一扩域中).

反之,设 σ 是 K 的一个 F-嵌入(到 K^{ac} 或含 K 代数封闭域),则 $K\cong\sigma K$,故当 $\sigma K=K$ 时嵌入 σ 引起 K 的 F-自同构. 注意条件 $\sigma K=K$ 等价于 $\sigma K\subset K$,因为 $K,\sigma K$ 作为 F 上的线性空间是同构的,维数相等,二者不可能互相包含而不相等.

总之,"σ 是 K 的自同构"当且仅当"σ 是 K 的嵌入且 $\sigma K\subset K$"(**警告!** 当嵌入使 $\sigma_K\not\subset K$ 时,σ 不是自同构!).

这也说明了,K/F 的自同构个数不超过次数$[K:F]$,即 $\#\mathrm{Aut}(K/F)\leqslant[E:F]$.

例 1 $\mathrm{Aut}(\mathbb{Q})=\{1\}$(因为 σ 保 1,故保$\mathbb{Z}$,从而保$\mathbb{Q}$).

例 2 设 $K=\mathbb{Q}(\sqrt{2})$,则 $\mathrm{Aut}(K)=\{\sigma_1,\sigma_2\}$,其中 $\sigma_1=1,\sigma_2(a+b\sqrt{2})=a-b\sqrt{2}(a,b\in\mathbb{Q})$. 这由 6.3 节例 1 即知.

一般地,对二次域 $K=\mathbb{Q}(\sqrt{d})$($d\in\mathbb{Z}$ 非完全平方),均有 $\mathrm{Aut}(K)=\{\sigma_1,\sigma_2\}$,其中 $\sigma_1=1,\sigma_2(\sqrt{d})=-\sqrt{d}$.

例 3 设 $K=\mathbb{Q}(\sqrt[3]{2})$,则 $\mathrm{Aut}(K)=\{1\}$(由 6.3 节例 2,K 到$\mathbb{C}$有三个嵌入,除 $\sigma_1=1$ 外,像都不在 K 中,都不是自同构).

例 4 设 $K=\mathbb{Q}(\sqrt{2},\sqrt{3})$如 6.3 节例 3. E 到$\mathbb{C}$有 4 个嵌入 $\tau_1,\tau_2,\tau_3,\tau_4$,其中 $\tau_1=1$. 它们的像皆仍属于 $K=\mathbb{Q}(\sqrt{2},\sqrt{3})$,故 $\mathrm{Aut}(K)=\{\tau_1,\tau_2,\tau_3,\tau_4\}$.

设 K/F 为有限扩域,含于代数封闭域 Ω 中. 如果 K 到 Ω 的任意 F-嵌入都是 K 的自同构(即 K 到 Ω 的任意 F-嵌入映射像仍落在 K 内),则称 K/F 为**正规扩张**(normal extension).

例如,上述例 2,例 4 是中 $K/\mathbb{Q}$ 是正规扩张,而例 3 中 $K/\mathbb{Q}$ 不是正规扩张.

定理 2(正规扩张) 对有限扩张 K/F,以下各条件等价:

N1. K/F 为正规扩张,即每个 F-嵌入 $\sigma:K\to\Omega$(K 的代数闭包)都满足 $\sigma(K)\subset K$. (从而 $\sigma(K)=K,\sigma\in\mathrm{Aut}(K/F)$)

N2. K 是某多项式 $f\in F[X]$的分裂域.

N3. 对任意不可约 $p(X)\in F[X]$,若 $p(X)$有一根在 K 中则其所有根在 K 中.

证明 N1⇒N2: 设 $K=F(\alpha)$,α 的不可约多项式为 $p(x)\in F[x]$,n 次,有 n 个根 α_i(属于代数封闭域 Ω. 记 $\alpha=\alpha_1$). 这些根决定了 K/F 到 Ω 的 n 个嵌入 $\sigma_i,\sigma_i(\alpha)=\alpha_i$. 由 N1 知 $\sigma_i(\alpha)=\alpha_i\in K$. 故 $K=F(\alpha_1)=F(\alpha_1,\alpha_2,\cdots,\alpha_n)$为分裂域.

若域的特征为 0,由本原元素定理知总有 $K=F(\alpha)$,定理证毕. 对一般情形,设 $K=F(\beta_1,\beta_2,\cdots,\beta_n)$,则可对每个 β_i 及其不可约多项式 $p_i(x)$如上讨论,从而得 $f(x)=p_1(x)p_2(x)\cdots p_n(x)$,$K$ 是 $f(x)$的分裂域.

N2⇒N1：设 $K=F(\alpha_1,\alpha_2,\cdots,\alpha_n)$ 为 $f\in F[x]$（不一定不可约）的分裂域，$\alpha_1,\alpha_2,\cdots,\alpha_n\in\Omega$ 是 f 全部的根. 于是，每个 F-嵌入 σ 映 α_i 为 $\sigma\alpha_i$，应仍是 f 的根（6.3 节定理 1），故 $\sigma\alpha_i\in K$，$\sigma K\subset K$.

N1⇒N3：设 $p(x)$ 有一根 $\alpha\in K$，$\alpha_i\in\Omega$ 是任意根. 则有 $F(\alpha)$ 的 F-嵌入 σ 使 $\alpha_i=\sigma\alpha$（由 6.3 节定理 1），σ 可延拓为 K 的嵌入（仍记为 σ），则由 N1 知 $\sigma\alpha\in K$，故根 $\alpha_i\in K$.

N3⇒N1：设 $p(x)$ 有一根 α 在 K 中，记 $K=F(\alpha)$. 由 N3 知 $p(x)$ 的所有根 $\alpha_1(=\alpha),\alpha_2,\cdots,\alpha_n\in K$，故 $K=F(\alpha_1)=F(\alpha_1,\alpha_2,\cdots,\alpha_n)$ 是分裂域，是正规域. ■

例如，二次扩张都是正规扩张.

再如，$K=\mathbb{Q}(\sqrt[4]{2})$ 不是正规扩张，因为 x^4-2 的复根都不在 K 中，但

$$\mathbb{Q}\subset\mathbb{Q}(\sqrt{2})\subset\mathbb{Q}(\sqrt[4]{2})$$

是两个二次扩张的链接. 这说明正规扩张没有链接性. 正规扩张塔可能不正规.

引理 2　正规扩张性质有“平移性”“复合性”“上层性”，即

(1) 设 K/F 正规，E/F 为任意扩张，K,E 皆含于某域，则 KE/E 正规.

(2) 若 $K/F,E/F$ 皆正规，K,E 皆含于某域，则 KE/F 正规.

(3) 若有 $F\subset E\subset K$，K/F 正规，则 K/F 正规.

证明　(1) 设 σ 是 KE/E 的嵌入（到 F^{ac}），则 σ 限制到 E 为恒等，限制到 K 为自同构. 故 $\sigma(KE)=\sigma(K)\sigma(E)=KE$.

(2) 设 σ 是 KE/F 的嵌入（到 F^{ac}），则 σ 限制到 K 和 E 皆为自同构，故 $\sigma(KE)=\sigma(K)\sigma(E)=KE$.

(3) K/E 的嵌入 σ，也是 K/F 的嵌入，故 $\sigma K=K$.

定义 2　可分的正规扩张 K/F 称为**伽罗瓦扩张**，其自同构群 $\mathrm{Aut}(K/F)$ 称为伽罗瓦群，记为 $\mathrm{Gal}(K/F)$，或 $G(K/F)$，或 $G_{K/F}$.

对于特征为零的域（例如$\mathbb{Q}$ 的扩域），或者有限域，伽罗瓦扩张 K/F 就是正规扩张，就是某多项式的分裂域，其 $n=[K:F]$ 个嵌入都是自同构. 故 $\mathrm{Aut}(K/F)=\mathrm{Gal}(K/F)$ 是 n 阶群.

习　题　6.5

1. 设 F 是$\mathbf{F}_p=\mathbf{Z}/p\mathbf{Z}$ 的扩张，p 为素数. 设 $c\in F$，

$$f(X)=X^p-X-c.$$

(1) $f(X)$在 $F[X]$中不可约或完全分裂（为一次因子之积）.

(2) 情形如(1)，若 α 是 f 一根，则 $F(\alpha)$是 $f(X)$的分裂域.

(3) 若 $F=\mathbf{F}_p$，$0\neq c\in\mathbf{F}_p$，则 $f=X^p-X-c$ 在$\mathbf{F}_p[X]$中不可约.

(4) 若 $f=X^p-X-c$ 在 F 上不可约，则 $F(\alpha)/F$ 的自同构群 G 同构于$\mathbf{Z}/p\mathbf{Z}$.

2. 证明 $f(X)=X^n-c\in\mathbb{Q}[X]$的分裂域为$\mathbb{Q}(\sqrt[n]{c},\zeta_n)$，其中 $\zeta_n\in\mathbb{C}$是 n 次本原单位根. 能否推广到 $f(X)=X^n-c\in F[X]$，其中域 F 的特征为 0(或者为 $p\nmid n$).

3. 设 E/F 为有限扩张，非正规. 于是可设 $E_1(=E),E_2,\cdots,E_r$ 是 E 的全部 F-共轭，互异，则它们的复合域 $K=E_1E_2\cdots E_r$是含 E 的最小的 F 的正规扩张.

4. 求 $f(x)=x^4+x\in\mathbb{Q}[x]$的分裂域.

5. 求 $f(x)=x^p-2\in\mathbb{Q}[x]$的分裂域及其扩张次数，$p$ 为素数.

6. 求 $f(x)=x^4+2\in\mathbb{Q}[x]$的分裂域.

7. 求 $f(x)=x^4+x^2+1\in\mathbb{Q}[x]$的分裂域.

第7章

伽罗瓦理论

7.1 伽罗瓦基本理论

本节设域扩张都是可分的(例如域的特征为0,或皆为有限域).于是“正规扩张”皆为“伽罗瓦扩张”,二者无区分.域的嵌入均是指域到其代数闭包的嵌入.对于伽罗瓦扩域来说,就是嵌入到自身.

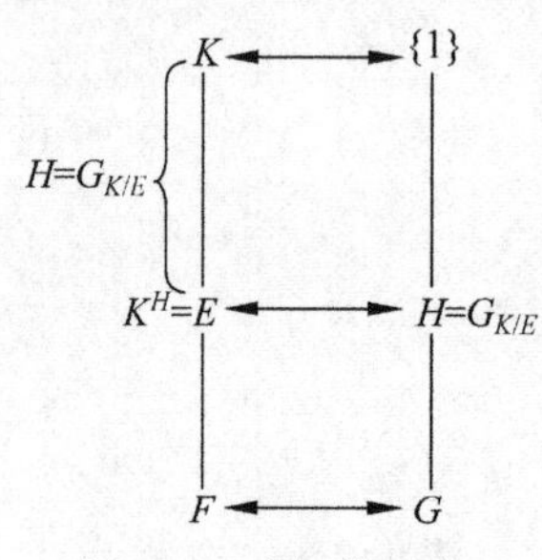

图 7.1　中间域 E 与子群 H 对应

设 K/F 为伽罗瓦扩张,则 K/F 的自同构群 $\mathrm{Aut}(K/F)$ 称为 K/F 的**伽罗瓦群**,记为 $G_{K/F}$,或 $G(K/F)$,或 $\mathrm{Gal}(K/F)$,是 $n=[K:F]$ 阶群.若 K 是多项式 $f(x)\in F[x]$ 的分裂域,也记 $G_{K/F}=G_f$,并称为多项式 $f(x)$ 的伽罗瓦群.

对 $\sigma\in G_{K/F}$,$\alpha\in K$,若 $\sigma\alpha=\alpha$,则称 σ 固定 α(或保持 α 不变).如果 σ 固定子域 E 中每个元素,则称 σ 固定 E.当 K 是 $F=\mathbb{Q}$ 的扩张时,常略去 $\mathbb{Q}$ 而说 K 是伽罗瓦域,记 $G(K)=G(K/\mathbb{Q})$.K 的含 F 子域 E 也称为 K/F 的中间域或子扩张,它们与 $G_{K/F}$ 的子群一一对应(见图 7.1,定理 1).

定理 1(基本定理)　设 K/F 为 n 次伽罗瓦扩张,伽罗瓦群为 $G=G_{K/F}$(n 阶).

(1) 设 E 是 K/F 的中间域,则 K/E 是伽罗瓦扩张,伽罗瓦群 $G_{K/E}$ 等于

$$G_{fixE}=\{\sigma\in G\mid\sigma(\eta)=\eta,\forall\,\eta\in E\}.\quad(\text{固定 } E \text{ 的子群})$$

(2) 由(1)引起,K/F 的中间域集$\{E\}$与 G 的子群集$\{H\}$之间一一对应:

$$E\mapsto H=G_{K/E}=G_{fixE},$$

$$H\mapsto E=K^H=\{\eta\in K\mid\sigma(\eta)=\eta,\forall\,\sigma\in H\}.\quad(H \text{ 的固定子域})$$

特别地,群 G 对应于 $K^G=F$,子群$\{1\}$对应于 $K^{\{1\}}=K$.

(3) 设 H_i 与 E_i 相对应,则 $H_1\subset H_2\Leftrightarrow E_1\supset E_2$,且 E_1E_2 对应于 $H_1\cap H_2$;而 $E_1\cap E_2$ 对应于$(H_1\cup H_2)$(即 $H_1\cup H_2$ 生成的子群).

证明　(1) 先证 $K^G=F$,即 $G=G_{K/F}$ 的固定子域恰是 F.显然 $K^G\supset F$(因 G 中元素保 F 的元素不变).假设存在 $\alpha\in K^G-F$,则 $F(\alpha)\neq F$,$F(\alpha)$ 到其代数闭包就会有非平凡(恒等)的 F-嵌入 σ_0,从而 $\sigma_0\alpha\neq\alpha$.将 σ_0 延拓为 K 的 F-嵌入 σ,则 $\sigma\in G$,而 $\sigma\alpha=\sigma_0\alpha\neq\alpha$,

与 $\alpha\in K^G$ 矛盾.

(2) 对任一中间域 E,易知 K/E 必是伽罗瓦扩张;这是因为 K 的 E-嵌入 σ 也是 F-嵌入,故由 K/F 为伽罗瓦扩张知 $\sigma(K)\subset K$. 对于伽罗瓦扩张,嵌入就是自同构,故自同构群 $\mathrm{Aut}(K/E)\subset \mathrm{Aut}(K/F)$. 对于 $\sigma\in \mathrm{Aut}(K/F)$,当且仅当 σ 固定 E 的元素不变时 $\sigma\in \mathrm{Aut}(K/E)$,故 $\mathrm{Aut}(K/E)=\{\sigma\in G\mid \sigma(\eta)=\eta,\forall \eta\in E\}$,即 $G_{K/E}=G_{fixE}$.

(3) 由(1)知 $K^{G_{K/E}}=E$. 这说明 $\Gamma:E\mapsto G_{K/E}$ 引起单射,即 $E\neq E'$ 时有 $G_{K/E}\neq G_{K/E'}$.

(4) 现证明 $\Gamma:E\mapsto G_{K/E}$ 引起满射. 对任一子群 $H=\{\sigma_1,\sigma_2,\cdots,\sigma_s\}\subset G(\sigma_1=1)$,设 $E=K^H$,只需证 $G_{K/E}=H$. 设 $K=F(\alpha)$(本原元素定理),令

$$f(x)=(x-\sigma_1\alpha)(x-\sigma_2\alpha)\cdots(x-\sigma_s\alpha).$$

对任意 $\sigma_i\in H$,$\sigma_iH=\{\sigma_i\sigma_1,\sigma_i\sigma_2,\cdots,\sigma_i\sigma_s\}$ 是 H 的置换,故知 $\sigma_if=f$. 所以 f 的系数属于 H 的固定子域 $E=K^H$,有一根 α,故 $[F(\alpha):F]\leqslant s=\deg f$. 但 K/E 至少有 s 个互异的嵌入(H 的元素),故知 $[K:E]=s$,故 H 的 s 个元素恰是 K/E 的嵌入(即自同构)个数,即 $H=G_{K/E}$. 这证明了 Γ 是双射. 也证明了其逆映射为 $\Gamma^{-1}:H\mapsto E=K^H$.

(5) 易知 $H_1\subset H_2\Leftrightarrow K^{H_1}\supset K^{H_2}\Leftrightarrow E_1\supset E_2$. 注意 E_1E_2 对应于 G_{K/E_1E_2},即固定 E_1E_2 的 K 的自同构集,这相当于同时固定 E_1 与 E_2 的自同构集,即 $H_1\cap H_2$. 按定义,$(H_1\cup H_2)$ 是包含 H_1,H_2 的最小群,故对应于属于 E_1,E_2 的最大域,即 $E_1\cap E_2$. ■

注记 1 K/F 的中间域集构成一个格,G 的子群集也构成一个格(均按包含关系). 定理 1 指出:这两个格是反向同构的(见图 7.2,格就是:任两个元素都有最小(确)上界和最大(确)下确界的偏序集. 见附录 A).

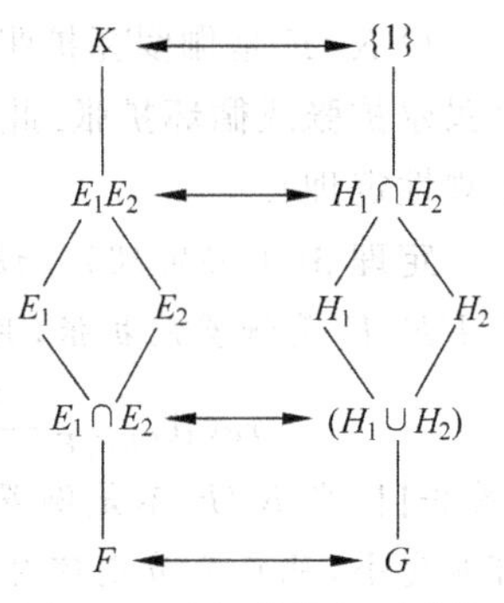

图 7.2 中间域格与子群格反向同构

最初,伽罗瓦群是作为多项式根集的置换群出现的. 设多项式 $f\in F[x]$,其分裂域为 $K=F(\alpha_1,\alpha_2,\cdots,\alpha_n)$,于是 $f(x)=(x-\alpha_1)(x-\alpha_2)\cdots(x-\alpha_n)\in F[x]$. 设 $\sigma\in G=G_{K/F}$,则 $\{\sigma\alpha_1,\sigma\alpha_2,\cdots,\sigma\alpha_n\}$ 仍是 $f\in F[x]$ 的根集,是 $\{\alpha_1,\alpha_2,\cdots,\alpha_n\}$ 的一个置换,即 σ 引起根集合的置换 π_σ,$\pi_\sigma\alpha_i=\alpha_{\sigma i}$. 而且当 $\sigma\neq\tau$ 时 $\pi_\sigma\neq\pi_\tau$,满足 $\pi_{\tau\sigma}=\pi_\tau\pi_\sigma$. 因此我们将伽罗瓦群 G 表示成了根集合的一些置换构成的群,即可以认为

$$G\subset S_n.$$

一般情况下,G 不一定等于 S_n. 当 $f\in F[x]$ 不可约时,每个根 α_i 决定一个嵌入(即 K 的自同构):$\alpha_1\mapsto\alpha_i$,故各个根是相互共轭的,伽罗瓦群 G 在根集 $\{\alpha_1,\alpha_2,\cdots,\alpha_n\}$ 上是可迁的.

引理 1(共轭定理) 设 K/F 是伽罗瓦扩张,则 $\lambda K/\lambda F$ 也是伽罗瓦扩张(对 K 的任意同构 λ),且二者伽罗瓦群同构:$G(K/F)\overset{\varphi}{\cong}G(\lambda K/\lambda F)$,$\sigma\mapsto\lambda\sigma\lambda^{-1}$. 常简记为

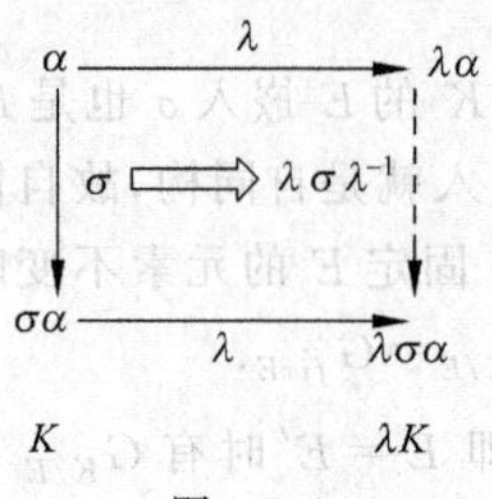

图　7.3

$$G(\lambda K/\lambda F)=\lambda G(K/F)\lambda^{-1}.\text{(参见图 7.3)}$$

证明　设 K/F 是 f 的分裂域，则 $\lambda K/\lambda F$ 是 λf 的分裂域，故是伽罗瓦扩张. λK 元素形如 $\lambda\alpha(\alpha\in K)$，而 $(\lambda\sigma\lambda^{-1})(\lambda\alpha)=\lambda(\sigma\alpha)\in\lambda K$，故 $\lambda\sigma\lambda^{-1}\in G(\lambda K/\lambda F)$. 易验证 $\varphi:\sigma\mapsto\lambda\sigma\lambda^{-1}$ 引起群同构. 单射，因若 $\lambda\sigma\lambda^{-1}=1$，则 $\sigma=1$. 保运算，因 $(\sigma\sigma')\lambda^{-1}=\lambda\sigma\lambda^{-1}\cdot\lambda\sigma'\lambda^{-1}$. 又因 $[K:F]=[\lambda K:\lambda F]$，故 φ 是同构.

定理 2（正规性定理）　设如定理 1，K/F 为伽罗瓦扩张，$G=G_{K/F}$，E 为中间域，即 $F\subset E\subset K$，则当且仅当 $H=G_{K/E}$ 是 G 的正规子群时，子扩张 E/F 是正规扩张（即伽罗瓦扩张），此时

$$G_{E/F}=G\mid_E=G/H$$

（$G|_E$ 是 G 到 H 的限制，G/H 是商群）.

证明　先设 E/F 是伽罗瓦扩张，则限制映射 $\rho:G\to G_{E/F}$，$\sigma\mapsto\sigma|_E$，是群同态，核为 $\ker\rho=H$（因为 $H=G_{K/E}$ 是固定 E 的子群），故 H 是正规子群. σ 是满射（因为任一 $\sigma_0\in G_{E/F}$ 可延拓为 K 的嵌入即自同构 σ），故由 $G/\ker\rho\cong\mathrm{Im}\rho$，得 $G/H\cong G_{E/F}$.

反之，设 E/F 非伽罗瓦扩张，则有 E 的 F-嵌入 τ 使 $\tau E\neq E$. 延拓 τ 为 K 的嵌入（即自同构），知 $\tau E\subset\tau K=K$，由引理 1 得

$$\tau H\tau^{-1}=G(\tau K/\tau E)=G(K/\tau E)\neq G(K/E)=H.$$

（其中不等号是由于定理 1，中间域和子群一一对应），故 H 不是正规子群. ■

设 K/F 是伽罗瓦扩张，若其伽罗瓦群 $G_{K/F}$ 是阿贝尔群或循环群，则分别称 K/F 为**阿贝尔扩张**或**循环扩张**. 此时任意子扩张 E/F 分别是阿贝尔扩张或循环扩张（由于上述正规性定理）.

定理 3（平移定理）　设 K/F 为伽罗瓦扩张，E/F 为任意扩张，K，E 共含于某域中，则 KE/E 是伽罗瓦扩张，且 $G_{KE/E}$ 到 K 的限制给出群同构

$$res:G_{KE/E}\xrightarrow{\cong}G_{K/(K\cap E)}\subset G_{K/F},\quad\sigma\mapsto\sigma\mid_K.\text{(参见图 7.4)}$$

（警告!! 当 K/F 不是伽罗瓦扩张时，上述不成立，平移后次数可能变小，见 6.2 节定理 2 和例 2）

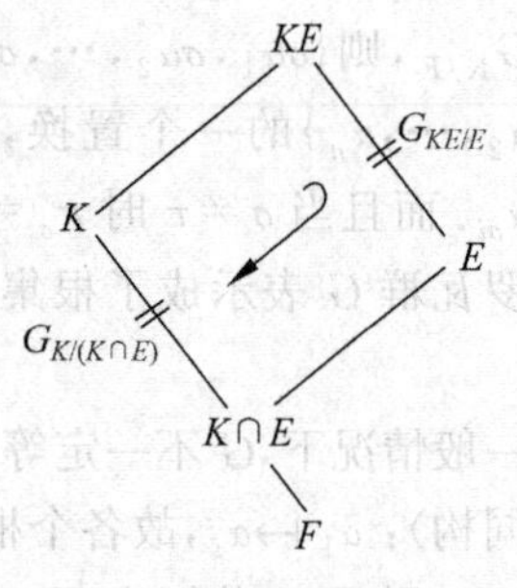

图　7.4

证明　因 KE 由 K，E 的元素生成，KE 的 E-嵌入 σ 只改变 K 的元素，故 $\sigma(KE)\subset(\sigma K)(\sigma E)=(\sigma K)E=KE$，故 KE/E 是伽罗瓦扩张. 于是 $G_{KE/E}$ 到 K 的限制给出群同态

$$\rho:G_{KE/E}\xrightarrow{\cong}G_{K/F},\quad\sigma\mapsto\sigma\mid_K.$$

易知，限制映射的核 $\ker\rho=1$，因为 $\sigma\in G_{KE/E}$ 固定 E（的元素不变），故若 $\sigma|_K=1$（即固定 K），则 $\sigma|_K$ 固定 KE，即 $\sigma=1$. 因为 $\sigma\in G_{KE/E}$ 固定 E，故 $\sigma|_K$ 固定 $K\cap E$，故 ρ 的像 $\mathrm{Im}\rho\subset$

$G_{K/(K\cap E)}$. 要证明 $\mathrm{Im}\rho=G_{K/(K\cap E)}$，只需证明 $|G_{KE/E}|=|G_{K/(K\cap E)}|$，即

$$[KE:E]=[K:(K\cap E)].$$

可设 $K=F(\alpha)$（由本原元素定理），设

$$f(X)=\prod_{\sigma\in G_{KE/E}}(X-\sigma\alpha),$$

以任意 $\sigma\in G_{KE/E}$ 作用于 f（的系数）只引起因子的置换，故 $\sigma f=f$，所以 $f\in E[X]$. 另一方面，因每个 $\sigma\alpha\in\sigma K=K$，故 $f\in K[X]$，所以 $f\in(K\cap E)[X]$，于是

$$[K:K\cap E]\leqslant\deg f=[KE:E].$$

但我们知道 $[KE:E]\leqslant[K:K\cap E]$（见 6.2 节定理 2：平移后次数可变小），故知二者相等，$\mathrm{Im}\rho=G_{K/(K\cap E)}$. 限制同态 ρ 给出定理中的同构. ■

由本原元素定理，可立得如下有趣的定理.

引理 2 设 E 是 F 的扩域，E 的任意元素在 F 上都是代数的且次数 $\leqslant n$（对某固定正整数 n），则 $[E:F]\leqslant n$.

证明 设 E 中元素次数的最大值为 m，并设 α 的次数为 m. 断言：$E=F(\alpha)$. 否则存在 $\beta\in E-F(\alpha)$，设 $F(\alpha,\beta)=F(\gamma)$（本原元素定理），由

$$F\subset F(\alpha)\subsetneqq F(\alpha,\beta)=F(\gamma)$$

知 $[F(\gamma):F]>[F(\alpha):F]=m$，即 γ 的次数大于 m，矛盾，故 $E=F(\alpha)$，$[E:F]=m\leqslant n$. ■

定理 4（复合定理） 设 K_1/F，K_2/F 均为伽罗瓦扩张（共含于某域中），伽罗瓦群分别为 G_1，G_2，则复合域 $K_1K_2=K$ 是 F 的伽罗瓦扩张，而且 $G=G_{K/F}$ 嵌入到直积 $G_1\times G_2$ 中：

$$\mathrm{res}:G\longrightarrow G_1\times G_2,\quad \sigma\mapsto(\sigma|_{K_1},\sigma|_{K_2}),$$

从而 $G\cong\mathrm{Im\ res}=H$，其中，$H=\{(\lambda,\mu):\lambda|_{K_1\cap K_2}=\mu|_{K_1\cap K_2}\}<G_1\times G_2$.

特别地，当 $K_1\cap K_2=F$ 时，$G\cong G_1\times G_2$（这里 $\sigma|_{K_1}$ 表示 σ 到 K_1 的限制，参见图 7.5）.

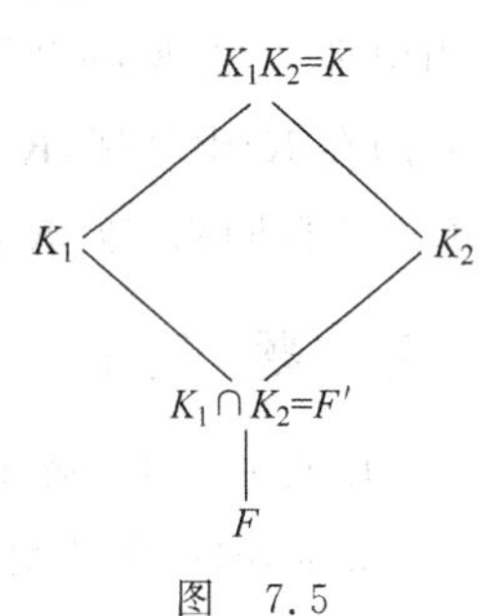

图 7.5

证明 对 K_1K_2 的 F-嵌入 σ，有 $\sigma(K_1K_2)\subset(\sigma K_1)(\sigma K_2)=K_1K_2$，故 K_1K_2 是 F 的伽罗瓦扩张，$K_1\cap K_2=F'$ 显然也是. 映射 res 显然是同态. 核 $\ker\mathrm{res}=\{1\}$，因为核中元素固定 K_1 和 K_2，从而固定 $K_1K_2=K$，即知 res 是单射同态. 像 Im res 中元素均形如 $(\sigma|_{K_1},\sigma|_{K_2})$，故满足 H 的条件：

$$\sigma|_{K_1}|_{F'}=\sigma|_{F'}=\sigma|_{K_2}|_{F'},$$

故 $\mathrm{Im\ res}\subset H$. 容易算得 H 的阶数. 每个 $\sigma_0\in G_{F'/F}$ 恰延拓为 $[K_1:F']$ 个 $\lambda_i\in G_1$，也恰延拓为 $[K_2:F']$ 个 $\mu_j\in G_2$. 这些 (λ_i,μ_j) 是满足 $\lambda|_{F'}=\mu|_{F'}=\sigma_0$ 的所有 $(\lambda,\mu)\in G_1\times G_2$. σ_0 有 $|G_{F'/F}|$ 种可能，故知

$$|H|=|G_{K_1/F'}|\cdot|G_{K_2/F'}|\cdot|G_{F'/F}|=|G|=|\mathrm{Im\ res}|,$$

其中用到$G_{K_1/F'}\cong G_{K/K_2}$(平移定理).故$G\cong\mathrm{Im\ res}=H$.证毕. ■

另一方面看,因K_1,K_2正规,故$H_2=G_{K/K_2}$和$H_1=G_{K/K_1}$均为G的正规子群,$H_1\cap H_2=\{1\}$(对应于$K_1K_2=K$).积H_1H_2对应于$K_1\cap K_2=F'$.由平移定理有$H_2\cong G_{K_1/F'}=G_1'$,$H_1\cong G_{K_2/F'}=G_2'$,故$G_{K/F'}=H_2H_1$.而正规子群的积H_2H_1是直积,故

$$G_{K/F'}=H_2\times H_1\cong G_1'\times G_2',\quad \sigma=h_2h_1\mapsto(\sigma|_{K_1},\sigma|_{K_2}).$$

注意$G_{K/F'}$只是同构于外直积$G_1'\times G_2'$(不是等于,此外直积也不是内直积).

此外要注意,伽罗瓦扩张没有链接性(塔性).即虽然$F<K$和$K<L$都是伽罗瓦扩张,但$F<L$不一定是伽罗瓦扩张.见上节例:$\mathbb{Q}\subset\mathbb{Q}(\sqrt{2})\subset\mathbb{Q}(\sqrt[4]{2})$.

如果$K/\mathbb{Q}$不是伽罗瓦扩张,意味着有$K/\mathbb{Q}$的嵌入σ使$\sigma K\not\subset K$.此时,可以选取使$\sigma_iK\subset K$的部分$\{\sigma_i\}$,记它们的固定子域为$F=K^{\{\sigma_i\}}$,则可得到K/F是伽罗瓦扩张,此即为阿廷定理.

定理5(阿廷定理)　设K是任一域,G是由K的若干自同构组成的有限群,阶为n.设$F=K^G$为G的固定子域,则K/F是伽罗瓦扩张,伽罗瓦群为G(其中$K^G=\{\eta\in K\mid\sigma(\eta)=\eta,\forall\sigma\in G\}$,参见图7.6).

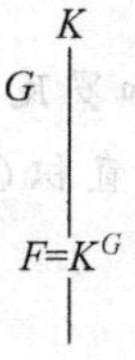

K

G

$F=K^G$

图　7.6

证明　任取$\alpha\in K$,设集合$G\alpha=\{\sigma\alpha\mid\sigma\in G\}=\{\sigma_1\alpha,\cdots,\sigma_r\alpha\}$($r\leqslant n$.注意,按定义,集合的元素是互异的).若$\tau\in G$,则$\tau(G\alpha)=(\tau G)\alpha=G\alpha$,即$\{\tau\sigma_1\alpha,\cdots,\tau\sigma_r\alpha\}=\{\sigma_1\alpha,\cdots,\sigma_r\alpha\}$,只是元素置换.故如下$f(x)$的系数在任意$\tau\in G$的作用下不变,属于$K^G$:

$$f_\alpha(x)=(x-\sigma_1\alpha)\cdots(x-\sigma_r\alpha)\in K^G[x].$$

α是$f_\alpha(x)$的根(群G含1).这说明任意$\alpha\in K$在K^G上的次数$\leqslant n$.从而由引理2知$[K:K^G]\leqslant n$.由本原元素定理知$K=K^G(\gamma)$,$f_\gamma(x)=(x-\sigma_1\gamma)\cdots(x-\sigma_r\gamma)$在$K$中分裂,$K$是$f_\gamma(x)$的分裂域,故$K/K^G$是伽罗瓦扩张.因为任意$\tau\in G$是$K/K^G$的自同构,故$[K:K^G]\geqslant n$.综上得$[K:K^G]=n$,从而$G(K/K^G)=G$. ■

习　题　7.1

1. 设F为任一域.证明其二次扩域E一定是伽罗瓦扩张,并决定$G_{E/F}$.
2. 证明$\mathbb{Q}(\sqrt{2})$与$\mathbb{Q}(\sqrt{3})$不同构.
3. 决定$\mathbb{Q}(\sqrt[4]{3})/\mathbb{Q}(\sqrt{3})$的自同构群.
4. 决定$\mathbb{Q}(\sqrt[4]{2},\mathrm{i})$的伽罗瓦群,并由此确定$\mathbb{Q}(\sqrt[4]{2})$的子域.
5. 决定$\mathbb{Q}(\sqrt[4]{2},\zeta_8)$的次数和伽罗瓦群.
6. 决定X^8-2的分裂域,伽罗瓦群,子群和子域的对应.

7. 设$K=\mathbf{Q}(\zeta)$，$\zeta=e^{2\pi i/n}$是n次本原复单位根. 证明K是($\mathbf{Q}$上的)伽罗瓦域，伽罗瓦群是阿贝尔群.

8. 设K，E是F的两个扩张，K/F是循环扩张. 证明KE/F是循环扩张.

9. 设K，E是F的两个循环扩张，KE/F是循环扩张吗，为什么？

10. 设K，E是F的两个有限扩张，K/F是循环扩张，且$K\cap E=F$. 证明$[KE:K]=[E:F]$.

11. 域F上多项式环$F[x]$的F-自同构只能是$\varphi: x\mapsto ax+b$，$a\neq 0$，$a,b\in\mathbf{Q}$.

12. 域F上有理函数域$F(x)$的F-自同构只能是$\varphi: x\mapsto(ax+b)/(cx=d)$，$ad-bc\neq 0$，$a,b,c,d\in F$.

7.2 伽罗瓦群实例

考查域或多项式的伽罗瓦群，有多种角度：域的嵌入，根的置换，同构和自同构，共轭，判别式等. 本节设域的特征皆为0.

例1 设$ax^2+bx+c\in F[x]$为域F上二次不可约多项式，根为$\alpha=(-b\pm\sqrt{\delta})/2a$，其中$\delta=b^2-4ac$称为判别式. 分裂域为二次扩张

$$K=F(\alpha)=F(\sqrt{\delta}),$$

其伽罗瓦群为2阶群$\{1,\sigma\}$，$\sigma\sqrt{\delta}=-\sqrt{\delta}$.

例2 考虑域F上的三次不可约多项式

$$p(x)=(x-\alpha_1)(x-\alpha_2)(x-\alpha_3)\in F[x],$$

根$\alpha_1(=\alpha)$，α_2，α_3在扩域中. 分裂域为$K=F(\alpha_1,\alpha_2,\alpha_3)$. 伽罗瓦群$G=G_{K/\mathbf{Q}}$. 令

$$\Delta=(\alpha_2-\alpha_1)(\alpha_3-\alpha_1)(\alpha_3-\alpha_2)\quad\text{（称为差积），}$$

$$D=\Delta^2\quad\text{（称为判别式）.}$$

每个自同构$\sigma\in G$置换根α_1，α_2，α_3，并由此置换决定，故可认为$G\subset S_3$. 所以

$$\sigma\Delta=\varepsilon(\sigma)\Delta=\pm\Delta,\quad \sigma D=D.$$

易知$\sigma\Delta=\Delta$或$-\Delta$分别当σ为偶、奇置换. 而由于$\sigma D=D$对任意$\sigma\in G$成立，可知判别式$D\in F$. 在5.3节已给出求判别式的方法. 事实上，对一般的三次多项式$x^3+b_2x^2+b_1x+b_0$，将X代换为$x-b_2/3$则化为x^3+bx+c，其判别式为

$$D=-4b^3-27c^2.$$

因为$G\subset S_3$，$p(x)$不可约，故G为3或6阶群. 分两种情形.

情形(1) 若$D\in F^2$(是F中的平方元)，则$\Delta=\pm\sqrt{D}\in F$，从而Δ在任意$\sigma\in G$的作用下不变，$\varepsilon(\sigma)=1$，这说明G只含偶置换，故$G\cong A_3$，$K=F(\alpha)$.

情形(2) 若$D\notin F^2$(不是F中的平方元)，则$F(\sqrt{D})=F(\Delta)$是F的2次扩张，因

$F(\alpha)$为3次，故$F(\alpha,\Delta)(\subset K)$为$F$的6次扩张，应等于$K$，故$|G|=6$，$G\cong S_3$. 此时分裂域$K=F(\alpha,\Delta)$.

例如，设$p(x)=x^3-3x+1$，在$\mathbb{Q}$上不可约（若可约则必有有理根，只能为±1，矛盾）. 易知判别式$D=3^4$，是平方元，故伽罗瓦群G为三阶，同构于A_3.

例 3　考虑$p(x)=x^3-2$，在$\mathbb{Q}$上不可约. 按例2，判别式$D=-27\times4$，非$\mathbb{Q}$的平方元，故伽罗瓦群G为6阶，同构于S_3. $\Delta=6\sqrt{-3}$，分裂域$K=\mathbb{Q}(\alpha,\Delta)=\mathbb{Q}(\sqrt[3]{2},\sqrt{-3})$.

更具体一些，$p(x)$有三个复根$\alpha_1,\alpha_2,\alpha_3$，依次为$\alpha=\sqrt[3]{2}$，$\zeta\sqrt[3]{2}$，$\zeta^2\sqrt[3]{2}$，其中$\zeta=-1/2+\sqrt{-3}/2$. 故$p(x)$的分裂域是

$$K=\mathbb{Q}(\alpha_1,\alpha_2,\alpha_3)=\mathbb{Q}(\alpha,\zeta)=\mathbb{Q}(\sqrt[3]{2},\sqrt{-3}).$$

这是6次域，两个生成元各生成子域：$E=\mathbb{Q}(\alpha)$，$k=\mathbb{Q}(\zeta)=\mathbb{Q}(\sqrt{-3})$，次数分别为3和2. 它们按伽罗瓦理论对应着$G$的2和3阶子群：$G_{K/E}=\{1,\sigma\}$，$G_{K/k}=\{1,\tau_1,\tau_2\}$，其中$\sigma\alpha=\alpha$，$\sigma\sqrt{-3}=-\sqrt{-3}$（即$\sigma\zeta=\zeta^2$）；而$\tau_i\sqrt{-3}=\sqrt{-3}$，$\tau_i\alpha=\zeta^i\alpha$（从而知$\tau_2=\tau_1^2=\tau^2$），$G_{K/k}$是3阶正规子群（因指数为2），故乘积$G_{K/E}G_{K/k}$是6阶群（因$G_{K/E}$不是正规子群，$\tau\{1,\sigma\}\neq\{1,\sigma\}\tau$，故此乘积为半直积），故

$$G=G_{K/E}G_{K/k}=\{1,\tau,\tau^2,\sigma,\tau\sigma,\tau^2\sigma\}\cong S_3.$$

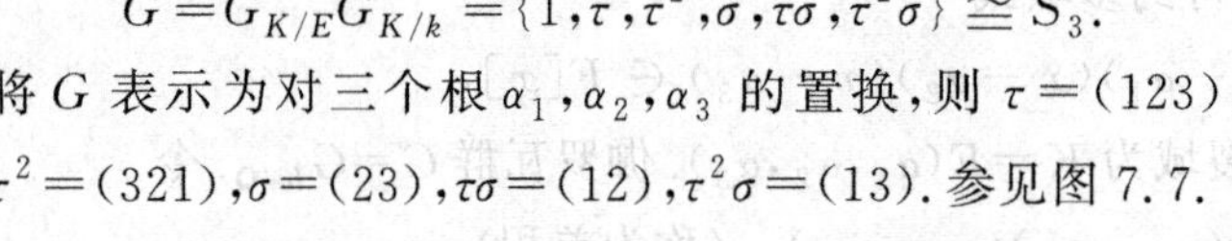

将G表示为对三个根$\alpha_1,\alpha_2,\alpha_3$的置换，则$\tau=(123)$，$\tau^2=(321)$，$\sigma=(23)$，$\tau\sigma=(12)$，$\tau^2\sigma=(13)$. 参见图7.7.

$K=\mathbb{Q}(\alpha,\zeta)=\mathbb{Q}(\sqrt[3]{2},\sqrt{-3})$
1,σ
$E=\mathbb{Q}(\alpha)$
循环子群 $\{1,\tau,\tau^2\}$
$\mathbb{Q}(\sqrt{-3})=k$
$\mathbb{Q}$

图　7.7

例 4　设数域$K=\mathbb{Q}(\sqrt{2},\sqrt{3})$，称为双循环双二次数域，是（$\mathbb{Q}$上的）伽罗瓦域，我们已讨论过它到$\mathbb{C}$的嵌入，有4个，都是其自同构，故$K$的伽罗瓦群$G(K)=G(K/\mathbb{Q})$为克莱因四元群，即

$$G(K)=\langle\lambda\rangle\times\langle\mu\rangle=\{1,\lambda,\mu,\lambda\mu\},$$

其中$\lambda(\sqrt{2})=-\sqrt{2}$，$\lambda(\sqrt{3})=\sqrt{3}$；$\mu(\sqrt{3})=-\sqrt{3}$，$\mu(\sqrt{2})=\sqrt{2}$.

也可由复合定理得到上述结果. 记$K_1=\mathbb{Q}(\sqrt{2})$，$K_2=\mathbb{Q}(\sqrt{3})$，

$$H_1=G(K/K_2)=\{1,\lambda\},\quad H_2=G(K/K_1)=\{1,\mu\},$$

则H_1,H_2都是正规子群（指数为2），故$G(K)=\langle\lambda\rangle\times\langle\mu\rangle=\{1,\lambda,\mu,\lambda\mu\}$. 由平移定理，通过限制映射得到同构$H_1\cong G(K_1)$，$H_2\cong G(K_2)$. 当然，也可由$G(K_1)=\{1,\lambda_0\}$，$G(K_2)=\{1,\mu_0\}$开始，将$\lambda_0,\mu_0$延拓为$\lambda,\mu\in G(K)$而得结果.

另一角度看，$K=\mathbb{Q}(\alpha)$，$\alpha=\sqrt{2}+\sqrt{3}$. 令

$$\alpha_1=\alpha=\sqrt{2}+\sqrt{3},\quad \alpha_2=-\sqrt{2}+\sqrt{3},\quad \alpha_3=\sqrt{2}-\sqrt{3},\quad \alpha_4=-\sqrt{2}-\sqrt{3},$$

它们满足多项式

$$\begin{aligned}p(x)&=(x-\alpha_1)(x-\alpha_2)(x-\alpha_3)(x-\alpha_4)\\&=(x-\sqrt{2}-\sqrt{3})(x-\sqrt{2}+\sqrt{3})(x+\sqrt{2}-\sqrt{3})(x+\sqrt{2}+\sqrt{3})\\&=((x-\sqrt{2})^2-3)((x+\sqrt{2})^2-3)\\&=(x^2-1-2\sqrt{2}x)(x^2-1+2\sqrt{2}x)\\&=(x^2-1)^2-8x^2=x^4-10x^2+1,\end{aligned}$$

这是$\mathbb{Q}$上不可约多项式(无一、二次有理系数因子),故$\{\alpha_1,\alpha_2,\alpha_3,\alpha_4\}$是共轭的,映射$\lambda_i:\alpha\mapsto\alpha_i$构成$G(K)(i=1,2,3,4)$.故作为$\{\alpha_1,\alpha_2,\alpha_3,\alpha_4\}$的置换子群,$G(K)$的元素为

$$1=(1),\quad \lambda=(12)(34),\quad \mu=(13)(24),\quad \lambda\mu=(14)(23).$$

注记 1 伽罗瓦群作为置换群的子群,一般不能包含所有置换.在例 1 中,

$$G(K)\lneqq S_4.$$

例如$(1234)\in S_4$不可能属于$G(K)$(当α_1映为α_2(即$\sqrt{2}$映为$-\sqrt{2}$)时,α_2必映为α_1,而不会映为α_3).

例 5 考虑四次数域$K=\mathbb{Q}(\sqrt{a+b\sqrt{u}})$,其中$a,b,u\in\mathbb{Z}$,$u>1$无平方因子.$K$也称为双二次域,是二次域$k=\mathbb{Q}(\sqrt{u})$的二次扩张.如果$K$是伽罗瓦域,其伽罗瓦群$G_K$有两种可能:克莱因四元群,或四次循环群.相应地称$K$为(2,2)型域,或四次循环域.问题是,要判断$K$在何条件下是伽罗瓦域,并决定其伽罗瓦群.

定理 1 *设四次域$K=\mathbb{Q}(\sqrt{a+b\sqrt{u}})$(其中$a,b,u\in\mathbb{Z}$,$u>1$无平方因子).$K$为伽罗瓦域当且仅当$a^2-b^2u=c^2$或$c^2u(c\in\mathbb{Z})$.并且*

(1) 当$a^2-b^2u=c^2$时,G_K为克莱因四元群,且

$$\sqrt{a+b\sqrt{u}}=(\sqrt{2(a+c)}+\sqrt{2(a-c)})/2.$$

(2) 当$a^2-b^2u=c^2u$时,G_K为四次循环群.

证明 记$K=\mathbb{Q}(\alpha)$,$\alpha=\sqrt{a+b\sqrt{u}}$,$\alpha'=\sqrt{a-b\sqrt{u}}$,$N=a^2-b^2u$(参见图 7.8).$K$有二次子域$k=\mathbb{Q}(\alpha^2)=\mathbb{Q}(\sqrt{u})$.依次记$\alpha_1,\alpha_2,\alpha_3,\alpha_4$为

$$\alpha,\quad \alpha',\quad -\alpha,\quad -\alpha'.$$

它们满足$\mathbb{Q}$上多项式

$$p(x)=(x-\alpha)(x+\alpha)(x-\alpha')(x+\alpha')=x^4-2ax^2+N.$$

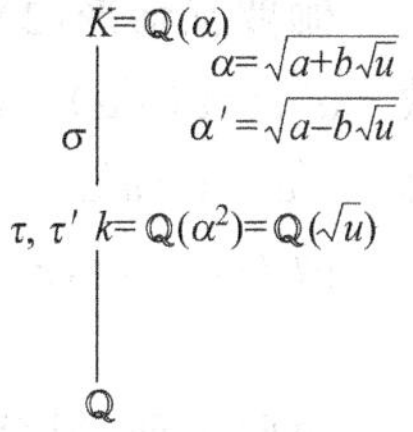

$K=\mathbb{Q}(\alpha)$ — $\alpha=\sqrt{a+b\sqrt{u}}$, $\alpha'=\sqrt{a-b\sqrt{u}}$ — σ — τ,τ' $k=\mathbb{Q}(\alpha^2)=\mathbb{Q}(\sqrt{u})$ — $\mathbb{Q}$

图 7.8

因K是 4 次域,故$p(x)$不可约,上述 4 数是$\mathbb{Q}$-共轭集.故K到$\mathbb{C}$有 4 个嵌入$1,\tau,\sigma,\tau'$,定义为:$\tau\alpha=\alpha'$,$\sigma\alpha=-\alpha$,$\tau'\alpha=-\alpha'$.K是伽罗瓦域当且仅当$\alpha'\in K$.

假设 K 是伽罗瓦域，则 $G_K=\{1,\tau,\sigma,\tau'\}$，故 $\sigma\alpha^2=(\sigma\alpha)^2=(-\alpha)^2=\alpha^2$，$\sigma\alpha'=\sigma\tau\alpha=\tau\sigma\alpha=\tau(-\alpha)=-\alpha'$. 故知 $G_{K/k}=\{1,\sigma\}$，σ 是二阶元. 而

$$\tau(a+b\sqrt{u})=\tau\alpha^2=(\alpha')^2=a-b\sqrt{u},$$

即 $\tau|_k=\tau_k\neq1$，故 $G_{k/\mathbb{Q}}=\{1,\tau_k\}$，从而 $\tau(a-b\sqrt{u})=a+b\sqrt{u}$，即 $\tau(\alpha')^2=\tau(\alpha'^2)=\alpha^2$，$\tau(\alpha')=\pm\alpha$. 同理可得 $\tau'|_k\neq1$（故 $\tau'|_k=\tau_k$），$\tau'(\alpha')=\pm\alpha$.

K 是伽罗瓦域相当于 $\alpha'\in K$，于是 $\sqrt{a^2-b^2u}=\alpha'\alpha\in K$. 又因为

$$\sigma(\alpha'\alpha)=(-\alpha')(-\alpha)=\alpha'\alpha,$$

而 $G_{K/k}=\{1,\sigma\}$，故知

$$\sqrt{a^2-b^2u}=\alpha'\alpha\in k,$$

于是可记 $\sqrt{a^2-b^2u}=s+c\sqrt{u}\ (s,c\in\mathbb{Q})$，则 $a^2-b^2u=s^2+c^2u+2sc\sqrt{u}$. 因为左边是有理数，故 $sc=0$，即 $c=0$ 或 $s=0$，从而得

$$a^2-b^2u=s^2 \quad 或 \quad c^2u.$$

反之，若 $a^2-b^2u=s^2$ 或 $c^2u\ (s,c\in\mathbb{Q})$，则 $\alpha'\alpha=\sqrt{a^2-b^2u}\in k$，从而，$\alpha'\in K$，故 K 是伽罗瓦域.

伽罗瓦情形(1) 当 $a^2-b^2u=s^2$ 时 $(0<s\in\mathbb{Q})$，$\alpha'\alpha=\sqrt{a^2-b^2u}=s$，故

$$\alpha'\alpha=\tau(\alpha'\alpha)=\tau(\alpha')\cdot\alpha'，故\ \tau(\alpha')=\alpha，即\ \tau^2(\alpha)=\alpha，\tau^2=1.$$

同理 $\alpha'\alpha=\tau'(\alpha'\alpha)=\tau'(\alpha')(-\alpha')$，故 $\tau'(\alpha')=-\alpha$，$\tau'^2(\alpha)=\alpha$，$\tau'^2=1$，$\tau'=\sigma\tau$，于是 $G_K=\{1,\tau,\sigma,\tau'\}$ 是克莱因四元群，作为根集 $\{\alpha_1,\alpha_2,\alpha_3,\alpha_4\}$ 上的置换子群为

$$G_K\{(1),(12)(34),(13)(24),(14)(23)\}.$$

试设 $\sqrt{a+b\sqrt{u}}=\sqrt{m}+\sqrt{n}$，则 $a+b\sqrt{u}=m+m+2\sqrt{mn}$，故 $m+n=a$，$4mn=b^2u$，即 m,n 满足方程 $x^2-ax+b^2u/4=0$，其判别式 $\delta=a^2-b^2u=s^2$. 故 $m,n=(a\pm s)/2$，得 $\sqrt{a+b\sqrt{u}}=\sqrt{(a+s)/2}+\sqrt{(a-s)/2}$.

伽罗瓦情形(2) 当 $a^2-b^2u=c^2u$ 时 $(0<c\in\mathbb{Q})$，$\alpha'\alpha=\sqrt{a^2-b^2u}=c\sqrt{u}\in k-\mathbb{Q}$，故 $-\alpha'\alpha=\tau(\alpha'\alpha)=\tau(\alpha')\cdot\alpha'$，于是 $\tau(\alpha')=-\alpha$，即 $\tau^2(\alpha)=-\alpha$，$\tau^2=\sigma$，故 τ 是4阶元. 同理 $-\alpha'\alpha=\tau'(\alpha'\alpha)=\tau'(\alpha')(-\alpha')$，$\tau'(\alpha')=\alpha$，$\tau'=\tau^3$.

故 $G_K=\{1,\tau,\tau^2,\tau^3\}$ 是四阶循环群. 作为根集合 $\{\alpha_1,\alpha_2,\alpha_3,\alpha_4\}$ 上的置换子群为

$$G_K=\{(1),(1234),(13)(24),(4321)\}.$$ ■

由此定理，很容易判断双二次域是否为伽罗瓦扩张，并给出群，例如：

(1) 如下为(2,2)型域：

$$\mathbb{Q}(\sqrt{2+\sqrt{3}}),\quad \mathbb{Q}(\sqrt{4+\sqrt{7}}),\quad \mathbb{Q}(\sqrt{9+3\sqrt{5}}),$$

因为 $N=a^2-b^2u$ 分别为1,9,36. 实际上，

因$\sqrt{2+\sqrt{3}}=(\sqrt{6}+\sqrt{2})/2$,故$\mathbb{Q}(\sqrt{2+\sqrt{3}})=\mathbb{Q}(\sqrt{3},\sqrt{2})$;

因$\sqrt{4+\sqrt{7}}=(\sqrt{14}+\sqrt{2})/2$,故$\mathbb{Q}(\sqrt{4+\sqrt{7}})=\mathbb{Q}(\sqrt{7},\sqrt{2})$;

因$\sqrt{9+3\sqrt{5}}=(\sqrt{30}+\sqrt{6})/2$,故$\mathbb{Q}(\sqrt{9+3\sqrt{5}})=\mathbb{Q}(\sqrt{5},\sqrt{6})$.

(2) 如下为4次循环域:

$$\mathbb{Q}(\sqrt{2+\sqrt{2}}),\quad \mathbb{Q}(\sqrt{5+2\sqrt{5}}),\quad \mathbb{Q}(\sqrt{5+\sqrt{5}}).$$

因为$N=a^2-b^2u$分别为$2,5,4\times 5$.

(3) 如下为非伽罗瓦扩张:

$$\mathbb{Q}(\sqrt{3+\sqrt{2}}),\quad \mathbb{Q}(\sqrt{3+\sqrt{3}}),\quad \mathbb{Q}(\sqrt{5+\sqrt{7}}).$$

因为$N=a^2-b^2u$分别为$7,6,18$.

定理 2(分圆域,cyclotomic field) *设$K=\mathbb{Q}(\zeta_m)$,其中$\zeta=\zeta_m=\exp(2\pi i/m)$是$m$次本原复单位根,则$K$是$\mathbb{Q}$的$\varphi(m)$次伽罗瓦扩张,且伽罗瓦群与$(\mathbb{Z}/m\mathbb{Z})^*$同构:*

$$(\mathbb{Z}/m\mathbb{Z})^* \cong G_K,\quad \bar{a}\mapsto\sigma_a,\quad \sigma_a\zeta=\zeta^a,$$

其中记$R_m=\{a\mid(a,m)=1,0<a<m,a\in\mathbb{Z}\}$,$\varphi(m)=\#R_m$,$(\mathbb{Z}/m\mathbb{Z})^*=\{\bar{a}\mid a\in R_m\}$.

证明 x^m-1的复根为$1,\zeta,\cdots,\zeta^{m-1}$,形成乘法群$\mu_m$(复单位根群),其中的$\varphi(m)$个$\zeta^a(a\in R_m)$都称为$m$次本原复单位根,都是$\mu_m$的生成元,是$m$阶元素,即恰为满足$x^n=1$且$x^k\neq 1$(对整数$0<k<m$)的元素.记

$$\Phi_m(x)=\prod_{a\in R_m}(x-\zeta^a),$$

称为m次分圆多项式,次数为$\varphi(m)$.对任意$d\mid m$,d次复单位根集是μ_m的子集,其中又恰有$\varphi(d)$个d次本原复单位根.因此

$$x^m-1=\prod_{d\mid m}\Phi_d(x),$$

看次数得$m=\sum_{d\mid m}\varphi(d)$.由此式,可逐步求出$\Phi_m(x)$,例如

$$x^8-1=(\Phi_1\Phi_2\Phi_4)\Phi_8=(x^4-1)\Phi_8,\quad \Phi_8=(x^8-1)/(x^4-1)=x^4+1;$$

$$x^9-1=(\Phi_1\Phi_3)\Phi_9=(x^3-1)\Phi_9,\quad \Phi_9=(x^9-1)/(x^3-1)=x^6+x^3+1.$$

由归纳法,可设所有的$\Phi_d(x)(d\mid m,d<m)$都是整数系数首一多项式.而对于$d\mid m$,d次复单位根也是m次复单位根,故$\Phi_d(x)\mid x^m-1$.于是由

$$\Phi_m(x)=(x^m-1)/\prod_{d\mid m,d<m}\Phi_d(x)$$

知道任意$\Phi_m(x)$都是整数系数首一多项式.

如下引理1将证明,$\Phi_m(x)$在$\mathbb{Q}$上是不可约的.基于此引理,就知道K是$\mathbb{Q}$的$\varphi(m)$

次扩张,是不可约多项式 $\Phi_m(x)$ 的分裂域,故是伽罗瓦域.从而 $\{\zeta^a\}(a\in R_m)$ 是 ζ 的所有共轭,$\sigma_a:\zeta\mapsto\zeta^a$ 是 K 的所有自同构($a\in R_m$).映射

$$\varphi:(\mathbb{Z}/m\mathbb{Z})^*\to G_K,\quad \bar{a}\mapsto\sigma_a$$

是同构.事实上,因 $\sigma_{ab}(\zeta)=(\zeta^b)^a=\sigma_a(\sigma_b\zeta)$,故 φ 是同态.又若 $\sigma_a=1$,即 $\zeta=\sigma_a(\zeta)=\zeta^a$,则 $a\equiv1(\mathrm{mod}\ m)$,$\bar{a}=\bar{1}$,故 φ 是单射.因 $\#(\mathbb{Z}/m\mathbb{Z})^*=\#G_K=\varphi(m)$,故知 φ 是群同构.

引理1　分圆多项式 $\Phi_m(x)$ 在 $\mathbb{Q}$ 上是不可约的.

证明　用反证法,若

$$\Phi_m(x)=g(x)h(x),\quad g(x),h(x)\in\mathbb{Q}[x],$$

可设 $g(x)\in\mathbb{Z}[x]$ 且系数互素,即容量 $c_g=1$,$g^*(x)=g(x)$.又因 $\Phi_m(x)\in\mathbb{Z}[x]$ 且首一,则 $c_{\Phi_m}=1$,$\Phi_m^*=\Phi_m$.故由容量分解 $c_{\Phi_m}\Phi_m^*(x)=c_gc_hg^*(x)h^*(x)$,得 $c_gc_h=c_{\Phi_m}$,即 $c_h=1$,故 $h^*(x)=h(x)$.从而知,$\Phi_m,g,h\in\mathbb{Z}[x]$ 皆为本原多项式.

我们可以设 $g(x)$ 不可约,并设 ζ 是 $g(x)$ 的一个根(从而 $g(x)$ 是 ζ 的最小不可约多项式).任取素数 $p\nmid m$,则 ζ^p 也是 m 次本原复单位根,故是 $g(x)$ 或 $h(x)$ 的根.

假若 ζ^p 是 $h(x)$ 的根,则 $h(\zeta^p)=0$.这也说明 ζ 是 $h(x^p)=0$ 的根,故 $g(x)\mid h(x^p)$,可设

$$h(x^p)=g(x)q(x),\quad(\text{在}\mathbb{Z}[x]\text{中}).$$

系数都模 p,得到

$$\bar{h}(x^p)=\bar{g}(x)\bar{q}(x)\quad(\text{在}\mathbb{F}_p[x]\text{中}).$$

注意 $\bar{h}(x^p)=(\bar{h}(x))^p$,因为 $(\bar{a}x^i+\bar{b})^p=(\bar{a}x^i)^p+(\bar{b})^p=\bar{a}x^{ip}+\bar{b}$.故上式化为

$$\bar{h}(x)^p=\bar{g}(x)\bar{q}(x),$$

故 $\bar{g}(x)$ 与 $\bar{h}(x)$ 有公共因子,从而 $\bar{\Phi}_m(x)=\bar{g}(x)\bar{h}(x)$ 有重根,于是 $x^m-\bar{1}\in\mathbb{F}_p[x]$ 有重根.但是微商 $(x^m-\bar{1})'=\bar{m}x^{m-1}\in\mathbb{F}_p[x]$ 非零,与 $x^m-\bar{1}$ 互素;这与 $x^m-\bar{1}$ 有重根矛盾.故 ζ^p 只能是 $g(x)$ 的根.

以上对 ζ 的讨论,适用于对 $g(x)$ 的任意根 ζ' 的讨论.现在取任意 $a\in R_m$,并设 $a=p_1\cdots p_s$(其中 $p_1,\cdots,p_s$ 为素数,不必互异);则由上述讨论可知,ζ^{p_1} 是 $g(x)$ 的根,这又推知 $(\zeta^{p_1})^{p_2}$ 是 $g(x)$ 的根,从而得知 ζ^a 是 $g(x)$ 的根,这对任意 $a\in R_m$ 成立,说明所有的 $\varphi(m)$ 个本原复单位根 ζ^a 都是 $g(x)$ 的根,故 $g(x)=\Phi_m(x)$,说明 $\Phi_m(x)$ 不可约.引理1证毕. ■

习 题 7.2

1. 决定如下多项式的伽罗瓦群($\mathbb{Q}$上):

(1) x^2-x+1, (2) x^2-4, (3) x^2+x+1, (4) x^2-27.

2. 设 $f(x)=x^3-3x+1$,证明其在$\mathbb{Q}$上不可约,求其判别式,伽罗瓦群,分裂域.

3. 设 f 是域 F 上三次不可约多项式,D 是其判别式. K 为其分裂域. 证明,K 没有二次子域或有二次子域 $F(\sqrt{D})$.

4. 对如下多项式 f,求其在$\mathbb{Q}$上的判别式 D 和伽罗瓦群 G:

$$x^3+3,\quad x^3-5x+7,\quad x^3+2x+2,\quad x^3-x-1.$$

5. 证明如下多项式 f 在$\mathbb{Q}$上不可约,并求其伽罗瓦群 G:

(1) x^4+30x^2+45, (2) x^4+4x^2+2.

6. 设 K/F 为有限伽罗瓦扩张,$f_K\in K[x]$为 $\alpha\in K^{ac}$ 在K 上的极小多项式,则 $f_F=\prod\limits_{\sigma\in G(K/F)}\sigma f_K$ 为 α 在 F 上的极小多项式.

7. 设 K/F 为有限伽罗瓦扩张,$f_K\in K[x]$的系数生成 K. 若 $f_F=\prod\limits_{\sigma\in G(K/F)}\sigma f_K\in F[x]$ 不可约,则 $f_K\in K[x]$ 不可约.

7.3 方程根式解

本节仍设域都是特征为 0 的. 根式解的讨论要基于如下定理和引理.

定理 1(分圆扩张) 设 F 为任一域,$\zeta=\zeta_m$ 为 m 次本原复单位根,则 $K=F(\zeta)$ 是 F 的阿贝尔扩张.

证明 对任意 F-嵌入 σ,有$(\sigma\zeta)^m=\sigma(\zeta^m)=\sigma(1)=1$,故 $\sigma\zeta$ 为 m 次复单位根,$\sigma\zeta=\zeta^s\in K$(某 $0\leqslant s<m$),故 K/F 为伽罗瓦扩张,$\sigma\in G(K/F)$. 再设 $\tau\in G(K/F)$,$\tau\zeta=\zeta^t$,则 $\tau\sigma(\zeta)=\zeta^{st}=\sigma\tau(\zeta)$,故 $G(K/F)$为阿贝尔群. 另一方法是利用 $L=\mathbb{Q}(\zeta)$为阿贝尔域(上节),$F(\zeta)$视为$\mathbb{Q}(\zeta)$与 F 的复合,$F(\zeta)/F$ 是$\mathbb{Q}(\zeta)/\mathbb{Q}$ 的平移. 故由平移定理知,$F(\zeta)/F$ 是伽罗瓦扩张,群同构于 G_L 的子群. ■

定理 2(库默尔扩张) 设域 F 含 m 次复单位根群 $W_m=\langle\zeta\rangle$.

(1) 设 K/F 是 m 次循环扩张,则 $K=F(\alpha)$,其中 α 满足方程 $X^m-c=0$,$c\in F$.

(2) 设 α 是 $X^m-c=0$ 的一个根,$c\in F$,令 $K=F(\alpha)$,则 K/F 为循环扩张,$G(K/F)$ 同构于 W_m 的子群: $\sigma\mapsto\zeta^s=(\sigma\alpha)/\alpha$,且 $d=[K:F]$是 m 的因子,$\alpha^d\in F$.

特别当 X^m-c 不可约时,$G(K/F)\cong W_m$,$\sigma\alpha=\zeta^s\alpha$.

证明 (1) 设 σ 是 $G=G(K/F)$的生成元. 这里要用到阿廷引理和希尔伯特定理(Hilbert theorem 90)(见下述引理 1 和引理 2 及其说明). 因 $\zeta\in F$,故范 $N(\zeta^{-1})=$

$\prod_{\sigma\in G}\sigma\zeta^{-1}=(\zeta^{-1})^m=1$. 由希尔伯特定理 90 知道，$\zeta^{-1}=\alpha/\sigma\alpha$ 对某 $\alpha\in K$ 成立，即 $\sigma\alpha=\zeta\alpha$. 因 $\zeta\in F$，得 $\sigma^i\alpha=\zeta^i\alpha$（对 $i=1,2,\cdots,m$）. 于是知这些 $\zeta^i\alpha$ 是 m 个互异共轭元，从而 $[F(\alpha):F]\geqslant m$，知 $K=F(\alpha)$，而且 $\sigma(\alpha^m)=\sigma(\alpha)^m=(\zeta\alpha)^m=\alpha^m$，故 $c=\alpha^m\in F$.

（2）对 K 的任意 F-嵌入 σ，有 $(\sigma\alpha)^m=\sigma(\alpha^m)=\sigma(c)=c$，故 $\sigma\alpha$ 是 X^m-c 的根，$((\sigma\alpha)/\alpha)^m=c/c=1$，故 $\sigma\alpha/\alpha=\zeta^s$（某 $0\leqslant s<m$），即 $\sigma\alpha=\zeta^5\alpha\in K$. 这说明 K/F 为伽罗瓦扩张，故有群同态映射

$$\varphi:G(K/F)\to W_m,\quad \sigma\mapsto\zeta^s.$$

φ 是单射（因 $\zeta^s=(\sigma\alpha)/\alpha,\zeta^s=\zeta^t\Leftrightarrow\sigma\alpha=\tau\alpha$），故 $G(K/F)$ 同构于 W_m 的某个子群 W'，是循环群，设为 d 阶. 若 σ 是 $G(K/F)$ 的生成元，则 $\varphi(\sigma)=\zeta^s$ 应是 d 次本原复单位根，故 $\sigma(\alpha^d)=\sigma(\alpha)^d=(\zeta^s\alpha)^d=\alpha^d$，这说明 $\alpha^d\in F$.

特别地，当 X^m-c 不可约时，K/F 是 m 次扩张，故 $G(K/F)\cong W_m$. ■

上述 $X^m-c=0$ 的根 α 有时也写为 $\sqrt[m]{c}$（或 $c^{1/m}$），称为 m 次（开）方根，或根式. 我们知道 $X^m-c=0$ 的其余根（α 的共轭元）均可写为 $\zeta^k\alpha$. 一般情况下，符号 $\sqrt[m]{c}$ 并不能唯一确定一个根，因为 $\zeta^k\alpha$ 均满足 $(\zeta^k\alpha)^m=1$. 但因为 $\zeta\in F$，故 $F(\zeta^k\alpha)=F(\alpha)$，无论 α 取哪个根，此扩域是一样的.

群 G 到域 K 的一个特征（character）就是一个同态映射 $\chi:G\to K^*$（其中 K^* 是域 K 的乘法群）. 例如，扩域 E/F 到 K 的嵌入 σ 可看作群 E^* 的特征，从而知，伽罗瓦自同构都是特征. 再如，$x\mapsto e^{2\pi ixy}$（固定 y）是实数域上的特征. 以下是关于特征的最经典定理.

引理 1（阿廷）　群 G 到域 K 的任意不同特征 $\chi_1,\chi_2,\cdots,\chi_s$ 是在 K 上线性无关的，即若 $c_1\chi_1+c_2\chi_2+\cdots+c_s\chi_s=0$（作为映射，$c_1,c_2,\cdots,c_s\in K$），则必 $c_1=c_2=\cdots=c_s=0$.

证明　假若有不全为 0 的 $c_1,c_2,\cdots,c_s$ 使得

$$c_1\chi_1+c_2\chi_2+\cdots+c_s\chi_s=0,$$

可取 s 最小的这种等式，则 $s\geqslant 2$ 且 c_i 皆非 0. 因 $\chi_1\neq\chi_2$，必有 $a\in G$ 使 $\chi_1(a)\neq\chi_2(a)$. 对任意 $g\in G$ 有

$$c_1\chi_1(ag)+c_2\chi_2(ag)+\cdots+c_s\chi_s(ag)=0,$$

$$c_1\chi_1(a)\chi_1(g)+c_2\chi_2(a)\chi_2(g)+\cdots+c_s\chi_s(a)\chi_1(g)=0,$$

$$c_1\chi_1(a)\chi_1+c_2\chi_2(a)\chi_1+\cdots+c_s\chi_s(a)\chi_1=0.$$

原式乘以 $\chi_1(a)$（或 $\chi_2(a)$）减去最后式，则得到 $s-1$ 个特征的线性组合为 0. 与原设 s 最小矛盾. ■

引理 2（希尔伯特定理 90）　设 K/F 为 n 次循环扩张，σ 为 $G=\mathrm{Gal}(K/F)$ 的生成元. 若 $\beta\in K$ 使 $N(\beta)=1$，则 $\beta=\alpha/\sigma\alpha$ 对某 $\alpha\in K$ 成立. $\left(\text{其中 } N(\beta)=\prod_{\sigma\in G}\sigma\beta \text{ 称为 } \beta \text{ 的范}\right)$

证明　用指数记号，即记 $\sigma\alpha$ 为 α^σ，于是 $\alpha^{\sigma+\tau}=\alpha^\sigma\alpha^\tau$. 考虑映射

$$1+\beta\sigma+\beta^{1+\sigma}\sigma^2+\cdots+\beta^{1+\sigma+\cdots+\sigma^{n-2}}\sigma^{n-1},$$

视为特征的组合，由阿廷引理知它不是 0 映射，故存在 $\theta\in K$ 使得

$$\alpha=\theta+\beta\theta^{\sigma}+\beta^{1+\sigma}\theta^{\sigma^2}+\cdots+\beta^{1+\sigma+\cdots+\sigma^{n-2}}\theta^{\sigma^{n-1}}\neq 0.$$

因为 $N(\beta)=1$，易看出 $\beta\alpha^{\sigma}=\alpha$，即得 $\beta=\alpha/\alpha^{\sigma}$.

设 $f(X)$ 是域 F 上的多项式，α 是其一根，$E=F(\alpha)$. $f(X)$ 的分裂域 K 是含 E 的最小伽罗瓦扩张，$G(K/F)=G_f$ 称为 $f(X)$ 的伽罗瓦群. 若 $G(K/F)$ 是可解群，我们称 E 是群-可解的. 推而广之，任一扩域 E/F 称为**群-可解**的是指：含 E 的最小伽罗瓦扩张 K/F 的伽罗瓦群是可解的. 这等价于说，存在含 E 的伽罗瓦扩张 L/F 其伽罗瓦群是可解的. 因为后者意味着 $F\subset E\subset K\subset L$，$G(K/F)$ 是 $G(L/F)$ 的同态像，必是可解的.

引理 3 群-可解的扩域类是杰出的，即它们的链接、平移、和复合，都仍是群-可解的.

证明 (1)（平移性，图 7.9(a)）设 E/F 是群-可解的，有 $F\subset E\subset K$，$G(K/F)$ 可解. 设扩域 L/F 与 K 同属于某域，则 KL/L 是 K/F 的平移，故是伽罗瓦扩张且 $G(KL/L)$ 同构于 $G(K/F)$ 的子群，故 $G(KL/L)$ 可解. 从而 E/F 的平移 EL/L 是群-可解的.

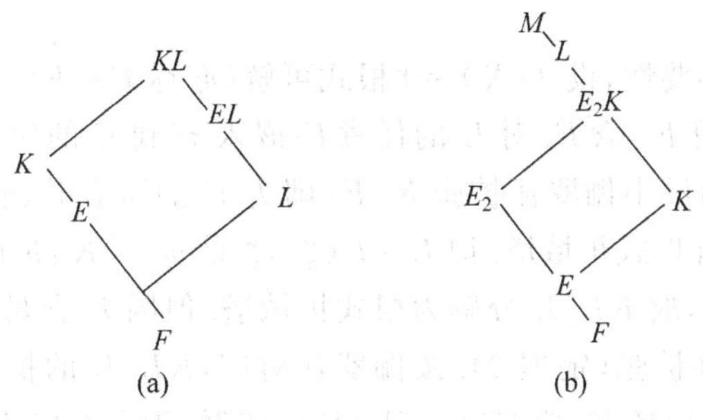

图 7.9 群-可解的性质

(a) 群-可解的平移性；(b) 群-可解的链接性

(2)（链接性，图 7.9(b)）设有扩张链 $F\subset E\subset E_2$，E/F 和 E_2/E 皆群-可解，E/F 含于 K/F（为伽罗瓦扩张且 $G(K/F)$ 可解），E_2K/K 是 E_2/E 的平移，故群-可解. 设 $K\subset E_2K\subset L$，L/K 为伽罗瓦扩张且 $G(L/K)$ 可解. 设 σ 是 L/F 的任一嵌入（到代数闭包），则 $\sigma L/\sigma K=\sigma L/K$ 是伽罗瓦扩张且 $G(\sigma L/K)$ 可解. 记 M 为所有 σL 的复合（σ 遍历 L/F 的嵌入），则 M/F 从而 M/K 为伽罗瓦扩张，$G(M/K)$ 是 $\prod G(\sigma L/K)$ 的子群（由复合定理），故是可解群. 由限制满同态 $G(M/F)\rightarrow G(K/F)$ 知，其核 $G(M/K)$ 和像 $G(K/F)$（子群和商群）均可解，故 $G(M/F)$ 可解. 由 $E_2\subset M$ 知 E_2/F 是群-可解的. ■

方程的根式解问题，在 2.6 节稍有介绍. 设 $f(x)$ 是域 F 上的多项式，常称 $f(x)=0$ 为代数方程. 如果由 F 的元素通过有限步加、减、乘、除和开方运算，可求得 α 使 $f(\alpha)=0$，则称 $f(x)=0$（和 $f(x)$）**根式可解**(sovable by radicals)，称 α 为根式解，也称扩域 $E=$

$F(\alpha)$根式可解.推而广之,如果由 F 的元素通过有限步加减乘除和开方运算可得到域 E(的所有元素),则称 E/F 是根式可解的.例如,由上述定理2可知,在 F 含 m 次本原复单位根的情况下,F 的 m 次循环扩张 E 可由添加方根得到,故根式可解.再如,m 次本原复单位根 ζ 是 x^m-1 的根,故分圆扩张 $F(\zeta)$ 也根式可解(在平凡写法 $\zeta=\sqrt[m]{1}$ 之外,高斯等人得到 ζ 用根式表示的具体形式).

加减乘除和开方这些运算,只有开方能产生原来域之外的数,产生单重根式 $\sqrt[m]{c}$.故用域扩张语言,扩张 E/F **根式可解**可定义为:存在有限长扩域塔(称为根式扩域塔)

$$F=F_0\subset F_1\subset\cdots\subset F_r,\qquad (*)$$

其中 $F_{j+1}=F_j(\sqrt[n]{c_j})$,或 F_{j+1}/F_j 为分圆扩张,$c_j\in F_j\ (j=0,1,\cdots,r)$,使 F_r 含 E.而 $f(x)=0$ 根式可解就意味着有上述根式扩域塔使 F_r 含 $f(x)=0$ 的一个根 α.

定理3　(1) 域 F 上的代数方程 $f(x)=0$ 根式可解当且仅当 $f(x)$ 在 F 上的伽罗瓦群 G_f 为可解群.

(2) 扩域 E/F 根式可解当且仅当 E/F 是群-可解的(即 E 含于伽罗瓦扩张 L/F 且 $G(L/F)$ 为可解群).

证明　(1) 先证必要性,设 $f(X)=0$ 根式可解(亦称 $E=F(\alpha)$ 根式可解,$f(\alpha)=0$),即有根式扩域塔($*$)使 F_r 含 E.对 E 的任意 F-嵌入 σ(到 E 的代数闭包),共轭扩张 $\sigma E/F$ 也根式可解,故 E 的最小伽罗瓦扩张 K/F(即为 E 的所有共轭复合,即是 $f(X)$ 的分裂域)是根式可解的,有根式扩域塔.记 $L=F(\zeta)$,ζ 是 $m=[K:F]$ 次本原复单位根,于是 KL/L 是 K/F 的平移,故 KL/L 分解为根式扩域塔.但因 L 含足够的复单位根,故此扩域塔的每一层都是循环扩张(定理2).按伽罗瓦对应,KL/L 的扩域塔对应于群 $G(KL/L)$ 的子群塔,每层都是循环群,故 $G(KL/L)$ 是可解群,于是 $G(KL/F)$ 是可解群,从而其商群 $G(K/F)=G_f$ 是可解群.

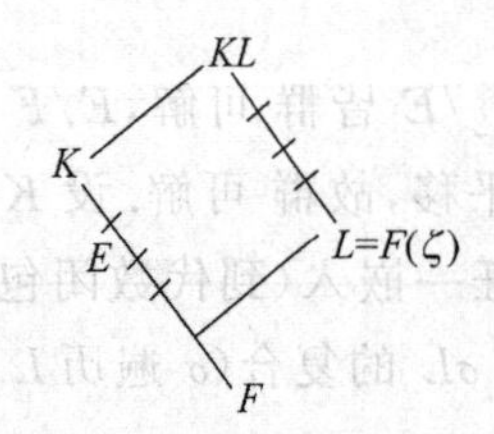

图7.10　根式可解等价于群-可解

再证充分性.设 $f(X)$ 的分裂域为 K,$G_f=G(K/F)$ 为可解群.记 $m=[K:F]$,$L=F(\zeta)$,ζ 为 m 次本原复单位根,则扩张 KL/L 是 K/F 的平移,故也是伽罗瓦扩张,群 $G(KL/L)$ 同构于 G_f 的子群,也是可解群,故有一个阿贝尔子群序列,可以加细为循环子群序列(2.6节引理1.事实上按阿贝尔群基本定理,可加细为素数阶循环子群序列).按伽罗瓦理论的对应,L 到扩域 KL 之间有一个中间扩域塔.此塔的每一步都是循环扩张,从而是添加开方根的扩张(定理2(1)).又分圆扩张 $L=F(\zeta)$ 可由添加开方根得到,故 KL(含 K)的元素可由 F 的元素加减乘除和开方得到.

上述同样也证明了定理之(2).　■

证明的开始部分也证明了：若 $f(X)=0$ 有一个根式解，则所有解是根式解.

根式解主要有两大问题：①五次以上方程是否有根式解的公式(即类似于二、三次方程解的公式那样)；②一些具体方程是否根式可解(及不可解的例证). 第一个问题涉及"一般"(general)方程，即系数是字母(无关的不定元)的方程，根式解公式就是系数字母的根式. 为此先熟悉一下代数无关和超越元.

设有扩域 E/F，S 是 E 的子集合. 若 S 中任意有限个元素不满足 F 上任意非零(多元)多项式形式，则称 S(的元素)在 F 上代数无关，或无关超越. 这相当于每个 $s\in S$ 在 $F(S-\{s\})$ 上超越. 超越就是远离代数(多项式)羁绊. E 的最大代数无关子集 B 称为 E/F 的超越基；这相当于 B 在 F 上代数无关(超越)且 $E/F(B)$ 是代数扩张. E/F 的不同超越基的基数(cardinality)相同，称为其超越次数(证明类似于线性空间的基和维数).

现在考虑多项式

$$f(X)=(X-x_1)(X-x_2)\cdots(X-x_n)=X^n-s_1X^{n-1}+s_2X^{n-2}-\cdots+(-1)^ns_n,$$

系数 $s_1,s_2,\cdots,s_n$ 是 $x_1,x_2,\cdots,x_n$ 的初等对称多项式. 对任一域 F_0，$f(X)$ 是 $F=F_0(s_1,s_2,\cdots,s_n)$ 上的多项式，$K=F(x_1,x_2,\cdots,x_n)$ 是分裂域，故 $G_f=G(K/F)$.

设 $x_1,x_2,\cdots,x_n$ 在 F_0 上代数无关(例如是独立的不定元). 按伽罗瓦理论，有单射同态 $\pi:G_f\to S_n$，将每个 $\sigma\in G_f$ 对应于根 $x_1,x_2,\cdots,x_n$ 的置换($(\pi\sigma)x_i=\sigma x_i$). 故 $G_f\leqslant S_n$(同构视为等同). 我们要证明 π 是满射，即有右逆. 根集合 $x_1,x_2,\cdots,x_n$ 的每个置换 ρ 决定 K/F 的一个自同构，$(\theta\rho)x_i=\rho x_i$(因 $s_1,s_2,\cdots,s_n$ 是对称多项式，故 ρ 固定 F). 从而得映射 $\theta:S_n\to G_f$. 显然 $\pi\theta=1$(因 $((\pi\theta)\rho)x_i=\pi(\theta\rho)x_i=(\theta\rho)x_i=\rho x_i$，$i=1,2,\cdots,n$)，故 π 是满射，θ 是单射，即得 $G_f=S_n$.

注意，若设 $x_1,x_2,\cdots,x_n$ 在 F_0 上代数无关，则 $s_1,s_2,\cdots,s_n$ 亦然. 这是因为 $x_1,x_2,\cdots,x_n$ 是 K/F_0 的超越基，K/F 是代数扩张，故 $s_1,s_2,\cdots,s_n$ 也是 K/F_0 的超越基，当然是代数无关的. 反之，设 $s_1,s_2,\cdots,s_n$ 是代数无关的，则 $x_1,x_2,\cdots,x_n$ 也是代数无关的.

对上述多项式 $f(X)$，如果取 $s_1,s_2,\cdots,s_n$ 或者 $x_1,x_2,\cdots,x_n$ 在 F_0 上代数无关(也称无关超越. 例如取为互异不定元)，则称 $f(X)$ 是**一般(general)多项式**. 因此得到如下的结论.

定理 4 一般 n 次多项式 $f(X)$ 的伽罗瓦群为 S_n，从而 $n\geqslant 5$ 次的一般方程 $f(X)=0$ 无根式解.

习题 7.3

1. $f(x)=x^{10}-x^5+1$ 是否根式可解？

2. (根式解三次方程)设 $g(x)=x^3+px+q$ 不可约，三根为 α,β,γ. 设判别式为 D，则 $g(x)$ 在 $\mathbb{Q}(\sqrt{D})$ 上的伽罗瓦群为 A_3. 记 $\theta_1=\alpha+\zeta\beta+\zeta^2\gamma$，$\theta_2=\alpha+\zeta^2\beta+\zeta\gamma$($\zeta$ 为 3 次本原复单位根)，则 θ_1，$\theta_2\in\mathbb{Q}(\sqrt{D},\zeta)$，且 $\theta_1+\theta_2=3\alpha$，$\zeta^2\theta_1+\zeta\theta_2=3\beta$，$\zeta\theta_1+\zeta^2\theta_2=3\gamma$. 证明 $\theta_1^3=(-27q+3\sqrt{-3D})/2$，$\theta_2^3=$

$(-27q-3\sqrt{-3D})/2$.

3. 继续上题,再证明 $\theta_1\theta_2=-3p$. 利用 $D=-4p^3-27q^2$,得出根 α,β,γ 的卡尔达诺公式.

4. 设 $f(x)=x^4+ax^3+bx^2+cx+d\in F[x]$,令 $x=y-k$,适当取 k 使 $f(x)=g(y)=y^4+py^2+qy+r$,并求 p,q,r(以 a,b,c,d 表示).

5. 设第4题中 $g(y)$ 可约. 分两种情况:(1) $g=g_1g_3$ 为一次和三次不可约因子之积;(2) $g=g_2g_2'$ 为两个二次不可约因子之积,分别设法确定 $g(y)$ 的伽罗瓦群 G.

6. 设第4题中 $g(y)$ 不可约,则 G_g 在根集合 $\{\alpha_1,\alpha_2,\alpha_3,\alpha_4\}$ 上可迁. 令 $\theta_1=(\alpha_1+\alpha_2)(\alpha_3+\alpha_4)$, $\theta_2=(\alpha_1+\alpha_3)(\alpha_2+\alpha_4)$, $\theta_3=(\alpha_1+\alpha_4)(\alpha_2+\alpha_3)$,则 $\theta_1,\theta_2,\theta_3$ 皆满足 $h(x)=x^3-2px^2+(p^2-4r)x+q^2$(预解式). 由 $\theta_1,\theta_2,\theta_3$ 的定义计算 $\theta_i-\theta_j$ 可得判别式 $D_h=D_g=D$. 求判别式,并由分裂域 $K_h\subset K_g$,推知 G_h 是 G 的商群.

7. 设如第6题. 若 $h(x)$ 不可约且 D 非平方元,则 $G\not\subset A_4$, $G_h=S_3$, $6\mid \# G$,故 $G=S_4$.

8. 设如第6题. 若 $h(x)$ 不可约且 D 是平方元,则 $G\subset A_4$, $G_h=A_3$, $3\mid \# G$, $G=A_4$.

9. (四次方程根式可解)证明 $\alpha_1+\alpha_2=\sqrt{-\theta_1}$, $\alpha_3+\alpha_4=-\sqrt{-\theta_1}$, $\alpha_1+\alpha_3=\sqrt{-\theta_2}$, $\alpha_2+\alpha_4=-\sqrt{-\theta_2}$, $\alpha_1+\alpha_4=\sqrt{-\theta_3}$, $\alpha_2+\alpha_3=-\sqrt{-\theta_3}$. 从而 $\sqrt{-\theta_1}\sqrt{-\theta_2}\sqrt{-\theta_3}=-q$, $\sqrt{-\theta_1}+\sqrt{-\theta_2}+\sqrt{-\theta_3}=2\alpha_1$. 类似可得 $\alpha_2,\alpha_3,\alpha_4$ 的公式,从而根式可解.

7.4　无根式解方程

设 $f(x)\in\mathbb{Q}[x]$ 为五次不可约多项式, G_f 为其在 $\mathbb{Q}$ 上的伽罗瓦群,视为 f 的复根集 $\{\alpha_1,\alpha_2,\cdots,\alpha_5\}$ 的置换群. 有如下简洁的结果.

定理 1　若 G_f 含对换,则 $G_f=S_5$, $f(x)=0$ 无根式解.

定理 2　若 $\mathbb{Q}(\alpha_1,\alpha_2,\alpha_3)\neq\mathbb{Q}(\alpha_1,\alpha_2,\alpha_3,\alpha_4,\alpha_5)$,则 $G_f=S_5$, $f(x)=0$ 无根式解.

定理 3　若 f 恰有3个实根,2个虚根,则 $G_f=S_5$, $f(x)=0$ 无根式解.(进而,若素数 p 次不可约多项式 $f(x)\in\mathbb{Q}[x]$ 恰有两个虚根,则其伽罗瓦群为 S_p)

定理 2 证明　因 $E=\mathbb{Q}(\alpha_1,\alpha_2,\alpha_3)\neq\mathbb{Q}(\alpha_1,\alpha_2,\alpha_3,\alpha_4,\alpha_5)=K$,故 $G(K/E)\neq\{1\}$,必有 $1\neq\tau\in G(K/E)$. τ 保持 $\alpha_1,\alpha_2,\alpha_3$ 不变,不会再保持 α_4,α_5 不变,只能对换二者,即 $\tau=(45)$,从而对换 $\tau=(45)\in G_f$,由定理1知 $G_f=S_5$.

定理 3 证明　设实数 $\alpha_1,\alpha_2,\alpha_3$ 和虚数 $\beta,\bar{\beta}$ 为 $f(x)$ 的根,则显然 $\mathbb{Q}(\alpha_1,\alpha_2,\alpha_3)\neq\mathbb{Q}(\alpha_1,\alpha_2,\alpha_3,\beta,\bar{\beta})$. 由定理2知 $G_f=S_5$.

定理 1 证明　因 $f(x)$ 不可约,故 $[\mathbb{Q}(\alpha_1):\mathbb{Q}]=5$, $5\mid[K:\mathbb{Q}]=\# G_f$,所以 G_f 含5阶元素 σ(由3.3节,西罗5-子群的中心含5阶子群), S_5 中的5阶元只有5-循环置换. 再由如下群论的引理1即知 $G_f=S_5$.

引理 1　S_5 中,含5-循环和对换的子群 H 必等于 S_5.(进而, S_p 中含对换和 p-循环的子群必为 S_p).

证明 不妨设 H 含 $\sigma=(12345)$ 和 $\tau=(1k)$. 进而可设 $\tau=(12)$ 或 (13)（必要时做 S_5 的自同构. $\{1,2,3,4,5\}$ 的对换只有相邻对换、隔位对换两种，可化为 (12) 或 (13)）.

(1) 设 $\tau=(12)$（相邻对换），计算可知：$(12345)^i(12)(12345)^{-i}$ 取遍相邻对换 $(i,i+1)$，即 $(12),(23),(34),(45),(51)$（当 $i=0,1,2,3,4$ 时）. 而相邻对换生成 S_n（对任意 n），也就是熟知的：经多次相邻对换可化自然排列为任一排列.

(2) $\tau=(13)$（隔位对换），$(12345)^2(13)(12345)^{-2}=(35)$，$(13)(35)(13)=(15)$，是相邻对换，归结于情形(1). ■

由上述定理，可轻易构作出无根式解的五次多项式.

例 1 先写出恰有三个实根、两个虚根的多项式

$$g(x)=x(x-3)(x+3)(x-3\sqrt{-1})(x+3\sqrt{-1})$$
$$=x(x^2-9)(x^2+9)=x^5-81x.$$

再稍微扰动，得到多项式

$$f(x)=x^5-81x+3,$$

易知 $f(x)$ 不可约（由艾森斯坦判别法），且 $f(x)$ 恰有三个实根（因 $g(x)$ 与 $f(x)$ 系数很接近，故根也很接近）. 故由定理 3 知伽罗瓦群 $G_f=S_5$，f 无根式解.

看 $f(x)$ 实根情况（如图 7.11 所示）. $g(x)$ 图形与 x 轴交于三点，$f(x)$ 比 $g(x)$ 图形升高 3（相当于 x 轴降低 3）. 由 $g'(x)=5x^4-81\approx 5(x^2-4)(x^2+4)$，知极值点约为 ± 2，故 $g(x)$ 的极值约为 $g(\pm 2)=\mp 130$. x 轴降低 3 后与曲线仍有三个交点，即 $f(x)$ 仍恰有三个实根.

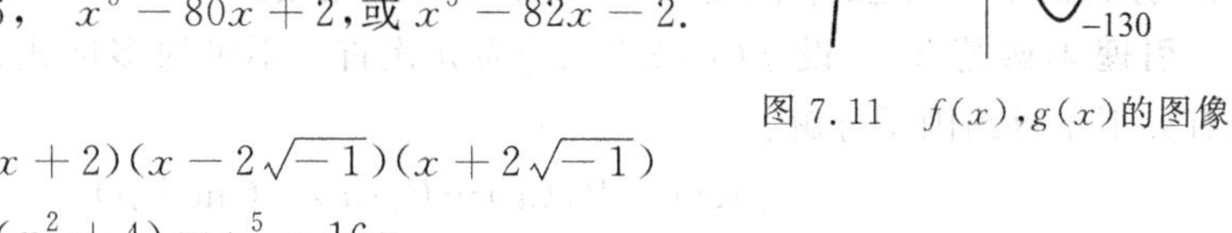

图 7.11 $f(x),g(x)$ 的图像

按例 1 的方法，可得很多无根式解多项式：

$f(x)=x^5-81x+6$，$x^5-80x+2$，或 $x^5-82x-2$.

再如，由多项式

$$g(x)=x(x-2)(x+2)(x-2\sqrt{-1})(x+2\sqrt{-1})$$
$$=x(x^2-4)(x^2+4)=x^5-16x,$$

可得不可约多项式

$$f(x)=x^5-16x+2,$$

也是根式不可解的，等等.

以下进一步讨论，将证明 $x^5-x\pm 1$ 无根式解. 初学者可略过. 仍设域都是特征 0.

引理 2 多项式 $f(x)$ 不可约当且仅当 G_f 在根集上可迁（即对 $f(x)$ 的任意根 α,β，存在 $\sigma\in G_f$ 使 $\sigma(\alpha)=\beta$）.

证明 $f\in F[x]$ 不可约当且仅当其任意两个根 α,β 共轭，即意味着有 $\sigma\in G_f$ 使 $\sigma(\alpha)=\beta$. 反之，若设 $f\in F[x]$ 可约，则为互异不可约因子之积，取 α,β 各为不同因子

$p(x),q(x)\in F[x]$的根，则$p(x)$和$q(x)$分别是它们的最小多项式，故对任意$\sigma\in G_f$，$\sigma(\alpha)$仍为$p(x)$的根，不会等于β. ■

我们已经知道，若n次$f(x)\in F[x]$在其分裂域中有根$\alpha_1,\alpha_2,\cdots,\alpha_n$，则其判别式定义为

$$D(f)=\prod_{1\leqslant i<j\leqslant n}(\alpha_i-\alpha_j)^2,$$

是根的对称多项式，不随根的置换而变，故被G_f固定，$D(f)\in F$，且可表示为f的系数的多项式.由前述对称多项式的方法，易得一些多项式的判别式如下：

$$D(t^2+bt+c)=b^2-4c;$$
$$D(t^3+bt+c)=-4b^3-27c^2;$$
$$D(t^4+bt+c)=-27b^4+256c^3;$$
$$D(t^5+bt+c)=256b^5+3125c^4.$$

引理3　$G_f\leqslant A_n\Leftrightarrow D(f)\in F^2$.

证明　记$\Delta(f)=\prod\limits_{1\leqslant i<j\leqslant n}(\alpha_i-\alpha_j)$（差积），则$\Delta(f)^2=D(f)$，故

$$D(f)\in F^2\Leftrightarrow\Delta(f)\in F\Leftrightarrow\sigma(\Delta(f))=\Delta(f)(\forall\sigma\in G_f)\Leftrightarrow\sigma\text{为偶置换}(\forall\sigma\in G_f).$$

最后一个等价是因为：$\sigma(\Delta(f))=(-1)^{\tau(\sigma)}\Delta(f)$，$\tau(\sigma)$为$\sigma$的奇偶性（表示为对换之积时，对换的个数）.

设$f(x)=a_nx^n+\cdots+a_1x+a_0\in\mathbb{Z}[x]$，素数$p\nmid a_n$，则系数模$p$后就化为$p$元域$\mathbb{F}_p$上的多项式（即系数$a_i$皆视为其模$p$同余类$\bar{a}_i$）.如果$f(x)$可分解，则$f(x)\pmod p$可分解.故若$f(x)\pmod p$不可约，则$f(x)$必不可约.既使$f(x)$模$p$可约，也能得到$f(x)$分解的不少信息.下面是一个，其证明这里略去.

引理4（戴德金）　设$f(x)\in\mathbb{Z}[x]$为n次首一不可约多项式，系数模素数$p\nmid D(f)$后有如下不可约因子分解：

$$f(x)=P_1(x)\cdots P_s(x)\pmod p.$$

记$d_i=\deg P_i(x)$，则$d_1+\cdots+d_s=n$，且G_f含有$(d_1,\cdots,d_s)$型置换（即长为$d_1,\cdots,d_s$的无交循环置换之积）.

引理5　在$\mathbb{Q}$上，$f(x)=x^p-x+c$不可约（对素数$p\nmid c\in\mathbb{Z}$）.

特别地，$x^5-x\pm1$不可约，而$x^5+x\pm1$可约.

证明　系数模p，设α为$f\pmod p$一根，则

$$(\alpha+1)^p-(\alpha+1)+c=\alpha^p+1-\alpha-1+c=\alpha^p-\alpha+c=0\pmod p,$$

故$\alpha+1$也是一根.归纳之知$\alpha+i$皆为$f\pmod p$的根$(i=0,1,\cdots,p-1)$.假若f在$\mathbb{Q}$上可约，则$f\pmod p$也可约，设有$\mathbb{F}_p$上分解$f=gh$，则g的根的和为某些$\alpha+i$的和，即$k\alpha+r(k=\deg g,r\in\mathbb{F}_p)$，应属于$\mathbb{F}_p$，故$\alpha\in\mathbb{F}_p$.这导致$f$在$\mathbb{F}_p$中有$p$个根，矛盾.故$f$不

可约.

而对于 $x^5+x\pm1$,我们有分解

$$x^5+x+1=x^5-x^2+x^2+x+1=x^2(x^3-1)+x^2+x+1$$
$$=(x^2+x+1)[x^2(x-1)+1];$$
$$x^5+x-1=x^5+x^2-x^2+x-1=x^2(x^3+1)-(x^2-x+1)$$
$$=(x^2-x+1)[x^2(x+1)-1].$$ ■

事实上,x^n-x-1 是不可约的,且伽罗瓦群为 S_n(对任意正整数 n,见塞尔默(Selmer)在 1960,和奥萨达(Osada)在 1987 的论文).

引理 6 设 $f(x)=x^5-x+c\in\mathbb{R}[x]$,则 f 恰有 3 个或 1 个实根,分别当 $|c|<M$ 或 $|c|>M$ 时,这里 $M=4/(5\times\sqrt[4]{5})\approx0.535$. 特别知,$x^5-x\pm1$ 恰有一个实根.

证明 记 $g(x)=x^5-x$,恰有三个实根. 注意 $g'=5x^4-1$,故极值点 $x_M=\pm1/\sqrt[4]{5}\simeq\pm0.67$,代入得 $g(x)$ 的两极值为 $M=4/(5\times\sqrt[4]{5})\approx0.535$. 参见图 7.12.

$f=x^5-x+c$ 的图形是将 $g=x^5-x$ 图形上移 c,即得定理. ■

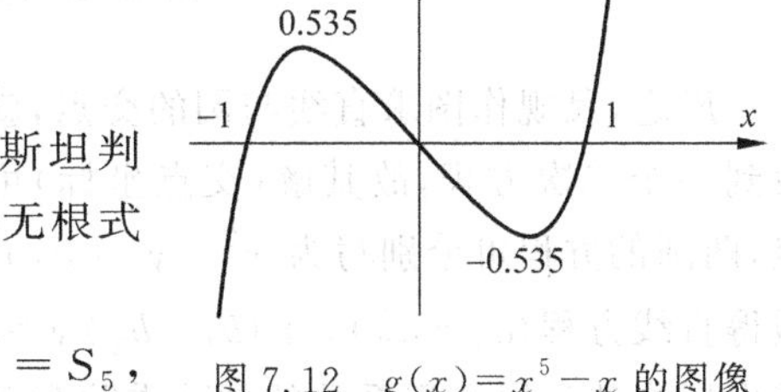

图 7.12 $g(x)=x^5-x$ 的图像

例 2 由引理 6,$x^5-x\pm2/100$ 恰有三个实根,$100x^5-100x+2$ 恰有三个实根,故

$$f=101x^5-100x+2$$

恰有三个实根(小扰动,可验证),不可约(艾森斯坦判别法),故 $f(x)=0$ 无根式解. 类似地,可得很多无根式解的例子.

定理 4 设 $f(x)=x^5-x\pm1$,则 $G_f=S_5$,$f(x)=0$ 无根式解.

证明 (1) 由引理 5 知,$f(x)$ 不可约,故 G_f 含 5-循环置换 σ(添加 $f(x)$ 一个根的单扩张 $\mathbb{Q}(\alpha)$ 为 5 次,故 5 整除 $[\mathbb{Q}(\alpha):\mathbb{Q}]\mid\#G_f$,$G_f$ 含 5 阶元. 见定理 1 证明).

(2) 由引理 3,$D(f)=2869=19\times151$,不是 $\mathbb{Q}$ 中数平方,故 G_f 不属于 A_5.

(3) $x^5-x\pm1=(x^2+x+1)(x^3+x^2+1)\pmod 2$,故由引理 4,$G_f$ 含(2,3)型置换 τ,其阶为 6.

(4) 故 $\#G_f$ 被 $5\times6=30$ 整除,从而 $\#G_f=30,60$,或 120. 但 S_5 无 30 阶子群,60 阶子群只有 A_5(不可能为 G_f,由(2)). 故知 $G_f=S_5$. ■

习 题 7.4

1. 重新概述上两节内容,并对主要结论举出新的例子.
2. 写出 5 个根式不可解的不可约多项式,说明理由.

3. 判断 $f(x)=x^5-6x+3$ 是否可根式解,证明之.

4. $f(x)=3x^5-15x^5+5$ 是否根式可解?

5. $f(x)=24x^5-30x^4+5$ 是否根式可解?

7.5 尺规作图

直尺圆规(尺规)作图问题,也是历史名题.在平面上引入坐标系,则点、直线、圆(圆心和半径)都归结为实数(即线段长).尺规作图问题就化为:基于一些实数(线段长),用尺规作图得到新的实数(线段长).实数1(即单位长度)总是已知的.尺规只能作出直线和圆并求其交点,这对应于一次、二次方程求解.所以尺规作图对应着加、减、乘、除和开平方运算.若已知 $1,a,b$,尺规可以作出 $a\pm b,ab,a/b$ 和 $\sqrt{a}$(可具体证明,见图7.13).

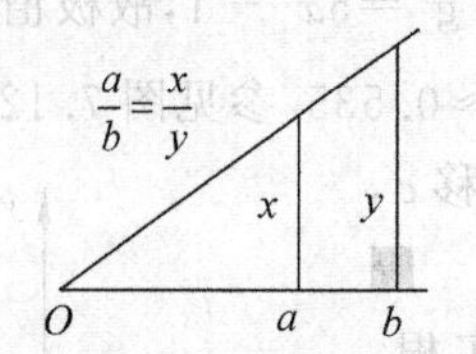

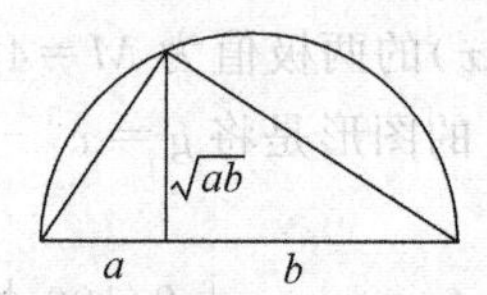

图7.13 尺规作出 a/b 和 $\sqrt{ab}$

反之,尺规作图求直线与圆的交点,就是解一次方程和二次方程联立的方程组.代入得到一个二次方程,故其解(交点坐标)可由加减乘除与开平方得到.再看求两个圆的交点,两圆的方程可分别写为 $x^2+y^2+a_1x+b_1y=c_1$ 和 $x^2+y^2+a_2x+b_2y=c_2$.二式相减得直线方程 $(a_1-a_2)x+(b_1-b_2)y=c_1-c_2$.两圆的交点就是一圆与此直线的交点,其坐标当然是原方程系数的加减乘除和开平方的运算结果.又当作图需任取一点时,我们总可取坐标为有理数的点.

总之,基于已知实数 $1,a_1,a_2,\cdots,a_s$,用尺规能作出实数 x 的充分必要条件是:x 可以由 $1,a_1,a_2,\cdots,a_s$ 经过有限多次的加减乘除和开平方运算得到.

由 $1,a_1,a_2,\cdots,a_s$,经加减乘除生成域 $F=\mathbb{Q}(a_1,a_2,\cdots,a_s)$.开平方引起域的二次扩张,所以,用尺规作图求新数相当于 F 不断地二次扩张得到新数.注意这里是"开平方引起的二次扩张",不同于根式解问题中"开方引起的单根式扩张"(在基域含适当复单位根时为循环扩张)".故在6.7节定理3前根式可解的刻画中,将"**开方**"都改为"**开平方**",则化为尺规构作的判断结果.

定理1 设给定实数 $a_1,a_2,\cdots,a_s$,记域 $F=\mathbb{Q}(a_1,a_2,\cdots,a_s)$.

(1)"基于实数 $a_1,a_2,\cdots,a_s$ 用尺规可构作出 α"当且仅当 α 含于某二次扩张塔

$$F=F_0\subset F_1\subset\cdots\subset F_n,\quad(\text{其中 } F_k=F_{k-1}(\sqrt{m_k}),m_k\in F_{k-1});$$

这也就是说，α 含于扩域 $F_n=F(\sqrt{m_1},\sqrt{m_2},\cdots,\sqrt{m_n})$.

(2) 基于实数 $a_1,a_2,\cdots,a_s$ 由尺规可构作出实数 α 当且仅当 α 属于 F 的某 2^n 次伽罗瓦扩张 K(n 为某非负整数).

证明 只需证(2). 设 α 属于 F 的 2^n 次伽罗瓦扩张 K，则 $G(K)$ 是 2^n 阶群，故是可解群(p-群性质)，所以 $G(K)$ 有阿贝尔子群序列结尾于$\{1\}$，可加细为每层商群都是 2 阶群. 按伽罗瓦理论对应着 F 到 K 的扩域塔，每层为二次扩张，由(1)知 α 可由尺规构作出.

反之，设 α 可尺规构作出. 由(1)知，α 属于 $F_n=F(\sqrt{m_1},\sqrt{m_2},\cdots,\sqrt{m_n})$. 可设 F_n 是 F 的伽罗瓦扩张. 事实上，每当添加$\sqrt{m_k}$ 到 F_{k-1} 时，紧接着将$\sqrt{\sigma m_k}$ 逐一添加到 F_{k-1} 中，这里 σm_k 是 m_k 的共轭元(σ 遍历 F_{k-1} 到$\mathbb{C}$的嵌入. $j=1,2,\cdots,n$). 就得到 α 属于域

$$F_N=F(\sqrt{m_1},\sqrt{\sigma m_1},\cdots,\sqrt{m_n},\cdots,\sqrt{\tau m_n}),$$

F_N 是 F 的伽罗瓦扩张. 这是因为 $r=\sqrt{m_k}$ 满足 $r^2=m_k$，$(\sigma r)^2=\sigma(r^2)=\sigma m_k$，故 $\sigma r=\pm\sqrt{\sigma m_k}\in F_N$. ■

也可以用复数语言，点 $P=(a,b)$ 与复数 $z=a+bi$ 对应. 尺规作图对应于复数的加减乘除开平方及求复共轭运算. 所以定理 4 用复数叙述如下.

定理 1′ 基于复数 $z_1,z_2,\cdots,z_t$ 由尺规可构作出复数 α 当且仅当 α 属于 F 的某 2^n 次伽罗瓦扩张，其中 $F=\mathbb{Q}(z_1,z_2,\cdots,z_t,\bar{z}_1,\bar{z}_2,\cdots,\bar{z}_t)$，$n$ 为某非负整数.

例 1(立方倍积问题) 给定一立方体，要求作出新立方体，使体积加倍. 此问题是古希腊名题. 设给定立方体边长为 a，问题就是要用尺规构作出线段长 b，使 $b^3=2a^3$，即 $b=\sqrt[3]{2}a$. 故问题归结为：由尺规作图构作出 $\alpha=\sqrt[3]{2}$. 注意$\mathbb{Q}(\alpha)$是$\mathbb{Q}$的 3 次扩张(因 x^3-2 不可约). 若 α 可构作，则 α 应属于$\mathbb{Q}$的某 2^n 次扩张 K，即$\mathbb{Q}\subset\mathbb{Q}(\alpha)\subset K$，故 3 整除 2^n，矛盾. 这说明立方倍积不可能.

例 2(三等分角问题) 任意给定角 φ，要求尺规作图构作出角 $\theta=\varphi/3$. 易知

$$\begin{aligned}\cos(3\theta)&=\cos\theta\cos2\theta-\sin\theta\sin2\theta\\&=\cos\theta(\cos^2\theta-\sin^2\theta)-2\sin^2\theta\cos\theta\\&=\cos\theta(2\cos^2\theta-1)-2(1-\cos^2\theta)\cos\theta\\&=4\cos^3\theta-3\cos\theta.\end{aligned}$$

记 $\cos3\theta=c$，$\cos\theta=x$，则得方程 $4x^3-3x-c=0$. 特别取 $\varphi=2\pi/3$，则 $c=1/2$，方程即为 $4x^3-3x-1/2=0$，记 $y=2x$，则方程化为

$$f=y^3-3y-1=0.$$

若 $\theta=\varphi/3$ 能作出，则 $\cos\theta=x$ 和 f 的根 α 也能作出，从而有 2^n 次扩域 $K/\mathbb{Q}$ 使$\mathbb{Q}\subset\mathbb{Q}(\alpha)\subset K$. 因 f 不可约，故 $3=[\mathbb{Q}(\alpha):\mathbb{Q}]$整除 2^n，矛盾，故三等分 60°角不可能.

例 3(化圆为方问题) 给定一个圆，问题是构作出一个面积相等的正方形. 记此圆半

径为 r，正方形边长为 x，则 $x^2=\pi r^2$，即需构作出 $x=\sqrt{\pi}r$. 因为乘法和开平方容易实现，故问题归结为构作出 π. 这需要 $\mathbb{Q}\subset\mathbb{Q}(\pi)\subset K$（对某 2^n 次扩张 $K/\mathbb{Q}$），从而 $\mathbb{Q}(\pi)/\mathbb{Q}$ 是代数扩张，此不可能，因 π 是超越数（例如可见作者所著《初等数论》）.

以上是古希腊三大名题，经历两千多年未能解决，直到抽象代数思想兴起，1837 年由法国旺策尔否定地解决了前两个. 而化圆为方问题到 1882 年被解决，德国林德曼(Lindemann)证明了 π 不是代数数.

例 4(**正多边形作图问题**)　这是古希腊人关心的主要问题. 人们早就会用尺规构作正 3、4、5、15 边形（从而 6、8、10、12、16 边形），但正 7，11，13，17 边形则不得.

在平面上取定坐标系，作单位圆. 如果能作出 n 个点 $P_0, P_1, P_2, \cdots, P_{n-1}$ **等分圆周**，就得到正 n 边形. 记点(1,0)为 P_0，将平面视为复平面，则 P_1 对应于复数

$$\zeta_n=\mathrm{e}^{2\pi\mathrm{i}/n}=\cos 2\pi/n+\mathrm{i}\sin 2\pi/n,$$

于是 $P_0, P_1, P_2, \cdots, P_{n-1}$ 对应于复单位根 $\zeta_n^0, \zeta_n, \zeta_n^2, \cdots, \zeta_n^{n-1}$，故正 n 边形作图归结为作出复单位根 ζ_n.

先看正 p(素数)边形作图，归结为尺规构作出 ζ_p，这相当于

$$\mathbb{Q}\subset\mathbb{Q}(\zeta_p)\subset K\quad(\text{对某 } 2^m \text{ 次扩张 } K/\mathbb{Q}).$$

因 ζ_p 满足 $q(x)=x^{p-1}+\cdots+x+1$，不可约，故 $[\mathbb{Q}(\zeta_p):\mathbb{Q}]=p-1$，所以

$$(p-1)\mid 2^m,\quad p-1=2^d\quad(\text{某正整数 } d).$$

$p=2^d+1$ 为素数只能是 $p=2^{2^k}+1$（某 k），因若 d 有奇数因子 s，则 2^d+1 可约事实上

$$(2^t)^s+1=(2^t+1)(2^{t(s-1)}-\cdots-2^t+1).$$

反之，若素数 $p=2^{2^k}+1$，则 $[\mathbb{Q}(\zeta_p):\mathbb{Q}]=p-1=2^{2^k}$，故 ζ_p 可由尺规作出. 我们得到.

定理 2　(1) 正 p(素数)边形可尺规作出当且仅当 p 为费马素数，即

$$p=2^{2^k}+1\quad(k \text{ 为非负整数}).$$

(2) 正 n 边形可尺规作出当且仅当 n 是互异费马素数与 2 的幂之积，即

$$n=2^a p_1 p_2\cdots p_r,$$

其中 p_i 是互异费马素数，r, a 为任意非负整数($i=1,2,\cdots,r$).

例如，前 5 个费马素数为 $p=3,5,17,257,65537$. 所以，由定理 1(2)可知，n 为如下数时，正 n 边形均可尺规作出：

$$n=3,4,5,6,8,10,12,15,16,17,20 \text{ 等}.$$

但是，正 7，9，11，13，14 边形不可能用尺规作出.

证明　只需证(2). 正 n 边形可作出归结为 ζ_n 可作出，即 $\mathbb{Q}\subset\mathbb{Q}(\zeta_n)\subset K$ 对某 2^m 次扩张 $K/\mathbb{Q}$ 成立，故 $\varphi(n)=[\mathbb{Q}(\zeta_n):\mathbb{Q}]$ 整除 2^m. 从而 $\varphi(n)=2^d$（对某正整数 d）. 设

$$n=2^a p_1^{a_1}\cdots p_r^{a_r}\quad(p_1, \cdots, p_r \text{ 为互异奇素数}),$$

$$\varphi(n)=2^{a-1}p_1^{a_1-1}\cdots p_r^{a_r-1}(p_1-1)\cdots(p_r-1).$$

故知 $\varphi(n)=2^d$ 相当于 $a_1=\cdots=a_r=1$ 且 $p_1,\cdots,p_r$ 皆为费马素数. ■

费马曾猜测,$F_k=2^{2^k}+1$ 对任意 k 都是素数.但欧拉发现 $F_5=2^{32}+1$ 不是素数.我们易证 641 整除 $2^{32}+1$ 如下:因 $641=2^7\times5+1$,故

$$2^{32}=(2^7)^4\times2^4\equiv-(2^7)^4\times5^4\equiv-1 \pmod{641}.$$

现以 $p=17$ 为例,简介正多边形的作图方法.记 $\zeta=\zeta_p$,$p=17$.由 6.6 节定理 2,$K=\mathbb{Q}(\zeta)$是 $p-1=16$ 次伽罗瓦扩张,其伽罗瓦群 G 与$(\mathbb{Z}/17\mathbb{Z})^*$同构:

$$(\mathbb{Z}/17\mathbb{Z})^*\cong G,\quad \bar{a}\mapsto\sigma_a,\quad \sigma_a\zeta=\zeta^a.$$

$(\mathbb{Z}/17\mathbb{Z})^*$是循环群,由原根 $\bar{3}$ 生成:$\bar{3}^2=\bar{9}$,$\bar{3}^4=-\bar{4}$,$\bar{3}^8=-\bar{1}$,$\bar{3}^{16}=\bar{1}$.这说明 $\sigma=\sigma_3$ 是循环群 G 的生成元,$\sigma^{16}=1$,故 G 恰有 2,4,8 阶真子群:$H_8=\langle\sigma^8\rangle$,$H_4=\langle\sigma^4\rangle$,$H_2=\langle\sigma^2\rangle$.子群链 $G\supset H_2\supset H_4\supset H_8\supset\{1\}$按伽罗瓦理论对应着二次扩域塔:

$$\mathbb{Q}\subset K_2\subset K_4\subset K_8\subset\mathbb{Q}(\zeta),$$

其中 $K_i=K^{H_i}(i=2,4,8)$.我们将证明此二次扩域塔即为

$$\mathbb{Q}\subset\mathbb{Q}(\alpha_2)\subset\mathbb{Q}(\alpha_2,\alpha_4)\subset\mathbb{Q}(\alpha_2,\alpha_4,\alpha_8)\subset\mathbb{Q}(\zeta),$$

其中

$$\alpha_2=\sum_{k=1}^{8}\sigma^{2k}(\zeta)=(-1+\sqrt{17})/2,\quad \alpha_2'=\sigma(\alpha_2)=(-1-\sqrt{17})/2,$$

$$\alpha_4=\sum_{k=1}^{4}\sigma^{4k}(\zeta)=\left(\alpha_2+\sqrt{\alpha_2^2+4}\right)/2,\quad \tilde{\alpha}_4=\sigma(\alpha_4)=\left(\alpha_2'+\sqrt{\alpha_2'^2+4}\right)/2,$$

$$\alpha_8=\sum_{k=1}^{2}\sigma^{8k}(\zeta)=\left(\alpha_4+\sqrt{\alpha_4^2-4\tilde{\alpha}_4}\right)/2=2\cos(2\pi/17),$$

$$\zeta=\left(\alpha_8+\sqrt{\alpha_8^2-4}\right)/2.$$

由此塔可知,可依次陆续用尺规作出 $\alpha_2,\alpha_4,\alpha_8,\zeta$,从而作出 $1,\zeta^{-1},\cdots,\zeta^{16}$,完成正 17 边形作图.事实上,只要作出 $\alpha_8=2\cos(2\pi/17)$,就可作出正 17 边形了.

将上述公式顺次代入,可得 $\alpha_8=2\cos\dfrac{2\pi}{17}$和 ζ_{17} 的以平方根式表达的明显公式:

$$\begin{aligned}\alpha_8&=2\cos\frac{2\pi}{17}\\&=\frac{1}{8}\Big\{-1+\sqrt{17}+\sqrt{34-2\sqrt{17}}+\\&\qquad\sqrt{(1-\sqrt{17}-\sqrt{34-2\sqrt{17}})^2+16(1+\sqrt{17}-\sqrt{34+2\sqrt{17}})}\Big\},\\ \zeta_{17}&=\frac{1}{2}\left(\alpha_8+\sqrt{\alpha_8^2-4}\right).\end{aligned}$$

由此表达式,可逐步用尺规作出 $2\cos(2\pi/17)$ 和 ζ_{17},从而作出正 17 边形.

现在证明 $K_2=\mathbb{Q}(\alpha_2), K_4=\mathbb{Q}(\alpha_2,\alpha_4), K_8=\mathbb{Q}(\alpha_2,\alpha_4,\alpha_8)$ 如上述. 因 $\overline{3}^8=-\overline{1}$,故 $\sigma^8\zeta=\zeta^{3^8}=\zeta^{-1}=\overline{\zeta}, \sigma^{10}\zeta=\sigma^2\overline{\zeta}, \sigma^{12}\zeta=\sigma^4\overline{\zeta}, \sigma^{14}\zeta=\sigma^6\overline{\zeta}$,故

$$\begin{aligned}\alpha_2&=\sum_{k=1}^{8}\sigma^{2k}\zeta=(\sigma^8\zeta+\sigma^0\zeta)+(\sigma^{10}\zeta+\sigma^2\zeta)+(\sigma^{12}\zeta+\sigma^4\zeta)+(\sigma^{14}\zeta+\sigma^6\zeta)\\&=(\overline{\zeta}+\zeta)+(\sigma^2\overline{\zeta}+\sigma^2\zeta)+(\sigma^4\overline{\zeta}+\sigma^4\zeta)+(\sigma^6\overline{\zeta}+\sigma^6\zeta)\\&=(\overline{\zeta}+\zeta)+(\overline{\zeta^8}+\zeta^8)+(\overline{\zeta^4}+\zeta^4)+(\overline{\zeta^2}+\zeta^2).\end{aligned}$$

记 $\theta=2\pi/17$,得

$$\alpha_2=2(\cos\theta+\cos2\theta+\cos4\theta+\cos8\theta).$$

显然 $\sigma^2(\alpha_2)=\alpha_2$ 而 $\sigma(\alpha_2)\neq\alpha_2$,这说明 $\mathbb{Q}(\alpha_2)=K^{H_2}$ 为二次域. 同样可得 α_2 的共轭元

$$\alpha'_2=\sigma(\alpha_2)=\sum_{k=1}^{8}\sigma^{2k+1}(\zeta)=2(\cos3\theta+\cos5\theta+\cos6\theta+\cos7\theta).$$

易算得

$$\alpha_2+\alpha'_2=\sum_{k=1}^{16}\zeta^k=-1,\quad \alpha_2\alpha'_2=-4$$

(前者因为 $\prod(x-\zeta^k)=(x^{17}-1)/(x-1)=x^{16}+x^{15}+\cdots+x+1$,故 $-\sum\zeta^k$ 是其中 x^{15} 的系数. 后者直接相乘,利用三角公式 $2\cos\alpha\cos\beta=\cos(\alpha+\beta)-\cos(\alpha-\beta)$). 于是 α_2,α'_2 满足

$$x^2+x-4=0.$$

因为 $\alpha_2>0$ 而 $\alpha'_2<0$(由 17 等分圆图易知),故得

$$\alpha_2=(-1+\sqrt{17})/2,\quad \alpha'_2=(-1-\sqrt{17})/2.$$

类似可得

$$\alpha_4=\sum_{k=1}^{4}\sigma^{4k}\zeta=\zeta^{-4}+\zeta^{-1}+\zeta^4+\zeta^1=2(\cos\theta+\cos4\theta)$$

$$\alpha'_4=\sigma^2(\alpha_4)=\sum_{k=1}^{4}\sigma^{4k+2}(\zeta)=\zeta^{-2}+\zeta^8+\zeta^2+\zeta^{-8}=2(\cos2\theta+\cos8\theta).$$

α_4,α'_4 满足 $\alpha_4+\alpha'_4=\alpha_2, \alpha_4\alpha'_4=-1$,故满足 $x^2-\alpha_2x-1=0$. 所以得

$$\alpha_4=\left(\alpha_2+\sqrt{\alpha_2^2+4}\right)/2,\quad \alpha'_4=\left(\alpha_2-\sqrt{\alpha_2^2+4}\right)/2.$$

显然 $\sigma^4(\alpha_4)=\alpha_4$,而 $\sigma^2(\alpha_4)\neq\alpha_4$,所以 $K_4=K^{H_4}=\mathbb{Q}(\alpha_2,\alpha_4)$. α_4 还有两个 $\mathbb{Q}$-共轭元为

$$\widetilde{\alpha}_4=\sigma(\alpha_4)=\zeta^3+\zeta^5+\zeta^{-3}+\zeta^{-5}=2(\cos3\theta+\cos5\theta),$$

$$\widetilde{\alpha}'_4=\sigma^3(\alpha_4)=\zeta^6+\zeta^7+\zeta^{-6}+\zeta^{-7}=2(\cos6\theta+\cos7\theta),$$

而且易算得 $\tilde{\alpha}_4+\tilde{\alpha}'_4=\alpha'_2,\tilde{\alpha}_4\tilde{\alpha}'_4=-1$,故

$$\tilde{\alpha}_4=\left(\alpha'_2+\sqrt{\alpha'^2_2+4}\right)/2,\quad \tilde{\alpha}'_4=\left(\alpha'_2-\sqrt{\alpha'^2_2+4}\right)/2.$$

最后考虑

$$\alpha_8=\sum_{k=1}^{2}\sigma^{8k}(\zeta)=\sigma^8(\zeta)+\sigma^{16}(\zeta)=\zeta^{-1}+\zeta^1=2\cos\theta.$$

易知 $\sigma^8(\alpha_8)=\alpha_8$ 而 $\sigma^4(\alpha_8)\neq\alpha_8$,故 $K_8=K^{H_8}=\mathbb{Q}(\alpha_2,\alpha_4,\alpha_8)$ 是 K_4 的二次扩张,$\mathrm{Gal}(K_8/K_4)=\{1,\sigma^4\}$. α_8 的 K_4-共轭元 $\alpha'_8=\sigma^4(\alpha_8)$ 为

$$\alpha'_8=\sigma^4(\alpha_8)=\sum_{k=1}^{2}\sigma^{8k+4}(\zeta)=\zeta^4+\zeta^{-4}=2\cos4\theta.$$

由 $\alpha_8+\alpha'_8=\alpha_4,\alpha_8\alpha'_8=\tilde{\alpha}_4$,所以 α_8,α'_8 适合方程 $x^2+\alpha_4x+\tilde{\alpha}_4=0$,故

$$\alpha_8=\left(\alpha_4+\sqrt{\alpha_4^2-4\tilde{\alpha}_4}\right)/2,\quad \alpha'_8=\left(\alpha_4-\sqrt{\alpha_4^2-4\tilde{\alpha}_4}\right)/2.$$

最后,$\mathbb{Q}(\zeta)$ 是 K_8 的二次扩张,$\mathrm{Gal}(\mathbb{Q}(\zeta)/K_b)=\{1,\sigma^8\}$,$\zeta$ 的 K_8-共轭元为 $\sigma^8(\zeta)=\zeta^{-1}$. 而 $\zeta+\zeta^{-1}=\alpha_8,\zeta\zeta^{-1}=1$,故 ζ,ζ^{-1} 满足 $x^2-\alpha_8x+1=0$,得 $\zeta=\left(\alpha_8+\sqrt{\alpha_8^2-4}\right)/2$. 这就完全证明了上面所述.

习 题 7.5

1. 证明 $\alpha=2\cos2\pi/5$ 满足方程 $x^2+x-1=0$,从而说明正五边形可用尺规作出,并给出具体步骤.

2. (1) 证明正 120 边形可由尺规作出,从而可以作出 3 度的角,可作出 $\cos3°$ 和 $\sin3°$,而且 3 度是尺规可作出的最小的整数度角.

(2) 求出 $\cos3°$ 的二次根式表达式.

3. 证明 $\alpha=2\cos2\pi/7$ 满足 $x^3+x^2-2x-1=0$,并由此说明正七边形不能用尺规作出.

4. 证明 7 次分圆 $\mathbb{Q}(\zeta_7)$ 含 $\mathbb{Q}(\sqrt{-7})$.

5. 求 $\mathbb{Q}(\zeta_8)$ 的所有二次子域.

6. 求 $\mathbb{Q}(\zeta_{15})$ 的所有二次子域.

7.6 有 限 域

有限域就是元素个数有限的域. 在多种理论和数字化高科技中都很重要.

设 F 是有限域,则域的特征只能为某素数 p,故 F 的最小子域同构于 $\mathbb{F}_p=\mathbb{Z}/p\mathbb{Z}$,可认为 $F\supset\mathbb{F}_p$. 我们总是固定 $\mathbb{F}_p$ 的一个代数闭包 $\mathbb{F}_p^{ac}$,认为任意特征 p 的有限域,即 $\mathbb{F}_p$ 的有限扩域,都在 $\mathbb{F}_p^{ac}$ 中.

设 F 是 $\mathbb{F}_p$ 的 n 次扩域,则 F 是 $\mathbb{F}_p$ 上的 n 维线性空间,故 F 的元素个数为 $q=p^n$(警告:当 $n>1$ 时,$\mathbb{Z}/p^n\mathbb{Z}$ 不是 p^n 元域). F 的非零元集 F^* 是 $q-1$ 阶乘法群,元素满足

$x^{q-1}=1$,故 F 的 q 个元素皆满足方程

$$W(x)=x^q-x=0.$$

而此方程只有 q 个根(在$\mathbf{F}_p^{ac}$ 中),且都互异(因 $W'=qx^{q-1}-1=-1$),故 F 的元素恰为 x^q-x 的 q 个根. F 是 x^q-x 的分裂域,即有分解

$$x^q-x=\prod_{\alpha\in F}(x-\alpha).$$

反之,对任意素数幂 $q=p^n$,记多项式 $x^q-x\in\mathbf{F}_p[x]$的根集合为K(在$\mathbf{F}_p$ 的代数闭包$\mathbf{F}_p^{ac}$ 中).易直接验证 K 为 q 元域(从而为 x^q-x 的分裂域):对任意 $\alpha,\beta\in\mathbf{F}_p^{ac}$,因 $\mathrm{C}_p^k=p(p-1)\cdots(p-k+1)/k!$ 是 p 的倍数,故

$$(\alpha+\beta)^p=\alpha^p+\cdots+\mathrm{C}_p^k\alpha^k\beta^{p-k}+\cdots+\beta^p=\alpha^p+\beta^p.$$

从而$(\alpha+\beta)^{p^m}=\alpha^{p^m}+\beta^{p^m}$(对任意 m).故若 $\alpha,\beta\in K$,则$(\alpha+\beta)^{p^n}=\alpha^{p^n}+\beta^{p^n}=\alpha+\beta$,$(\alpha\beta)^{p^n}=\alpha^{p^n}\beta^{p^n}=\alpha\beta$,故$\alpha+\beta,\alpha\beta\in K$.又 $0,1\in K$,$(-\alpha)^{p^n}=(-\alpha)$,$(1/\alpha)^{p^n}=1/\alpha^{p^n}=1/\alpha$,故 K 为q 元域,再由分裂域的唯一性,我们证明了如下定理.

定理1　对任意素数 p 和正整数 n,存在一个 p^n 元有限域,记为$\mathbf{F}_{p^n}$,作为$\mathbf{F}_p^{ac}$ 的子域是唯一的. $\mathbf{F}_{p^n}$ 是 $W(x)=x^q-x$ 的分裂域,且恰由其根组成.每个有限域必同构于某个$\mathbf{F}_{p^n}$.

系1　任一有限域$\mathbf{F}_q$ 的任意 $n(\geqslant 1)$次扩张(在$\mathbf{F}_q^{ac}$ 中)存在且唯一,就是$\mathbf{F}_{q^n}$.

证明　记 $q=p^m$,$q^n=p^{mn}$,由定理1知 $x^{p^{mn}}-x$ 的分裂域为$\mathbf{F}_{p^{mn}}$,是$\mathbf{F}_p$ 的 mn 次扩张,故$[\mathbf{F}_{p^{mn}}:\mathbf{F}_{p^m}]=[\mathbf{F}_{p^{mn}}:\mathbf{F}_p]/[\mathbf{F}_{p^m}:\mathbf{F}_p]=mn/m=n$.反之,$\mathbf{F}_q$ 的任何 n 次扩张必为$\mathbf{F}_p$ 的 mn 次扩张,只能是$\mathbf{F}_{p^{mn}}$. ■

扩张$\mathbf{F}_{p^n}/\mathbf{F}_p$ 必为单扩张,因为中间域个数有限(6.4节定理5).故必存在 $\alpha\in\mathbf{F}_{p^n}$ 使得$\mathbf{F}_{p^n}=\mathbf{F}_p(\alpha)$. α 的极小多项式 $P(x)\in\mathbf{F}_p[x]$是 n 次不可约多项式.

例1　考虑4元域$\mathbf{F}_{2^2}$,就是 $x^4-x=x(x-1)(x^2+x+1)$的根集,故由定理1知

$$\mathbf{F}_{2^2}=\{0,1,\alpha,\alpha+1\}=\{0,1,\alpha,\alpha^2\},$$

其中 $\alpha,1+\alpha=\alpha^2$ 为 $P(x)=x^2+x+1$ 的两根.当然,也可先找到不可约多项式 $P(x)=x^2+x+1$,向$\mathbf{F}_2$ 添加 $P(x)$一根 α(在$\mathbf{F}_2^{ac}$ 中)生成$\mathbf{F}_2(\alpha)=\{b_1\alpha+b_0\mid b_1,b_0\in\mathbf{F}_2\}$,是$\mathbf{F}_2$ 的二次扩张,即$\mathbf{F}_{2^2}=\mathbf{F}_2(\alpha)$.而由域论基础知道$\mathbf{F}_2(\alpha)\cong\mathbf{F}_2[x]/(P(x))=\{b_1\bar{x}+b_0\mid b_1,b_0\in\mathbf{F}_2\}$,$\alpha\mapsto\bar{x}$,这里 $\bar{x}$ 是 x 模 $P(x)$的同余类,$P(\bar{x})=0$.

定理2　有限域 F 的乘法群 F^* 必是循环群.详言之,

$$\mathbf{F}_q^*=\{1,\rho,\rho^2,\cdots,\rho^{q-2}\}.$$

证明　方程 $x^d=1$ 在域中最多有 d 个根,故 F^* 中阶整除 d 的元素最多有 d 个.假

若 F^* 不是循环群，按有限阿贝尔群基本定理，F^* 必有子群同构于 $C_p\times C_p$（这里 $C_p=\langle a\rangle$是素数 p 阶循环子群），则有 p^2 个元素$(a^i,a^j)(i,j=0,1,\cdots,p-1)$，阶都整除 p. 矛盾. ■

此定理说明，$\mathbf{F}_{p^n}^*=\langle\rho\rangle$是 p^n-1 阶复单位根群（循环群，同构于$\mathbb{Z}/(p^n-1)\mathbb{Z}$），其生成元 ρ 称为**本原元素**. $\mathbf{F}_{p^n}$ 的本原元素共$\varphi(p^n-1)$个，即

$$\{\rho^k\mid(k,p^n-1)=1\}.$$

例 2 考虑 2^3 元域$\mathbf{F}_{2^3}$，是 $x^{2^3}-x$ 的根集，容易得到不可约因子分解式：

$$x^{2^3}-x=x(x^7-1)=x(x-1)(x^3+x+1)(x^3+x^2+1).$$

设 α 是 $P(x)=x^3+x+1$ 的根，则 α 是 x^7-1 的本原根（7 为素数，x^7-1 的非 1 根的阶必为 7，是本原元），故$\mathbf{F}_{2^3}=\{0,1,\alpha,\cdots,\alpha^6\}$. $P(x)$的根为 α,α^2,α^4. $\widetilde{P}(x)=x^3+x^2+1$ 的根是 $\alpha^{-1}=\alpha^6,\alpha^{-2}=\alpha^5,\alpha^{-4}=\alpha^3$（因 $x^3\widetilde{P}(x^{-1})=P(x)$，$\widetilde{P}$ 与 P 为互反多项式，根互逆）.

定理 3 (1) $\mathbf{F}_{p^n}/\mathbf{F}_p$ 为伽罗瓦循环扩张，其伽罗瓦群为 n 阶循环群：

$$G=\{1,\varphi,\varphi^2,\cdots,\varphi^{n-1}\},$$

其中 $\varphi(\alpha)=\alpha^p,\varphi^k(\alpha)=\alpha^{p^k}$（对任意 $\alpha\in\mathbf{F}_{p^n}$），$\varphi$ 称为斐波那契自同构.

(2) $\mathbf{F}_{p^n}\supset\mathbf{F}_{p^d}$ 当且仅当 $d\mid n$. 此时$\mathbf{F}_{p^n}/\mathbf{F}_{p^d}$ 的伽罗瓦群 $G_{n/d}=\langle\varphi^d\rangle$，是 n/d 阶循环群. 所以 n 的正因子 d 一一对应于$\mathbf{F}_{p^n}$ 的子域$\mathbf{F}_{p^d}$ 和 G 的子群$\langle\varphi^d\rangle$.

（这里设有限域皆在固定的$\mathbf{F}_p^{ac}$ 中）

证明 (1) 因$\mathbf{F}_{p^n}$ 为 $x^{p^n}-x$ 的分裂域，故是伽罗瓦域（正规可分）. φ 显然是自同构：

$$\varphi(\alpha+\beta)=(\alpha+\beta)^p=\alpha^p+\beta^p=\varphi(\alpha)+\varphi(\beta),$$

$$\varphi(\alpha\beta)=(\alpha\beta)^p=\alpha^p\beta^p=\varphi(\alpha)\varphi(\beta)\quad(\text{对 }\alpha,\beta\in\mathbf{F}_{p^n}).$$

φ 是单射：域的非零同态都是单射. φ 是满射：因是有限域到自身的单射，故是满射. 假若 $\varphi^k=1$，则任意 $\alpha\in\mathbf{F}_q$ 满足 $\alpha=\varphi^k(\alpha)=\alpha^{p^k}$. 满足此式的 $\alpha\in F^{ac}$ 最多 p^k 个，故 $p^n\leqslant p^k$，$n\leqslant k$，从而知 φ 的阶至少为 n，应就是 n，故 φ 生成伽罗瓦群 G.

(2) 因 G 是循环群，故$|G|=n$ 的因子 d 一一对应于 $G=\langle\varphi\rangle$的子群$\langle\varphi^d\rangle$. 而按伽罗瓦理论，G 的子群$\langle\varphi^d\rangle$一一对应于$\mathbf{F}_{p^n}$ 的子域$\mathbf{F}_{p^d}$，其中$\mathbf{F}_{p^d}$ 是$\langle\varphi^d\rangle$的固定子域，$\langle\varphi^d\rangle=G(\mathbf{F}_{p^n}/\mathbf{F}_{p^d})$，而 $G(\mathbf{F}_{p^d}/\mathbf{F}_p)=G/\langle\varphi^d\rangle$. ■

例如，$\mathbf{F}_{p^{12}}$ 和$\mathbf{F}_{p^8}$ 的子域如图 7.14 所示.

设 ρ 是$\mathbf{F}_{p^n}$ 的本原元（即$\mathbf{F}_{p^n}^*$ 的生成元，阶为 $r=p^n-1$），则 ρ 的极小多项式 $P(x)$称为**本原多项式**. 由于$\mathbf{F}_{p^n}^*=\langle\rho\rangle$，所以$\mathbf{F}_p(\rho)=\mathbf{F}_{p^n}$，故 $P(x)$是 n 次不可约多项式. $P(x)$的

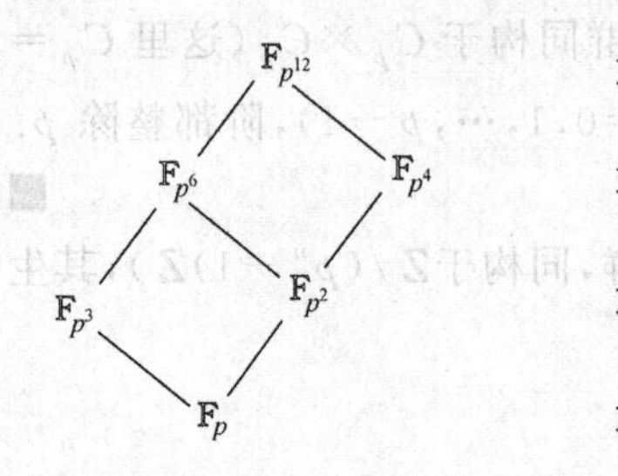

图 7.14　$\mathbf{F}_{p^{12}}$ 和$\mathbf{F}_{p^8}$ 的子域

根集是 ρ 的共轭元集，即 $G\rho=\{\rho,\rho^p,\rho^{p^2},\cdots,\rho^{p^{n-1}}\}$. $P(x)$的根都是本原元(因互为共轭). $\mathbf{F}_{p^n}$ 的本原元个数为 $\varphi(p^n-1)$，故$\mathbf{F}_p$ 上 n 次本原多项式个数为 $\varphi(p^n-1)/n$.

特别地，我们知道，对任意正整数 n，$\mathbf{F}_p$ 上 n 次不可约多项式是存在的——因为 n 次本原多项式总是存在的. 非本原的 n 次不可约多项式存不存在都可能(下面有例子)；如果存在，其根的阶 $r<p^n-1$.

记 α 的阶是 $\mathrm{ord}(\alpha)$，则 α^k 的阶 $\mathrm{ord}(\alpha^k)=\mathrm{ord}(\alpha)/(k,\mathrm{ord}(\alpha))$.

不可约多项式 $P(x)$的各个根是共轭的，有相同的阶 r. 其根 $\alpha\in\mathbf{F}_{p^n}^*$ 的阶 r 也称为 $P(x)$的**周期**. 因为 α 的阶就是使 $\alpha^r=1$，即 α 满足 $x^r-1=0$ 的最小正整数 r；即使得 $P(x)\mid x^r-1$ 的最小 r；亦即使 $x^r\equiv 1(\mathrm{mod}\ P(x))$的最小 r；故也称 r 为 x 模 $P(x)$的阶，记为$\mathrm{ord}_{P(x)}(x)$. 就是 $\bar{x}$ 在$\mathbf{F}_p[x]/(P(x))$中的阶.

所以可以说，$\mathbf{F}_p$ 上n 次本原多项式$P(x)$就是周期 $r=p^n-1$ 的不可约多项式；即满足 $P(x)\mid x^{p^n-1}-1$，但 $P(x)\nmid x^{(p^n-1)/\delta}-1$(对任意 $\delta>1,\delta\mid r$).

例 3　考虑$\mathbf{F}_{2^4}$，是$\mathbf{F}_2$ 的 4 次扩张. 易知 $P(x)=x^4+x+1$ 是$\mathbf{F}_2$ 上不可约多项式(因一次和二次不可约多项式只有：$x,x-1,x^2+x+1$，皆不整除 $P(x)$). 添加 $P(x)$一根 α 到$\mathbf{F}_2$，得$\mathbf{F}_{2^4}=\mathbf{F}_2(\alpha)$，其伽罗瓦群 $G=\{1,\varphi,\varphi^2,\varphi^4\}$，$\varphi\alpha=\alpha^2$. 因 $\alpha^4=\alpha+1,\alpha^5=\alpha^2+\alpha$，故 α 是 15 阶元，是本原元. $\mathbf{F}_{2^4}=\{0,1,\alpha,\cdots,\alpha^{14}\}$，其中本原元个数为 $\varphi(15)=8$. $P(x)$的根集是 α 的共轭类：$G\alpha=\{\alpha,\alpha^2,\alpha^4,\alpha^8\}$. $P(x)$的互反多项式为 $\widetilde{P}(x)=x^4+x^3+1$，根集为 $G\alpha^{-1}=\{\alpha^{-1},\alpha^{-2},\alpha^{-4},\alpha^{-8}\}$. 只有 $P(x)$，$\widetilde{P}(x)$这两个本原多项式.

还有 5 阶元 $\varphi(5)=4$ 个，即 $G\alpha^3=\{\alpha^3,\alpha^6,\alpha^{12},\alpha^9\}$，它们满足 $P_{43}=(x^5-1)/(x-1)=x^4+x^3+x^2+x+1$，不是本原多项式. 有三阶元两个：$\alpha^5,\alpha^{10}$，满足 $P_2=x^2+x+1$，属于子域$\mathbf{F}_{2^2}$. 因此得到多项式的分解：

$$x^{2^4}-x=x(x^{15}-1)=x(x-1)\,\frac{x^3-1}{x-1}\cdot\frac{x^5-1}{x-1}Q(x)$$

$$=x(x-1)(x^2+x+1)(x^4+x^3+x^2+x+1)(x^4+x+1)(x^4+x^3+1).$$

系 2　设 $P_d(x)$是$\mathbf{F}_p$ 上任意 d 次不可约多项式，则 $P_d(x)\mid(x^{p^n}-x)$当且仅当 $d\mid n$.

证明　添加 $P_d(x)$一根 α 生成单扩张$\mathbf{F}_p(\alpha)$，是$\mathbf{F}_p$ 的 d 次扩张，故$\mathbf{F}_p(\alpha)=\mathbf{F}_{p^d}$. 如果 $d\mid n$，则$\mathbf{F}_{p^d}\subset\mathbf{F}_{p^n}$，故 $\alpha\in\mathbf{F}_{p^n}$，从而 $P_d(x)$的根皆属于$\mathbf{F}_{p^n}$(因是正规域)，知 $P_d(x)\mid$

$(x^{p^n}-x)$(因$\mathbf{F}_{p^n}$是$x^{p^n}-x$的根集). 反之,若$P_d(x)\mid(x^{p^n}-x)$,则其根$\alpha\in\mathbf{F}_{p^n}$(为$x^{p^n}-x$的根集),故$\mathbf{F}_{p^d}=\mathbf{F}_p(\alpha)\subset\mathbf{F}_{p^n}$,从而$d\mid n$. ■

引理 1 (1) 对任一域F上多项式, $(x^d-1)\mid(x^n-1)$当且仅当$d\mid n$.

(2) 对任一域F上多项式,$(x^{p^d}-x)\mid(x^{p^n}-x)$当且仅当$d\mid n$.

(3) 对任一正整数a,$(a^d-1)\mid(a^n-1)$当且仅当$d\mid n$.

证明 (1) 设$n=dq+r$,$0\leqslant r<d$,则

$$x^n-1=x^{dq}x^r-x^r+x^r-1=x^r(x^{dq}-1)+x^r-1,$$

故x^n-1除以x^d-1余x^r-1,整除需$r=0$.

(2) 由(1)知$(x^{p^d-1}-1)\mid(x^{p^n-1}-1)\Leftrightarrow(p^d-1)\mid(p^n-1)\Leftrightarrow d\mid n$.

(3) 与(1) 同样可证. ■

引理 1 很有用,特别可简证定理 3(2)中结论"$\mathbf{F}_{p^d}\subset\mathbf{F}_{p^n}$当且仅当$d\mid n$": $\mathbf{F}_{p^d}\subset\mathbf{F}_{p^n}$相当于$(x^{p^d}-x)\mid(x^{p^n}-x)$,或$(x^{p^d-1}-1)\mid(x^{p^n-1}-1)$,即$d\mid n$.

系 2 实际上给出了如下重要分解式.

定理 4 $$x^{p^n}-x=\prod_{d\mid n}\prod_{\deg P_d=d}P_d(x),$$

其中$P_d(x)$取遍$\mathbf{F}_p$上d次不可约首一多项式(对$d\mid n$).

这就是说,$x^{p^n}-x$是$\mathbf{F}_p$上所有的$d\mid n$次不可约多项式之积. $\mathbf{F}_p$上所有$d\mid n$次不可约多项式都是$x^{p^n}-x$的因子. 我们看到$W(x)=x^{p^n}-x$的"万有性":

(1) $W(x)$的根是$\mathbf{F}_{p^n}$元素全部; (2) $W(x)$的因子是$d\mid n$次不可约式全部.

总结一下,$\mathbf{F}_{p^n}$有三种表示方式: $x^{p^n}-x$的根集,$\mathbf{F}_{p^n}^*=\{1,\cdots,\rho^{p^n-2}\}$,$\mathbf{F}_p(\alpha)$. 两个重要的循环群:

$\mathbf{F}_{p^n}$的伽罗瓦群$G=\langle\varphi\rangle$,n阶,子群$\langle\varphi^d\rangle$与因子$d\mid n$,子域$\mathbf{F}_{p^d}$,一一对应.

$\mathbf{F}_{p^n}^*=\langle\rho\rangle$,$p^n-1$阶循环群,子群是$r$阶循环群,$r\mid(p^n-1)$.

$\mathbf{F}_{p^n}$的非零元素α(即$x^{p^n-1}-1$的根,是其某因子$P(x)$的根)可划归为 3 类:

第 1 类元素 阶$r=p^n-1$,是本原元,共$\varphi(p^n-1)$个,故$\mathbf{F}_p$上n次本原多项式共$\varphi(p^n-1)/n$个,其n个根是一个共轭类. $P(x)$是n次本原多项式相当于$P(x)$的根α的阶为p^n-1,即α满足$x^{p^n-1}-1$且p^n-1最小,亦即$P(x)\mid(x^{p^n-1}-1)$且$P(x)\nmid(x^{(p^n-1)/\delta}-1)$(对任意$\delta>1$).

第 2 类元素 阶$r<p^n-1$,非本原元,但不属于$\mathbf{F}_{p^n}$的任何真子域,其极小多项式是n次非本原不可约多项式$P(x)$(因$\mathbf{F}_p(\alpha)=\mathbf{F}_{p^n}$),是$x^{(p^n-1)/\delta}-1$的根(对某$\delta>1$),但不

是 $x^{p^d-1}-1$ 的根(任意 $d\mid n, d<n$)，即 $P(x)\mid(x^{(p^n-1)/\delta}-1)$ 但是 $P(x)\nmid(x^{p^d-1}-1)$(这里 $\delta\mid(p^n-1)$. 任意 $d\mid n, d<n$).

第3类元素　阶 $r<p^n-1$，属于某真子域 $\mathbb{F}_{p^d}$(某 $d\mid n, d<n$)，是 $x^{p^d-1}-1$ 的根，即极小多项式 $P(x)\mid(x^{p^d-1}-1)$，次数是 d. 而最小的 d 的求法是如下系3.

系3　设 $\mathbb{F}_{p^n}$ 中 r 阶元素 $\alpha\in\mathbb{F}_{p^d}$，则最小的 d 为 p(模 r)的阶，即使得 $p^d\equiv1(\bmod r)$ 的最小 d.

证明　由 $\alpha^r=1$ 且 r 最小，知 α 是 x^r-1 的本原根. 欲求最小 d 使 $(x-\alpha)\mid(x^{p^d-1}-1)$，等价于 $(x^r-1)\mid(x^{p^d-1}-1)$(因 x^r-1 的任意根 $\beta=\alpha^k\in\mathbb{F}_{p^d}$)，即 $r\mid(p^d-1)$，亦即 $p^d\equiv1(\bmod r)$.

例4　考虑 $\mathbb{F}_{2^6}$，是 $\mathbb{F}_2$ 的6次扩张. 可以添加6次不可约多项式的根得到. 易知

$$P(x)=x^6+x+1$$

是 $\mathbb{F}_2$ 上不可约多项式. 事实上，如果 $P(x)$ 可约，则必有 $d=1,2$，或3次不可约因子 $P_d(x)$，$P_d(x)$ 是 $x^{2^d}-x$ 的因子(根属于 $\mathbb{F}_{2^d}$). 由例1及例2知 $P_d(x)$ 只能是 $x-1$，x^2+x+1，x^3+x+1，x^3+x^2+1. 分别试除，皆不能整除 $P(x)$. 于是添加 $P(x)$ 的根 α 得到

$$\mathbb{F}_{2^6}=\mathbb{F}_2(\alpha)=\{b_0+b_1\alpha+\cdots+b_5\alpha^5\mid b_i\in\mathbb{F}_2\}.$$

由 $\alpha^6=1+\alpha$，和 $(\beta+\gamma)^2=\beta^2+\gamma^2$，很容易进行 $\mathbb{F}_{2^6}$ 中的运算. 因 $\alpha^7=\alpha+\alpha^2$，$\alpha^9=\alpha^3+\alpha^4$，知 α 阶为63，故 $\alpha=\rho$ 是本原元，即

$$\mathbb{F}_{2^6}=\{0,1,\alpha,\cdots,\alpha^{62}\}.$$

$\mathbb{F}_{2^6}/\mathbb{F}_2$ 的伽罗瓦群是6阶群 $G=\{\varphi^k\}=\{1,\varphi,\cdots,\varphi^5\}$，$\varphi^k\alpha=\alpha^{2^k}(k=0,1,\cdots,5)$. 群 G 作用于集合 $\mathbb{F}_{2^6}$，此集合分解为轨道之并. 每个轨道是一个共轭类，是一个不可约多项式的根集. 这些多项式恰为 $x^{64}-x$ 的不可约因子.

非零元集 $\mathbb{F}_{2^6}^*$ 是循环群，阶为 $63=7\times9$，因子为63，21，9，7，3，1，故子群是循环群：$C_{63}, C_{21}, C_9, C_7, C_3, \{1\}$.

$\mathbb{F}_{2^6}^*$ 的元素的阶 $r\mid63$，即 $r=63,21,9,7,3,1$，其个数为 $\varphi(r)$：36，12，6，6，2. 我们回忆，α^k 的阶为 $63/(63,k)$.

(1) $\mathbb{F}_{2^6}^*$ 中本原元有 $\varphi(63)=36$ 个，即 $\{\alpha^j\}(j,63)=1)$. 以它们为根，组成6个本原多项式，分别记为 $P_{61}, P_{62}, \cdots, P_{66}$. 以 α 为根的多项式记为 $P_{61}(x)$，它的根集是 α 的共轭元集，即 $G\alpha=\{\varphi^k\alpha\}=\{\alpha^{2^k}\}=\{\alpha,\alpha^2,\alpha^4,\alpha^8,\alpha^{16},\alpha^{32}\}$，故

$$P_{61}=(x-\alpha)(x-\alpha^2)(x-\alpha^4)(x-\alpha^8)(x-\alpha^{16})(x-\alpha^{32}).$$

当然我们知道 $P_{61}(x)$是 α 的极小多项式,即 $P_{61}(x)=x^6+x+1$. 这也可以经由计算得到: 设 $P_{61}(x)=x^6-c_5x^5+\cdots-c_1x+1$,则 c_i 是 6 个根的 i-次初等对称多项式. 例如,首先易知 $\alpha^8=\alpha^2+\alpha^3$,$\alpha^{16}=\alpha^4+\alpha^6=\alpha^4+\alpha+1$,$\alpha^{32}=\alpha^8+\alpha^2+1=\alpha^3+1$,故得

$$c_5=\alpha+\alpha^2+\alpha^4+\alpha^8+\alpha^{16}+\alpha^{32}=0.$$

而 c_4 是如下 15 个元素之和: $\alpha\cdot\alpha^2,\alpha\cdot\alpha^4,\alpha\cdot\alpha^8,\cdots,\alpha^{16}\cdot\alpha^{32}$. 也得 $c_4=0$,等等. 最后,$c_0=\alpha\alpha^2\alpha^4\alpha^8\alpha^{16}\alpha^{32}=\alpha^{63}=1$. 这些本原多项式 $P_{61},P_{62},\cdots,P_{66}$ 还可以由分解 $x^{63}-1$ 得到,也有各种算法.

6 个本原多项式 $P_{61},P_{62},\cdots,P_{66}$ 的根集分别为 $G\alpha,G\alpha^5,G\alpha^{11},G\alpha^{-1},G\alpha^{-5},G\alpha^{-11}$. 可算得 $P_{62}=x^6+x^5+x^2+x+1$,$P_{63}=x^6+x^5+x^3+x^2+1$. 而 P_{64},P_{65},P_{66} 是 P_{61},P_{62},P_{63} 的互反多项式($x^n+c_{n-1}x^{n-1}+\cdots+c_1x+1$ 与 $x^n+c_1x^{n-1}+\cdots+c_{n-1}x+1$ 称为互反,根互逆). 参见图 7.5.

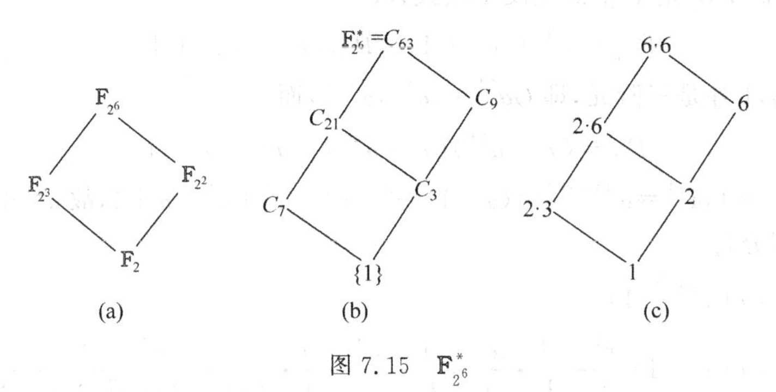

图 7.15 $\mathbf{F}^*_{2^6}$

(a) $\mathbf{F}_{2^6}$ 的子域; (b) $\mathbf{F}^*_{2^6}$ 的子群; (c) $\mathbf{F}^*_{2^6}$ 的子群生成元个数

(2) $\mathbf{F}_{2^6}$ 的真子域有$\mathbf{F}_{2^3}$,$\mathbf{F}_{2^2}$ 及其交$\mathbf{F}_2$,则真子域中元素总数是

$$|\mathbf{F}_{2^3}|+|\mathbf{F}_{2^2}|-|\mathbf{F}_{2^3}\cap\mathbf{F}_{2^2}|=(8+4)-2=10.$$

故$\mathbf{F}_{2^6}$ 中不属于任何真子域的元素共 64-10=54 个,它们的最小多项式都是 6 次(因为添加它们任一个到$\mathbf{F}_2$ 都得到$\mathbf{F}_{2^6}$),其中本原元 36 个组成 6 个本原多项式(如上述),非本原元 18 个是 3 个非本原多项式的根(如下述).

$r=21$ 阶元素不是本原元,不属于任何子域,共 $\varphi(21)=12$ 个,是 $x^{21}-1$ 的根,不是 x^7-1 和 x^3-1 的根,组成两个不可约非本原多项式的根集(共轭类): P_{67} 的根集为 $G\alpha^3$,P_{68} 的根集为 $G\alpha^{-3}$,两个多项式互反. $P_{67}P_{68}=(x^{21}-1)/(x^7-1)\cdot(x^2+x+1)$. 可算得 $P_{67}=x^6+x^4+x^2+x+1$.

$r=9$ 阶元素不是本原元,不属于任何子域,共 $\varphi(9)=6$ 个,是 x^9-1 的根,不是 x^3-1 的根. 组成 1 个不可约非本原多项式: P_{69} 的根集为 $G\alpha^7$. 易得

$$P_{69}=(x^9-1)/(x^3-1)=x^6+x^3+1.$$

(3) $\mathbf{F}_{2^6}$ 的真子域有$\mathbf{F}_{2^d}$,$d\mid 6,d<6$,故真子域为有$\mathbf{F}_{2^3}$,$\mathbf{F}_{2^2}$,$\mathbf{F}_2$.

$\mathbf{F}_{2^3}$ 中除 0,1 外 6 个元素是 $r=7$ 阶元,满足 $x^{2^3-1}-1$,符合 $2^d\equiv 1(\mathrm{mod}\ r)$,即 $2^3\equiv 1(\mathrm{mod}\ 7)$. 它们是 $G\alpha^9=\{\alpha^9,\alpha^{18},\alpha^{36}\}$,$G\alpha^{-9}=\{\alpha^{-9},\alpha^{-18},\alpha^{-36}\}$. 构成多项式

$$P_{31}=(x-\alpha^9)(x-\alpha^{18})(x-\alpha^{36}),\quad P_{32}=(x-\alpha^{-9})(x-\alpha^{-18})(x-\alpha^{-36}).$$

我们计算 P_{31} 和 P_{32} 以为实例. 由 $\alpha^6=\alpha+1$,$(\alpha+\beta)^2=\alpha^2+\beta^2$,易得

$$\begin{aligned}\alpha^9&=\alpha^6\alpha^3=(\alpha+1)\alpha^3=\alpha^4+\alpha^3,\\ \alpha^{9\times 2}&=\alpha^8+\alpha^6=(1+\alpha)\alpha^2+1+\alpha=\alpha^3+\alpha^2+\alpha+1,\\ \alpha^{18\times 2}&=\alpha^6+\alpha^4+\alpha^2+1=\alpha^4+\alpha^2+\alpha,\end{aligned}$$

设 $P_{31}=x^3-ax^2+bx-1$,则 $a=\alpha^9+\alpha^{18}+\alpha^{36}=1$. 因为 $x^3+x^2+x+1=(x+1)^3$ 可约,故知 $b=0$. 而 P_{32} 是 P_{31} 的互反多项式,故

$$P_{31}=x^3+x^2+1,\quad P_{32}=x^3+x+1.$$

$\mathbf{F}_{2^2}$ 中除 0,1 外是三阶元,即 $G\alpha^{21}=\{\alpha^{21},\alpha^{42}\}$,而

$$P_2=(x-\alpha^{21})(x-\alpha^{42})=x^2+x+1$$

(因 $\alpha^{21}\alpha^{42}=\alpha^{63}=1$,$\alpha^{21}=\alpha^{3\times 6+3}=(\alpha+1)^3\alpha^3=\alpha^5+\alpha^4+\alpha^3+\alpha+1$,故 $\alpha^{21}+\alpha^{21\times 2}=1$).

总之,得到分解

$$\begin{aligned}x^{2^6}-x&=x(x^{63}-1)\\&=x(x-1)\frac{x^3-1}{x-1}\cdot\frac{x^7-1}{x-1}\cdot\frac{x^9-9}{x^3-1}\cdot\frac{x^{21}-1}{(x^7-1)(x^2+x+1)}Q(x)\\&=x(x-1)(x^2+x+1)(x^3+x^2+1)(x^3+x+1)\cdot\\&\quad P_{69}P_{67}P_{68}P_{61}P_{62}P_{63}P_{64}P_{65}P_{66}.\end{aligned}$$

习 题 7.6

1. 有限域$\mathbf{F}_{p^n}$ 中,每个元素可开 p 次方.

2. 有限域$\mathbf{F}_q$ 中,每个元素可写为平方和.

3. 在$\mathbf{F}_3$ 上分解 x^9-x,确定$\mathbf{F}_{3^2}$ 中各元素的极小多项式,判断是否本原.

4. 设 $q=p^s$,$P(x)$是$\mathbf{F}_q$ 上 n 次不可约多项式,则 $P(x)\mid(x^{q^n}-x)$,但当 $m<n$ 时 $P(x)\nmid(x^{q^m}-x)$.

5. 设 $q=p^s$,$P_d(x)$是$\mathbf{F}_q$ 上 d 次不可约多项式,则当且仅当 $d\mid n$ 时 $P_d(x)\mid x^{q^n}-x$.

6. (1) (梅森素数)$M=p^n-1$ 是素数当且仅当它为 $3-1$,或 2^n-1(且 n 为素数).

(2) 当 $M=2^n-1$ 和 n 为素数时,$\mathbf{F}_2$ 上 n 次不可约多项式一定是本原的.

7. 设 $E=\mathbf{F}_7[x]/(x^3-2)$,求 x^3-2 在 E 中的所有根.

8. 设 E 是有限域,有 q 元子域$\mathbf{F}_q$,$\alpha\in E$,则 $\alpha\in\mathbf{F}_q\Leftrightarrow\alpha^q=\alpha$.

9. 求$\mathbf{F}_2$上8次不可约多项式的个数,其中本原多项式有几个?

10. 求$\mathbf{F}_2$上12次不可约多项式个数,其中本原多项式有几个?

11. 设m,n为正整数,$(m,n)=d$,则$(x^m-1,x^n-1)=x^d-1$,且

$$(x^{q^m}-x,x^{q^n}-x)=x^{q^d}-x.$$

12. 任意n次不可约多项式$Q(x)\in\mathbf{F}_q[x]$是$x^{q^n}-x$的因子(对任意$q=p^s$).

13. $f=x^{p^n}-x+1$在$\mathbf{F}_p$上不可约只有当$p^n=p$或4.

第8章 模与序列

8.1 模的简单性质

模是线性空间、阿贝尔群、环和理想的推广，也是“群作用于集合”的发展. 模是涉及极广的现代的数学概念. 本章只介绍基础部分，少数地方略去证明.

我们知道，线性空间是定义在一个域上面的(域中元素是线性组合的系数). 而粗略地说，模就是“环上的线性空间”(当然，并非原意的“线性空间”).

定义1(模，module) 设 R 是一个环(可为非交换环)，M 是一个加法阿贝尔群，且 R 和 M 的元素之间有数乘运算(也称为 R 对 M 的作用，即任意的 $r\in R$ 和 $v\in M$ 对应于唯一的元素 $rv\in M$)，满足：

$$r(v+w)=rv+rw,\quad (r+s)v=rv+sv,\quad (rs)v=r(sv),\quad ev=v$$

(对任意 $r,s\in R,v,w\in M$，其中 e(也记为1)为 R 的乘法单位元)；则称 M 为左 R-模，或 R 上的**左模**(通常省略“左”字). 类似地定义右 R-模. 当 R 为交换环时，左 R-模与右 R-模同一(约定 $rv=vr$)，称为 R-模. $\{0\}$ 也是模，称为零模.

我们看到，R 与 M 的数乘满足的4个条件，可概括为：数乘运算与 M 和 R 中的原有运算是和谐的.

本章中，总是设 R 是一个环. 模一般指左 R-模.

设 M 为 R-模，N 为 M 的子集且为 R-模(在 M 的运算之下)，则称 N 为 R-子模. 为验证子集 N 为子模，只需验证 N 为加法子群且对数乘封闭(即对任意 $r\in R$ 和 $v\in N$ 有 $rv\in N$).

例1 域 F 上线性空间 V 是 F-模.

例2 任一阿贝尔群 A 是 $\mathbb{Z}$-模. 此时，A 的运算常写为加法，$\mathbb{Z}$ 对 A 的作用(数乘)定义为 $3v=v+v+v,(-3)v=-v-v-v,0v=0$ 等. 例如，实数集 $\mathbb{R}$ 是 $\mathbb{Z}$-模；整数集 $\mathbb{Z}$ 是 $\mathbb{Z}$-模；$\mathbb{Z}/8\mathbb{Z}$ 是 $\mathbb{Z}$-模.

对于乘法阿贝尔群 G，$\mathbb{Z}$ 对 G 的作用写为“指数”形式，例如 $v^3=vvv,v^{-3}=(v^{-1})\cdot(v^{-1})(v^{-1}),v^0=1$ 等.

例3 设 V 是域 F 上线性空间，σ 是 V 的线性变换 σ，则 V 是 $F[X]$-模，“数乘”定

义为

$$f(x)v=f(\sigma)v \quad (\text{对 } f(x)\in F[x], v\in V).$$

例 4 设 $V=F^{(n)}$ 为域 F 上的 n 维列向量空间,$R=M_n(F)$ 为 F 上 n 阶方阵构成的环,则 $F^{(n)}$ 是 $M_n(F)$-模.

例 5 设 M 是加法阿贝尔群,$\mathrm{End}(M)$是 M 的自同态集合(是环),则 M 是 $\mathrm{End}(M)$-模. 对 $f\in\mathrm{End}(M)$,$v\in M$,定义"数乘"为 $fv=f(v)$. 进而,设 R 是 $\mathrm{End}(M)$的任一子环,则 M 为 R-模. 例如,线性空间 V 是 $\mathrm{End}(V)$(线性变换集合)上的模.

例 6 环 R 本身是一个 R-模. 左理想是子模(吸收律保证了数乘封闭).

例 7 设 M 为 R-模,且 R 的(双边)理想 J 零化 M(即 $jv=0$ 对所有 $j\in J$,$v\in M$ 成立),则 M 为 $\bar{R}=R/J$ 上的模,$\bar{R}$ 对 M 的作用定义为

$$\bar{r}v=rv \quad (\text{即}(r+J)v=rv).$$

事实上,此定义不依赖于代表元的选取:若 $\bar{r}=\bar{r}'$,则 $r'=r+j\ (j\in J)$,故 $r'v=rv+jv=rv$. 其余性质容易验证.

例如,乘法克莱因四元群 $G=\{1,a,b,ab\mid a^2=b^2=(ab)^2=1\}$是$\mathbb{Z}$-模,$J=(2)=2\mathbb{Z}$零化 G,故 G 是$\mathbb{Z}/2\mathbb{Z}=\mathbf{F}_2$ 上的模,也就是说,克莱因四元群是二元域$\mathbf{F}_2$ 上的线性空间.

这些例子表明模具有广泛性,发展推广了线性空间、阿贝尔群、环和理想等.

模的有些性质和线性空间类似,故也常用与线性空间类似的术语,例如线性组合,线性生成,和,直和,线性相关等. 易知 $0v=0$,$r0=0$,$(-1)v=-v$(对任意 $r\in R$ 和 $v\in M$).

设 M 为 R-模,其元素 $v_1,v_2,\cdots,v_n$ **生成的子模**即为如下元素(称为 R-线性组合)集:

$$r_1v_1+r_2v_2+\cdots+r_nv_n \quad (r_1,r_2,\cdots,r_n\in R).$$

对模 M 的任意子集 $S=\{v_i\}$(可能是无限集),形如 $\sum_i r_iv_i\ (r_i\in R)$ 的有限和(R-线性组合)全体 N 是一个 R-模,称为 S 生成的子模,记为 $N=RS$,它恰为含 S 的最小子模. S 称为 N 的生成元系. 由一个元素 v 生成的子模记为 Rv. 如果 M 有一个有限生成元系,则 M 称为有限生成的.

模的外直和和内直和,可以像线性空间一样地定义,也有类似的性质. 详言之,设 $M_1,M_2,\cdots,M_n$ 为 R-模,令

$$M_1\oplus M_2\oplus\cdots\oplus M_n=\bigoplus_{i=1}^{n}M_i=\{(v_1,v_2,\cdots,v_n)\mid v_i\in M_i\},$$

$$(v_1,v_2,\cdots,v_n)+(v_1',v_2',\cdots,v_n')=(v_1+v_1',v_2+v_2',\cdots,v_n+v_n'),$$

$$r(v_1,v_2,\cdots,v_n)=(rv_1,rv_2,\cdots,rv_n)$$

(对 $r\in R$,$v_i'\in M_i$,$i=1,2,\cdots,n$),则称 $M_1\oplus M_2\oplus\cdots\oplus M_n$ 为 $M_1,M_2,\cdots,M_n$ 的**外直和**. 为了强调,有时外直和用符号 $M_1\oplus_{\mathrm{ex}}M_2\oplus_{\mathrm{ex}}\cdots\oplus_{\mathrm{ex}}M_n$ 表示.

推而广之,可以定义无限多个 R-模 $M_i(i\in A)$ 的外直和 $M=\bigoplus\limits_{i\in A}M_i$,其元素可记为 $(v_i)_{i\in A}$,只有有限多个分量 v_i 非零.每个 M_i 到直和中有自然的单射

$$\lambda_j:M_j\to M=\bigoplus_{i\in A}M_i,$$

$\lambda_j(u)$ 的 j-分量为 u,其余分量为 0.(附注:若允许无限多个分量 v_i 非零,则元素 $(v_i)_{i\in A}$ 全体称为 $M_i(i\in A)$ 的直积,性质与直和完全不同.)

另一方面,设 $M_1,M_2,\cdots,M_n$ 为 R-模 M 的子模,则定义它们的和为

$$M_1+M_2+\cdots+M_n=\sum_{i=1}^{n}M_i=\{v_1+v_2+\cdots+v_n\mid v_i\in M_i\}.$$

当其中每个元素 v 表示为 $v_1+v_2+\cdots+v_n$ 的方式均唯一时,称此和为内直和,记为 $M_1\oplus_{\text{in}}M_2\oplus_{\text{in}}\cdots\oplus_{\text{in}}M_n$ 或 $\bigoplus\limits_{i=1}^{n}M_i$(足标 in 常省略不写).

引理 1 设 $M_1,M_2,\cdots,M_n$ 为 R-模 M 的子模.

(1) $M_1+M_2+\cdots+M_n$ 为内直和当且仅当 0 的表示唯一,即若 $0=v_1+v_2+\cdots+v_n$ $(v_i\in M_i,i=1,2,\cdots,n)$,则 $v_1=v_2=\cdots=v_n=0$.

(2) $M_1+M_2+\cdots+M_n$ 为内直和当且仅当 $M_i\cap\left(\sum\limits_{j\neq i}M_j\right)=\{0\}$(对任意 $i=1,2,\cdots,n$).

(3) $M_1+M_2+\cdots+M_n$ 为内直和当且仅当它与外直和同构,即有同构映射:

$$M_1\oplus_{\text{ex}}M_2\oplus_{\text{ex}}\cdots\oplus_{\text{ex}}M_n\xrightarrow{\cong}M_1+M_2+\cdots+M_n,$$

$$(v_1,v_2,\cdots,v_n)\mapsto v_1+v_2+\cdots+v_n.$$

也可以定义无限多子模 M_i 的和($i\in A$,为无限集),记为 $\sum\limits_{i\in A}M_i$,其每个元素可写为有限和 $\sum\limits_{i\in A}v_i$(其中 $v_i\in N_i$,只有有限多个非零),这是含 $\{M_i\}$ 的最小子模.当每个元素写为有限和 $\sum\limits_{i\in A}v_i$ 的方式都是唯一的时候,则称和 $\sum\limits_{i\in A}M_i$ 为直和,记为 $\bigoplus\limits_{i\in A}M_i$.

定理 1(直和的万有性) 设 $\{f_i:M_i\to N\}(i\in A)$ 是一族模同态,记 $M=\bigoplus\limits_{i\in A}M_i$,则有唯一的同态 $f:M\to N$,使得 $f\circ\lambda_j=f_j$(对所有 $j\in A$).

证明 令 $f((v_i)_{i\in A})=\sum\limits_{i\in A}f_i(v_i)$(注意右边实为有限和,因只有有限个 v_i 非零),从而定义 $f:M\to N$ 则满足定理要求. ■

设 M 是 R-模,若 M 有基,则称 M 为**自由模**,这也就是说,存在 M 的非空子集合 B 使得任一 $v\in M$ 可唯一地表示为 B 中元素的(有限)线性组合,即 $v=r_1b_1+r_2b_2+\cdots+r_nb_n(b_i\in B,r_i\in R$ 均唯一,n 为某非负整数).这里 v 表示为 B 中元素线性组合的唯一性相当于 B 中元素线性无关.此时,B 称为基,B 的基数(元素个数)称为 M 的秩(当 R 为

交换环). 特别地，若 $B=\{b_1,b_2,\cdots,b_n\}$为有限集，则 $M=Rb_1\oplus Rb_2\oplus\cdots\oplus Rb_n$. 此外，我们也称零模为自由模.

例 8 域 F 上向量空间是自由 F-模，秩就是维数.

例 9 $R^n=R\oplus R\oplus\cdots\oplus R=\{(a_1,a_2,\cdots,a_n)\mid a_i\in R\}$是秩为 n 的自由 R-模，有自然的 R-基：$\boldsymbol{e}_1=(1,0,\cdots,0),\boldsymbol{e}_2=(0,1,\cdots,0),\cdots,\boldsymbol{e}_n=(0,\cdots,0,1)$. 显然，秩为 n 的任意自由模同构于 R^n.

特别地，任意环 R 作为 R-模，是自由模，基为$\{1\}$，秩为 1. 例如，$\mathbb{Z}$ 是自由$\mathbb{Z}$-模. $\mathbb{Z}/6\mathbb{Z}$ 是自由$\mathbb{Z}/6\mathbb{Z}$-模. $\mathbb{Z}/2\mathbb{Z}$ 是自由$\mathbb{Z}/2\mathbb{Z}$-模(线性空间).

例 10 设 I 是非空集合，对 $i\in I$ 记 $R_i=R$(是 R-模)，则 $F=\bigoplus_{i\in I}R_i$ 是自由模，基是 $\{e_i\}(i\in I)$，其中 e_i 的 i-分量为 1，其余分量为 0.

例 11 $\mathbb{Z}/2\mathbb{Z}$ 不是自由$\mathbb{Z}$-模($\bar{1}$ 自身线性相关，不是基：$2\cdot\bar{1}=\bar{0}$. 而且 $\bar{1}=1\cdot\bar{1}=3\cdot\bar{1}=5\cdot\bar{1}$，表示不唯一). 同理，$\mathbb{Z}/6\mathbb{Z}$ 不是自由$\mathbb{Z}$-模.

定理 2 (1) (自由模万有性)设 F_B 是自由 R-模，以 $B=\{b_i\mid i\in I\}$为基. 设 M 是任意 R-模，任取 $v_i\in M(i\in I)$，则存在满足 $f(b_i)=v_i$(对 $i\in I$)的唯一的同态映射

$$f:F_B\to M.$$

(2) (自由模的唯一性)基的基数(元素个数)相同的两个自由模必同构.

证明 (1) 对 $v=\sum r_ib_i\in F_B$，定义 $f(v)=\sum r_iv_i$，则 f 是所要求的同态，定义的合理性是因为 r_i 是唯一的(即 F_B 是自由模)，唯一性是因为同态需满足 $f(v)=\sum r_if(b_i)$.

(2) 设 F_B 和 $F_{B'}$ 都是自由模，基分别为$\{b_i\}$和$\{b_i'\}(i\in I)$. 由(1)知有唯一同态 $f:F_B\to F_{B'}$使 $f(b_i)=b_i'$. 同理有唯一同态 $f':F_{B'}\to F_B$ 使 $f'(b_i')=b_i$(对 $i\in I$)，故 $ff'=1,f'f=1$. f',f 为互逆的同构映射. ■

由定理 1 特别可知，任一模 M 是自由模的商模(取自由模 F_B，B 与 M 基数相同).

模的有些特点与加法群类似(与一般线性空间不同). 例如扭元素的概念. 设 v 是 R-模 M 的一个非零元，若有 $0\neq r\in R$，使 $rv=0$，则称 v 是扭元素(torsion element)，此 r 称为 v 的一个周期(阶，或零化子). 若一个模的所有元素都是扭元素，则称其为扭模. 设 M 为扭模，若存在 $0\neq s\in R$ 使得对任意的 $v\in M$ 皆有 $sv=0$，则 s 称为 M 的一个零化子.

例如，有限阿贝尔加法群 A 作为$\mathbb{Z}$-模是扭模，群的阶$|A|$是其一个零化子.

再如，带一个线性变换 σ 的 F 上线性空间 V，是 $F[x]$-模，是扭模. σ 的特征多项式 $f_\sigma(x)$是 V 的一个零化子，因为 $f_\sigma(\sigma)=0$ 是零变换，故对任意 $v\in V$，按定义皆有 $f_\sigma(x)v=f_\sigma(\sigma)v=0$. 在这两个例子中，都存在最小零化子.

如果 M 是环又是 R-模，且 $r(uv)=(ru)v=u(rv)$(对任意 $r\in R,u,v\in M$)，则称 M

为R-代数,或R上的代数.例如整系数多项式集$\mathbb{Z}[x]$是$\mathbb{Z}$-代数.

两个环R,S间若有同态映射$f:R\to S$,也称S为R-代数.事实上定义运算$rs=f(r)s$,即得上述意义下的代数.

习 题 8.1

1. 证明引理1.

2. 证明内直和的若干判则.

3. 设F是自由R-模,$\{b_i\}(i\in I)$为基,则$F=\bigoplus_{i\in I}Rb_i$.

4. 证明自由模的直和仍为自由模.

5. 设M是R-模,A是R的左理想,定义AM为元素$a_1v_1+a_2v_2+\cdots+a_nv_n$的集合($a_i\in A,v_i\in M,n$为非负整数).证明:$AM$是子模,$A_2(A_1M)=(A_2A_1)M,(A_2+A_1)M=A_2M+A_1M,A(N_1+N_2)=AN_1+AN_2$(这里$A_i$是$R$的左理想,$N_i$是$M$的子模).

6. 设F_B是自由R-模,$B=\{b_i\mid i\in I\}$为基,则$F_B=\bigoplus Rb_i$.

7. 设如上题,A是R的(双边)理想,则$F_B/AF_B\cong\bigoplus(Rb_i/Ab_i)$.

8.2　同态与同构

商模的概念是基于加法群的商群.

设R是环,M是R-模,N是其子模,于是M为加法群,N为其子群,故可构作(加法)商群M/N(其每个元素$\bar{v}=v+N$是N的一个加法陪集,或称为模N的一个同余类:u与v同类(或者说$u\in\bar{v}$当且仅当$u=v+n,n\in N$)).

定义1　设M是R-模,N是其子模,M/N为加法商群.对于$r\in R$和$\bar{v}\in M/N$,定义

$$r\bar{v}=\overline{rv},$$

则M/N成为R-模,称为**商模**.

例如,$R=F$为域时,商模就是商空间.

定义2　设M,M'是R-模.若映射$\varphi:M\to M'$保加法和数乘运算,即

$$\varphi(v+w)=\varphi(v)+\varphi(w),\quad \varphi(rv)=r\varphi(v)$$

(对$v,w\in M,r\in R$),则称φ为R-模的**同态**(或R-同态(homomorphism),R-线性映射).模的双射同态称为**同构**.

显然,模同态$\varphi:M\to M'$首先是加法群的同态,故可利用群同态的结果.

(1) 记$\ker(\varphi)=\{x\in M\mid\varphi(x)=0\}$,称为同态$\varphi$的核,是$M$的子模

(2) 记$\mathrm{Im}(\varphi)=\{\varphi(x)\mid x\in M\}=\varphi(M)$,称为同态$\varphi$的像,是$M'$的子模.

(3) 记$\mathrm{cok}(\varphi)=M'/\mathrm{Im}(\varphi)$,称为同态$\varphi$的余核(cokernel),是$M'$的商模.

引理 1 设M,M'是R-模,以$\mathrm{Hom}_R(M,M')$记M到M'的R-模同态全体. $\mathrm{End}_R(M)=\mathrm{Hom}_R(M,M)$为$M$的$R$-模自同态全体.

(1-1) $\mathrm{Hom}_R(M,M')$为加法群,其中元素φ,ψ的和定义为

$$(\varphi+\psi)v=\varphi v+\psi v \quad (v\in M).$$

(1-2) 当R为交换环时,$\mathrm{Hom}_R(M,M')$为R-模,$r\in R$对φ的作用定义为

$$(r\varphi)v=r(\varphi v) \quad (v\in M).$$

当$R=F$为域时,$\mathrm{Hom}_F(M,M')$即为线性映射全体(是线性空间,同构于$m\times n$矩阵集合).

(2-1) $\mathrm{End}_R(M)$为环(自同态环),其中元素φ,ψ的乘法定义为"映射的复合",即

$$(\varphi\psi)v=(\varphi\circ\psi)v=\varphi(\psi v).$$

(2-2) 当R为交换环时,$\mathrm{End}_R(M)$为R-代数(是模又是环).

证明 直接验证即可. 我们着重指出,(2)中"R为交换环"的条件,是用在验证"$r\varphi$的定义的合理性"(对任意$r\in R,\varphi\in\mathrm{Hom}_R(M,M')$),即验证$r\varphi$是模同态(属于$\mathrm{Hom}_R(M,M')$,保"数乘"),亦即验证

$$(r\varphi)(sv)=s((r\varphi)v) \quad (\text{对任意 } s\in R,v\in M).$$

当R为交换环时,此要求可验证如下:

$$\begin{aligned}(r\varphi)(sv)&=r(\varphi(sv)) && (\text{由(2)中 } r\varphi \text{ 的定义})\\ &=rs\varphi(v)) && (\text{由于模同态 }\varphi\text{ 保数乘})\\ &=sr\varphi(v)) && (\text{由于 } R \text{ 为交换环})\\ &=s((r\varphi)v). && (\text{由于(2)中 } r\varphi \text{ 的定义})\end{aligned}$$

例 1 当$R=F$为域时,M,M'是线性空间. $\mathrm{Hom}_F(M,M')$就是线性映射全体,$\mathrm{End}_F(M)$就是线性变换全体. 在M,M'中取定基之后(设维数分别为n,m),$\mathrm{Hom}_F(M,M')$同构于$\mathrm{Mat}_{m\times n}(F)$(即$m\times n$矩阵集合),$\mathrm{End}_F(M,M')$同构于$\mathrm{Mat}_n(F)$(即$n$阶方阵集合).

与加法群和线性空间类似,可以证明一系列的同构定理.

定理 1 (1) 设M,M'是R-模,$\varphi:M\to M'$为模同态,则有同构

$$\bar{\varphi}:M/\ker\varphi\xrightarrow{\cong}\varphi(M),\quad \bar{\varphi}(\bar{v})=\varphi(v).$$

(2) 设A,B是R-模M的子模,则有同构

$$\varphi:\frac{A+B}{B}\xrightarrow{\cong}\frac{A}{B\cap A},\quad \varphi(\overline{a+b})=\bar{a}.$$

(3) 设$A\supset B$是R-模M的子模,则有同构

$$\varphi:\frac{M/B}{A/B}\xrightarrow{\cong}\frac{M}{A},\quad \varphi(\bar{v}+A/B)=\bar{v}.$$

(4) 设N是R-模M的子模,M/N为商模,则M的含N子模集$\{A\}$和M/N的子模

集$\{A/N\}$之间一一对应：

$$\{A\} \xrightarrow{\sigma} \{A/N\},$$

且此对应保持模的求和及就交，即$\sigma(A+B)=\sigma(A)+\sigma(B)$，$\sigma(A\cap B)=\sigma(A)\cap\sigma(B)$.

证明 作为习题.

引理 2 设M为R-模，$J=\{a\in R \mid av=0, \forall v\in M\}$，则$J$是$R$的双边理想（称为$M$的零化理想）.

证明 直接验证即可（留给读者）.

习 题 8.2

1. 详细证明引理1，定理1，和定理2.
2. 证明同态映射的核和像都是子模.
3. 证明$\mathrm{Hom}_{\mathbf{Z}}(\mathbf{Z}/m\mathbf{Z},\mathbf{Z}/n\mathbf{Z})\cong\mathbf{Z}/(m,n)\mathbf{Z}$.
4. 设R是一个环，M是R-模，证明如下是加法群的同构：$\mathrm{Hom}_R(R,M)\to M$，$f\mapsto f(1)$.
5. 设M,N是R-模，证明，$\mathrm{Hom}_R(M,N)$是$\mathrm{End}_R(N)$-模，"数乘"为$\sigma f=\sigma\circ f$（对$\sigma\in\mathrm{End}_R(N)$，$f\in\mathrm{Hom}_R(M,N)$）.

8.3 主理想整环上的有限生成模

主理想整环上的有限生成模，是最重要的一类模.

本节总设R为主理想整环，M是R-模. 若$M=Rv$由一个元素$v\in M$生成，则称M为循环模(cyclic module). $R=Re$是自由R-模，也是循环R-模（$e=1$为环R的乘法单位元，是模的生成元）. 于是有映射

$$\sigma: R=Re\to Rv,\quad re\mapsto rv\ (\text{即 } \sigma e=v)$$

是R-模的满同态，$J=\ker\sigma=\{r\in R \mid rv=0\}$是$R$的理想（称为$v$的零化理想）. 因$R$为主理想整环，故理想$J$可能为$(1)=R$，或$(0)$，或$(a)=Ra\ (a\neq 0,1)$. 所以$Rv\cong R/J$依次等于

$$\{0\},\quad R,\quad \text{或}\quad R/(a),$$

这就是循环模的三种同构类型：零模$\{0\}$，自由模R，或扭模$R/(a)$. 当$M\cong R/(a)$时，称a是v（或Rv）的**周期**（或（最小）**零化子**），a是零化理想J的生成元（在相差单位倍意义下唯一）.

定理 1 设M是主理想整环R上的模，由有限个生成元生成，则存在唯一确定的$d_1,\cdots,d_t\in R$（其中$d_i \mid d_{i+1}$，$1\leqslant i<t$）和$v_1,\cdots,v_{t+r}\in M$使

$$M=Rv_1\oplus\cdots\oplus Rv_t\oplus Rv_{t+1}\oplus\cdots\oplus Rv_{t+r}$$

$$\cong R/(d_1)\oplus\cdots\oplus R/(d_t)\oplus R^r,$$

其中 $M_{\text{tors}}=Rv_1\oplus\cdots\oplus Rv_t\cong R/(d_1)\oplus\cdots\oplus R/(d_t)$ 称为 M 的扭(torsion)部分，$d_1,\cdots,d_t$ 称为不变因子；$M_{\text{free}}=Rv_{t+1}\oplus\cdots\oplus Rv_{t+r}\cong R^r$ 称为 M 的自由部分，r 称为其自由秩.

证明　可以完全仿照阿贝尔群的分解证明. 以下给出利用施密斯(Smith)矩阵标准形(高等代数内容)的证明概要.

设模 $M=R\beta_1+R\beta_2+\cdots+R\beta_n$ 由 $\beta_1,\beta_2,\cdots,\beta_n$ 生成，取秩为 n 的自由 R-模

$$R^n=R\boldsymbol{e}_1\oplus R\boldsymbol{e}_2\oplus\cdots\oplus R\boldsymbol{e}_n,$$

$\{\boldsymbol{e}_1,\boldsymbol{e}_2,\cdots,\boldsymbol{e}_n\}$为其 R-基；也就是说，R^n 是列$(a_1,a_2,\cdots,a_n)^{\mathrm{T}}$ 的全体$(a_i\in R)$，而 $\boldsymbol{e}_1=(1,0,\cdots,0)^{\mathrm{T}},\boldsymbol{e}_2=(0,1,\cdots,0)^{\mathrm{T}},\cdots,\boldsymbol{e}_n=(0,\cdots,0,1)^{\mathrm{T}}$. 考虑由对应 $\boldsymbol{e}_i\mapsto\beta_i$ 引起的满同态

$$\sigma:R^n\to M,\quad \sum a_i\boldsymbol{e}_i\mapsto\sum a_i\beta_i,$$

于是

$$M\cong R^n/\ker\sigma.$$

核 $\ker\sigma$ 是自由模 R^n 的子模，易知也是自由模，且其秩 $s\leqslant n$. 于是设 $\ker\sigma=R\boldsymbol{f}_1+R\boldsymbol{f}_2+\cdots+R\boldsymbol{f}_n$，即 $\boldsymbol{f}_1,\boldsymbol{f}_2,\cdots,\boldsymbol{f}_n$ 为 $\ker\sigma$ 的生成元，其中 $\boldsymbol{f}_j=\sum c_{ij}\boldsymbol{e}_i$，即

$$(\boldsymbol{f}_1,\boldsymbol{f}_2,\cdots,\boldsymbol{f}_n)=(\boldsymbol{e}_1,\boldsymbol{e}_2,\cdots,\boldsymbol{e}_n)\boldsymbol{C},$$

$\boldsymbol{C}=[c_{ij}]$为 R 上 n 阶方阵. 于是存在 R 上的可逆方阵 $\boldsymbol{P},\boldsymbol{Q}$ 使

$$\boldsymbol{PCQ}=\begin{bmatrix}d_1 & & & \\ & \ddots & & \\ & & d_k & \\ & & & \boldsymbol{0}\end{bmatrix}=\boldsymbol{D},$$

其中 $d_i\mid d_{i+1}(i=1,2,\cdots,k-1)$，$\boldsymbol{D}$ 称为 $\boldsymbol{C}$ 的**施密斯标准形**，$\boldsymbol{0}$ 表示零矩阵($d_1,d_2,\cdots,d_k\in R$ 唯一确定. 参见线性代数书，如作者的《高等代数学》). 记

$$(\boldsymbol{e}_1,\boldsymbol{e}_2,\cdots,\boldsymbol{e}_n)\boldsymbol{P}^{-1}=(\boldsymbol{e}'_1,\boldsymbol{e}'_2,\cdots,\boldsymbol{e}'_n),$$

$$(\boldsymbol{f}_1,\boldsymbol{f}_2,\cdots,\boldsymbol{f}_n)\boldsymbol{Q}=(\boldsymbol{f}'_1,\boldsymbol{f}'_2,\cdots,\boldsymbol{f}'_n).$$

因 $\boldsymbol{P}$ 可逆，故$\{\boldsymbol{e}'_i\}$与$\{\boldsymbol{e}_i\}$可互相 R-线性表示出，故知$\{\boldsymbol{e}'_i\}$为 R^n 的新基. 于是由$(\boldsymbol{f}_1,\boldsymbol{f}_2,\cdots,\boldsymbol{f}_n)\boldsymbol{Q}=(\boldsymbol{e}_1,\boldsymbol{e}_2,\cdots,\boldsymbol{e}_n)\boldsymbol{P}^{-1}\boldsymbol{PCQ}$，知

$$(\boldsymbol{f}'_1,\boldsymbol{f}'_2,\cdots,\boldsymbol{f}'_n)=(\boldsymbol{e}'_1,\boldsymbol{e}'_2,\cdots,\boldsymbol{e}'_n)\boldsymbol{D},$$

即

$$\boldsymbol{f}'_1=d_1\boldsymbol{e}'_1,\boldsymbol{f}'_2=d_2\boldsymbol{e}'_2,\cdots,\boldsymbol{f}'_k=d_k\boldsymbol{e}'_k,\quad \boldsymbol{f}'_{k+1}=\cdots=\boldsymbol{f}'_n=\boldsymbol{0}.$$

(我们记 $d_{k+1}=\cdots=d_n=0$)则得

$$M \cong \frac{R^n}{\ker\sigma} = \frac{Re'_1 \oplus Re'_2 \oplus \cdots \oplus Re'_n}{Rd_1e'_1 \oplus Rd_2e'_2 \oplus \cdots \oplus Rd_ne'_n}$$

$$= \frac{Re'_1}{Rd_1e'_1} \oplus \frac{Re'_2}{Rd_2e'_2} \oplus \cdots \oplus \frac{Re'_n}{Rd_ne'_n}.$$

注意，当 d_i 为单位时，$\frac{Re'_i}{Rd_ie'_i}=0$. 当 $d_i=0$ 时，$\frac{Re'_i}{Rd_ie'_i}=Re'_i\cong R$，故由上式知

$$M \cong R/(d_1) \oplus R/(d_2) \oplus \cdots \oplus R/(d_t) \oplus R^s,$$

其中 $R^s=R\oplus R\oplus\cdots\oplus R$（$s$ 个 R 的直和），而且

$$M=\sigma R^n=\sigma(Re'_1\oplus Re'_2\oplus\cdots\oplus Re'_n)=R\sigma e'_1\oplus R\sigma e'_2\oplus\cdots\oplus R\sigma e'_n$$

（删去零项），则得

$$M=Rv_1\oplus\cdots\oplus Rv_t\oplus R\oplus\cdots\oplus R$$
$$\cong A/(d_1)\oplus\cdots\oplus A/(d_t)\oplus A^r.$$

■

定理1中，模的扭部分分解 $M_T=Rv_1\oplus\cdots\oplus Rv_t\cong R/(d_1)\oplus\cdots\oplus R/(d_t)$，通常称为循环分解. 再结合准素分解，可得到更精细的若尔当分解.

设 p 是 R 的素元素，记

$$M(p)=\{v\in M\mid p^kv=0,\text{某正整数 }k\},$$

称为 M 的 p-部分. $M(p)$ 的子模称为 M 的 p-子模.

定理2　设 R 是主理想整环，M 是有限生成的扭的 R-模，则

$$M=\bigoplus_p M(p)$$

是其所有（非零）p-部分的直和，而每个 p-部分 $M(p)$ 是一些循环模的直和

$$M(p)\cong R/(p^{r_1})\oplus\cdots\oplus R/(p^{r_s}),$$

其中 $1\leqslant r_1\leqslant\cdots\leqslant r_s$ 是唯一的.

证明　设 s 为 M 的一个零化子，$s=s_1s_2$，且 $s_1,s_2\in R$ 互素. 因 R 是主理想整环，故有贝祖等式 $r_1s_1+r_2s_2=1$，从而

$$M=r_1s_1M+r_2s_2M=M_1+M_2,$$

其中 $M_1=r_1s_1M$ 被 s_2 零化，$M_2=r_2s_2M$ 被 s_1 零化，故 $v\in M_2\cap M_2$ 满足 $v=r_1s_1v+r_2s_2v=0+0$，$M=M_1\oplus M_2$. 归纳之，则得 $M=\oplus M(p)$. 定理后半部证明从略.

习　题　8.3

1. 设 $M=V$ 是域 F 上线性空间，有线性变换 σ，将 $M=V$ 看作 $F[x]$-模（定义多项式对向量的作用为：$f(x)v=f(\sigma)v$）. 试对此情形叙述定理1和定理2.

2. 设 $M=A$ 是加法阿贝尔群，从而是 $\mathbf{Z}$-模. 试对此情形叙述定理1和定理2.

3. 仿照前两情形，给出定理1和定理2的详细证明.

8.4 模的张量积

乘积运算是一种映射. 例如整数乘积, $a \cdot b=c$, 就是映射

$$\mathbb{Z}\times\mathbb{Z}\to\mathbb{Z},\quad (a,b)\mapsto a\cdot b=c.$$

它满足"双线性":

$$(a+a')\cdot b=(a\cdot b)+(a'\cdot b),\quad a\cdot(b+b')=(a\cdot b)+(a\cdot b'),$$
$$(sa)\cdot b=a\cdot(sb)=s(a\cdot b).$$

可见,"双线性"对于乘法是"最必要的性质". 任何乘积都要满足双线性(当然也许还满足其余许多性质). 张量积,可定义为"只满足双线性的乘积",是最纯粹的乘积.

理解"张量积"的难点有二: (1)乘积结果是什么? 到哪里去了? (两个整数相乘,起码知道乘积还是整数. 但是元素的张量积是何物在何处却不清晰); (2)"只满足双线性",如何保证和表达?

所以,要做张量积,我们首先要创造一个集合——称为**模的张量积**,以备存放元素的张量积之用. 其次,要预先解除材料元素之间的一切联系(即从自由模出发),然后再赋予双线性关系,故有如下定义.

定义 1(张量积, tensor product) 设 R 为含幺交换环, M,N 是 R-模, $F_{M\times N}$ 是以 $M\times N=\{(u,v)\mid u\in M,v\in N\}$(中的元素)为基的自由模(即$\{(u,v)\}$的形式上的 R-线性组合全体). 设如下元素生成的 $F_{M\times N}$ 的子模为 K:

$$(u_1+u_2,v)-(u_1,v)-(u_2,v),$$
$$(u,v_1+v_2)-(u,v_1)-(u,v_2),$$
$$(ru,v)-r(u,v),\quad (u,rv)-r(u,v)$$

$(u,u_i\in M,v,v_i\in N,r\in R)$. $F_{M\times N}$ 模子模 K 的商模记为

$$F_{M\times N}/K=M\otimes_R N,$$

称为 M,N 在 R 上的**张量积**(有时也简记 $M\otimes_R N$ 为 $M\otimes N$),是一个 R-模,其元素称为**张量**. 而 $(u,v)\in M\times N$ 代表的同余类记为 $\overline{(u_1,v)}=u\otimes v$,称为**主张量**(simple tensor,也称为元素 u,v 的张量积),故模 K 的正则映射给出映射

$$\tau: M\times N\to M\otimes_R N,\quad \tau(u,v)=\overline{(u,v)}=u\otimes v.$$

由此定义可知,元素 $u\in M,v\in N$ 的张量积记为 $u\otimes v$(称为主张量),属于 $M\otimes_R N$. 而 $M\otimes_R N$ 的元素是主张量的 R-线性组合(表示方法不一定是唯一的).

K 中元素在 $F_{M\times N}/K=M\otimes_R N$ 中的同余类是 $\bar{0}$,例如 $\overline{(u_1+u_2,v)}-\overline{(u_1,v)}-\overline{(u_2,v)}=\bar{0}$,即 $(u_1+u_2)\otimes v-u_1\otimes v-u_2\otimes v=0$,故知元素的张量积满足如下性质(双线性):

$$(u_1 + u_2) \otimes v = u_1 \otimes v - u_2 \otimes v,$$
$$u \otimes (v_1 + v_2) = u \otimes v_1 - u \otimes v_2,$$
$$(ru) \otimes v = r(u \otimes v), \quad u \otimes (rv) = r(u \otimes v)$$

$(u, u_i \in M, v, v_i \in N, r \in R)$. 同时，因为 $F_{M\times N}$ 是以 $\{(u,v)\}$ 为基的自由模，这说明元素的张量积只满足双线性.

例 1　设 U, V 是实数域 $\mathbb{R}$ 上线性空间，基分别为 $u_1, u_2, \cdots, u_m$ 和 $v_1, v_2, \cdots, v_n$，则张量积 $U \otimes_{\mathbb{R}} V$ 是 $\mathbb{R}$ 上 mn 维线性空间，基为 $\{u_i \otimes v_j\}(i=1,2,\cdots,m, j=1,2,\cdots,n)$. 张量 $t \in U \otimes_{\mathbb{R}} V$ 是 $\{u_i \otimes v_j\}$ 的有限线性组合. 线性空间的张量积在量子物理中有重要应用，上述线性组合的物理意义是量子纠缠.

例 2　设 V 是实数域 $\mathbb{R}$ 上线性空间，有基 $v_1, v_2, \cdots, v_n$. 我们希望能将 V 做成复数域 $\mathbb{C}$ 上的线性空间. 因为 $\mathbb{C}$ 是 $\mathbb{R}$ 上的 2 维空间，故可做张量积 $\mathbb{C} \otimes_{\mathbb{R}} V$，是 $\mathbb{R}$ 上 $2n$ 维线性空间，基为 $1 \otimes v_1, 1 \otimes v_2, \cdots, 1 \otimes v_n, i \otimes v_1, i \otimes v_2, \cdots, i \otimes v_n$. 我们定义 $\mathbb{C}$ 与 $\mathbb{C} \otimes_{\mathbb{R}} V$ 之间的数乘为

$$z(c \otimes v) = (zc) \otimes v \quad (\text{对 } z, c \in \mathbb{C}, v \in V).$$

于是 $\mathbb{C} \otimes_{\mathbb{R}} V$ 是 $\mathbb{C}$ 上线性空间，基为 $1 \otimes v_1, 1 \otimes v_2, \cdots, 1 \otimes v_n$. 称 $\mathbb{C} \otimes_{\mathbb{R}} V$ 是由 V 作**系数域扩张**得到. 若 σ 是 V 的线性变换，则可定义 $\sigma_t(1 \otimes v) = 1 \otimes (\sigma v)$，得到 $\mathbb{C} \otimes_{\mathbb{R}} V$ 的线性变换 σ_t. σ_t 和 σ 的方阵表示相同(对上述基).

例 3　$\mathbb{Z}/2\mathbb{Z}, \mathbb{Z}/3\mathbb{Z}$ 都是 $\mathbb{Z}$-模. 我们断言 $\mathbb{Z}/2\mathbb{Z} \otimes_{\mathbb{Z}} \mathbb{Z}/3\mathbb{Z} = 0$. 事实上，任取其中张量 $a \otimes b$，我们有

$$2(a \otimes b) = (2a) \otimes b = 0 \otimes b = 0(1 \otimes b) = 0,$$
$$3(a \otimes b) = a \otimes (3b) = a \otimes 0 = 0(a \otimes 1) = 0,$$
$$a \otimes b = (3-2)(a \otimes b) = 3(a \otimes b) - 2(a \otimes b) = 0 - 0 = 0.$$

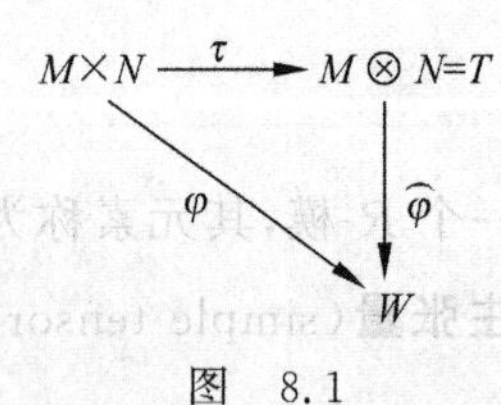

图　8.1

定理 1　(1) (张量积万有性)设有 R-模的张量积 $T = M \otimes N$，和双线性映射 $\tau: M \times N \to M \otimes N$，$\tau(u, v) = u \otimes v$ 如上述. 对任一双线性映射 $\varphi: M \times N \to W$，必存在唯一的线性映射 $\hat{\varphi}: M \otimes N \to W$ 使 $\varphi(u, v) = \hat{\varphi}(u \otimes v)$，即 $\varphi = \hat{\varphi} \circ \tau$.

(2) 满足(1)中万有性的 T 和 τ 是唯一的(同构意义下). 也就是说，若有 R-模 T' 和双线性映射 $\tau': M \times N \to T'$，$\mathrm{Im}\tau'$ 可 R-线性组合成 T'，且满足万有性(即对任意双线性映射 $\varphi': M \times N \to W$ 必有线性映射 $\hat{\varphi}': T' \to W$ 使 $\varphi' = \hat{\varphi}' \circ \tau'$)，则必然有同构 $\varepsilon: T \to T'$，且 $\tau' = \varepsilon \circ \tau$. 参见图 8.1.

张量积的万有性常用作张量积的定义，它用学术语言刻画了：张量积是最纯粹的乘积(只有双线性的映射)，其余的双线性映射往往还再有其他性质，所以可以经由张量积再造而得.

例 4(同态的张量积) 设有模同态 $f:M\to M'g:N\to N'$,则可定义同态映射

$$f\otimes g:M\otimes N\to M'\otimes N',\quad (f\otimes g)(u\otimes v)=f(u)\otimes g(v).$$

我们可以归纳地定义多个模的张量积 $M_1\otimes M_2\otimes\cdots\otimes M_s$.

习 题 8.4

1. 对任意张量积 $M\otimes N$,有 $u\otimes 0=0,0\otimes v=0$.
2. 证明 $M\otimes N\cong N\otimes M$.
3. 证明 $R\otimes M\cong M$.
4. 证明 $M\otimes(N_1\oplus N_2)\cong M\otimes N_1\oplus M\otimes N_2$(其中 $N_1\oplus N_2$ 是外直和).
5. 证明 $R^m\otimes_R R^n\cong R^{mn}$(其中 $R^n=R\oplus\cdots\oplus R$,$R$ 是含幺交换环).
6. 证明$\mathbb{Z}/m\mathbb{Z}\otimes_{\mathbb{Z}}\mathbb{Z}/n\mathbb{Z}\cong\mathbb{Z}/d\mathbb{Z}$,其中 $d=\gcd(m,n)$.

8.5 模的正合序列

设有 R-模的同态序列

$$\cdots\longrightarrow A_{k-1}\xrightarrow{\varphi_k}A_k\xrightarrow{\varphi_{k+1}}A_{k+1}\longrightarrow\cdots,$$

称此序列在 A_k **正合**(exact)是指 $\mathrm{Im}(\varphi_k)=\ker\varphi_{k+1}$. 如果序列在所有项都正合,则称为正合序列. 对群的同态序列,也类似地定义正合性.

例 1 如下正合序列被称为"短正合序列":

$$\{0\}\to A\xrightarrow{\eta}B\xrightarrow{\psi}C\to\{0\}.$$

(1) 此序列在 A 正合相当于 $\ker\eta=0$,即 η 是单射,$A\cong\mathrm{Im}\eta\subset B$.

(2) 此序列在 C 正合相当于 $\mathrm{Im}\psi=C$,即 ψ 是满射,$B/\ker\psi\cong C$.

(3) 此序列在 B 正合相当于 $\ker\psi\cong\mathrm{Im}\eta$.

由同态基本定理知 $B/\ker\psi\cong\mathrm{Im}\psi$,即

$$B/A\cong C.$$

当 A,B,C 构成上述短正合序列时. 常称 B 是 C(经乘 A)的扩张(extension).

例如,同态序列

$$\{0\}\to 2\mathbb{Z}\xrightarrow{\eta}\mathbb{Z}\xrightarrow{\psi}\mathbb{Z}/2\mathbb{Z}\to\{0\},$$

其中 η 是包含映射,ψ 是正则同态. 这很自然是正合序列.

例 2 设有 R-模 $B=A\oplus C$,则有正合序列

$$\{0\}\to A\xrightarrow{\eta}A\oplus C\xrightarrow{\pi}C\to\{0\},$$

其中 η 是正则嵌入: $a\mapsto(a,0)$,π 是正则投影: $(a,c)\mapsto c$.

此序列称为"分裂的短正合序列".

例 3　考察两个正合序列：

$$\{0\} \to \mathbb{Z} \xrightarrow{\eta} \mathbb{Z} \oplus (\mathbb{Z}/m\mathbb{Z}) \xrightarrow{\pi} \mathbb{Z}/m\mathbb{Z} \to \{0\},$$

以及

$$\{0\} \to \mathbb{Z} \xrightarrow{m} \mathbb{Z} \xrightarrow{\psi} \mathbb{Z}/m\mathbb{Z} \to \{0\},$$

其中映射 m 定义为 $m(k)=mk$，$\psi(a)=\bar{a}$.

此二序列的首尾项皆相同，但中项并不同构. 说明在一般情形下，C 经乘 A 的扩张可能有多种，且本质上不同.

研究短正合序列 $\{0\}\to A\to B\to C\to\{0\}$，目的在于探寻：由 C 与 A 如何"构建出"B（即 C 经乘 A 如何扩张为 B）？上例说明，同样的 C 与 A 可"构建出"不同的 B.

例 4　由任一同态 $B \xrightarrow{\psi} C$，可构作出一个正合序列

$$\{0\} \to \ker\psi \xrightarrow{\eta} B \xrightarrow{\psi} \mathrm{Im}\psi \to \{0\}.$$

例 5　任何（长）正合序列可写为多个短正合序列. 因为

"序列 $\cdots \to X \xrightarrow{\varphi} Y \xrightarrow{\psi} Z \to \cdots$ 在 Y 正合"

等价于"$0\to\varphi X\to Y\to Y/\ker\psi\to 0$ 是短正合序列".

一个序列的"自身性质"，往往要通过"序列间的关系"才能刻画出来.

定义 1　设有模的两个短正合序列

$$0 \to A \to B \to C \to 0,\quad 0 \to A' \to B' \to C' \to 0.$$

此二序列的一个**同态**是指有三个模同态 f,g,h 使得如下为交换图：

$$\begin{array}{ccccccccc} 0 & \to & A & \to & B & \to & C & \to & 0 \\ & & \downarrow f & & \downarrow g & & \downarrow h & & \\ 0 & \to & A' & \to & B' & \to & C' & \to & 0 \end{array}$$

当 f,g,h 皆为同构时，称此二序列**同构**，B,B' 是同构扩张. 进而，若再有 $f=1,h=1$，则称 B,B' 是等价扩张.

引理 1（短五引理，short five lemma）　设有如定义 2 中短正合序列的同态. 若 f,h 是单同态（res. 满同态，同构），则 g 也是单同态（res. 满同态，同构）.

此定理对群也成立.

定义 2（分裂，split）　设有模的短正合序列

$$0 \to A \xrightarrow{\eta} B \xrightarrow{\psi} C \to 0,$$

称此序列分裂是指：$B\cong A\oplus C$. 详言之，存在 C' 使

$$B=\eta A\oplus C',\quad \psi C'\cong C\quad (C'\text{称为 }\eta A\text{ 的直和补}).$$

定理 1（分裂定理）　考虑模的短正合序列

$$0 \to A \xrightarrow{\eta} B \xrightarrow{\psi} C \to 0.$$

(1) 此序列分裂当且仅当 ψ 有右逆同态(即有同态 $C \xrightarrow{\rho} B$ 使 $\psi\rho=1_C$).

(2) 此序列分裂当且仅当 η 有左逆同态(即有模同态 $B \xrightarrow{\lambda} A$ 使 $\lambda\eta=1_B$).

(对情形(1)、(2),分别称序列为右、左分裂)

附注 作为集合间的映射,满射 ψ 总是有右逆,单射总是有左逆,但此左、右逆不一定是同态映射.

证明 (1) 设 ψ 有右逆同态 ρ,令 $C'=\rho C\subset B$,则 B 的任一元素可写为

$$b=(b-\rho\psi b)+\rho\psi b\in\eta A+C',\quad (\text{因 } \psi(b-\rho\psi b)=0)$$

且 $\eta A\cap C'=0$(因 $\psi\eta A=0$,而 $\psi C'\cong C$),故 $B=\eta A\oplus C'$.

反之,若有 $B=\eta A\oplus C'$,则令 $\rho: C\cong C'$ 即可.

(2) 若 η 有左逆同态 λ. 令 $C'=\ker\lambda\subset B$,则 $B=\eta A\oplus C'$.

事实上,任一 $b\in B$ 可写为

$$b=\eta\lambda b+(b-\eta\lambda b)(\text{有 } \lambda(b-\eta\lambda b)=\lambda b-\lambda b=0),$$

且若 $b\in\eta A\cap C'$,则 $b=\eta a\in C'$,$a=\lambda\eta a=0$.

反之,若 $B=\eta A\oplus C'$,定义 $\lambda(\eta(a),c')=a$ 即可.

系 1 线性空间的短正合列都是分裂的(补子空间存在).

习 题 8.5

1. 任意给定模 C,A,则"C 经乘 A 的扩张"一定存在(提示 $A\oplus C$).

2. 以 C_2 记二阶循环群,则克莱因四元群 $C_2\times C_2$ 经乘 C_2 有两种不等价扩张 G:

$$1\to C_2\xrightarrow{\eta}D_8\xrightarrow{\psi}C_2\times C_2\to 1,$$

$$1\to C_2\xrightarrow{\eta}Q_8\xrightarrow{\psi}C_2\times C_2\to 1,$$

其中 η 皆为 C_2 到 G 的中心 $Z(G)$ 的单射(注意 D_8,Q_8 中心阶为 2),而 ψ 是正则投影 $G\to G/Z(G)$.

$C_2\times C_2$ 经乘 C_2 还有两种不等价扩张 $C_2\times C_2\times C_2$ 和 $C_2\times C_4$.

8.6 Hom函子等

以 $\mathrm{Hom}(D,M)$ 记 R-模 D 到 M 的模同态全体,这是一个阿贝尔群,当 R 是交换环时,它也是 R-模.

8.6.1 Hom(D,_)与投射模

取定 R-模 D,让第 2 个位置"虚位以待"得到符号 $\mathrm{Hom}(D,\_)$,其作用就好像一个算子:作用到任一个 R-模 M 则得到群 $\mathrm{Hom}(D,M)$,此 $\mathrm{Hom}(D,\_)$ 称为函子(functor).

例 1 设有 R-模的同态映射

$$M \xrightarrow{\varphi} N,$$

以函子 $\mathrm{Hom}(D,_)$作用之,则得到(诱导出)群的同态映射:

$$\mathrm{Hom}(D,M) \xrightarrow{\varphi'} \mathrm{Hom}(D,N), \quad \varphi'(F) = f = \varphi \circ F.$$

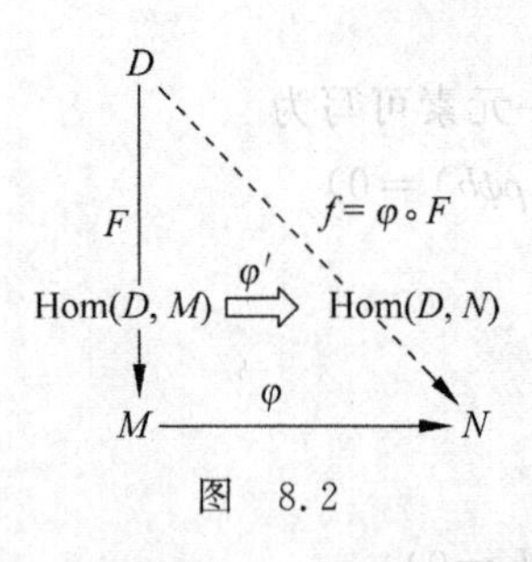

图 8.2

也就是说,对任意同态映射 $F \in \mathrm{Hom}(D,M)$,φ'对 F 的作用就是"推延"其靶集,将 F 的靶集从 M 依 φ 推延到 N,得到路径更长的映射 $f=\varphi\circ F$(参见图 8.2).

如果 φ 是单射,则 φ'也是单射.事实上,若 $f=\varphi\circ F=0$,则 $\varphi(F(D))=0$,因 φ 是单射故 $F(D)=0$,从而 $F=0$.但如果 φ 是满射,则 φ'未必是满射(下面有例子).我们有如下定理,因此,$\mathrm{Hom}(D,_)$被称为**左正合(协变)函子**.

定理 1 R-模同态序列

$$0 \to L \xrightarrow{\eta} M \xrightarrow{\varphi} N \tag{1-1}$$

是正合的当且仅当如下序列对于任意 R-模 D 是正合的:

$$0 \to \mathrm{Hom}(D,L) \xrightarrow{\eta'} \mathrm{Hom}(D,M) \xrightarrow{\varphi'} \mathrm{Hom}(D,N). \tag{1-2}$$

在例 1 中,我们看到,给定 F,"推延"其靶集就得到 $\varphi'(F)=f=\varphi\circ F$.但是,反过来,给定 f,是否可"撤回"其靶集得到 F 使 $\varphi'(F)=f=\varphi\circ F$?这也相当于,$\varphi'$是否为满射(从而定理 1 中序列(1-2)右正合)?——答案是不一定(见下例).

例 2 考虑$\mathbb{Z}$-模 $D=\mathbb{Z}/2\mathbb{Z}$,自然同态(满射):$\mathbb{Z} \xrightarrow{\varphi} \mathbb{Z}/2\mathbb{Z}$,$f=1$,则不存在 F 满足 $f=\varphi\circ F$.也就是说,φ'不是满射.

事实上,必有 $F=0$(因为 $\bar{1}\in\mathbb{Z}/2\mathbb{Z}$ 的阶是 2,$F(\bar{1})\in\mathbb{Z}$ 的阶只能是 1 或 2,故 $F(\bar{1})=0$),故 $f(\bar{1})=\varphi\circ F(\bar{1})=\varphi(0)=0$,与 $f=1$ 矛盾.参见图 8.3.

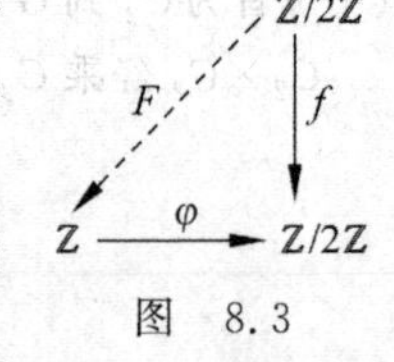

图 8.3

例 3 考虑自由 R-模 $D=R^n$,则例 1 中的 F 必存在,φ' 总是满射.事实上,设 $M \xrightarrow{\varphi} N$ 为满射.给定模同态:$R^n \xrightarrow{f} N$,$f(e_i)=f(\cdots,0,1,0,\cdots)=v_i$,则因 φ 是满射,故有 $u_i\in M$ 使 $\varphi(u_i)=v_i$.定义 $R^n \xrightarrow{F} M$,$\sum r_i\boldsymbol{e}_i \mapsto \sum r_i u_i$,则此 F 满足 $f=\varphi\circ F$.

总结一下:与"推延"靶集不同,"撤回"靶集(称为**提升**)不一定可行.也就是说,给定同态 $M \xrightarrow{\varphi} N$ 和 $D \xrightarrow{f} N$,未必有同态 $D \xrightarrow{F} M$ 使 $\varphi'(F)=f=\varphi\circ F$,即 φ'不一定是满射,定理 1 序列(1-2)右端不一定正合(既使 φ 是满射).但由例 3 知,当 $D=R^n$ 为自由模

时，则上述撤回等都肯定可以.

定理 2 设 P 为 R-模，则如下 4 条性质等价(若满足则称 P 为**投射模**，projective module).

(1) 对任意的 R-模正合序列 $0\to L\xrightarrow{\eta}M\xrightarrow{\varphi}N\to 0$，必有群正合序列

$$0\to \mathrm{Hom}(P,L)\xrightarrow{\eta'}\mathrm{Hom}(P,M)\xrightarrow{\varphi'}\mathrm{Hom}(P,N)\to 0.$$

(2) 设有模满同态 $M\xrightarrow{\varphi}N$，任意同态 $P\xrightarrow{f}N$ 可提升为模同态 $P\xrightarrow{F}M$ 使 $f=\varphi\circ F$，即图 8.4 为交换图.

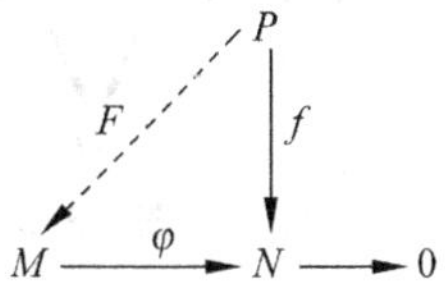

$$\begin{array}{ccccc} & & P & & \\ & \overset{F}{\swarrow} & \downarrow f & & \\ M & \xrightarrow{\varphi} & N & \longrightarrow & 0 \end{array}$$

图 8.4 交换图

(3) 若有满射同态 $\theta:M\to P$，则 $M\cong P\oplus\ker\theta$. 亦即：若 P 是 M 的商模，则 P 同构于 M 的直和因子，或叙述为：任一短正和序列 $0\to L\to M\to P\to 0$ 必是分裂的.

(4) P 是自由模的直和因子(即存在自由模 $F=P\oplus N$).

显然(1)与(2)是等价的. 若有满射同态 $\theta:M\to P$，取(2)中 $P\xrightarrow{f}N=P$ 为恒等映射，则由(2)给出的 F 满足 $1=\varphi\circ F$，即得(3). 第(3)条说明了投射模名称的来历. 注意第(4)条，并不说明 P 是自由模. 例如，$R=\mathbb{Z}/6\mathbb{Z}$ 时，

$$R\cong\mathbb{Z}/2\mathbb{Z}\oplus\mathbb{Z}/3\mathbb{Z}.$$

故$\mathbb{Z}/2\mathbb{Z}$，$\mathbb{Z}/3\mathbb{Z}$ 均为自由 R-模 R 的直和因子，故都是投射 R-模，但都不是自由模.

可以认为，投射模是自由模的推广. 以下是一些事实.

(1) 自由模是投射模(参见上述例 3).

(2) 在主理想整环 R 上，投射模必是自由模.(有限生成时参见主理想整环上的模分解，且投射模是自由模的直和因子故无扭)

(3) 在域 F 上多元多项式环 $R=F[X_1,X_2,\cdots,X_n]$上，有限生成的投射模必是自由模(Serre-Quillen-Suslin 定理).

8.6.2 Hom(_,D)与单射模

取定 R-模 D，Hom(_,D)作用到任一个 R-模 M，则得到群 $\mathrm{Hom}(M,D)$.

例 4 设有 R-模的同态映射

$$M\xrightarrow{\varphi}N,$$

以 Hom(_,D)作用之，则得到(诱导出)群的反方向的同态映射：

$$\mathrm{Hom}(M,D)\xleftarrow{\varphi^*}\mathrm{Hom}(N,D),\quad \varphi^*(F)=f=F\circ\varphi.$$

参见图 8.5，常称 φ^* 为“**拉回**”映射，它将 $F\in \mathrm{Hom}(N,D)$ 的定义域从 N 拉回到 M，从而得到更长路径的映射 f. φ^* 是同态，因为 $(f_1+f_2)\circ\varphi=f_1\circ\varphi+f_2\circ\varphi$. 注意诱导出的序列与原序列方向相反.

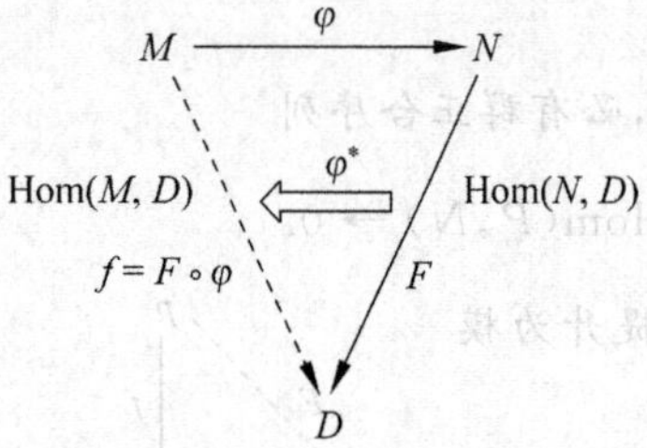

图　8.5

当 φ 是满射时，φ^* 是单射. 因若 $\varphi^*(F)=F\circ\varphi=0$，则 $0=F\circ\varphi(M)=F(N)$，故 $F=0$. 这说明 φ^* 是单射. 因下述定理，$\mathrm{Hom}(\_,D)$ 被称为**左正合逆变函子**.

定理 3　R-模同态序列 $L\xrightarrow{\eta}M\xrightarrow{\varphi}N\longrightarrow 0$ 是正合的当且仅当如下序列对于任意 R-模 D 是正合的：

$$0\to \mathrm{Hom}(N,D)\xrightarrow{\varphi^*}\mathrm{Hom}(M,D)\xrightarrow{\eta^*}\mathrm{Hom}(L,D).$$

证明　参见图 8.6，只需直接验证. 先设第一个序列正合，于是 φ 是满射，故由定理前说明知 φ^* 是单射. 再证在 $\mathrm{Hom}(M,D)$ 正合，设 $g\in\ker\eta^*$，即 $g\in\mathrm{Hom}(M,D)$ 使 $\eta^*(g)=g\circ\eta=0$，则 $g(\eta(L))=0$，即 $g(\mathrm{Im}\eta)=0$，故映射 g 分解为两个同态的复合：

$$g:M\xrightarrow{\sigma}M/\mathrm{Im}\eta\xrightarrow{\tau}D.$$

因 $M/\mathrm{Im}\eta=M/\ker\varphi\cong N$，这说明 g 可分解为

$$g:M\xrightarrow{\varphi}N\xrightarrow{F}D\quad(\text{对某 }F\in\mathrm{Hom}(N,D)),$$

即 $g=F\circ\varphi=\varphi^*(F)$. 这意味着 $\ker\eta^*\subset\mathrm{Im}\varphi^*$，进而可得 $\ker\eta^*=\mathrm{Im}\varphi^*$. 类似地，设第二个序列对任意 D 正合则可验证得第一个序列正合. ■

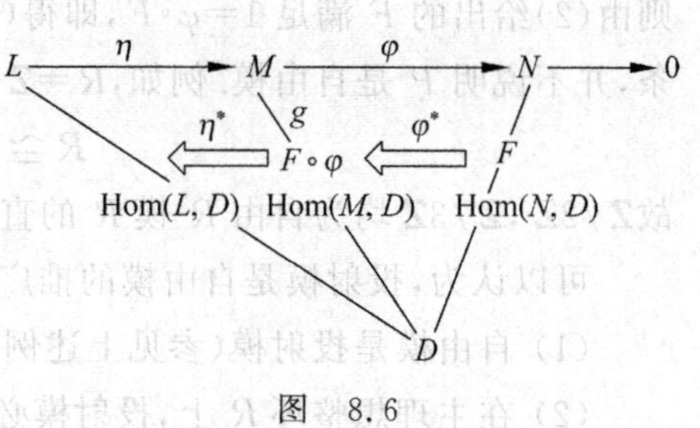

图 8.6

例 5　在线性代数中，R-模都是域 $\mathbb{R}$ 上的线性空间，同态 φ 为线性映射. 我们取 $D=\mathbb{R}$，则 $\mathrm{Hom}(M,\mathbb{R})=M^*$ 是 M 的对偶空间，取对偶基，则 φ 与 φ^* 的矩阵表示互为转置，故在定理 2 中，若 η,φ 的方阵表示为 $\boldsymbol{B},\boldsymbol{A}$，则 η^*,φ^* 的方阵表示为 $\boldsymbol{B}^{\mathrm{T}},\boldsymbol{A}^{\mathrm{T}}$. φ 是满射相当于 $\boldsymbol{A}$ 是行满秩，故 $\boldsymbol{A}^{\mathrm{T}}$ 是列满秩，即 φ^* 是单射. 第一个序列在 M 正合，相当于 $\boldsymbol{Ax}=\boldsymbol{0}$ 的解集恰为 $\boldsymbol{By}$ 全体(等于 $\boldsymbol{B}$ 的列空间)，即 $\boldsymbol{A}$ 的行空间与 $\boldsymbol{B}$ 的列空间互为正交补；也就是说，$\boldsymbol{A}^{\mathrm{T}}$ 的列空间与 $\boldsymbol{B}^{\mathrm{T}}$ 的行空间互为正交补，这恰相当于第二个序列在 $\mathrm{Hom}(M,D)$ 正合.

在定理 3 中，既使 η 是单射，η^* 也不一定是满射(即在例 4 中，即使 φ 是单射，φ^* 也不一定是满射)，见下例.

例 6　考虑正合序列

$$0\to\mathbb{Z}\xrightarrow{\eta}\mathbb{Z}\xrightarrow{\varphi}\mathbb{Z}/2\mathbb{Z}\to 0,$$

其中 η 为乘 2，φ 是正则投影. 取 $D=\mathbb{Z}/2\mathbb{Z}$.

参见图 8.7,给定 f 为模 2 投影. 非零的 F 只有模 2 映射(因 $F(1)=\bar{1}$),但此 F 不满足 $f=F\circ\eta$,因 $f(1)=\bar{1}$,而 $F\circ\varphi(1)=F(2)=\bar{0}$.

总结一下:如图 8.8 所示,设有单同态 $L\xrightarrow{\eta}M$,对于 $f\in\mathrm{Hom}(L,D)$,可否推延其定义域得到 $F\in\mathrm{Hom}(M,D)$ 而使 $f=F\circ\eta$? 答案是未必(对任意 f 有此性质的 D 称为单射模).

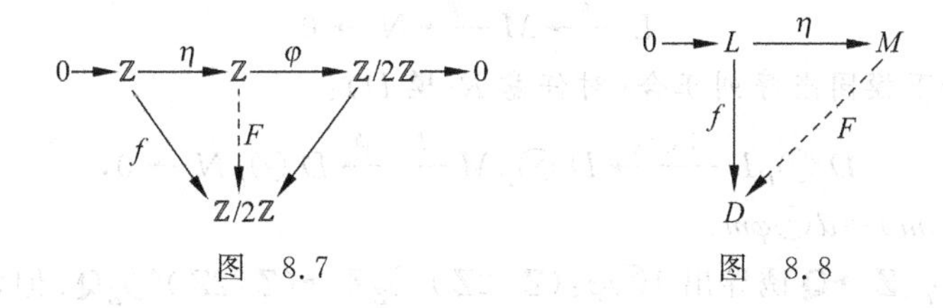

图 8.7　　图 8.8

定理 4　设 Q 是 R-模,则如下条件等价(满足时称 Q 是**单射模**,injective module):

(1) 由任意短正合序列

$$0\to L\xrightarrow{\varphi}M\xrightarrow{\psi}N\to 0$$

得到短正合序列

$$0\to\mathrm{Hom}(N,Q)\xrightarrow{\psi^*}\mathrm{Hom}(M,Q)\xrightarrow{\varphi^*}\mathrm{Hom}(L,Q)\to 0.$$

(2) 对任意正合列 $0\to L\xrightarrow{\varphi}M$,任一 $f\in\mathrm{Hom}(L,D)$ 可"推延"为某个 $F\in\mathrm{Hom}(M,D)$ 使 $f=F\circ\varphi$,即图 8.9 所示交换图.

(3) 若 Q 是任一模 M 的子模,则 Q 是 M 的直和因子,即任一短正合列 $0\to Q\to M\to N\to 0$ 必是分裂的.

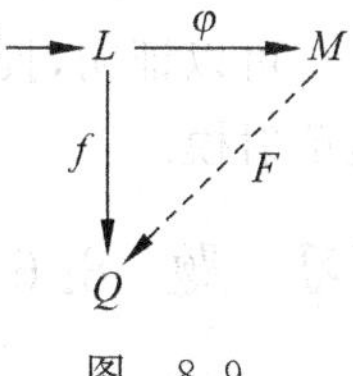

图 8.9

上述第 3 条意味着:若 Q 单射入 M,则 Q 是 M 的直和因子,这是单射模名字的由来. 我们回忆,投射模 P 是:若 P 投射满射到 M,则 P 是 M 的直和因子. 故二者是某种类意义下对称的. 以下是单射模的判则.

定理 5　(1)(贝尔(Baer)判则)　R-模 Q 是单射模当且仅当模同态 $g:J\to Q$ 可延拓为模同态 $G:R\to Q$(对环 R 的任意左理想 J).

(2) 设 R 为主理想整环,R-模 Q 是单射模当且仅当 $rQ=Q(\forall\,0\neq r\in R)$,且单射模的商模仍为单射模.

例 7　$\mathbb{Z}$ 不是单射 $\mathbb{Z}$-模,因为 $2\mathbb{Z}\neq\mathbb{Z}$. $\mathbb{Q}$ 是单射 $\mathbb{Z}$-模. $\mathbb{Q}/\mathbb{Z}$ 是单射 $\mathbb{Z}$-模.

例 8　$\mathbb{Q}\oplus\mathbb{Q}$, $\mathbb{Q}\oplus\mathbb{Q}/\mathbb{Z}$ 是单射 $\mathbb{Z}$-模.

还易证明,域 F 上线性空间都是单射 F-模. $R=M_n(F)$(域 F 上 n 阶方阵环)上的模都是内射模,也是投射模.

8.6.3 张量函子和平坦模

设R是交换群，固定R-模D，则$D\otimes_R_$(右边位置虚位以待)成为一个函子.

定理6($D\otimes_R_$是右正合协变函子) 设D,L,M,N为R-模，模同态序列

$$L\xrightarrow{\varphi}M\xrightarrow{\psi}N\to 0$$

正合当且仅当如下模同态序列正合(对任意R-模D)：

$$D\otimes_R L\xrightarrow{1\otimes\varphi}D\otimes_R M\xrightarrow{1\otimes\psi}D\otimes_R N\to 0,$$

其中$(1\otimes\varphi)(d\otimes m)=d\otimes\varphi m$.

例8 单射$\varphi:\mathbb{Z}\to\mathbb{Q}$诱导出$1\otimes\varphi:(\mathbb{Z}/2\mathbb{Z})\otimes_{\mathbb{Z}}\mathbb{Z}\to(\mathbb{Z}/2\mathbb{Z})\otimes_{\mathbb{Z}}\mathbb{Q}$. 但$(\mathbb{Z}/2\mathbb{Z})\otimes_{\mathbb{Z}}\mathbb{Z}=\mathbb{Z}/2\mathbb{Z}$(因$a\otimes_{\mathbb{Z}}b=ab\otimes_{\mathbb{Z}}1$)，而$(\mathbb{Z}/2\mathbb{Z})\otimes_{\mathbb{Z}}\mathbb{Q}=0$(因$a\otimes_{\mathbb{Z}}b=a2\otimes_{\mathbb{Z}}b/2=0$).

例8说明，即使φ是单射，$1\otimes\varphi$也未必是单射，故有如下定义.

定理7 设A为R-模，则如下等价(满足时称A为**平坦模**，flat module)：

(1) 对任意R-模L,M,N，若模同态序列

$$0\to L\xrightarrow{\varphi}M\xrightarrow{\psi}N\to 0$$

是短正合序列，则如下模同态序列是短正合的：

$$0\to A\otimes_R L\xrightarrow{1\otimes\varphi}A\otimes_R M\xrightarrow{1\otimes\psi}A\otimes_R N\to 0.$$

(2) 对任意R-模L,M，若$L\xrightarrow{\varphi}M$为单射，则$A\otimes_R L\xrightarrow{1\otimes\varphi}A\otimes_R M$为单射.

可以证明，投射模和自由模都是平坦模. 而$\mathbb{Z}$-模$\mathbb{Z}\oplus\mathbb{Q}$是平坦模，不是投射模，也不是单射模.

习 题 8.6

1. 设D,L,N为R-模，则：

(1) $\mathrm{Hom}(D,L\oplus N)\cong\mathrm{Hom}(D,L)\oplus\mathrm{Hom}(D,N)$；

(2) $\mathrm{Hom}(L\oplus N,D)\cong\mathrm{Hom}(L,D)\oplus\mathrm{Hom}(N,D)$.

2. 由上题(1)说明，在定理1中，若序列(1-1)分裂(即$M=L\oplus N$)，则序列(1-2)也分裂，从而是短正和序列(φ'是满射).

3. 证明$\mathbb{Q}$不是投射$\mathbb{Z}$-模.

附录A 集合与映射

A.1 概念与符号

(1) 一个**集合**(set),就是一些互异的确定的对象全体.集合中的对象称为元素或元(element),是互相不同的.集合的最直接的表示(描述)方法,就是在花括号中罗列出它的全部元素.例如{1,2,3,4}.另一种表示集合的方法是,在花括号中,指明其元素的形式,然后在竖线(或冒号)之后写明元素要满足的约束条件.例如

$$\{2k \mid k \in \mathbb{Z}\},$$

其意思是"$2k$ 全体构成的集合,其中 $k \in \mathbb{Z}$",也就是偶数集合.集合概念的应用有一定限制规则(ZFC公理系统).例如不能用"所有的集合的集合"等.族(familey)是更宽泛的用语.

如果两个集合 S 和 T 的元素完全相同,则定义此二集合相等,记为 $S=T$.

不含任何元素的集合称为空集(empty set),记为$\varnothing$.空集只有一个.

若 a 是集合 S 中的元素,则记为 $a \in S$;否则记为 $a \notin S$.若集合 S 的元素都是集合 T 的元素,则称 S 是 T 的**子集合**(subset),T 是 S 的**扩集合**(extension),记为 $S \subset T$ 或 $T \supset S$(也有文献记为 $S \subseteq T$,$T \supseteq S$).本书在 S 是 T 的子集合且 $S \neq T$ 时,都会明确说明或标出.约定空集是任一集合的子集合;任一集合是自身的子集合.这两种子集合都称为平凡子集合.非平凡子集合称为真子集合.

两个集合的**并**(union)与**交**(intersection)分别定义为

$$S \cup T = \{a \mid a \in S \text{ 或 } a \in T\}, \quad S \cap T = \{a \mid a \in S \text{ 且 } a \in T\}.$$

而 T 在 S 中的**补集**((relative) complement),或称为 S 减 T 的**差集**(difference),是指

$$S \backslash T = S - T = \{a \mid a \in S \text{ 且 } a \notin T\}.$$

集合 S 的子集合全体记为 $P(S)$,称为 S 的**幂集合**(power set).

有限集合的元素个数,推广为一般集合 S 的**基数**(cardinality),也称为势,记为 $|S|$ 或 $\# S$.两个集合的基数相同当且仅当两个集合的元素之间存在一一对应(双射).

集合 S 与 T 的**笛卡儿积**(Cartesian product)定义为集合

$$S \times T = \{(s,t) \mid s \in S, t \in T\}.$$

例如,当 $|S|=2$,$|T|=3$ 时,$|S \times T|=6$.类似地可定义有限个集合的笛卡儿积.对任一族集合 $\{S_i\}_{i \in I}$,定义其笛卡儿积 $\prod\limits_{i \in I} S_i$ 为所有族 $\{s_i\}_{i \in I}$(其中 $s_i \in S_i$)全体形成的

集合.

对任意集合 S,T,W 有

$$(S \cup T)\times W=(S\times W)\cup(T\times W),\quad (S\cap T)\times W=(S\times W)\cap(T\times W).$$

(2) 从集合 A 到集合 B 的一个**映射**(也称为**函数**,mapping,map,function)φ,就是从 A 到 B 的一个对应规则,使得每个 $a\in A$ 对应于唯一的一个 $b\in B$(记为 $\varphi(a)=b$). 此映射记为

$$\varphi: A\to B,\quad a\mapsto b$$

(或 $A\xrightarrow{\varphi}B,\varphi(a)=b$),分别指明集合、元素间的映射. 其中各名称如下:

① A,称为**定义域**(domain);

② B,称为**上域**,值域,或靶集(codomain,range,target set);

③ φ,为**对应规则**(rule,law,mapping).

定义域、上域、对应规则,这三者被称为映射三要素. 缺少任一要素不成其为映射;改变任一要素就是改变了一个映射. "对应规则"要明确规定到每个元素的对应无误.

④ 对 $a\in A$,若 $\varphi(a)=b\in B$,则称 b 是 a 的**像**(image),a 是 b 的一个原像.

⑤ 映射 φ(或 A)的**像**定义为

$$\mathrm{Im}(\varphi)=\varphi(A)=\{\varphi(a)\mid a\in A\}.$$

⑥ 对子集合 $C\subset B$,集合

$$\varphi^{-1}(C)=\{a\in A\mid \varphi(a)\in C\}$$

称为 C 的**原像**(preimage,inverse image). 对每个元素 $b\in\mathrm{Im}(\varphi)$,$\{b\}$的原像记为 $\varphi^{-1}(b)=\{a\in A\mid\varphi(a)=b\}$,也称为 φ 在 b 上的一条**纤维**(fiber),是 A 的子集合(有可能含有许多元素). 注意,$\varphi^{-1}(b)$是一个整体记号,并不是说 φ 有逆映射.

例 1　设 A 是平面上的一个三角区域(中的点集),$B=\mathbb{R}$. 考虑映射 $\varphi: A\to\mathbb{R}$,$\varphi(x,y)=y$. 则 $2\in\mathrm{Im}(\varphi)$的原像(纤维)$\varphi^{-1}(2)$就是一条线段(如图 A.1 所示).

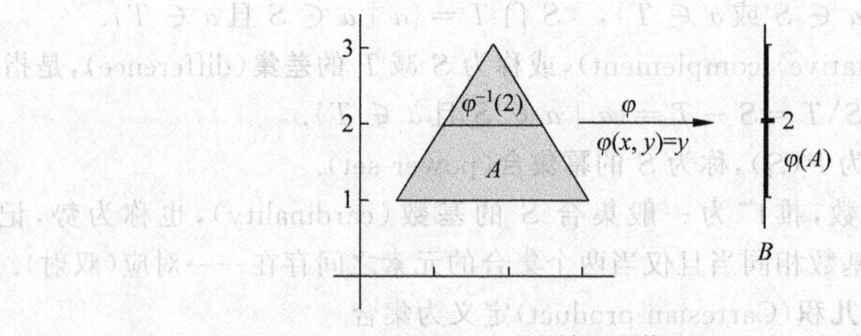

图 A.1　映射和原像(纤维)

(3) 如果 $\mathrm{Im}\varphi=B$,即任意 $b\in B$ 是某 $a\in A$ 的像,则称 φ 为**满射**(surjection,onto).

如果"对任意 $a_1\neq a_2$ 必有 $\varphi(a_1)\neq\varphi(a_2)$"(换句话说,"若 $\varphi(a_1)=\varphi(a_2)$ 则 $a_1=$

a_2”),则称 φ 为**单射**(injection,one-to-one).此时任一元素 $b\in \mathrm{Im}\varphi$ 的原像是唯一的.

若 φ 既是单射又是满射,则称 φ 为**双射**(bijection);也称为一一对应(one-to-one correspondence)

例如,映射 $\varphi:\mathbb{Z}\to\mathbb{Z},k\mapsto k^2$,不是满射;也不是单射.

再如,图 A.1 中的映射 $\varphi:A\to\mathbb{R},\varphi(x,y)=y$,不是满射,也不是单射.

(4) 若有两个映射 $\varphi:A\to B,\psi:B\to C$(前者的靶集正是后者的定义域.特别当 $A=B=C$ 时),则它们的**复合映射**(composite map)$\psi\circ\varphi:A\to C$ 定义为

$$(\psi\circ\varphi)(a)=\psi(\varphi(a))\quad(\text{对任意 } a\in A).$$

有时也记 $\psi\circ\varphi$ 为 $\psi\varphi$,称为 ψ 与 φ 的**乘积**(如图 A.2 所示).

(5) 映射 $\varphi:A\to B$ 有左逆是指:存在映射 $\psi:B\to A$ 使得 $\psi\circ\varphi:A\to A$ 是恒等映射.φ 是单射当且仅当它有左逆.

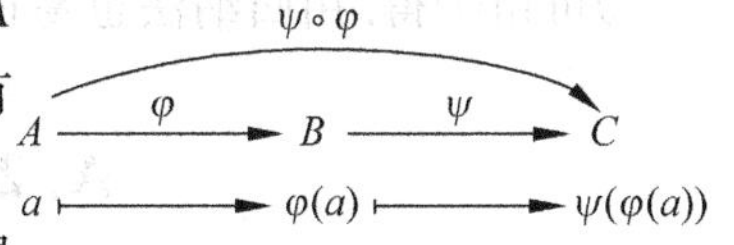

映射 $\varphi:A\to B$ 有右逆是指:存在映射 $\rho:B\to A$ 使得 $\varphi\circ\rho:B\to B$ 是恒等映射.φ 是满射当且仅当它有右逆.

$$\begin{array}{ccccc} & & \psi\circ\varphi & & \\ A & \xrightarrow{\varphi} & B & \xrightarrow{\psi} & C \\ a & \longmapsto & \varphi(a) & \longmapsto & \psi(\varphi(a)) \end{array}$$

图 A.2 映射的复合

(6) 设有映射 $\varphi:A\to B$,而 $A_1\subset A$,则可定义新的映射 $\varphi_1:A_1\to B,\varphi_1(a)=\varphi(a)$(对任意 $a\in A_1$).在这种情况下,称 φ_1 为 φ 到 A_1 的**限制**(restriction),记为 $\varphi_1=\varphi|_{A_1}$.而称 φ 为 φ_1 到 A 的**延拓**(extension).

(7) 集合**交与并的分配律**:对任意集合 A,B,C,均成立:

① $A\cap(B\cup C)=(A\cap B)\cup(A\cap C)$,② $A\cup(B\cap C)=(A\cup B)\cap(A\cup C)$.

证明 ① $x\in A\cap(B\cup C)\Leftrightarrow\begin{cases}x\in A,\\x\in B\cup C\end{cases}\Leftrightarrow\begin{cases}x\in A,\\x\in B\end{cases}$ 或 $\begin{cases}x\in A,\\x\in C\end{cases}\Leftrightarrow x\in(A\cap B)\cup(A\cap C)$.

② $x\in A\cup(B\cap C)\Leftrightarrow x\in A$ 或 $x\in B\cap C$. 当 $x\in A$ 时,$x\in A\cup B$ 且 $x\in A\cup C$;当 $x\in B\cap C$ 时,$x\in B$ 且 $x\in C$.故总有 $x\in A\cup B$ 且 $x\in A\cup C$,即 $x\in(A\cup B)\cap(A\cup C)$.故 $A\cup(B\cap C)\subset(A\cup B)\cap(A\cup C)$.同理可证,$(A\cup B)\cap(A\cup C)\subset A\cup(B\cap C)$.

德·摩根定律(De Morgan's law) 设所讨论的集合 A,B 等都是集合 U 的子集合(称 U 为全集),记补集 $U-A=\bar{A}$(或 A^c),则

① $\overline{A\cap B}=\bar{A}\cup\bar{B}$, ② $\overline{A\cup B}=\bar{A}\cap\bar{B}$.

证明 ① $x\in\overline{A\cap B}\Leftrightarrow x\notin A\cap B\Leftrightarrow x\notin A$ 或 $x\notin B\Leftrightarrow x\in\bar{A}$ 或 $x\in\bar{B}\Leftrightarrow x\in\bar{A}\cup\bar{B}$.

② $x\in\overline{A\cup B}\Leftrightarrow x\notin A\cup B\Leftrightarrow x\notin A$ 且 $x\notin B\Leftrightarrow x\in\bar{A}$ 且 $x\in\bar{B}\Leftrightarrow x\in\bar{A}\cap\bar{B}$.

(8) **容斥原理**(inclusion-exclusion principle) 设 $S_1,S_2,\cdots,S_n$ 为有限个集合,则

$$①\ \left|\bigcup_{1\leqslant i\leqslant n}S_i\right|=\sum_{1\leqslant i\leqslant n}|S_i|-\sum_{1\leqslant i<j\leqslant n}|S_i\cap S_j|+\sum_{1\leqslant i<j<k\leqslant n}|S_i\cap S_j\cap S_k|-\cdots$$
$$\cdots+(-1)^{n+1}\left|\bigcap_{1\leqslant i\leqslant n}S_i\right|.$$

② $|\bigcap_{1\leqslant i\leqslant n} S_i|=\sum_{1\leqslant i\leqslant n}|S_i|-\sum_{1\leqslant i<j\leqslant n}|S_i\cup S_j|+\sum_{1\leqslant i<j<k\leqslant n}|S_i\cup S_j\cup S_k|-\cdots$
$\cdots+(-1)^{n+1}|\bigcup_{1\leqslant i\leqslant n} S_i|$.

证明　① 只需证 $S_1\cup S_2\cup\cdots\cup S_n$ 中任一元素 s 恰被右等式方计入一次. 设 s 恰是 $S_1,S_2,\cdots,S_n$ 中 m 个集合的元素($1\leqslant m\leqslant n$). 此 s 在 $\sum|S_i|$ 中被计入 $m=C_m^1$ 次, 在 $\sum|S_i\cap S_j|$ 中被计入 C_m^2 次, 等等. 故 s 被右方计入次数为

$$N_s=C_m^1-C_m^2+C_m^3-\cdots+(-1)^m C_m^m.$$

因 $C_m^0-C_m^1+C_m^2-C_m^3+\cdots+(-1)^{m+1}C_m^m=(1-1)^m=0$, 故 $N_s=C_m^0=1$.

②可由①得. 用归纳法也易证. ■

A.2　偏序集与佐恩引理

集合 S 上一个**偏序**(partial ordering), 就是在 S 的某些元素 a,b 之间具有的一个关系, 记为 $a\leqslant b$, 满足: (1)(自反性)$a\leqslant a$, (2)(传递性)若 $a\leqslant b$ 且 $b\leqslant c$, 则 $a\leqslant c$, (3)(反对称性)若 $a\leqslant b$ 且 $b\leqslant a$, 则 $a=b$. 注意, 并不要求任意两元素 x,y 之间总是有关系 $x\leqslant y$ 或 $y\leqslant x$. 而如果 S 的任意两元素 x,y 之间必有关系 $x\leqslant y$ 或 $y\leqslant x$, 则称 S 是**全序**的.

例如, 整数集$\mathbb{Z}$中的整除关系, 是一个偏序. 而$\{2,4,6,8\}$对整除关系是一个全序集.

佐恩引理: 设 S 为非空偏序集. 若 S 的每个非空全序子集 T 在 S 中有上界(即存在 $s_0\in S$ 使 $t\leqslant s_0$ 对所有 $t\in T$ 成立), 则 S 至少有一个极大元素.

m 是 S 的极大元素是指: 若有 $s\in S$ 使 $m\leqslant s$, 则 $m=s$.

用佐恩(Zorn)引理可证明一些重要定理. 举例如下.

例 2　非零含幺交换环 R 必有最大理想. 证明如下: 设 S 是 R 的理想($\neq R$)集合. 则 S 对包含关系是偏序集, 非空(含零理想). 设 T 是 S 的非空全序子集, 令 U 是 T 中元素(理想)的并, 则 U 是理想, 而且 $U\neq R$(否则 $1\in U$, 从而 1 属于某 $J\in T$, 则 $J=R$, 与 S 定义矛盾). 故 $U\in S$ 是 T 的上界. 故由佐恩引理知 S 有极大元, 即为极大理想.

佐恩引理与如下的选择公理、良序公理, 三者等价. 现在数学界一般都承认三者皆成立.

选择公理(axiom of choice)　设$\{S_i\}_{i\in I}$是一族集合, 每个集合 S_i 都不空. 则存在一族元素$\{x_i\}_{i\in I}$, 其中每个 $x_i\in S_i$.

选择公理是在断言, 从各个集合 S_i 中可以同时选取 $x_i\in S_i$(对所有 $i\in I$). 也常被表述为: 对于任一集合 S, 存在一个函数 $f:P(S)\to S$(称 f 为选择函数, $P(S)$是 S 的幂集合)使得 $f(T)\in T$(对 S 的任意非空子集合 T).

一个集合 S 称为**良序的**(well-ordered)是指, S 为全序集且其非空子集必有最小元

素. 例如正整数集合$\mathbb{N}$按数值大小排序是良序集.

良序公理 对任意集合,均可适当规定其元素的序,使其成为良序集合.

"正整数集$\mathbb{N}$是良序集",这是数学归纳法的基础(经归纳法论证过的命题如果对$\mathbb{N}$的某子集A不真,则A必有最小元a_0,从而命题对小于a_0的自然数都成立,而对a_0不成立. 这与归纳证明的过程矛盾). 上述"良序公理"的意义在于,对于任一集合S,我们可以规定它的元素次序,从而使它的任意非空子集合有最小元素,也就可以使用归纳法了(称为超限归纳法).

设L是一个偏序集,若任意$a,b\in L$在L中有最小上界和最大下界(分别记为$a\vee b$,$a\wedge b$),则称L为**格**(lattice). 例如自然数集对整除关系构成一个格.

A.3 无限集与基数

集合S的**基数**(cardinality)是有限集合的元素个数的发展推广,也称为势,记为$|S|$或$\# S$. 两个集合S,T的基数相等当且仅当两集合之间有双射(一一对应),记为$\mathrm{card}(S)=\mathrm{card}(T)$,或$|S|=|T|$,或$\# S=\# T$. 有限集合的基数规定为其元素个数. 空集的基数为0.

若集合D与正整数集$\mathbb{N}$之间存在双射,则称D为**可数的**(denumerable),也称为可列的,其基数称为"**可数无限**",记为d. 例如,整数集$\mathbb{Z}$和有理数集$\mathbb{Q}$都是可数集. 可数集能与其真子集一一对应,这与有限集合很不同. 每个无限集均含有一个可数子集. 故可数无限d是最小的无限基数. 可数集合的任一个无限子集必是可数的. 若D为可数集,则$D\times D$为可数集(其元素(d_i,d_j)可排为"无限矩阵"(右方和下方无限),可按$i+j=k$(其中$k=2,3,4,\cdots$)可数排序),$D\times D\times\cdots\times D$为可数集合. 设$D_i$为可数集($i\in\mathbb{N}$),则$\bigcup\limits_{i=1}^{\infty}D_i$为可数集(与$D\times D$的证明类似). 设$D$为可数集,$S$为任意无限集,则$|S\times D|=|S|$.

实数集合$\mathbb{R}$不是可数集. 可用"对角线法"反证之:假若实数集可数,所有实数排为$x_1,x_2,x_3,\cdots$,记x_i的十进表示的小数部分为$(a_{i1}a_{i2}a_{i3}\cdots)$,以它们为行排为一个无限"矩阵". 任取个位正整数$b_n\neq a_{nn}$(对$n=1,2,3,\cdots$). 令实数$b=0.b_1b_2b_3\cdots$. 则b不等于任意x_n(因小数第n位不同). 故实数集不可数.

实数集$\mathbb{R}$的基数称为**连续统**(continuum),记为c. 可以证明,区间$[0,1]$中的实数集、复数集、实数的无限序列集等,其基数都是c.

设S,T是两个集合,交为空集. 基数分别记为n,m,则$S\cup T$和$S\times T$的基数分别记为$n+m$和nm,称为此二基数的和与积. 而S到T的映射全体记为T^S,其基数记为m^n,称为m的n次幂. 由集合的性质可推知,基数的和、积满足交换律、结合律、分配律;幂满

足指数律，即

$$m+n=n+m,\quad m+(n+n')=(m+n)+n',$$

$$mn=nm,\quad m(nn')=(mn)n',\quad m(n+n')=mn+mn'.$$

$$m^{n+n'}=m^n m^{n'},\quad (mm')^n=m^n m'^n,\quad (m^n)^{n'}=m^{nn'}.$$

特别地，S 到二元集合$\{0,1\}$的映射全体为$\{0,1\}^S$，其基数为 $2^{|S|}$. 这也是 S 的**幂集合** $P(S)$（即 S 的子集合全体）的基数.

康托尔定理 $|S|<2^{|S|}=|P(S)|$.

其证明有趣且简单：只需证明任一单射 $f:S\to P(S)$不是满射. 记子集合 $X=\{s\in S\mid s\notin f(s)\}$，则 $X\notin \mathrm{Im}f$（假若有 $x\in S$ 使 $f(x)=X$，则按 X 的定义知，$x\in X$ 导致 $x\notin X$，而 $x\notin X$ 导致 $x\in X$. 矛盾）.

将实数用二进制表示，每个实数表示为一个由 0,1 组成的序列（带小数点），易证明 $2^d=c$，其中 d，c 分别为可数无限和连续统. 那么，$2^d=c$ 是否就是大于 d 的最小基数呢换句话说，是否有集合的基数为 x，使得

$$d<x<2^d=c.$$

康托尔(Cantor)猜想 x 不存在(1978)，即连续统是除可数无穷外最小的无穷基数，这就是著名的**连续统假设**. 1938 年和 1963 年，哥德尔(Godel)和寇恩(Cohen)的结果显示：连续统假设的真伪在现在广为接受的集合论(ZFC 公理系统)中是不可判定的. 进而有广义的连续统假设：n 与 2^n 之间无中间基数（对任意无穷基数 n）.

关于无限集合的基数，还有如下著名结果：

(1) 以 $P_0(S)$记 S 的有限子集全体，则$|S|=|P_0(S)|$.

(2) $|S\cup T|=|S\times T|=\max\{|S|,|T|\}$（当 S 或 T 为无限集合）.

(3) $c^d=(2^d)^d=2^d=c$.

附录B

群的半直积

设 G 为群，H,K 为其子群，H 为正规子群，$H\cap K=\{1\}$，则 $HK=KH$ 为群(2.5 节)．$HK=\{hk\,|\,h\in H,k\in K\}$ 中元素之间的运算，当然就是 G 内的运算(的限制)：

$$(hk)\cdot(h_1k_1)=(h\cdot kh_1k^{-1})\cdot(kk_1)$$

(对任意 $h,h_1\in H$，和 $k,k_1\in K$)．注意其中的 $h_1'=kh_1k^{-1}\in H$(因 H 正规)．由此公式可知，HK 一般并非直积(直积的公式应为 $(hk)\cdot(h_1k_1)-(hh_1)\cdot(kk_1)$)．$HK$ 为直积需要条件 $kh_1k^{-1}=h_1(\forall h_1\in H,k\in K\})$，即 K 也为正规子群．

定义 1(内半直积，internal semidirect product) 设 H,K 为 G 的子群，H 正规，且 $H\cap K=1$，则 $HK=KH$ 为 G 的子群，称为**内半直积**，记为

$$HK=KH=H\rtimes K.$$

(半直积的符号 $H\rtimes K$ 表明了 H,K 的不对称地位(正如上述运算规则所表明的)，叉号指向正规子群 H)．

现在，我们试图将上述过程倒过来：对于任意两个群 H,K(不一定属于同一群)，我们要设法构作(定义)出一个新的群 G，使 G 包含 H,K(同构意义下)，且有如同上述的内半直积的关系．为此，我们需要运算公式 $(hk)\cdot(h_1k_1)=(h\cdot kh_1k^{-1})\cdot(kk_1)$ 有意义(对任意 $h,h_1\in H$，和 $k,k_1\in K$)．但现在乘积 kh_1k^{-1} 是没有意义的(H,K 可不属于同一群，无运算关系)，所以要赋予 kh_1k^{-1} 以意义，且 $kh_1k^{-1}\in H$．我们的方法是将 kh_1k^{-1} 认定为 h_1 在某自同构下的像(因为预期的构作结果中，H 将为 G 的正规子群，故 $h_1\mapsto kh_1k^{-1}$ 应是 H 的一个自同构)．于是，在上述公式中将 kh_1k^{-1} 代之以 h_1 的自同构像做如下定义．

定义 2(外半直积，external semidirect product) 设 H,K 为群，且有群同态

$$\varphi:K\to\mathrm{Aut}(H),$$

则 $(H,K)=\{(h,k)\,|\,h\in H,k\in K\}$ 对如下运算成群：

$$(h,k)\cdot(h_1,k_1)=(hh_1^k,kk_1)\quad(\text{其中 } h_1^k=\varphi(k)h_1)$$

(对任意 $h_1\in H,k\in K$)．记群 $(H,K)=H\rtimes_\varphi K$，称为基于 φ 的 H,K 的外半直积．

需要特别注意的是，外半直积的运算依赖于同态 φ(也有人写为 $h_1^k=h_1^{\varphi(k)}$)．

从运算的定义可知，既使 H,K 都是阿贝尔群，其外半直积 $H\rtimes_{\varphi}K$ 一般也不是阿贝尔群(除非 $\varphi(k)h_1=h_1^k=h_1$(对任意 $h_1\in H,k\in K$)，即 φ 平凡).

指数记法 $h_1^k=\varphi(k)h_1$ 满足如下规律：

$$h^1=\varphi(1)h=1h=h,\quad 1^k=\varphi(k)1=1,$$

$$h_1^kh_2^k=\varphi(k)h_1\cdot\varphi(k)h_2=\varphi(k)(h_1h_2)=(h_1h_2)^k,$$

$$(h^k)^{k'}=\varphi(k')h^k=\varphi(k')(\varphi(k)h)=(\varphi(k')\varphi(k))h=\varphi(k'k)h=h^{k'k}.$$

定理 1(外半直积)　设 $G=H\rtimes_{\varphi}K$ 为群 H,K 基于同态 φ 的外半直积.

(1) $G=H\rtimes_{\varphi}K$ 为群，$|G|=|(H,K)|=|H||K|$，单位元为 $(1,1)$(记为 e 或 1)，且

$$(h,k)^{-1}=((h^{-1})^{k^{-1}},k^{-1}).$$

(2) 令 $(H,1)=\{(h,1)\mid h\in H\}$，则 $H\cong(H,1)\lhd G$. 常将 $(H,1)$ 与 H 等同，将 $(1,K)$ 与 K 等同，则有

$$H\lhd G,\quad H\cap K=1.$$

(3) $(1,k)(h,1)(1,k)^{-1}=(h^k,1)$(对任意 $h\in H,k\in K$). 将 $(H,1)$ 与 H 等同，将 $(1,K)$ 与 K 等同，上式即为

$$khk^{-1}=h^k=\varphi(k)(h).$$

(4) 设 H,K 为群 G 的子群，H 正规，且 $H\cap K=1$，则 K 共轭作用于 H 引起群同态 $\varphi:K\to\mathrm{Aut}(H)$，$\varphi(k)h=h^k=khk^{-1}$，此 φ 所决定的外半直积 $(H,K)=H\rtimes_{\varphi}K$，就是定义 1 中的内半直积(将 (h,k) 与 hk 等同).

(5) 当 φ 平凡时(即 $\varphi(k)=1$(对任意 $k\in K$))，半直积 $H\rtimes_{\varphi}K=H\times K$，即是直积.

证明　(1) G 对乘法显然封闭. 结合律验证如下：

$$((a,x)(b,y))(c,z)=(ab^x,xy)(c,z)=(ab^xc^{xy},xyz)=(a(bc^y)^x,xyz),$$

$$(a,x)((b,y)(c,z))=(a,x)(bc^y,yz)=(a(bc^y)^x,xyz).$$

单位元为 $(1,1)$ 是显然的. 受 $(hk)^{-1}=k^{-1}h^{-1}=(k^{-1}h^{-1}k)k^{-1}$ 启发，猜想

$$(h,k)^{-1}=((h^{-1})^{k^{-1}},k^{-1}).$$

验证如下：

$$(h,k)((h^{-1})^{k^{-1}},k^{-1})=(h((h^{-1})^{k^{-1}})^k,kk^{-1})=(hh^{-1},1)=(1,1),$$

$$((h^{-1})^{k^{-1}},k^{-1})(h,k)=((h^{-1})^{k^{-1}}h^{k^{-1}},kk^{-1})=(1^{k^{-1}},1)=(1,1).$$

(2) 验证 $(H,1)$ 为子群：

$$(a,1)(b,1)=(ab^1,1)=(ab,1),\quad (a,1)^{-1}=((a^{-1})^1,1)=(a^{-1},1)\in(H,1).$$

验证 $(H,1)$ 为正规子群：

$$(a,k)(h,1)(a,k)^{-1}=(ah^k,k)((a^{-1})^{k^{-1}},k^{-1})$$

$$=(ah^k\cdot((a^{-1})^{k^{-1}})^k,kk^{-1})=(ah^ka^{-1},1)\in(H,1).$$

(3) 在(2)中等式$(a,k)(h,1)(a,k)^{-1}=(ah^ka^{-1},1)$中，令$a=1$，则得所欲证.

(4) 此φ所决定的外半直积$(H,K)=H\rtimes_\varphi K$，按定义运算公式为

$$(h,k)\cdot(h_1,k_1)=(hh_1^k,kk_1)\quad(\text{其中 } h_1^k=\varphi(k)h_1=kh_1k^{-1}).$$

将(h,k)与hk等同后，此公式就是定义 1 中的内半直积的公式.(将(h,k)与hk等同的理由，因为有如下群同构：

$$(H,K)=H\rtimes_\varphi K\to HK,\quad (h,k)\mapsto k.$$

(5) 当φ平凡时，$khk^{-1}=h^k=\varphi(k)h=h$，故$kh=hk$(对任意$h\in H,k\in K$). 也显然$K$是正规子群，运算变为

$$(h,k)\cdot(h_1,k_1)=(hh_1,kk_1),$$

故$H\rtimes_\varphi K=H\times K$是直积. ■

定理 1 说明了，内、外半直积本质上是一致地.

外半直积使我们可以从小阶群构作出大阶群，尤其是构作出非阿贝尔群.

例 1　设$H=\{1,a,a^2\}$，$K=\{1,b\}$为 3 元和 2 元循环群. 我们知道$\mathrm{Aut}(H)=\{1,\sigma\}$，其中$\sigma a=a^2$，则群同态

$$\varphi:K=\{1,b\}\to\mathrm{Aut}(H)=\{1,\sigma\}$$

有两种可能：$\varphi(b)=1$或σ. 于是有外半直积

$$G=H\rtimes_\varphi K=\{(1,1),(a,1),(a^2,1),(1,b),(a,b),(a^2,b)\}.$$

(1) 当$\varphi(b)=1$时，$a^b=\varphi(b)a=a$，

$$(a^i,b^s)\cdot(a^j,b^t)=(a^i(a^j)^{b^s},b^sb^t)=(a^{i+j},b^{s+t}),$$

故$G=H\rtimes_\varphi K=H\times K$，就是外直积.

(2) 当$\varphi(b)=\sigma$时，$a^b=\varphi(b)a=\sigma a=a^2$，$(a^j)^{b^s}=\varphi(b^s)a^j=\sigma^s(a^j)=a^{2sj}$，故

$$(a^i,b^s)\cdot(a^j,b^t)=(a^i(a^j)^{b^s},b^sb^t)=(a^{i+2sj},b^{s+t}).$$

知$G=H\rtimes_\varphi K\cong S_3$(可由乘法表看出)，非阿贝尔群.

附录C

若干群的结构

定理1 设G为$m=pq$阶群，素数$p<q$，P，Q为其p，q阶西罗子群.

(1) 当$p\nmid(q-1)$时，$G=QP=Q\times P$为循环群.

(2) 当$p\mid(q-1)$时，有两种可能：

① $G=QP=Q\times P$为直积，循环群；

② $G=QP=Q\rtimes P$为半直积，不是阿贝尔群.

证明 G的q-西罗子群Q唯一（因$n_q=qk+1\mid p$），故是正规子群，也是循环子群（因阶为素数），设为$Q=\langle b\rangle$.

(1) 当$p\nmid(q-1)$时，G的p-西罗子群唯一（因$n_p=pk+1\mid q$，故$n_p=1$或q，后者导致$p\mid(q-1)$），设为$P=\langle a\rangle$，是正规的循环子群，显然$Q\cap P=\{1\}$（因阶p，q互素）. 故由2.5节（或3.5节引理1）知

$$QP=Q\times P=G$$

为循环群.

(2) 当$p\mid(q-1)$时，G的p-西罗子群有q个，任取一个记为$P=\langle a\rangle$，以P共轭作用于Q，得同态

$$C:P=\langle a\rangle\to \mathrm{Aut}(Q),\quad a\mapsto C_a;\quad C_a(b)=aba^{-1}.$$

注意$Q=\langle b\rangle$是q阶循环群，$\mathrm{Aut}(Q)=\langle\tau\rangle$是$q-1$阶循环群，故有唯一的$p$阶子群$\langle\sigma\rangle$（因$p\mid(q-1)$）. 因$P$是$p$阶循环群，像$C(P)$为1或$p$阶子群，必落在唯一的$p$阶子群$\langle\sigma\rangle$中. 故$C$有$p$种可能：$C_a=\sigma^i(i=0,1,\cdots,p-1)$.

① 设$C_a=\sigma^0$平凡，则$b=C_a(b)=aba^{-1}$，$ab=ba$，$QP=Q\times P=G$是直积，循环群.

② 设$C_a=\sigma^i(i=1,\cdots,p-1)$非平凡. 因$Q$正规，$P\cap Q=\{1\}$，故由内半直积定义知

$$G=QP=PQ=Q\rtimes P$$

是内半直积. 记$b^a=C_a(b)=aba^{-1}$，注意$aba^{-1}\neq b$（否则C_a为平凡），即$ab\neq ba$，故此时$Q\rtimes P=G$非阿贝尔群. 对任意$b,b_1\in Q$，$a,a_1\in P$，有

$$(ba)\cdot(b_1a_1)=b(ab_1a^{-1})\cdot(aa_1)=(bb_1^a)\cdot(aa_1).$$

故由$C_a=\sigma^i$，得到$p-1$种G，分别记为G_i. 但这些G_i都相互同构. 事实上，$P=$

$\langle a\rangle=\langle a'\rangle$，其中 $a'=a^i$ 为 P 的新生成元，则 $C^{(i)}(a)=\sigma^i=C^{(1)}(a^i)$，故旧生成元决定的 G_i，即是新生成元决定的 G_1.

总之，当 $p\mid(q-1)$时，G 有两种可能：循环群，有唯一的西罗子群；非阿贝尔群，有 q 个 p-西罗子群. ■

定理 2 阶为 30 的群 G 所有可能的同构类型有 4 型：

$$Z_{30},\quad Z_5\times D_6,\quad Z_3\times D_{10},\quad D_{30}.$$

证明 由 3.5 节系 6 知. 30 阶群 G 的三阶和 5 阶西罗子群 P,Q 都是 G 的正规子群. 而 $H=Q\times P$ 为 15 阶正规循环子群，由西罗定理知，G 有二阶子群 K，故 $G=HK$，$H\cap K=1$，所以

$$G=H\rtimes K=(Q\times P)\rtimes K$$

为半直积(当 G 确定后，为 G 的内半直积. 但对不同类型的 G，其半直积运算不同).

因 $H=Q\times P\cong\mathbb{Z}/5\mathbb{Z}\oplus\mathbb{Z}/3\mathbb{Z}$，故可设 $H=\langle a\rangle\times\langle b\rangle$，$a^5=1$，$b^3=1$，于是

$$\mathrm{Aut}(H)\cong(\mathbb{Z}/15\mathbb{Z})^*\cong(\mathbb{Z}/5\mathbb{Z})^*\times(\mathbb{Z}/3\mathbb{Z})^*,$$

因此可记 $\mathrm{Aut}(H)=\langle\sigma\rangle\times\langle\tau\rangle$，$\sigma^4=1$，$\tau^2=1$. 以 K 共轭作用于 H，得同态

$$C:K=\{1,k\}\to\mathrm{Aut}(H),\quad k\mapsto C_k,\quad C_k(x)=x^k=kxk^{-1}.$$

因 k 为二阶，故 C_k 的阶为 1 或 2. $\langle\sigma\rangle\times\langle\tau\rangle$的二阶元有 4 个，故 C 有如下 4 种可能(依次记为 $C^{(0)},C^{(1)},C^{(2)},C^{(3)}$)：

$$C_k=C_k^{(i)}=(1,1),(1,\tau),(\sigma^2,1),\text{或}(\sigma^2,\tau).$$

$C_k^{(i)}$ 依次映(a,b)为

$$(a,b),(a,b^{-1}),(a^{-1},b),\text{或}(a^{-1},b^{-1}).$$

(0) 当 $C=C^{(0)}$ 为平凡同态时，$G=H\rtimes_C K=H\times K$ 为直积，阿贝尔群.

(1) 当 $C=C^{(1)}$ 时，映(a,b)为(a,b^{-1}). $G=HK=H\rtimes_C K$ 的运算为

$$(hk)\cdot(h_1k_1)=hh_1^k kk_1=h(C_k^{(1)}h_1)kk_1,$$

故$(bk)\cdot(bk)=bb^k kk=bb^{-1}kk=kk$，即 $bk=kb^{-1}$. 此关系式说明，此时 $P=\langle 1,b,b^2\rangle$与 $K=\{1,k\}$的外半直积

$$PK=P\rtimes_C K\cong D_6\cong S_3.$$

又由$(a\cdot k)\cdot(a\cdot k)=a(a)^k kk=aakk$，知 $ka=ak$，故 $Q=\langle a\rangle$与 $K=\{1,k\}$和 P 均可交换，即与 $Q=\langle a\rangle$可交换，故知

$$G=QPK=Q\times(P\rtimes_C K)\cong Z_5\times D_6\cong Z_5\times S_3,$$

其中 Z_5 表示 5 阶循环群.

(2) 当 $C=C^{(2)}$ 时，映(a,b)为(a^{-1},b). $G=HK=H\rtimes_C K$ 的运算满足

$$(ak)\cdot(ak)=aa^k kk=aa^{-1}kk=kk,\quad(bk)\cdot(bk)=bb^k kk=bbkk,$$

即 $aka=k$，$ak=ka^{-1}$，$kb=bk$，故与(1)类似得到

$$G = PQK = P \times (Q \rtimes_C K) \cong Z_3 \times D_{10}.$$

(3) 当 $C = C^{(3)}$ 时,映 (a,b) 为 (a^{-1}, b^{-1}). $G = HK = H \rtimes_C K$ 的运算满足

$$(a^i b^j k) \cdot (a^i b^j k) = a^i b^j (a^i b^j)^k kk = a^i b^j (a^{-i} b^{-j}) kk = kk,$$

即 $(a^i b^j k a^i b^j = k, a^i b^j k = k(a^i b^j)^{-1}$. 此关系式说明

$$G = PQK = (PQ) \rtimes_C K \cong D_{30}.$$

总之得到,30 阶群所有可能的同构类型有 4 型. 这些群是互不同构的,因为中心的阶依次为 30,5,3,1. ■

定理 3　阶为 12 的群 G 共有 5 种同构类型:

$$Z_{12},\quad Z_2 \times Z_2 \times Z_3,\quad A_4,\quad Z_3 \rtimes_C Z_4,\quad S_3 \times Z_2.$$

证明　由 3.5 节系 4 知,12 阶群 G,或有正规唯一的西罗 3-子群,或有正规唯一的西罗 2-子群(此时 $G \cong A_4$).

现设 V, T 是 4 阶和三阶的西罗子群,由上述知,V, T 之一正规,$V \cap T = 1$,故 $G = VT$ 是半直积.

情形 1　$V \triangleleft G$,以 T 共轭作用于 V,得同态 $C: T = \{1, t, t^2\} \to \mathrm{Aut}(V)$.

① 若 $V \cong Z_4$ 为循环群,则 $\mathrm{Aut}(V) \cong Z_2$ 无三阶元,故 C 只能平凡,故

$$G = VT = V \times T \cong Z_{12}$$

是直积,循环群.

② 若 $V \cong Z_2 \times Z_2$,则 $\mathrm{Aut}(V) \cong S_3$,有唯一三阶子群 $\langle \sigma \rangle$,故 $C = C^{(i)}$ 有三种可能($i = 0,1,2$),分别映 t 为 $1, \sigma, \sigma^2$.

$C^{(0)}$ 平凡,决定直积

$$G = VT = V \times T \cong Z_2 \times Z_2 \times Z_3 \quad (\text{阿贝尔群}).$$

$C^{(1)}$ 决定的

$$G = VT = V \rtimes_{C^{(1)}} T \cong A_4$$

不是阿贝尔群(此情况下的非阿贝尔群只有 A_4).

$C^{(2)}$ 与 $C^{(1)}$ 决定的半直积是同构的(若 T 取 $t' = t^2$ 为生成元,则 $C^{(2)}, C^{(1)}$ 地位互换).

情形 2　$T \triangleleft G$,以 V 共轭作用于 T,得同态 $C: V \to \mathrm{Aut}(T) = \{1, \lambda\}$.

① 若 $V = \langle a \rangle \cong Z_4$,则 $C_a = 1$ 或 λ. 前者平凡,决定的是直积:

$$G = TV = T \times V \cong Z_3 \times Z_4 \cong Z_{12}.$$

后者决定的外半直积不是阿贝尔群:

$$G = TV = T \rtimes_C V \cong Z_3 \rtimes_C Z_4,$$

共轭作用是

$$ata^{-1} = \lambda(t) = t^{-1},\quad a^2 t a^{-2} = \lambda^2(t) = t.$$

故 $a^2\in Z(G)$(中心),于是 $G=T\rtimes_C V$ 与 A_4 和 D_{12} 均不同构(因 G 的 2-西罗子群 $V=\langle a\rangle\cong Z_4$)

② 若 $V=\langle a\rangle\times\langle b\rangle$ 为克莱因群,若 C 不平凡则 kerC 可为 $\langle a\rangle,\langle b\rangle,\langle ab\rangle=\langle c\rangle$. 设 $C^{(1)}(a)=\lambda,C^{(1)}(b)=\lambda$,则 $C^{(1)}(ab)=\lambda^2=1$,$\ker C=\langle c\rangle$,故 $ata^{-1}=t^a=\lambda(t)=t^{-1}$,$btb^{-1}=t^b=t^{-1}$,$(ab)t(ab)^{-1}=t$. 这说明 $ta=at^{-1}$,$tb=bt^{-1}$,c 与 t 可交换,故

$$G=T\rtimes_C V=T\rtimes_C(\langle a\rangle\times\langle c\rangle)=(T\rtimes_C\langle a\rangle)\times\langle c\rangle\cong S_3\times Z_2.$$

事实上,$T\rtimes_C(\langle a\rangle\times\langle c\rangle)=\{t^ia^jc^k\mid i=1,2,3;\ j=1,2;\ k=1,2\}$,$ata^{-1}=t^{-1}$,故 $\{t^ia^j\}\cong S_3$;又因 $ct=tc$,$ca=ac$,故 $\{(t^ia^j)c^k\}\cong S_3\times\langle c\rangle$. 对 $\ker C=\langle a\rangle$ 或 $\langle b\rangle$,同样可得 $G\cong S_3\times Z_2$,因为克莱因群 V 中元素 a,b,c 的地位是相当的.

总之,阶为 12 的群共有 5 种同构类型. ■

以下考虑 p^3 阶群 G(其中 p 为素数). 设 Z 为其中心,只需讨论非阿贝尔群的情形.

引理 1 设 G 为 p^3 阶非阿贝尔群,则:

(1) $\#Z=p$,$G/Z\cong Z_p\times Z_p$,$Z=G^c$(换位子子群);

(2) G 恰有 $p+1$ 个 p^2 阶中间子群 H:$Z<H<G$.

证明 (1) 已知 Z 不平凡,故 $\#Z=p,p^2$,或 p^3,若 $\#Z=p^3$,则 G 为阿贝尔群. 若 $G/Z=\langle\bar{a}\rangle$ 为循环群,则 G 为阿贝尔群(因 G 的元素可写为 a^iz,$z\in Z$,故 $(a^iz)(a^jz')=a^{i+j}zz'=(a^jz')(a^iz)$),这说明 $\#Z\neq p^2$,于是 $\#Z=p$,G/Z 为 p^2 阶群,同构于 Z_{p^2} 或 $Z_p\times Z_p$. 前者导致 G 为阿贝尔群.

因 G/Z 为阿贝尔群,故 $Z\supset G^c$,因 G 非阿贝尔群,G^c 不平凡,故知 $Z=G^c$.

(2) $G/Z=\langle a\rangle\times\langle b\rangle\cong Z_p\times Z_p$ 有 $p+1$ 个 p 阶中间子群 P:$1<P<G/Z$,即 P 为 $\langle(a^i,b^i)\rangle(i=1,\cdots,p-1)$,$1\times\langle b\rangle$,和 $\langle a\rangle\times 1$. 这些 P 的模 Z 原像即为所求 H. ■

定理 4 阶为 8 的非阿贝尔群 G 定同构于 D_8 或 Q_8.

证明 若 G 的非单位元阶都是 2,则 G 为阿贝尔群,故 G 有 4 阶元 x. 取 $y\in G$,$y\neq x$,则 $\langle x,y\rangle>\langle x\rangle$,故 $G=\langle x,y\rangle$,且 $xy\neq yx$(否则为阿贝尔群). $\langle x\rangle$ 指数为 2,故是正规子群,因此 $yxy^{-1}\in\langle x\rangle$. 因 yxy^{-1} 是 4 阶元,故 $yxy^{-1}=x$ 或 x^{-1}. 前者导致 G 为阿贝尔群,故 $yxy^{-1}=x^{-1}$. 又因 $G/\langle x\rangle$ 为 2 阶群,故 $y^2\in\langle x\rangle$. 因 y 的阶为 2 或 4,故 y^2 的阶为 1 或 2,即知 $y^2=1$ 或 x^2.

总之,$G=\langle x,y\rangle$,$x^4=1$,$yxy^{-1}=x^{-1}$ 且 $y^2=1$ 或 x^2. 从而知 $G\cong D_8$ 或 Q_8. ■

引理 2 设 G 为 p^3 阶非阿贝尔群,$x,y\in G$ 不可交换,$c=xyx^{-1}y^{-1}$,则 $Z=\langle c\rangle$,且对任意正整数 m,n 有

$$x^my^n=c^{mn}y^nx^m,\quad (xy)^n=x^ny^nc^{-n(n-1)/2}.$$

证明 显然 $1\neq c\in G^c=Z$,故 c 生成 Z,于是 $xy=cyx$,$x^2y=c(xy)x=c^2yx^2$. 归纳之则得 $x^my=c^myx^m$. 又 $x^my^2=c^myx^my=c^{2m}y^2x^m$(因 y 向左越过 x 一次伴生一个 c),

$x^m y^n = c^{mn} y^n x^m$.

而$(xy)^n=(xy)(xy)(xy)\cdots(xy)$，需将所有的$y$逐步交换到最右边.最左边的$y$要越过$n-1$个$x$，因$xy=cyx$，即每向右越过一个$x$伴生一个换位子之逆$c^{-1}$，故最左边的$y$换到最右边后产生因子$c^{-(n-1)}$，如此等等.故所有的$y$换到最右边产生因子

$$c^{-(n-1)}c^{-(n-2)}\cdots c^{-1}=c^{-n(n-1)/2}.$$ ■

引理 3　设G为p^3阶非阿贝尔群，p为素数，Z为其中心，则

$$\sigma_p: G \to G,\quad x \mapsto x^p$$

是自同态，且G有正规子群$H \cong Z_p \times Z_p$使得

$$Z \lhd H \lhd G.$$

证明　由引理1知$G/Z \cong Z_p \times Z_p$，$Z=G^c$，故任意$x,y\in G$与$[x,y]\in Z$可交换，引理2适用.特别可知

$$(xy)^p = x^p y^p [x,y]^{p(p-1)/2} = x^p y^p$$

最后等号是因为p为奇素数，故$p(p-1)/2$是p的倍数，且$[x,y]\in Z$(p阶群).这说明，$\sigma_p: x\mapsto x^p$是群G的自同态.

注意，$\ker\sigma_p \supset Z$(p阶子群)，但$\ker\sigma_p \neq Z$(若$\ker\sigma_p = Z$，则由引理1知$\mathrm{Im}\sigma_p \cong G/Z \cong Z_p\times Z_p$，属于$\ker\sigma_p$，与$|Z|=p$矛盾)，故存在$x\in\ker\sigma_p - Z$，$x^p=1$，则$H=\langle Z,x\rangle\cong Z_p\times Z_p$.因$H$的指数是$|G|$的最小素因子，故$H$正规. ■

定理 5　阶为p^3的非阿贝尔群G恰有两个同构类：

$$Z_{p^2} \rtimes Z_p,\quad (Z_p\times Z_p)\rtimes Z_p.$$

证明　设G为p^3阶非阿贝尔群，p为奇素数，于是G中无p^3阶元.分两种情形讨论.

情形 1　设G中有p^2阶元，记之为a，则$N=\langle a\rangle$为p^2阶循环子群，故正规(因指数p是$|G|$的最小素因子)，所以G/N为p阶，是循环群，从而有$b\in G-N$使$\bar{b}^p=\bar{1}$，即$b^p\in N$.记$\langle b\rangle = B$.

情形 1.1　设b为p阶，则$N\cap B=1$，于是

$$G=NB=N\rtimes_\varphi B\cong Z_{p^2}\rtimes_\varphi Z_p\quad(\text{半直积}),$$

基于某群同态$\varphi: B=\langle b\rangle\to\mathrm{Aut}(N)$. $N=\langle a\rangle$的自同构为$\sigma_i: a\mapsto a^i$，共$p(p-1)$个(其中$i=1,2,\cdots,p^2$，i与p^2互素)，故φ有$p(p-1)$种可能，分别记为$\varphi_i: b\mapsto\sigma_i$.

(1) 考虑$\varphi_1(b)=\sigma_1=1$(平凡)情形，则$G=N\rtimes_\varphi B$为直积，阿贝尔群.

(2) 考虑$\varphi_i(b)=\sigma_i\neq 1$情形，则任意$i$所决定的半直积$G=N\rtimes_\varphi B$是同构的，即只一个同构类.典型情形是$\varphi_{p+1}(b)=\sigma_{p+1}$时，$B$对$N$的作用为

$$a^b=\varphi_{p+1}(b)a=\sigma_{p+1}(a)=a^{p+1},$$

故$G=N\rtimes_\varphi B$中运算为

$$(a^k, b^j)(a^{k'}, b^{j'}) = (a^{k+k'(p+1)}, b^{j+j'}).$$

事实上，对 $\varphi_i(b)=\sigma_i\neq 1$（从而 σ_i 的阶为 p），记 $i=mp+r(1\leqslant r<p, 1\leqslant m<p)$，则 $a=\sigma_i^p(a)=a^{i^p}$，即知 $i^p\equiv 1(\mathrm{mod}\ p^2)$，故 $1\equiv i^p\equiv(mp+r)^p\equiv r^p\equiv r(\mathrm{mod}\ p)$（后者用到费马小定理），从而知 $r=1, \varphi_i(b)=\sigma_{mp+1}$，于是

$$a^b=\varphi_i(b)a=\sigma_{mp+1}(a)=a^{mp+1}.$$

而若改变 $B=\langle b\rangle$ 的生成元，记 $B=\langle b'\rangle=\langle b^m\rangle$，则 $\varphi_{p+1}(b')=\varphi_{p+1}(b^m)=(\sigma_{p+1})^m$，则 B 对 N 的作用为

$$a^{b'}=\varphi_{p+1}(b')a=(\sigma_{p+1})^m(a)=a^{(p+1)^m}=a^{mp+1}$$

（最后一步用到 $(p+1)^m\equiv mp+1(\mathrm{mod}\ p^2)$，且 $a^{p^2}=1$）. 这说明，φ_{p+1} 与 φ_i 决定的半直积是同构的.

情形 1.2 设 b 为 p^2 阶. 我们要证存在 $b_1\in G-N$ 为 p 阶，从而化归为情形 1.1.

因为 $G/N=\langle\bar{b}\rangle$，故 G 中元素均可写为 $b^y a^x$ 形式（整数 $0\leqslant y<p, 0\leqslant x<p^2$）. 因 N 正规，$b\notin N$，故 $bab^{-1}=a^i$（对某 i）且 $(i,p^2)=1$. 故 $b^y ab^{-y}=a^{i^y}$，$b^y a^x b^{-y}=a^{xi^y}$，即 $b^y a^x=a^{xi^y}b^y$（对任意整数 x, y）. 记 $i=mp+1$（其中 $1\leqslant m\leqslant p-1$）. 我们有

$$\begin{aligned}(b^y a^x)^p &= (b^y a^x)(b^y a^x)\cdots(b^y a^x)=a^{xi^y}b^y(b^y a^x)\cdots(b^y a^x)\\ &= a^{xi^y}(b^{2y}a^x)(b^y a^x)\cdots(b^y a^x)=a^{xi^y+xi^{2y}}b^{2y}(b^y a^x)\cdots(b^y a^x)\\ &= \cdots=a^{xi^y+xi^{2y}+\cdots+xi^{(p-1)y}}b^{py}=a^{x(i^{py}-iy)/(i^y-1)}b^{py}.\end{aligned}$$

我们希望

$$a^{x(i^{py}-iy)/(i^y-1)}b^{py}=1.$$

对 $y=1$，由于 $i=mp+1$，a 的阶为 p^2，故最后等式为

$$a^{x((mp+1)^p-(mp+1))/mp}b^p=a^{x(kp^2+p)}b^p=a^{xp}b^p=1.$$

因 a, b 的阶均为 p^2，$b^p\in N$，故 $b^p=a^{up}$（对某 $u=1,\cdots,p-1$）. 取 $x=-u$，则 $b_1=a^{-u}b$ 为 p 阶为所欲求.

情形 2 设 G 中非单位元都是 p 阶元. 由引理 3 知 G 有正规子群 $H\cong Z_p\times Z_p$，取 $k\in G-H$，则 $\langle k\rangle=K$ 为 p 阶群，$G=HK$，$H\cap K=1$，故

$$G=H\rtimes_\varphi K$$

为半直积，基于某群同态 $\varphi: K\to\mathrm{Aut}(H)$，$k\mapsto\varphi(k)$，$\varphi(k)h=h^k$.

我们现在将 $H\cong Z_p\times Z_p$ 中的运算记为加法，则 $H\cong Z_p\times Z_p$ 是 $\mathbf{F}_p$ 上 2 维行向量空间，其群自同构也是向量空间的自同构，等同于以 2 阶可逆方阵乘之. 故

$$\mathrm{Aut}(H)=GL_2(\mathbf{F}_p)$$

是 p 元域 $\mathbf{F}_p$ 上 2 阶可逆方阵集.

若 $\varphi(k)=1$，则 $G=H\rtimes_{\varphi}K=H\times K$ 为直积，阿贝尔群.

故可设 $\varphi(k)$ 为 p 阶元，生成 $\mathrm{Aut}(H)$ 的西罗 p-子群（因 $|GL_2(\mathbf{F}_p)|=(p^2-1)(p-1)p$）. 特别取 $\varphi(k)=\mathbf{A}=\begin{pmatrix}1 & 1\\ 0 & 1\end{pmatrix}$，生成 $GL_2(\mathbf{F}_p)$ 的 p 阶子群，则 $G=H\rtimes_{\varphi}K$ 中的运算为

$$(h,k^j)(h',k^{j'})=(v+v'^k,k^{j+j'})=(v+v'A,k^{j+j'}).$$

于是 $G=H\rtimes_{\varphi}K\cong(\mathbf{F}_p,\mathbf{F}_p,\mathbf{F}_p)$，视为等同，则知 G 的运算规则为

$$(a,b,j)(a',b',j')=((a,b)+(a',b')\mathbf{A},j+j')=(a+a',b+a'+b',j+j').$$

因为 $\mathrm{Aut}(H)$ 的所有西罗 p-子群都是共轭的，故生成方阵都与 $\mathbf{A}$ 是相似的. 设 φ'：$K\to\mathrm{Aut}(H)$，$k\mapsto\boldsymbol{PAP}^{-1}$（其中 $\boldsymbol{P}\in GL_2(\mathbf{F}_p)$），则易知

$$H\rtimes_{\varphi}K\to H\rtimes_{\varphi'}K,\quad (h,j)\mapsto(hP^{-1},j)$$

是群同构. 所以，这种情形下，只有一个同构类. ■

部分习题解答与提示

习题 1.1

8. (1) 设有 $\varphi'\varphi=1$，若 $\varphi a=\varphi b$，则 $a=\varphi'\varphi a=\varphi'\varphi b=b$. 反之设 φ 为单射，对 $b\in B$ 令 $\varphi'(b)=a$（当 $\varphi(a)=b$）或 a_0（任意指定，当不存在 $\varphi(a)=b$），则 $\varphi'\varphi(a)=\varphi'b=a$，故 $\varphi'\varphi=1$.

(2) 设有 $\varphi\varphi'=1$，则 $\varphi(A)\supset\varphi(\varphi'B)=B$. 反之，若 $\varphi(A)\supset B$，令 $\varphi'(b)=a$（任取满足 $\varphi(a)=b$ 的一个 $a\in A$，用到选择公理，见附录 A），则 $\varphi\varphi'(b)=\varphi a=b$，故 $\varphi\varphi'=1$.

习题 1.2

1. $d\,|\,n\Leftrightarrow v_p(d)\leqslant v_p(n)$（对任意 p），故 d 是 m,n 的公因子意味着 $v_p(d)\leqslant\min\{u_p,v_p\}$（任意 p），d 是最大公因子则意味着 $v_p(d)=\min\{u_p,v_p\}=d_p$. 同理得 M_p. 再由 $d_p+M_p=\min\{u_p,v_p\}+\max\{u_p,v_p\}=u_p+v_p$，即知 $dM=mn$.

2. 由上题均易得到. 也可独立证明如下：

(1) $M=M_0q+r$，$0\leqslant r<M_0$，则 r 是 $a_1,\cdots,a_s$ 的公倍，因 M_0 最小，故 $r=0$，$M_0\,|\,M$.

(2) 欲证 $[a_1,\cdots,a_{s-1},a_s]=[[a_1,\cdots,a_{s-1}],a_s]$. 右边是 $[a_1,\cdots,a_{s-1}]$ 的倍，故是 $a_1,\cdots,a_{s-1}$ 和 a_s 的倍，从而是左边的倍. 而左边是 $a_1,\cdots,a_{s-1}$ 的倍，故是 $[a_1,\cdots,a_{s-1}]$ 的倍. 即左边是 $[a_1,\cdots,a_{s-1}]$ 与 a_s 的公倍，即左边是右边的倍. 总之知左边等于右边.

3. $am+bn$ 是 d 的倍数，故左$\subset$右. 而 $d=ua+vb$，$kd=kua+kvb$，故右$\subset$左.

4. 辗转相除得 $23\times65-18\times83=1$，得一解 $x_0=23$，$y_0=-18$. 任意解 x,y 满足 $65x+83y=1$，与 $65x_0+83y_0=1$ 相减，得 $65(x-x_0)=-83(y-y_0)$，故 $83\,|\,(x-x_0)$，$x-x_0=83k$. 代入得 $65k=-(y-y_0)$，故 $x=x_0+83k$，$y=y_0-65k$（$k\in\mathbf{Z}$）为全部解.

5. 将所有整数都放大 k 倍，则它们之间的整除关系是保持的，故若 a,b 的最大公因子是 d，则 ak,bk 的最大公因子为 dk. 另外证法：由 $ua+vb=(a,b)$，得 $uak+vbk=(a,b)k$. 因 $(ak,bk)\,|\,uak+vbk$，故 $(ak,bk)\,|\,(a,b)k$；又因 $(a,b)k\,|\,ak$ 与 bk；故 $(a,b)k\,|\,(ak,bk)$，即 $(a,b)k=(ak,bk)$. 由此知 $\delta(a/\delta,b/\delta)=(\delta a/\delta,\delta b/\delta)=(a,b)$，即得 $(a/\delta,b/\delta)=(a,b)/\delta$.

6. 由整数唯一析因定理易知. 也可直接证明：(1) $ua+vb=1$，$uac+vbc=c$，$a\,|$ 左，故 $a\,|\,c$. (2) 设 $c=bq$，由 $a\,|\,c$ 即 $a\,|\,bq$，以及 $(a,b)=1$，由(1)知 $a\,|\,q$，故 $c=bq=baq_1$，$ab\,|\,c$.

7. $[a_1,a_2,\cdots,a_s]=a_1a_2\cdots a_s$ 相当于 $v_p([a_1,a_2,\cdots,a_s])=v_p(a_1a_2\cdots a_s)$（对任意素数 p），即 $\max\limits_i v_p(a_i)=\sum\limits_i v_p(a_i)$. 这只有最多一个 $v_p(a_i)$（$i=1,2,\cdots,s$）非零时成立，故 $a_1,a_2,\cdots,a_s$ 两两

无公共素因子,即得.也可归纳证明.

8. $x\in a\mathbf{Z}\Leftrightarrow x$ 是 a 的倍数,故 $x\in$ 左 $\Leftrightarrow x$ 是 a_i 的公倍$(i=1,2,\cdots,s)\Leftrightarrow x$ 是$[a_1,a_2,\cdots,a_s]$的倍$\Leftrightarrow$ $x\in$ 右.

9. 设 $n=dq+r$,则 $x^n-1=x^{dq}x^r-x^r+x^r-1=x^r(x^{dq}-1)+x^r-1$,故$(x^d-1)\mid(x^n-1)$当且仅当$(x^d-1)\mid(x^r-1)$,即 $r=0$.

习 题 1.3

3. (1) $10^k\equiv1(\bmod 9)$,故 $\sum a_k10^k\equiv\sum a_k(\bmod 9)$,即 $9\mid n\Leftrightarrow9\mid\sum a_k$.

(2) $10\equiv-1(\bmod 11)$. 设 $n=(\cdots a_2a_1a_0)=a_0+a_1 10+a_2 10^2+\cdots$,则 $n\equiv a_0-a_1+a_2-\cdots(\bmod 11)$,故 $11|n\Leftrightarrow11|a_0-a_1+a_2-\cdots$.

4. (1) 因 $13\times11\times7=1001$,故 $1000\equiv-1(\bmod 13)$. 设 $n=(\cdots a_4a_3a_1a_0)$为十进表示,3位一组则 $n=b_0+b_1\cdot1000+b_2\cdot1000^2+\cdots$(其中 $b_0=(a_2a_1a_0),\cdots$),故 $n\equiv b_0-b_1+b_2-\cdots(\bmod 13)$. 故 $13|n\Leftrightarrow13|b_0-b_1+b_2-\cdots$. (2)同理.

10. 模4,得都是偶数,消去公因子,无穷递降.

习 题 1.4

3. 答:$m\mathbf{Z}=\{mk|k\in\mathbf{Z}\}$. 证:设 $H<\mathbf{Z}$,取 H 中最小正整数 m,显然 $mk=m+\cdots+m\in H$. 反之若 $h\in H$,则 $h=mq+r,0\leqslant r<m,r=h-mq\in H$. 因 m 最小,故 $r=0,h=mq$.

10. 答:$\langle\zeta^d\rangle=\{\zeta^{dk}|k\in\mathbf{Z}\}$(对任意 $d|n$). 证:设 H 是子群,含 ζ^m($m\geqslant1$ 最小). 设$(m,n)=d\geqslant1$,则 $um+vn=d$,故 H 含 $\zeta^{um}=\zeta^{um+vn}=\zeta^d,d\leqslant m$,于是 $m=d,d|n$,从而 $H\supset\{\zeta^{dk}|k\in\mathbf{Z}\}$. 而若 $\zeta^h\in H,h=dq+r,0\leqslant r<d,\zeta^r=\zeta^h\zeta^{-dq}\in H$. 因 $d=m$ 最小,故 $r=0,h=dq$,故知 $H=\{\zeta^{dk}|k\in\mathbf{Z}\}$.

习 题 1.6

1. **证法1** $ab=b^{-1}(ba)b$,即 ab 与 ba 共轭(是自同构),故二者阶相等.

证法2 若$(ab)^n=1$,则 $ab=(ab)^{n+1}=abab\cdots abab=a(ba)^nb$,故$(ba)^n=1$.

3. 对任意 $a,b\in G,(ab)(ab)=1$,左乘 a 得 $bab=a$,左乘 b 得 $ab=ba$.

4. 令 $D(G)=\{a\in G|a\neq a^{-1}\}$,则$|D(G)|$为偶数,$G-D(G)$中非单位元的阶为2.

5. $(a,b)=(a,1)(1,b)$.

8. 贝祖等式 $2u+nv=1$,故 $x=x^{2u}\cdot x^{nv}=x^{2u}$.

11. $(ab)^2=a^2b^2$,即 $abab=aabb$,即 $ba=ab$.

12. $(ab)^3=a^3b^3$,即$(ba)^2=a^2b^2(\forall a,b)$. 反复用此得$(aba^{-1}b^{-1})^2=(a^{-1}b^{-1})^2(ab)^2=b^{-2}a^{-2}b^2a^2=b^{-2}(ba^{-1})^2a^2=b^{-2}ba^{-1}ba^{-1}a^2=b^{-1}a^{-1}ba(\forall a,b)$. 用此式得$(aba^{-1}b^{-1})^4=aba^{-1}b^{-1},(aba^{-1}b^{-1})^3=1,aba^{-1}b^{-1}=1,ab=ba$.

习 题 1.7

9. $|G_T|=12, G_T\cong A_4$(偶置换集). 记 T 顶点为 1,2,3,4. (1)将面 123 旋转$\pm 120°$,则得两个自同构(即置换(123),(321)); 同理每个面都有两个旋转,共得到 8 个旋转. (2)边 12 和边 34 的中点连(垂)线记为 L,以 L 为轴,将边 12(和边 34)旋转 180°,则得一个旋转同构(即置换(12)(34)); 同理共得 3 个旋转. 连同恒等同构,共得 $8+3+1=12$ 个刚体自同构.

习 题 1.8

1. 同态 $\sigma: \mathbf{Z}\to\mathbf{Z}/m\mathbf{Z}$ 由 $\sigma(1)$ 决定,$\sigma(1)$ 有 m 个可能取值($\bar{0},\bar{1}\cdots,\overline{m-1}$),故有 m 个互异同态 σ_i,$\sigma_i(1)=\bar{i}\,(i=0,1,\cdots,m-1)$,其中满射有 $\varphi(m)$ 个: $1\mapsto\bar{a}$,a 与 m 互素(因此时 $\bar{a}$ 的阶是 m).

2. 同态 $\tau: \mathbf{Z}/m\mathbf{Z}\to\mathbf{Z}$ 只能是 $\tau=0$(零同态). 因为任意 $\bar{x}\in\mathbf{Z}/m\mathbf{Z}$ 满足 $m\bar{x}=0$,故 $m\tau(\bar{x})=\tau(m\bar{x})=\tau(\bar{0})=0$,故整数 $\tau(\bar{x})=0$.

3. 同态 $\varphi: \mathbf{Z}/4\mathbf{Z}=\{\bar{0},\bar{1},\bar{2},\bar{3}\}\to\mathbf{Z}/2\mathbf{Z}=\{\hat{0},\hat{1}\}$ 由 $\varphi(\bar{1})$ 决定,$\varphi(\bar{1})=\hat{0}$ 或 $\hat{1}$. 前者决定 $\varphi=0$ 为零同态; 后者 $\bar{a}\mapsto\hat{a}$(即 $\bar{0},\bar{1},\bar{2},\bar{3}$ 分别映为 $\hat{0},\hat{1},\hat{0},\hat{1}$).

4. 同态 $\varphi: \mathbf{Z}/2\mathbf{Z}=\{\hat{0},\hat{1}\}\to\mathbf{Z}/4\mathbf{Z}$ 由 $\varphi(\hat{1})$ 决定,因 $\hat{1}$ 的阶为 2,其像 $\varphi(\hat{1})$ 的阶是 2 的因子,故 $\varphi(\hat{1})=\bar{0}$ 或 $\bar{2}$,从而得到两个 φ.

6. 由引理 3 知 $\varphi: \sigma_{\bar{a}}\mapsto\bar{a}$ 为同构. $\mathbf{F}_p^*=(\mathbf{Z}/p\mathbf{Z})^*$ 是循环群. 证明大意: 设 $p-1=q_1^{e_1}\cdots q_s^{e_s}$ 为素分解. 记 $q_1=q, e_1=e$,考虑如下两个方程式:

$$(1)\ X^{q^e}-\bar{1}=0,\quad (2)\ X^{q^{e-1}}-\bar{1}=0.$$

它们在$\mathbf{F}_p$ 中分别有 q^e 和 q^{e-1} 个解(因 $X^{p-1}-\bar{1}=(X-\bar{1})\cdots(X-(\overline{p-1}))$ 有 $p-1$ 个解在 F_p 中. 由 $q^e\mid(p-1)$ 知 $X^{q^e}-\bar{1}$ 和 $X^{q^{e-1}}-\bar{1}$ 都是 $X^{p-1}-\bar{1}$ 的因子). 故存在 $\bar{g}_1$ 是(1)而非(2)的解. 同理取得 $\bar{g}_i\,(i=1,\cdots,s)$. 令 $\bar{g}=\bar{g}_1\bar{g}_2\cdots\bar{g}_s$,则 $\bar{g}^{p-1}=\bar{1}$, 而 $\bar{g}^k\neq\bar{1}$(对 $k=0,1,\cdots,p-1$).

12. $(xy)\mapsto y^{-1}x^{-1}=x^{-1}y^{-1}$ 当且仅当 $yx=xy$.

13. $(xy)\mapsto xyxy=xxyy$ 当且仅当 $yx=xy$.

14. 映射 $\lambda: x\mapsto x\varphi(x^{-1})$是 G 到自身的单射($x\varphi(x^{-1})=y\varphi(y^{-1})\Leftrightarrow y^{-1}x=\varphi(y^{-1}x)$),故 λ 是双射,则 G 的元皆可写为 $a=x\varphi(x^{-1})$,从而 $\varphi(a)=a^{-1}$. 因 φ 保运算(习题 12)知 G 为阿贝尔群.

15. 由习题 1.6 的 4 题,偶数阶群必有二阶元素. 故若 G 为偶数阶,则有 $e\neq a\in G$ 使 $a^2=1$,则 $a=a^{-1}=\varphi(a)$,$a=e$,矛盾.

17. $\varphi(hk)=\varphi(h)\varphi(k)=\varphi(h)\in\varphi(H)$,故 $HK\subset\varphi^{-1}(\varphi(H))$. 设 $\varphi(x)\in\varphi(H)$,则 $\varphi(x)=\varphi(h)$(某 $h\in H$),则 $\varphi(h^{-1}x)=1$,$h^{-1}x\in K$,$x\in HK$.

习 题 1.9

3. 注意 $70\equiv 1,0,0$(mod 3,5,7,分别地).类似知 $21\equiv 0,1,0$;$15\equiv 0,0,1$.故 $b_1\cdot 70+b_2\cdot 21+b_3\cdot 15\equiv b_1,b_2,b_3$(mod 3,5,7,分别地).反之,对任意整数 x,若 $x\equiv b_1,b_2,b_3$(mod 3,5,7,分别地),则必然 $x\equiv b_1\cdot 70+b_2\cdot 21+b_3\cdot 15$(mod 105)(因为若同余式 mod 3,5,7 分别都成立,则 mod 105 成立).这就是说,作为 $\mathbf{Z}/105\mathbf{Z}$ 中元素有 $\bar{x}\equiv b_1\cdot\overline{70}+b_2\cdot\overline{21}+b_3\cdot\overline{15}$,而且 b_1,b_2,b_3 是唯一的.此即 $\mathbf{Z}/105\mathbf{Z}=\langle\overline{70}\rangle\oplus_{\text{in}}\langle\overline{21}\rangle\oplus_{\text{in}}\langle\overline{15}\rangle$.又因 $\langle\overline{70}\rangle=\{0,\overline{70},2\cdot\overline{70}\}\cong\mathbf{Z}/3\mathbf{Z}$,同理 $\langle\overline{21}\rangle\cong\mathbf{Z}/5\mathbf{Z}$,$\langle\overline{15}\rangle\cong\mathbf{Z}/7\mathbf{Z}$,故 $\mathbf{Z}/105\mathbf{Z}\cong\mathbf{Z}/3\mathbf{Z}\oplus_{\text{ex}}\mathbf{Z}/5\mathbf{Z}\oplus_{\text{ex}}\mathbf{Z}/7\mathbf{Z}$.$\overline{23}\equiv 2\cdot\overline{70}+3\cdot\overline{21}+2\cdot\overline{15}\mapsto(2,3,2)$.

4. 参照上题,令 $m_i=p_i^{a_i}$,$m=m_1m_2\cdots m_s$,$q_i=m/m_i$,则 $\{q_i\}$ 互素,故有贝祖等式 $1=u_1q_1+u_2q_2+\cdots+u_sq_s=e_1+e_2+\cdots+e_s$,故 $b=be_1+be_2+\cdots+be_s\equiv b_1e_1+b_2e_2+\cdots+b_se_s$(mod m),b_i 为 b 的模 m_i 最小剩余,此式表示唯一.故有题中直和(孙子定理和孙子分解).

习 题 1.10

1. $\ker T=\{1\}$,因 $T(a)=1$ 意味着 $ax=T(a)x=x$,导致 $a=1$.

2. $C(a)=1$ 意味着 $axa^{-1}=C(a)x=x$,即 $ax=xa$(对任意 $x\in G$).这说明,$\ker(C)$ 恰为"与 G 的元素都可交换"的 $x\in G$ 组成.

习 题 2.1

7. 因 $(ab)^M=a^Mb^M=1$,故 $\mathrm{ord}(ab)|M$.设 $a=b^{-1}$ 阶为 $m=n$,但 $ab=1$ 的阶为 1.

8. 当 m,n 互素,若 $1=(ab)^k=a^kb^k$,则 $b^{-k}=a^k\in\langle a\rangle\cap\langle b\rangle=\{1\}$(因 $x\in\langle a\rangle\cap\langle b\rangle$ 的阶是 m,n 的公因子),故 $m|k,n|k$,从而 $M=mn|k$.总之得 $\mathrm{ord}(ab)=mn$.

13. (2) 由(1)知 $\ker d\subset\ker k\cap\ker\ell$.设 $d=uk+v\ell$,则 $dx=ukx+v\ell x$,故若 $x\in\ker k\cap\ker\ell$,则 $x\in\ker d$.

(3) 由(1)知 $\ker M\supset\ker k+\ker\ell$.设 $M=ks=\ell t$,则 $(s,t)=1$,$us+vt=1$.现若 $x\in\ker M$,则 $x=usx+vtx$,$usx\in\ker k$,$vtx\in\ker\ell$,故 $\ker M\subset\ker k+\ker\ell$.

(4) k,ℓ 互素,则 $d=1$,$M=k\ell$,由上述得 $\ker k\ell=\ker k\oplus\ker\ell$,$\ker k\cap\ker\ell=\ker 1=\{0\}$.

(5) $G=\mathbf{Z}/12\mathbf{Z}=\ker 12=\ker 3\oplus\ker 4$,其中 $\ker 3=\langle\bar{4}\rangle$ 是 3 阶群,$\ker 4=\langle\bar{3}\rangle$ 是 4 阶群,故 $\mathbf{Z}/12\mathbf{Z}=\langle\bar{4}\rangle\oplus\langle\bar{3}\rangle$.

14. $ab=a(ba)a^{-1}$,$abc=a(bca)a^{-1}$,$abcd=a(bcda)a^{-1}$.

习 题 2.2

4. 设 $xH\subset yK$,则 $x=xe=yk$(某 $k\in K$),故 $ykH=xH\subset yK$,于是,对任意 $h\in H$ 有 $ykh=yk'$(对某 $k'\in K$),故 $h=k^{-1}k'\in K$.

7. (1) 若 $u\in(aH)\cap(bK)$，则 $a^{-1}u\in H$，$b^{-1}u\in K$，故 $u^{-1}aH=H$，$u^{-1}bK=K$. 对 $v\in H\cap K$，有 $h\in H$，$k\in K$ 使 $u^{-1}ah=v=u^{-1}bk$，故 $uv\in(aH)\cap(bK)$，得 $u(H\cap K)\subset(aH)\cap(bK)$. (2) 由(1)，对任意 $u,w\in(aH)\cap(bK)$ 有 $u=ah$，$u=bk$；$w=ah'$，$w=bk'$，则 $w^{-1}u=h'^{-1}a^{-1}ah\in H$. 同理 $w^{-1}u\in K$，故 $w^{-1}u(H\cap K)=H\cap K$，所以 $u(H\cap K)=w(H\cap K)$ 包含 u,w，故包含 $(aH)\cap(bK)$. 可推广到多个子群，证明相同.

8. 令 $\tau_k=(kn)$，则 $S_n=\tau_1 S_{n-1}\cup\cdots\cup\tau_n S_{n-1}$. 首先，$\tau_i S_{n-1}\neq\tau_j S_{n-1}$（当 $i\neq j$），因对任意 $\eta\in S_{n-1}$，$(\tau_i\eta)n=\tau_i n=i\neq j=\tau_j n=(\tau_j\eta)n$. 其次，对任一 $\sigma\in S_n$，$\sigma(n)=k$，则 $\tau_k\sigma\in S_{n-1}$，故 $\sigma\in\tau_k S_{n-1}$（注意 τ_k 为二阶元）.

10. 任取 $1\neq x\in G$，其阶是 p^n 的因子，设为 p^k，则 $y=x^{p^{k-1}}$ 是 p 阶元.

11. 设 $|G|=2k-1$. 若有 $x^2=y^2$，则 $x=x\cdot x^{2k-1}=(x^2)^k==(y^2)^k=y$. 当 $|G|$ 为偶数时，G 有二阶元 a，故 $a^2=e=e^2$，f 不是单射.

12. 贝祖等式 $un+vm=1$. 若有 $x^m=y^m$，则 $x=x^{un+vm}=(x^m)^v=(y^m)^v=y$.

习 题 2.3

1. 设 $(G:H)=2$，对任一 $a\in G\backslash H$，左、右陪集分解为 $G=H\cup aH=H\cup Ha$，故 $aH=Ha$，所以 H 为正规子群.

2. $hk=kh_1\in KH$，故 $HK\subset KH$. 又 $kh=h_2k\in HK$，故 $KH\subset HK$. HK 对乘法封闭：$hk\cdot h_1k_1=hh_2\cdot kk_1\in HK$，$hk$ 的逆 $k^{-1}h^{-1}\in KH=HK$.

4. $G=\langle g\rangle$，则 $H=\langle g^d\rangle$，d 是使 $g^d\in H$ 的最小正整数，则 $G/H=\{aH\mid a\in G\}=\{g^kH\mid k\in\mathbf{Z}\}$. 因 $g^kH=(gH)^k$，故 $G/H=\langle gH\rangle=\langle\bar{g}\rangle$. $\bar{g}$ 的阶为 d，故 $d=|G|/|H|$.

5. $D_8=\{1,\rho,\rho^2,\rho^3,\varphi,\varphi\rho,\varphi\rho^2,\rho^3\}$，$\rho^4=1$，$\varphi^2=1$，$\rho\varphi=\varphi\rho^3$，故 $D_8/H=\{\bar{1},\bar{\rho},\bar{\varphi},\overline{\varphi\rho}\}$. $\bar{\rho}\bar{\varphi}=\overline{\rho\varphi}=\overline{\varphi\rho^3}=\bar{\varphi}\overline{\rho^3}=\bar{\varphi}\bar{\rho}=\overline{\varphi\rho}$. $\overline{\varphi\rho}^2=\overline{\varphi^2\rho^2}=\bar{1}$，所以 D_8/H 为克莱因群.

7. 设 G 为阿贝尔群，$1\neq a\in G$. 若 a 的阶无穷，则 a^2 生成真(正规)子群，G 非单群. 若 a 的阶 n 有限而 G 为单群，则 $\langle a\rangle=G$. 若 $n=st$ 非素数，则 $a^s\neq e$，a^s 生成真(正规)子群，与 G 为单群矛盾.

8. 有贝祖等式 $un+vm=1$. 由 $\bar{x}^m=\bar{1}$ 知 $x^m\in N$（对 $x\in G$）. 若 $a\in N$，则 $a^n=a^{|N|}=1$. 而若 $a^n=1$，则 $a=a^{un+vm}=a^{vm}\in N$.

9. 已证 $x^m\in N$. 而若 $a\in N$，则 $a=a^{un+vm}=(a^v)^m$.

11. 4 个陪集：$\bar{1},\bar{3},\bar{5},\bar{7}$，阶为 1,2,2,2.

12. 4 个陪集：$\{1,7\}$，$\{3,5\}$，$\{9,15\}$，$\{11,13\}$，阶为 1,4,2,4.

习 题 2.4

1. $N_G(H)$ 含 H（二阶），故只能是二阶或 6 阶，即为 H 或 G. 因 $(13)(12)(13)^{-1}=(23)\notin H$，故 $N_G(H)=H$，H 不正规.

2. G/K 同构于克莱因四元群.

6. $\varphi:G\to G/K,x\mapsto\bar{x}$.若非 $H<K$,则 $\varphi(H)\neq\{1\}$是 G/K 的子群,因$|G/K|=p$,故 $\varphi(H)=G/K$,所以 $G=\bigcup_{h\in H}hK=HK$. $|HK/K|=|G/K|=p$.

7. 考虑映射 $\varphi:G\to(G/H)\times_{\text{ex}}(G/K),x\mapsto(\bar{x},\bar{x})$,即 $hk\mapsto(\bar{k},\bar{h})$. φ 是满射,$\ker\varphi=H\cap K$(因$(\bar{k},\bar{h})=(\bar{1},\bar{1})\Leftrightarrow k\in H,h\in K\Leftrightarrow k,h\in H\cap K\Leftrightarrow kh\in H\cap K$).

8. 例如 $G=\mathbb{Z}/2\mathbb{Z}\oplus\mathbb{Z}/4\mathbb{Z},H=\{0\}\oplus\mathbb{Z}/4\mathbb{Z},K=\mathbb{Z}/2\mathbb{Z}\oplus\{\bar{0},\bar{2}\}$.

9. 见习题 2.3 中的 11,12 题,$G=(\mathbb{Z}/16\mathbb{Z})^*$,$H=\langle\bar{9}\rangle$,$K=\langle\bar{7}\rangle$都为 2 阶群.商群不同构.

习 题 2.5

2. 用引理 1.

3. 若 G_T 有 6 阶子群 H,则正规. G/H 为 2 阶,对任意 $a\in G$ 有 $\bar{a}^2=\bar{1}$,$a^2\in H$.而 G_T 含 8 个三阶元 $\rho_1,\rho_2,\cdots,\rho_8$(各面旋转$\pm120°$,见习题 1.7),故 $\rho_i=(\rho_i^2)^2\in H$,于是$|H|>8$,矛盾.

4. $H\cap K=(1)$,故$|HK|=4$ 不是$|S_3|$的因子.

5. H 和 D_8 阶为 3 和 8,则交为$\{1\}$,故$|HD_8|=24=|S_4|$,于是 $HD_8=D_8H=S_4$.再具体验证 H 和 D_8 互不在对方正规化子内.

8. 由习题 7 知,$aHa^{-1}=H$(对任意 $a\in G$).

11. G 为所有 p^k 次复单位根集合(k 取遍非负整数).若 G 的真子群 H 无限,则对 G 中任意某 p^k 次复单位根 z,H 必含 $p^{k'}>p^k$ 次复单位根 z'(因 p^k 次复单位根只有有限个),从而 H 也含 z(若子群含 27 次复单位根则必含 9 次复单位根),这导致 $H=W$,矛盾.设 H 元素的阶最大值为 p^n,则 $H=W_{p^n}$ 为 p^n 次复单位根群.

13. 记 $L=|G|$,$(G:H\cap K)=t$.由引理 2,$L\geqslant|HK|=\dfrac{|H|\cdot|K|}{|H\cap K|}=\dfrac{(L/m)(L/n)}{L/t}$即得.

14. 若有 $g\in G$ 使 $gHg^{-1}\not\subset H$,则有 $ghg^{-1}\notin H$,故 $ghg^{-1}H\neq H$,$hg^{-1}H\neq g^{-1}H$.题设导致 $Hhg^{-1}\neq Hg^{-1}$,因 $Hh=H$,矛盾.

习 题 2.6

5. 对 S_4,找出 A_4 的 4 阶子群 H.考虑同态 $\varphi:A_4\to S_3$,由平移 H 的陪集给出.考虑 $\ker\varphi$.

8. **证法 1** $a(xyx^{-1}y^{-1})a^{-1}=(axa^{-1})(aya^{-1})(ax^{-1}a^{-1})(ay^{-1}a^{-1})\in G^c$(因$(axa^{-1})^{-1}=ax^{-1}a^{-1}$).

   证法 2 若 $c\in G^c$,则 $gcg^{-1}c^{-1}\in G^c$,故 $gcg^{-1}=gcg^{-1}c^{-1}\cdot c\in G^c$(因 G^c 乘法封闭).

9. 因$(ik)(ij)=(ijk)$,$(ij)(k\ell)=(ijk)(jk\ell)$,故任两个对换之积为 3-循环.偶置换是偶数个对换之积,故是 3-循环之积.又 3-循环是偶置换,故其积皆为偶置换.

10. 设 $\rho=\tau\sigma\tau^{-1}$,即 $\rho\tau=\tau\sigma$,则 $\sigma(i)=j$ 相当于$\rho[\tau(i)]=\tau(j)$,这说明 σ 与 ρ 的循环结构一样,只不过

将前者结构中的数字 x 换成 $\tau(x)$. 反之,设 σ,ρ 的循环结构相同,则将二者数字的对应看作置换 τ,即得 $\rho=\tau\sigma\tau^{-1}$.(当群 S_n 作用于集合 N,集合经 τ 置换对应于群的共轭 $\rho=\tau\sigma\tau^{-1}$. 恰如线性空间 V 经 P 换坐标,对应于线性变换方阵的相似 $B=PAP^{-1}$).

11. $(123)=(12)(13)(12)(13)\in S_n^c$,因 S_n^c 正规,故(123)的所有共轭都属于 S_n^c. 因 3-循环都与(123)共轭(第 10 题),故都属于 S_n^c,而 3-循环生成 A_n(第 9 题).

习 题 2.7

7. 等价于 $\begin{cases}3\cdot 5x\equiv 3\cdot 1 \pmod 7,\\ 3x\equiv 5 \pmod 4,\end{cases}$ 即 $\begin{cases}x\equiv 3 \pmod 7,\\ x\equiv -1 \pmod 4,\end{cases}$ 得 $x=3+28k$.

12. 欲求 1 至 9 之间与 9 互素(即与 3 互素)的数,只需删去 3 的倍数.

13. 分别模 3,5 求解. 模 3 时因 $x^2\equiv 1$(费马小定理),得 $x\equiv 1 \pmod 3$. 模 5 时,因 $x^4\equiv 1$,得 $x\equiv \pm 1 \pmod 5$. 再分别解同余式组 $x\equiv 1 \pmod 3, x\equiv 1 \pmod 5$;和 $x\equiv 1 \pmod 3, x\equiv -1 \pmod 5$,得原方程解 $x=1$ 和 $4 \pmod{15}$.

习 题 2.8

1. 将 A 准素分解,B 是若干准素分量的直和.

6. (4) $(1+p)^{p^r}\equiv 1+p^{r+1} \pmod{p^{r+2}}$.

8. (1) 若 $g^n=1$,因 $un+vm=1$,故 $g=g^{un+vm}=g^{vm}$,故 $\bar{g}=\bar{g}^{vm}=\bar{1}$,$g\in N$.

(2) 因 $\bar{x}^m=\bar{1}$,故 $x^m\in N$. 反之,由(1)知 N 中 $g=g^{un+vm}=(g^v)^m$.

习 题 3.1

1. 例如固定元素 $s_0\in S$,而令 $\pi_g s=s_0(\forall g\in G,\forall s\in S)$,则仍有 $\pi_{xy}s=s_0=\pi_x(\pi_y s)$). 但显然 π_g 不是置换.

8. 指数为 n.

习 题 3.2

1. 注意 $(12)(13)=(132)$,故若 i,j,r,s 有相同者,则 $(ij)(rs)$ 等于(1)或 3-循环. 若 i,j,r,s 互异,则 $(ij)(rs)=(ijr)(jrs)$. A_n 中任意元素 σ 是偶数个对换之积,故 σ 是 3-循环之积.

2. 对任意 σ 有 $\sigma(i_1 i_2\cdots i_n)\sigma^{-1}=((\sigma i_1)(\sigma i_2)\cdots(\sigma i_n))$. 对任意 $(i_1 i_2 i_3)$ 和 $(i_1' i_2' i_3')$,存在 σ 使 $\sigma(i_k)=i_k'$,故 $\sigma(i_1 i_2 i_3)\sigma^{-1}=(i_1' i_2' i_3')$. 若 σ 为奇置换,则有 r,s 不等于 i_1,i_2,i_3(因 $n\geqslant 5$),故 $(rs)(i_1 i_2 i_3)=(i_1 i_2 i_3)(rs)$;则代 σ 以偶置换 $\sigma'=\sigma(rs)$,仍有 $\sigma'(i_1 i_2 i_3)\sigma'^{-1}=(i_1' i_2' i_3')$.

3. 设 N 是 A_n 真正规子群,往证 N 含某些 3-循环,则由习题 1,习题 2 证得本题. 设 $1\neq\sigma\in N$ 的固定点最多. 以 $\langle\sigma\rangle$ 作用于 $J_n=\{1,2,\cdots,n\}$(如 3.1 节例 1),则有长大于 1 的轨道(因 $1\neq\sigma$).

   (1) 设所有轨道长为 1 或 2. 因 σ 为偶置换(偶数个对换之积),故长 2 的轨道至少两个,在两个这种轨道的并上,σ 可表示为 $\sigma=(ij)(rs)$. 设 $k\neq i,j,r,s,\tau=(rsk),\sigma'=\tau\sigma\tau^{-1}\sigma^{-1}$. 因 $\tau\sigma\tau^{-1}$ 与 σ^{-1} 属于 N,故 $\sigma'\in N$. 但 σ'固定 i,j,且 $J_n-\{i,j,r,s,k\}$中被 σ 固定的元素也被 σ'固定,故 σ'的固定点多于 σ 的固定点(无论 k 如何),矛盾.

   (2) 可设有$\langle\sigma\rangle$的轨道长$\geqslant 3$,设其为$\{\sigma^k i\mid k\in\mathbf{Z}\}=\{i,j=\sigma i,k=\sigma^2 i,\cdots\}$. 若 $\sigma\neq(ijk)$,则 σ 变动 J_n 的其余至少两个元素(否则 $\sigma=(ijkr)$为奇置换),故可设 σ 变动 $r,s(\neq i,j,k)$. 记 $\tau=(krs),\sigma'=\tau\sigma\tau^{-1}\sigma^{-1}$,则 $\sigma'\in N,\sigma'(i)=i$,而 σ 的固定点也被 σ'固定,故 σ'有更多的固定点. 矛盾. 证毕.

6. 用引理 1,令 $H=1$,则得同态 $T:G\to\mathrm{Perm}(G/H)=S_n$,因 $\ker T\subset H=\{1\}$,故 $G\cong\mathrm{Im}T<S_n$.

8. $\langle i\rangle\leqslant\mathrm{Centr}(i)\leqslant Q_8$,因$(Q_8:\langle i\rangle)=2$,则$\langle i\rangle=\mathrm{Centr}(i)$,故 i 恰有两个共轭元: i 和 $kik^{-1}=-i$. 同理,得到 Q_8 的共轭类: $\{1\},\{-1\},\{\pm i\},\{\pm j\},\{\pm k\}$,故类公式为 $\#Q_8=2+(2+2+2)$.

9. 类似上题,注意指数为 2 的 3 个子群是阿贝尔群,可知若 x 不在中心,则 $\#\mathrm{Centr}(x)=4$,从而得共轭类为: $\{1\},\{\rho^2\},\{\rho,\rho^3\},\{\varphi,\varphi\rho^2\},\{\varphi\rho,\varphi\rho^3\}$,得类公式为 $\#D_8=2+(2+2+2)$.

10. 对任一 $g\in G,C_g:H\to H,h\mapsto ghg^{-1}$ 是 H 的外自同构,故 $gKg^{-1}=K$. 这说明 $K\lhd G$.

习 题 3.3

1. 对任意正规子群 N,N 含 $N\cap Z$ 不平凡(引理 7). $N\cap Z$ 是阿贝尔群,有 p 阶子群 P,是正规的.

6. $G\cong\mathbf{Z}/p^n\mathbf{Z}$的自同构群同构于$(\mathbf{Z}/p^n\mathbf{Z})^*$. 而$(\mathbf{Z}/p^n\mathbf{Z})^*=\langle\bar{g}\rangle$为循环群(即模 p^n 有原根).

7. $(\mathbf{Z}/2^n\mathbf{Z})^*\cong Z_2\times Z_{2^{n-2}}$(参见初等数论).

8. G 有 p^2 阶正规子群 N,G/N 是 p^2 阶群,故是阿贝尔群,故 $N\supset G^c$. 这说明 G^c 的阶为 p 或 p^2,故必是阿贝尔群.

9. 由引理 6,正规化子 $N(H)$ 真含 H,从 $N(H)/H$ 的中心取 p 阶元 $\bar{z}$. 令 $K=\langle z\rangle$,则 $K\rhd H$,$(K:H)=p$. 反之,若有子群 $K\supset H$ 满足$(K:H)=p$,则必有 $K\rhd H$(因指数 p 是$|K|$最小因子),故得$\{K<G\mid K\supset H,(K:H)=p\}=\{\bar{K}<N(H)/H:|\bar{K}|=p\}$,由归纳法假设,右边个数$\equiv 1(\bmod p)$.

习 题 3.4

1. 即是 G 的 p-部分(即阶为 p 幂的元素全体).

2. "P 是 G 的唯一的 p-西罗子群"意味着"P 自成一个共轭类",即 $xPx^{-1}=P(\forall x\in G)$,即 $xP=Px$.

3. 设 p-西罗子群 P 唯一. 对任意 $x\in X$,$\langle x\rangle$是 p-群,则含于(唯一的)p-西罗子群 P 中,故 $X\subset P$,于是$\langle X\rangle<P$,$\langle X\rangle$是 p-群. 反之,若$\langle X\rangle$是 p-群(对任意满足题设的 X),令 X 为全部的 p-西罗子群之并,任取一个 p-西罗子群 P,则$\langle X\rangle<P$. 由西罗子群的最大性,可知$\langle X\rangle=P$. 故 p-西罗子群唯一.

10. (维兰特(Wielandt)的解法)记 Ω 为 G 的 p^k 元子集全体,$|\Omega|=C_{p^k}^{p^n m}$. 以 G 右乘作用于 Ω,即定义 $S^g=Sg$(对 $S\in\Omega,g\in G$). 任取轨道 Γ,Γ 中必有某 S 含 1(任取 $x\in T\in\Gamma,1\in Tx^{-1}\in\Gamma$),故迷向

子群 $G_S\subset S$(对 $g\in G_S$,$Sg=S$,故 $1g=g\in S$). 情形(1)若 $G_S=S$,则 S 是群. 轨道长 $|\Gamma|=(G:G_S)=p^{n-k}m$. Γ 是 S 右陪集集合,故 Γ 中只有一个成员 S 是子群. 反之若 $T\in\Omega$ 是子群,则所在轨道 $\Gamma'=T^G$ 是 T 的右陪集集合,故长为 $|\Gamma'|=p^{n-k}m$. 情形(2)若 $G_S\neq S$,则 $|S|>|G_S|$,$|\Gamma|>p^{n-k}m$,$p^{n-k+1}\,|\,|\Gamma|$(因 $|\Gamma|$ 是 $|G|$ 的因子),由(1)知 Γ 中无子群. 总之得 $|\Omega|=\sum\limits_{\Gamma}|\Gamma|=\mu p^{n-k}m+vp^{n-k+1}$,$|\Omega|/p^{n-k}=\mu m+vp\equiv\mu m(\bmod p)$,$\mu$ 就是 p^k 阶子群个数,得 $\mu\equiv m^{-1}|\Omega|/p^{n-k}(\bmod p)$,仅是 $|G|$ 和 p^k 的函数(而与 G 的结构无关),在 G 为循环群时 μ 为 1,故得 $\mu\equiv 1(\bmod p)$.

11. 以 G 共轭作用于 p^k 阶子群集 Ω_1,有共轭类公式 $|\Omega_1|=|Z|+\sum\limits_{(G:G_H)\geqslant 2}(G:G_H)$,故 $|\Omega_1|=|Z|+\sum p^b$,Z 中的子群共轭不变,恰为正规子群. 由上题知 $|\Omega_1|\equiv 1(\bmod p)$,故得 $|Z|\equiv 1(\bmod p)$.

习 题 3.5

2. $90=2\times 3^2\times 5$. $n_5=1$ 或 6. $n_3=1$ 或 10. 只需考虑 $n_5=6$ 且 $n_3=10$,若各 3-西罗子群(9 阶)相互交为 1,则有 80 个三阶元,24 个 5 阶元,共 104 个元素,不可能. 故应有不同的 9 阶群 P,Q 使 $|P\cap Q|=3$,$P\cap Q\lhd\langle P,Q\rangle$,故 $|\langle P,Q\rangle|\geqslant|PQ|=|P||Q|/|P\cap Q|=81/3=27$,故 $\langle P,Q\rangle=G$.

习 题 4.1

1. $(f+g)(x)=f(x)+g(x)$,$(fg)(x)=f(x)g(x)$.

2. $(\varphi+\psi)(x)=\varphi(x)+\psi(x)$,$(\psi\varphi)(x)=f(\varphi(x))$.

7. $x+y=(x+y)^2=x^2+xy+yx+y^2=x+xy+yx+y$,故 $yx=-xy$. 但因 $z+z=(z+z)^2=z^2+z^2+z^2+z^2=z+z+z+z$,故 $0=z+z$(对任意 $z\in R$),即 $z=-z$(即布尔环 R 的特征为 2). 故 $yx=-xy=xy$(对任意 $x,y\in R$).

10. 用左右分配律分别展开$(a+b)(1+1)$.

习 题 4.2

3. 若$(a)=(b)$,则 $a=rb$,$sa=b(r,s\in R)$,即 $a=rsa$,得 $1=rs$. 反之,若 $a=ub$,u 为单位,则 $ra=rub$,故$(a)\subset(b)$. 而又有 $b=u^{-1}a$,故$(b)\subset(a)$.

6. 取 $i\in I\backslash J$,$j\in J\backslash I$. 若 $I\cup J$ 是理想,则 $k=i+j\in I\cup J$. 若 $k\in I$,则 $j=k-i\in I$,矛盾. 同理 $k\in J$ 也矛盾. 故 $i+j\notin I\cup J$,$I\cup J$ 不是理想.

7. $IJ\subset I\cap J$ 显然. $I+J=R$ 意味着 $i+j=1$ 对某 $i\in I,j\in J$ 成立,故对任意 $s\in I\cap J$ 有 $s=s\cdot 1=s(i+j)=si+sj\in IJ$,或写为 $I\cap J=(I\cap J)R=(I\cap J)(I+J)=(I\cap J)I+(I\cap J)J\subset IJ+IJ=IJ$.

8. $R=R^3=(I+J)^3=I^3+I^2J+IJ^2+J^3\subset I^2+J^2$.

9. $R=R^{m+n-1}=(I+J)^{m+n-1}=\sum I^uJ^v\subset I^m+J^n$(因 $u+v=m+n-1$).

10. $(I+J)(I\cap J)=I(I\cap J)+J(I\cap J)\subset IJ+IJ=IJ$. 或 $(i+j)s=is+js\in IJ$(记 $s\in I\cap J$).

14. 考虑投影(同态)$\pi_1:\in R\oplus S\to R,(r,s)\mapsto r$,则 $\pi_1(A)=I$ 是 R 理想. 同样定义 $\pi_2(A)=J$ 是 S 理想,显然 $A\subset I\oplus J$. 反之,设 $(i,j)\in I\oplus J$,则 $(i,j'),(i',j)\in A$ 对某 i',j' 成立,于是 $(i,j)=(1,0)(i,j')+(0,1)(i',j)\in A$.

习 题 4.3

7. $\mathbb{R}[X]/(X^2+1)\cong\mathbf{C}$.

9. 显然 $\varphi(1)\neq 0$,否则 $\varphi(r)=\varphi(r\cdot 1)=\varphi(r)\varphi(1)=0$,与 φ 非零矛盾. 故对任意非零 $b\in R'$,有 $\varphi(1)b=\varphi(1\cdot 1)b=\varphi(1)\varphi(1)b$,得 $\varphi(1)=1$(整环有消去律).

10. 对任意 $b\in R'$ 有 $a\in R$ 使 $\varphi(a)=b,\varphi(a)=\varphi(1\cdot a)=\varphi(1)\varphi(a)=\varphi(a)\varphi(1)$,即 $b=\varphi(1)b=b\varphi(1)$,说明 $\varphi(1)=1$.

12. 若 $q_1,q_2\in[R:J]$,则 $q_1r,q_2r\in J$,故 $r(q_1-q_2)\in J,(q_1-q_2)\in[R:J]$. 对任意 $s\in R,q\in[R:J]$,由定义知 $sq\in J$,故 $r(sq)\in J$(任意 $r\in R$),这说明 $sq\in[R:J]$. 同理得 $qs\in[R:J]$.

13. $\varphi(0)=0,\varphi(1)=1,\varphi(2)=\varphi(1+1)=\varphi(1)+\varphi(1)=2,\varphi(n)=n,\varphi(-n)=-n$.

习 题 4.4

1. $2\cdot 2\in 4\mathbf{Z},2\notin 4\mathbf{Z}$.

习 题 5.1

4. 重根 c 满足 $f(c)f'(c)+g(c)g'(c)=0$,故 $f(c)^2f'(c)^2=g(c)^2g'(c)^2$. 又因 $f(c)^2+g(c)^2=0$,故 $f(c)^2f'(c)^2=-f(c)^2g'(c)^2,f'(c)^2=-g'(c)^2$($f,g$ 互素故 $f(c)\neq 0$).

习 题 5.2

1. X^n-1 有复根 $\zeta_n^k=\bar{\zeta}_n^{n-k}$,故 $(X-\zeta_n^k)(X-\zeta_n^{n-k})=X^2-2X\cos(2k\pi/n)+1$,因此

$$X^n-1=(X-1)\prod_{k=1}^{(n-1)/2}(X^2-2X\cos(2k\pi/n)+1)\quad(\text{当 } n \text{ 为奇数}),$$

$$X^n-1=(X-1)(X+1)\prod_{k=1}^{n/2-1}(X^2-2X\cos(2k\pi/n)+1)\quad(\text{当为 } n \text{ 偶数}).$$

习 题 5.3

4. 记 $f=a/c, g=b/c$，则 $f+g=1, f'+g'=0, f(f'/f)+g(g'/g)=0, b/a=g/f=-(f'/f)/(g'/g)$. 而 $f'/f=a'/a-c'/c$. 设 $a=a_0\prod(t-\alpha_i)^{m_i}$，得 $a'/a=\sum m_i/(t-\alpha_i)$，类似对 b,c，故 f'/f 与 g'/g 的公分母 $N=\prod(t-\alpha_i)(t-\beta_i)(t-\gamma_i)$ 的次数为 $n_0(abc)$，从而 $(f'/f)N$ 和 $(g'/g)N$ 均为多项式，次数不过 $n_0(abc)-1$.
5. 由 Mason-Sthothers 定理知，$\deg x^n \leqslant \deg xyz-1$，故 $\deg(xyz)^n \leqslant 3\deg xyz-3$，矛盾.
6. 用 Mason-Sthothers 定理两次相加.

习 题 5.4

3. 若 $x^2-10y^2=2$，则 $x^2\equiv 2 \pmod 5$，矛盾. 若 $x^2-10y^2=5$，则 $x^2\equiv 0 \pmod 5$，$x=5k$，$25k^2-10y^2=5$，$5k^2-2y^2=1$，$-2y^2\equiv 1 \pmod 5$，$y^2\equiv 2 \pmod 5$，矛盾.
4. 若 $2=\alpha\beta$，则 $4=N(\alpha)N(\beta)$，因上题说明范不可为 2，故 $N(\alpha)$ 或 $N(\beta)$ 等于 1，即单位，故 2 不可约. 其余类似.
6. $2\mid\sqrt{10}\cdot\sqrt{10}$，但 $2\nmid\sqrt{10}$. $\sqrt{10}\mid 2\cdot 5$ 但 $\sqrt{10}\nmid 2$ 且 $\sqrt{10}\nmid 5$.
7. 设 $(2,X)=(f)$，则 $2=gf, X=hf$，前者说明 $f=\pm 1, \pm 2$. 若 $f=\pm 1$，则 $(2,X)=R$. 但 $(2,X)$ 中元素常数项为偶数，矛盾. 若 $f=\pm 2$，则 $X=\pm 2h$，右边一次项系数为偶数，矛盾.
8. 设 $(X,Y)=(f)$，则 $X=gf, Y=hf$，前者说明 $\deg f=0,1$. 若 $\deg f=0$，则 $(X,Y)=R$，但 (X,Y) 中元素常数项为 0，矛盾. 若 $\deg f=1$，则 $g,h\in\mathbb{Q}$，$X=gh^{-1}Y$，矛盾.
9. 因 R 为主理想整环，故存在 d 使 $Ra+Rb=Rd$. 由此式，知 $0\cdot a+1\cdot b=xd$（某 $x\in R$），故 $d\mid b$. 同理 $d\mid a$. 再由 $Ra+Rb=Rd$，有 $ua+vb=d$（某 $u,v\in R$），故若 $\delta\mid a, \delta\mid b$，则 $\delta\mid d$.

习 题 5.5

4. 由定理 1 的证明，取 $I=R$，则 $m=b$，故 $Rm=R$.
5. 取非单位 b 使 $\varphi(b)$ 最小，则 $\varphi(r)<\varphi(b)$，r 为单位. 例如 $\mathbb{Z}$ 中 2，$F[X]$ 中 $X-c$.
8. 设 (p) 为素理想. 若 $(p)\subset(m)$，则 $p=mr$，$mr\in(p)$，故 $m\in(p)$ 或 $r\in(p)$；前者导致 $(p)=(m)$；后者导致 $r=ps$，$p=mr=mps$，$1=ms$，$(m)=R$. 故 (p) 为极大.
9. 考虑环 R 的模 p 正则同态 $\varphi: R\to R/pR=\bar{R}$，$r\mapsto\bar{r}$，可扩展为环同态 $\Phi: R[X]\to\bar{R}[X]$，$f=\sum a_iX^i\mapsto\sum\bar{a}_iX^i=\bar{f}$（即系数模 pR 的映射）. $\ker\Phi=pR[X]$. 因 p 是 R（为唯一析因整环）中不可约元，故是素元，pR 是素理想，故 $\bar{R}$ 是整环. 从而 $\bar{R}[X]$ 是整环，故 $\ker\Phi=pR[X]$ 是素理想.
10. 假若 fg 不本原，则有不可约元 p 整除 fg 所有系数，故 $p\mid fg$. 由上题知 p 是 $R[X]$ 的素元，故 $p\mid f$ 或 $p\mid g$，等于说 f 或 g 不本原. 矛盾.

11. 容量分解 $h=(b/a)\cdot h^*$，则 $g=f\cdot(b/a)\cdot h^*$，得$(a/b)\cdot g=f\cdot h^*$本原. 记 $(a/b)\cdot g=(a/b)\cdot\sum g_iX^i\in R[X]$，故 $b|ag_i$，$b|g_i(\forall i)$，$(a/b)\cdot g$ 的系数皆含因子 a. 因其本原，故 a 是单位，$h\in R[X]$.

13. 设 $b,c\in K$ 使 $bg=g^*$，$ch=h^*$ 本原. 因首一，故 $b,c\in R$，从而得 $fbc=bcgh=g^*h^*$ 本原，可知 bc 为单位. 因 $b,c\in R$，故皆为单位.

14. (1)设 f 在$R[X]$中不可约. 若 f 是常数则显然在 R 中也不可约. 若 $\deg f\geqslant 1$，则 f 本原(否则可分解出常数)，且在 $K[X]$中不可约(否则在 $R[X]$中可约). (2)设 p 是 R 中的不可约元，若 $p=gh$，g，$h\in R[X]$，则由次数知 g,h 皆为常数，故有一个是单位(否则与 p 在 R 不可约矛盾). 其余显然.

16. (1)是唯一析因整环. (2)I 是素理想，不极大，因 $R/I\cong\mathbb{Z}$是整环不是域.

(3)J 是极大理想，也是素理想，因为 $R/I\cong\mathbb{Z}/5\mathbb{Z}$是域. 事实上，$R/I=\mathbb{Z}[\bar{X},\bar{Y}]$，$0=\overline{X-1}=\bar{X}-\bar{1}$，

故 $\bar{X}=\bar{1}$. 同理 $\bar{Y}=\bar{2}$. 而$\mathbb{Z}\cong\mathbb{Z}$(因 $\bar{a}=\bar{b}\Leftrightarrow\overline{a-b}=\bar{0}\Leftrightarrow a-b\in I\Leftrightarrow a-b=0$).

同理可知 $R/J=\bar{\mathbb{Z}}[\bar{X},\bar{Y}]=\bar{\mathbb{Z}}$，而 $\bar{a}=\bar{b}\Leftrightarrow a-b\in J\Leftrightarrow a-b\in 5\mathbb{Z}$，故 $R/I\cong\mathbb{Z}/5\mathbb{Z}$.

习 题 5.6

4. 设 $b_n\alpha^n+\cdots+b_1\alpha+b_0=0(b_i\in\mathbb{Z})$，则$(b_n\alpha)^n+b_{n-1}(b_n\alpha)^{n-1}+\cdots+b_1b_n^{n-2}(b_n\alpha)+b_0b_n^{n-1}=0$，故 $b_n\alpha=\omega$ 为代数整数，$\alpha=\omega/b_n$.

习 题 5.7

1. I 为 $f=h_1f_1+\cdots+h_mf_m(f_i\in F,h_i\in A)$全体.

7. 按 $R[X]$证法，但以最低次项为首项计次数. 令 I_i 为理想 A 中 i 次的幂级数首项系数集.

8. 设 $xy\in\sqrt{q}$，则$(xy)^m\in q$；故 y^m 或 $x^{mn}\in q$，即 x 或 $y\in\sqrt{q}$.

9. 后者即“若 $\bar{a}\bar{b}=0(\bar{a},\bar{b}\neq 0)$，则 $\bar{a}^m=\bar{b}^n=0$(某 m,n)”，即“若 $ab\in q(a,b\notin q)$，则 $a^m,b^n\in q$(某 m,n)”.

习 题 5.8

1. (1) 因 $R/\wp=k[y]$是整环. (2)因 $xy=z^2\in\wp^2$，$x\notin\wp^2$，$y\notin\sqrt{\wp^2}=\wp$.

2. (1)$A/q\cong k[Y]/(Y^2)$，其零因子即 Y 的倍式，为幂零元. (2) $\wp=\sqrt{q}=(X,Y)$，故 $\wp^2\subset q\subset\wp$(严格递升).

3. 映射 $G:k^1\to k^2$，$(X)\mapsto(X,X^2)=(Y_1,Y_2)$. 逆映射为$(Y_1,Y_2)\mapsto Y_1=X$.

4. (2) 因 $k[W]=k[y_1,y_2]$，$g^*(y_1)=y_1(g)=t^2$，$g^*(y_2)=y_2(g)=t^3$，故 $g^*(W)=k[t^2,t^3]$，与 $k[V]=k[t]$不同构.

5. $R_0=\mathbb{R}[X,Y]/(f)=\mathbb{R}[x,y]$不是唯一析因整环，因 $y^2=1-x^2=(1-x)(1+x)$，故与$\mathbb{R}[x]$不

同构.

6. 因 $k[V]$含域而$\mathbb{Z}$不含任何域.

习 题 6.1

1. (1) $[K:\mathbb{Q}]=3$. (2)$\theta^3=6\theta+2$,故 $\theta^5=6\theta^3+2\theta^2=12+36\theta+2\theta^2$.　$\theta^2=6+2\theta^{-1}$,$\theta^{-1}=\theta^2/2-3$.

2. (1) R 定是域. 任意 $\alpha\in R-F$ 是 F 上代数元,次数为 $n(>1)$,

$$\alpha^{-1}\in F(\alpha)=\{b_0+b_1\alpha+\cdots+b_{n-1}\alpha^{n-1}\mid b_i\in F\}\subset R.$$

(2) 不一定. 取 $\beta\in E$ 为 F 上超越元,则 $R=F[\beta]\cong F[X]$不是域.

习 题 6.2

6. $F(\alpha)\supset F(\alpha^2)\supset F$,$[F(\alpha):F(\alpha^2)]=2$ 或 1.

7. 考虑扩张次数.

10. (Ⅰ) (1) K/F 是超越扩张. 因若有 $P(X)\in F[X]$使 $P(\alpha)=0$,则 $P(\alpha)$是 t 的有理式,从而 t 是多项式的根,矛盾. (2)E/K 是代数扩张. 注意 $t^2+1-t^3\alpha=0$,令 $h(X)=X^2+1-X^3\alpha\in F[\alpha][X]$,则 $h(t)=0$. 往证 $h(X)$是 $F[\alpha][X]$中不可约多项式. 注意 $h\in F[\alpha][X]=(F[X])[\alpha]$,而 h 是α 的一次多项式,而且系数互素,故 h 是$F[\alpha][X]=F[X][\alpha]$中不可约多项式,故 E 是向K 添加 $h(X)$的根 t 得到,从而 $E=K(t)$是 K 的代数扩张,次数为 $\deg h(X)=3$.

(Ⅱ) K/F 是超越扩张,E/K 是代数扩张,次数为 $\max\{\deg f,\deg g\}$.

习 题 6.3

2. $f=x^4-2x-1$ 有 4 个根,两个实根. 实嵌入对应实根.

3. $\mathbb{Q}(2^{1/n})$是 n 次,因 x^n-2 不可约(艾森斯坦判别). $n=[\mathbb{Q}(2^{1/n}):\mathbb{Q}]\leqslant[K:\mathbb{Q}]$. K 的生成元皆属于 $\mathbb{Q}^{ac}$,故 $K\subset\mathbb{Q}^{ac}$.

6. σ 是满射: 任意 $\alpha\in K$ 是代数元,有最小多项式 f,设 S 是 f 在 K 中的根集,σ 限制到 S 是到自身的单射(置换),S 是有限集,故存在 $\alpha'\in S\subset K$ 使 $\sigma\alpha'=\alpha$. 例子: 函数域 $K=\mathbb{Q}(X)$不是$\mathbb{Q}$的代数扩张,$X\to X^2$ 是其到自身单同态,但不满.

8. $\sigma(1)=1$,故 $\sigma F_0\subset L_0$,$\sigma F_0=L_0$. 又因域无真理想,故 σ 是单射.

习 题 6.4

4. $\varphi:\sigma K\to K\to\sigma' K$ 是同构,可延拓为同构 $\psi:\Omega\to\Omega'$. $\psi\tau_i=\tau_i'$到 K 的限制为 $\varphi\sigma=\sigma'\sigma^{-1}\sigma=\sigma'$,故 σ 的每个延拓 τ_i 给出σ'的延拓 τ_i'. 同理,σ'的每个延拓给出σ 的延拓. 故一一对应.

5. 若 τ 是 L 的 F-嵌入,则限制到 E 必为某 $\sigma_i(i=1,2,\cdots,r)$,从而 $\sigma_i^{-1}\tau$ 限制到 E 为 1,故 $\sigma_i^{-1}\tau=\tau_j$(某 $j\in\{1,2,\cdots,s\}$),得 $\tau=\sigma_i\tau_j$. 反之显然(注意若 σ_i 不延拓到 L^{ac},则 $\sigma_i\tau_j$ 无定义). 另证:E 的两个嵌入 $\sigma_1=1$ 和 σ_2 到 L 的延拓集一一对应(习题 4),前者为$\{\tau_j\}$,后者为$\{\psi\tau_j\}$,ψ 是 $\varphi=\sigma'\sigma^{-1}=\sigma_2 1=\sigma_2$ 到 L^{ac} 的延拓,按题设记号 $\psi=\sigma_2$,故 σ_2 到 L 的延拓集$\{\sigma_2\tau_j\}$. L 的 F-嵌入集是 $\sigma_1,\sigma_2,\cdots,\sigma_r$ 的延拓之并.

6. $\prod\limits_{a\in F}(x-a)+1$ 无根.

8. 任取 $f=a_nx^n+\cdots+a_1x+a_0\in K[x]$,$E=F(a_0,a_1,\cdots,a_n)$在 F 上有限. f 有根 $r\in\Omega$. $[E(r):E]\leqslant n$,$[E(r):F]$有限,$[F(r):F]$有限,故 r 是 F 上代数元,$r\in K$. K 代数封闭.

习 题 6.5

1. (1) 若 α 是 f 一根(在分裂域中),则 $\alpha+k(k\in\mathbf{F}_p)$是根(直接验证). 故若 $\alpha\in F$,则所有根 $\alpha+k\in F$. 现设 $\alpha\notin F$,则全部根 $\alpha+k\in F(\alpha)$. 若在 F 上 $f=gh$,则 g 的次高项系数 g_1 是若干根 $\alpha+k$ 的和之负,即 $g_1=-r\alpha-\sum k\in F(1\leqslant r<p)$,故 $r\alpha\in F$,从而 $\alpha=(ur+vp)\alpha=ur\alpha\in F$,矛盾.

(3) 若可约,由(1)知$\mathbf{F}_p$ 元恰为 $f(X)$的 p 个根,皆满足 $X^p=X$,故 $f(X)=X^p-X$,矛盾.

(4) $F(\alpha)/\alpha$ 是 $p=\deg f$ 次扩张. $\sigma:\alpha\mapsto\alpha^p=\alpha+c$ 是自同构,从而 $\sigma^k:\alpha\mapsto\alpha+kc$ 皆是自同构($k=0,1,\cdots,p-1$),且 $\sigma^p(\alpha)=\alpha+pc=\alpha$.

4. f 根为$\pm1\pm\mathrm{i}$.

5. 根为 $\zeta^k\sqrt[p]{2}$.

习 题 7.1

4. $\mathbb{Q}(\sqrt{2})$. 5. 8 次. 6. 16 次.

11. 设 $\varphi(f)=x$,$f=a_nx^n+\cdots+a_1x+a_0$,则 $\varphi(f)=a_n(\varphi x)^n+\cdots+a_1(\varphi x)+a_0=x$,知 $n\deg\varphi(x)=1$,故 $n=1$,$\deg\varphi(x)=1$,$\varphi(x)=ax+b$.

12. 设 $\varphi(x)=f(x)/g(x)=\beta$,$f,g$ 互素,则 $\beta g(x)-f(x)=0$,故 x 在 $F(\beta)$上代数,$F(\beta)/F$ 超越,且 $[F(x):F(\beta)]=\max\{\deg f,\deg g\}$(因 $h=\beta g(y)-f(y)$在$(F(\beta))[y]$与$(F[\beta])[y]=(F[y])[\beta]$中可约是等价的(高斯引理),$h$ 为 β 一次式,故不可约). 而由 φ 是自同构知 $F(x)=F(\beta)$.

习 题 7.2

6. $\sigma f_K\mid f_F$ 且 $\prod\sigma f_K\in F[x]$.

习题 7.3

1. 可解，$f(x)(x^5+1)=x^{15}+1$.

2. 展开 θ_1^3，利用定义计算 $\sqrt{D}$，用对称多项式算得 $\alpha^3+\beta^3+\gamma^3=-3q$ 等.

4. $x=y-a/4$.

5. (1) $G_g=G_{g_3}$. (2) $g(y)$ 分裂域是 $K_g=F(\sqrt{d_1},\sqrt{d_2})$，$G$ 是克莱因四元群或二阶群(依 d_1,d_2 的无平方因子部分互异或相对).

6. S_4 置换 $\theta_1,\theta_2,\theta_3$，故 $s_1=\theta_1+\theta_2+\theta_3$，$s_2=\theta_1\theta_2+\theta_1\theta_3+\theta_2\theta_3$，$s_3=\theta_1\theta_2\theta_3$ 可由 a,b,c,d 表示，由 $h(x)=x^3-s_1x^2+s_2x-s_3$ 即得.

9. 由 $\theta_1=(\alpha_1+\alpha_2)(\alpha_3+\alpha_4)$，$0=(\alpha_1+\alpha_2)+(\alpha_3+\alpha_4)$，得 $\alpha_1+\alpha_2=\sqrt{-\theta_1}$，$\alpha_3+\alpha_4=-\sqrt{-\theta_1}$，其余类似可得. 计算可得 $\sqrt{-\theta_1}\sqrt{-\theta_2}\sqrt{-\theta_3}=-q$. 六式中正号者相加得 $\sqrt{-\theta_1}+\sqrt{-\theta_2}+\sqrt{-\theta_3}=2\alpha_1$. 类似得 $\alpha_2,\alpha_3,\alpha_4$，皆以 θ_i 根式表示，θ_i 是 3 次方程的根，可以根式表示(卡尔达诺公式).

习题 7.4

4. 有 3 个实根.　5. 有 3 个实根.

习题 7.5

2. (1) 若 1 或 2 度角可作，则由加法公式可作出 $\cos 20°$，与 $60°$ 不可三等分矛盾.

   (2) $\cos 3°=\frac{1}{8}(\sqrt{3}+1)\sqrt{5+\sqrt{5}}+\frac{1}{16}(\sqrt{6}-\sqrt{2})(\sqrt{5}-1)$.

4. $\alpha=\zeta+\zeta^2+\zeta^4$，则 $\alpha^2+\alpha+2=0$，故 $\alpha=(-1\pm\sqrt{-7})/2$.

习题 7.6

1. 自同构.

2. q 偶时皆平方. q 奇时，因乘法是循环群故 $(q+1)/2$ 个元素是平方(含 0)，可组成的平方和超过 q 个.

5. 若 $P_d(x)\mid x^{q^n}-x$，则添加根得 $\mathbf{F}_{q^d}=\mathbf{F}_q(\alpha)\subset\mathbf{F}_{q^n}$，得 $d\mid n$.

13. 事实：若 $P(x)$ 为 d 次不可约，则 $P(x)\mid x^{p^k}-x$ 当且仅当 $d\mid k$. (1) 若 f 不可约，则 $\mathbf{F}_p[x]/(f)$ 是 p^n 次扩张，有自同构 $\varphi:\alpha\mapsto\alpha^{p^n}$，从而 $\varphi(\bar{x})=\bar{x}^{p^n}=\bar{x}-1$，故 $\varphi^p=1$. $\bar{x}=\varphi^p(\bar{x})=\bar{x}^{pn}$，故 $f\mid(x^{p^{pn}}-x)$. 用事实得 $p^n\mid pn$，只能 $n=1$ 或 $n=p=2$. (2) 反之，$n=1$ 时知 $f_1=(x^p-x+1)\mid(x^{p^p}-x)$(因 f_1 的根 α 满足 $\alpha^p=\alpha-1$，故 $\alpha^{p^p}-\alpha=(\alpha-1)^{p^{p-1}}-\alpha=\alpha^{p^{p-1}}-1-\alpha=\alpha^{p^0}-p-\alpha=$

0)，这说明 f_1 的不可约因式 $P(x)$ 的次数 $d\mid p^p$，即 $d=1$ 或 p，前者不可能，后者说明 f_1 不可约.

习 题 8.4

3. 双线性映射 $\varphi: R\times M\to M, \varphi(r,v)=rv$，故有线性映射 $\hat{\varphi}: R\otimes M\to M, \varphi=\hat{\varphi}\circ\tau$. $\varphi,\hat{\varphi}$ 皆满射. 又有 $\varphi^*: M\to R\otimes M, \varphi^*(v)=1\otimes v$. $\varphi^*\hat{\varphi}=1$，故 $\hat{\varphi}$ 是单射.

6. $a\otimes b=ab(1\otimes 1)$. $d(1\otimes 1)=(sm+tn)(1\otimes 1)=s(m\otimes 1)+t(1\otimes n)=0$. 映射 $\varphi: \mathbb{Z}/m\mathbb{Z}\times\mathbb{Z}/n\mathbb{Z}\to\mathbb{Z}/d\mathbb{Z}, (a,b)\mapsto ab$ 双线性，诱导出 $\hat{\varphi}: \mathbb{Z}/m\mathbb{Z}\otimes_{\mathbb{Z}}\mathbb{Z}/n\mathbb{Z}\to\mathbb{Z}/d\mathbb{Z}$，$\hat{\varphi}(1\otimes 1)=1$ 阶为 d，故 $1\otimes 1$ 的阶至少为 d，就是 d，$\hat{\varphi}$ 是同构.

习 题 8.6

1. (1) 设 $\pi_1(\ell,n)=\ell, \pi_2(\ell,n)=n$，则 $\sigma: f\mapsto\pi_1 f\oplus\pi_2 f$ 给出同态映射 $\mathrm{Hom}(D,L\oplus N)\to\mathrm{Hom}(D,L)\oplus\mathrm{Hom}(D,N)$. 反之，右边元素 (f_1,f_2) 对应到左边元素 $f=(f_1,f_2), f(d)=(f_1(d),f_2(d))$. 验证此为 σ 的逆，故为同构. (2)与此类似.

3. 因 $\mathbb{Q}$ 不是自由 $\mathbb{Z}$-模：$\mathbb{Q}$ 的任两个元素 $\mathbb{Z}$-线性相关，故秩为 1，故 $\mathbb{Q}$ 若自由，需同构于 $\mathbb{Z}$.

参考文献

[Atiyah] ATIYAH M F, MCDONALD I G. Introduction to Commutative Algebra[M]. Addison-Wesley, 1969.

[Artin] ARTIN, MICHAEL. Algebra[M]. New Jersey: Prentice Hall, 1991.

[Birkhoff-L] BIRKHOFF G, LANE S. A Survey of Modern Algebra [M]. Macmillan Pub. Co., Inc., 1977.

[Dummit-F] DUMMIT D, FOOTE R. Abstract Algebra[M]. 3rd ed. J Wiley& Sons, Inc. 2004.

[van-der-Waerden] 范德瓦尔登. 代数学Ⅰ, Ⅱ[M]. 北京：科学出版社，1978/1976.

[FengKQ] 冯克勤，李尚志，查建国. 近世代数引论[M]. 合肥：中国科技大学出版社，1988.

[Fraleigh] FRALEIGHJ B. A First Course in Abstract Algebra[M]. Addison-Wesley, 1982.

[HuGZ-WangDJ] 胡冠章，王殿军. 应用近世代数[M]. 3rd ed. 北京：清华大学出版社，2006.

[HuaLG] 华罗庚. 数论导引[M]. 北京：科学出版社，1979.

[Hungerford] HUNGERFORD T W. Algebra[M]. Springer 1980. 中译本：代数学[M]. 冯克勤，译，聂灵沼，校. 长沙：湖南教育出版社，1985.

[Jacobson1] JACOBSON, NATAN. Basic Algebra I[M]. 2nd ed. Freeman and company, 1985.

[Jacobson2] JACOBSON, Natan. Lectures in Abstract Algebra Ⅰ, Ⅱ, Ⅲ [M]. GTM30-32. Springer-Verlag, 1975.

[Lang1] SERGE LANG. Algebra[M]. Graduate Texts in Math. 211. Springer, 2002.

[Lang2] SERGE LANG. Undergraduate Algebra [M]. 3rd ed. Undergraduate Texts in Math., Springer, 2004.

[Likz] 李克正. 抽象代数基础[M]. 北京：清华大学出版社，2007.

[NieLZ-DingSS] 聂灵沼，丁石孙. 代数学引论[M]. 2nd ed. 北京：高等教育出版社，2000.

[Rotman] ROTMAN J. A First Course in Abstract Algebra with Apps[M]. 3rd ed. Pearson/Prentice Hall, 2005.

[Saracino] SARACINO DAN. Abstract Algebra: A First Course[M]. Addison-Wesley, 1980.

[ZhangXK1] 张贤科. 古希腊名题与现代数学[M]. 北京：科学出版社，2007.

[ZhangXK2] 张贤科. 初等数论[M]. 北京：高等教育出版社，2016.

[ZhangXK3] 张贤科. 代数数论导引[M]. 2 版. 教育部推荐研究生教学用书. 北京：高等教育出版社，2006.

[ZhangXK4] ZHANG XIANKE. Algebraic Number Theory [M]. Oxford: Alpha Science Intern. Ltd., 2016.

[ZhangXK5] 张贤科. 高等代数学[M]. 第 1、2 版. 北京：清华大学出版社，1998/2004.

[ZhangXK6] 张贤科. 高等线性代数[M]. 北京：高等教育出版社，2012.

[ZhangXK7] 张贤科. 高等代数解题方法[M]. 第 1、2 版. 北京：清华大学出版社，2001/2005.

[ZhangXK8] XIANKE ZHANG. Cyclic quartic fields and genus theory of their subfields[J]. J. of Number Theory，18(3)：350-355，1984.

[ZhangXK9] XIANKE ZHANG. A simple construction of genus fields of abelian number fields[J]. Proceed. American Math. Soc. 94(3)：393-395，1985.

[ZhangXK10] ZHANG XIANKE. Ambigous classes and 2-rank of class groups of quadratic function fields[J]. J. China Univ. Sci. Tech，17(4)：425-430，1987.

[ZhangXK11] ZHANG XIANKE. Ten Formulae of Type Ankeny-Artin-Chowla for Class Numbers of General Cyclic Quartic Fields[J]. Science in China，A，32(4)：417-428，1989.

[ZhangXK12] ZHANG XIANKE. Algebraic Function Fields of Type (2，2，…，2)[J]. Scientia Sinica，Series A31(5)：521-530，1988.

[ZhangXK13] ZHANG XIANKE. Determination of Algebraic Function Fields of Type (2，2，…，2) with Class Number One[J]. Scientia Sinica，A31(8)：908-915，1988.

[ZhangXK14] XIANKE ZHANG. Congruences mudulo 2^3 for class numbers of general quadratic fields $\mathbf{Q}(\sqrt{m})$ and $\mathbf{Q}(\sqrt{-m})$[J]. J. of number theory，32(3)：332-338，1989.

[ZhangXK15] ZHANG XIANKE. Criteria of Class Number $h(K)=1$ for Real Quadratic Number Fields [J]. Chinese Science Bulletin，38(4)：273-276，1993.

[ZhangXK-Wash] ZHANG X K，WASHINGTON L C. Ideal class groups and their subgroups of real quadratic fields[J]. Science in China，A40(9)：909-916，1997.

名词索引（音序）

作者缀语

至此，代数和数论相关的大学基础课和研究生课教材及读物，作者已出版一套.包含五类12本：

《高等代数学》和《高等代数解题方法》(皆两版)，《高等线性代数》；

《初等数论》；

《抽象代数》；

《代数数论导引》(两版，英国阿尔法出版社英文版)；

《古希腊名题与现代数学》《数学诗话》.

其中前两类在大学一二年级学习，抽象代数在三年级学习，《代数数论导引》为教育部推荐研究生教材，其前、后部分可由高年级和硕士生、博士生分别学习，最后两本为课外读物和治学方法介绍.

这套教材的特点是简洁不繁琐，观点较先进，由浅入深，达到了一定的深度，跳出了一些因循.前部分都很浅显，像初等数论前4章中学生可读.后续内容渐充实，附有选读内容和附录，以提升实力和眼界.都是基于在清华大学、中国科学技术大学，南方科技大学等长期教学和学习科研，参阅国内外文献，融入感悟思考写成.因此基本掌握本套教材(不要求全会)即能游刃有余地进入相关专业领域，或进入科研前沿.希望更多年轻人尽早进入科技前沿振兴国家科学.

张贤科　于清华园

2022年4月16日